Stuffed and Starved

肥満と飢餓

世界フード・ビジネスの不幸のシステム

ラジ・パテル　佐久間智子 訳

作品社

肥満と飢餓──世界フード・ビジネスの不幸のシステム　目次

第1章 崩壊する農村、自殺する農民……041

第2章 あなたが、メキシコ人になったら……069

第7章 スーパーマーケットは、消費と生産を支配する――いかに消費者は買わされているのか？ …… 257

［注について］
注は、すべて見開きの左側にまとめた。
▼印と数字のものは原注であり、◆印と太字の語句のものは訳注である。
なお、文中の割注は、すべて訳注である。

【日本語版序文】

なぜ世界で、一〇億人が飢えにあえぎ、一〇億人が肥満に苦しむのか？

ラジ・パテル

激増する飢餓人口

私は、二〇〇七年、本書において、現在のフードシステムは持続不可能であり、私たちの生活を改めないかぎり、世界でさらに何億もの人々が飢餓に苦しむことになるだろう、と書いた。

そして現在、飢餓人口は激増している。◆もちろん私は、「ほら、言ったとおりだろう」などと言えるようになることを望んでいたのではない。本書を執筆したのは、私たちの世界を変え、この三年ほどの間に起きたような食料危機を、未然に防ぐための方法を考えるためだった。しかし、本書を刊行してわずか数ヶ月のうちに、本書で指摘したさまざまな問題は臨界点に達してしまったのである。

今日、私たちが暮らす世界では、一〇億人以上が飢えに苦しみ、一〇億人以上が太りすぎになっている。飢餓も、肥満も、健康的で栄養価の高い良質な食生活を送っていない結果であるという点で、共通の背景

◆飢餓人口は激増している　国連食糧農業機関（FAO）の二〇〇九年の推計では、世界の飢餓人口は、初めて一〇億人を突破し、一〇億二〇〇〇万人となった。次頁の地図「世界の飢餓状況」を参照のこと。

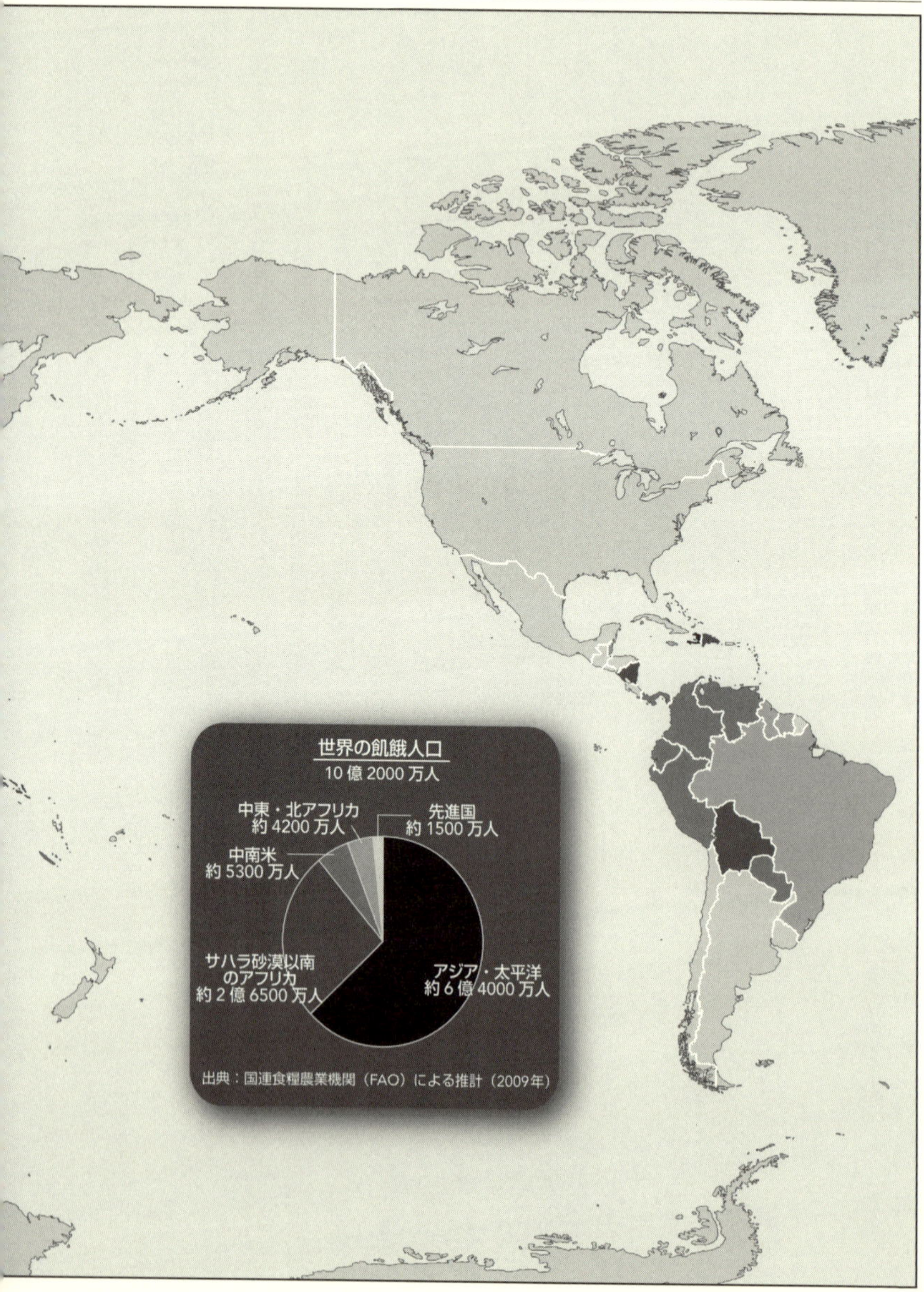
世界の飢餓人口
10 億 2000 万人
中東・北アフリカ
約 4200 万人
先進国
約 1500 万人
中南米
約 5300 万人
サハラ砂漠以南
のアフリカ
約 2 億 6500 万人
アジア・太平洋
約 6 億 4000 万人
出典：国連食糧農業機関（FAO）による推計（2009年）

世界の飢餓状況

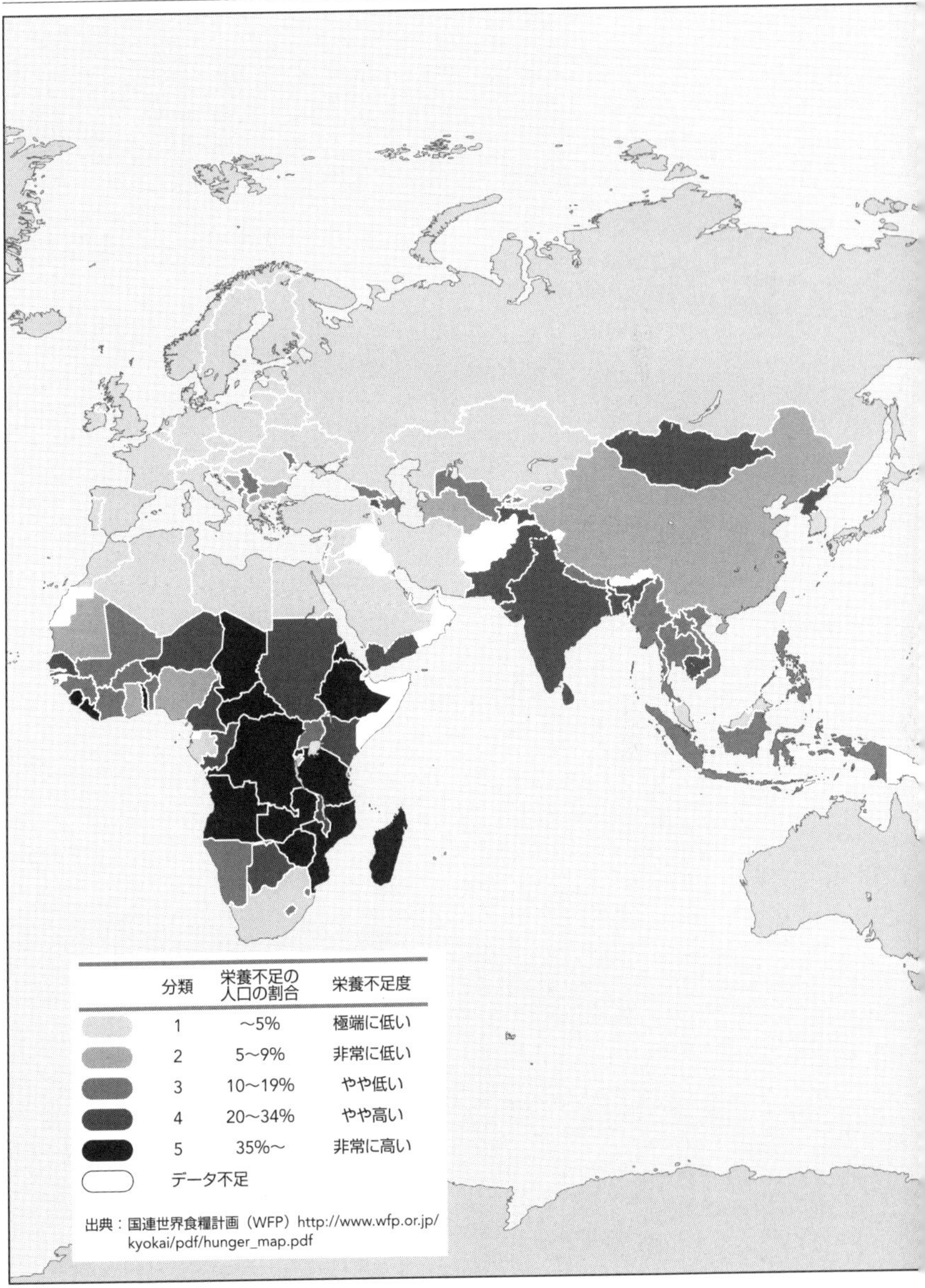

出典：国連世界食糧計画（WFP）http://www.wfp.or.jp/kyokai/pdf/hunger_map.pdf

を持ち、それは今も変わらない。さらに、本書を執筆して以降に、飢餓人口は二億人も増加した。その最も明らかな原因は、世界的な経済危機である。米国で起きた経済のメルトダウンが地球全体に波及し、世界全体で貧困人口が拡大したのである。

〝世界食料危機〟の発生とフードビジネス

しかしながら、この経済危機が発生する以前から、世界フードシステム（食料供給産業）は、内在する矛盾に押し潰されるように崩壊しつつあった。その代表的な四つの例を挙げよう。

まず、二〇〇八年の食料危機は、原油価格の高騰によって引き起こされた。工業的な農業は、安い原油を前提としている。米コーネル大学のデヴィッド・ピメンテル教授によれば、米国では毎年一人あたりの食料供給に、原油換算で二〇〇〇リットルに相当する化石燃料を消費している。[▼1]化石燃料は、農業生産に使われる化学肥料や、農地を灌漑するためのポンプの燃料、あるいは食料輸送や農機械の燃料として消費されている。原油価格が高騰すれば、食料価格も高騰することになる。食料危機の時に最も価格が上昇したのは、化学肥料だった。

また、世界全体で食肉消費が増えており、特にその傾向が途上国地域で顕著となっていることが、穀物の価格を上昇させている。この場合も、食肉消費が、裕福な人々が貧しい人々から食料を取り上げる手段となっている。あなたが食肉を買えば、その時に支払ったお金が、人間の主食ではなく動物の飼料を生産した方が儲かるという価格シグナルを送ることになるのである。最も貧しい人々の食料である穀物を生産してきた農地が減れば、穀物の価格は上昇することになる。

さらに、気候変動の影響もあった。オーストラリアの干ばつ、アジアの台風、米国の洪水などの天候不順や異常気象によって、収穫量が減ったばかりか、気候変動の解決策として実施されてきたことが飢餓を助長している。米国が進めている「アグロ燃料」（産業界は「バイオ燃料」という呼び方を好む）が、食料価格を高騰させたのである。アグロ燃料は、農作物からつくられる燃料であり、代表的なのはエタノール［サトウキビやトウモロコシなどを発酵させたアルコール燃料］である。気候変動を防止するという大義名分の下で、農作物が食用ではなく燃やされるために生産されてきた。アグロ燃料が実際に温室効果ガスの排出量の削減に役立つのであれば、それもある程度は仕方のないことかもしれない。しかし、実際はそうではなかった。エタノールを使うことで温室効果ガスの排出量は増加し、食料の価格も上昇したのである。エタノールが食料価格の高騰に与えた影響の割合については、まだ結論は出ていない。ジョージ・ブッシュ前米大統領は四％程度にすぎないと主張しており、世界銀行は六五％以上である可能性があると指摘している。現実は、その二つの数値の間に存在していると考えるのが妥当だろう。

これに加えて、合法および非合法の市場活動が、価格を高騰させていた。小売部門では、価格操作を行ったとして、スペイン、英国、南アフリカのスーパーマーケットが取り調べを受けたり、起訴されたりしている。小売業者は食料価格の高騰に乗じ、結託して実際のインフレ率を上回る値上げを行ったのである。人々は、値上げが純粋にインフレによるものなのか、カルテルによるものなのかを判別できないに違いないと考えた、というのが彼らの理屈だ。こうした不正を暴いて正すには、勤勉な規制当局の存在が不可欠であり、それが米国で同様の捜査が行なわれていない理由なのかもしれない。このような違法行為に加えて、商品投機という合法のビジネスも食料価格を高騰させた。経済学者アマルティア・センに、一九九八年のノーベル経済学賞をもたらしたベンガル飢饉に関する研究では、食料価格が高騰する時は、いつも需

▼1 http://www.monthlyreview.org/090803pimentel.php

要があると見込まれていた場合だったことが明らかにされている。商品先物市場で巨額の投機が行なわれた結果、食料危機が発生し、ひと握りの人々が大金を儲けたのである。

危機への対応

この危機への対応は、まったく不十分であっただけでなく有害でさえあった。二〇〇八年、北海道洞爺湖で行なわれたG8サミット、二〇〇九年、ローマで開催された世界食糧サミット、あるいはロンドンとピッツバーグで開かれたG20の会議に集まった世界の指導者らが提示した解決策は、おしなべて新味のない内容であった。すなわち、危機は市場の統合が不十分であることの証左であり、より自由な貿易こそが世界全体に食料安全保障をもたらすための確実な足がかりである、という認識を繰り返したにすぎなかった。

彼らには、その市場の統合と貿易自由化という政策こそが、世界の貧しい人々を飢餓に追い込んできたことなど考えも及ばないらしい。世界の指導者たちは、国際通貨基金（ＩＭＦ）に国際経済の再建に尽力するよう要請したが、ＩＭＦこそが破壊をもたらしてきた元凶なのである。ＩＭＦは、融資の四分の三について、貸付の条件として、常識的な経済学の理論に反して、不況の最中に政府支出を削減することを求めてきた。このようなワシントン・コンセンサスが、今も効力を発揮しており、それが貧しい人々を死に追いやっていることは明らかである。[2]

ビジネス・チャンスとなった食料危機——新・旧「緑の革命」と農地争奪戦

また一方で、農業の危機は、ビジネス・チャンスともなっている。実際に、政治力のある政府は、二つの解決策を強力に推進している。

一つには、遺伝子組み換え（GM）作物の売り込みが、ふたたび激しくなっている。米国政府は、モンサント社◆に求められるままに、飢餓撲滅のために「最新技術」を導入するよう勧告する文言を、食料に関するさまざまな国際宣言に盛り込ませることに尽力してきた。GM品種が在来品種よりも優れているとする根拠は希薄であるとする研究結果が増えているとしても、遺伝子組み換え技術を売りにしている企業は、政府内部に何人もの信奉者を抱えている。そして悲しいことに、信奉者は市民社会にも存在している。つい最近も、ある会議の場で経済学者のジェフリー・サックス氏◆が、気候変動こそがGM作物の必要性に説得力を与えている、と発言した。彼は、気候変動に打ち勝つ遺伝子が存在するとでも思っているのだろうか。だが、そんなことは戯言《たわごと》だ。分子生物学によって、遺伝子ごとにそれぞれの形質がうめこまれているとする考え方が否定されたのと同様に、気候変動の原因も複合的であり、単純化できるものではない。そもそも気候変動とは、その名の通り、変動が大きく、多面的なのである。にもかかわらず、遺伝子組み換え技術が、まるで気候変動の万能薬のごとく語られつづけている。

アフリカでは、新・旧の「緑の革命」◆が、同時に推し進められている。世界最大の慈善団体ビル&メリ

▼2　http://www.cepr.net/documents/publications/imf-2009-10.pdf

◆モンサント社　米の世界最大のバイオテクノロジー企業。除草剤「ラウンドアップ」と、これに耐性をもつGM大豆をセットで販売し、世界の大豆生産を支配している。

◆ジェフリー・サックス　米コロンビア大学地球研究所所長。国連特別顧問として、二〇一五年までに最も貧しい人々（一日一・二五ドル未満で過ごす人々）を五〇%に、二〇二五年までに〇%にするという国連ミレニアム宣言の作成に関わった。翻訳書に『貧困の終焉』（鈴木主税ほか訳、早川書房、二〇〇六年）ほか。

ンダ・ゲイツ財団は、〝従来型の緑の革命〟と、遺伝子組み換えの普及という〝新たな緑の革命〟の両方を推進している。[3]

その代表的な例は、マラウィである。マラウィ政府は、大胆にも世界銀行の勧告を無視して肥料に補助金を支出した。その成功を喧伝する人々を信じるとすれば、この政府の政策は飢餓の撲滅に向けた大きな一歩だったことになる。だが残念ながら、それは誇大宣伝にすぎない。マラウィでは、肥料補助金の支給が開始されたのは、ちょうど二年に及んだ干ばつが終わった時であった。そのため、収量が増加したのは雨のせいなのか、肥料のおかげなのか、わからないのである。また、収量が増加したことで飢餓人口が減ったのかどうかも明らかではない。なぜなら、人々が飢餓に陥った最大の理由は、食料が不足していたためではなく貧しかったからなのだが、収量の増加によって人々の貧困状態が改善したのかどうかは、はっきりしていないのである。

そのように、状況が改善されているかどうかもわからないなか、さまざまな計画が進められている。最も顕著な動きとして、アフリカだけでなく世界各地で「土地収奪(Land Grab)」が加速度的に進んでいる。

周知のようにアフリカの地図には、まるで定規で引いたようなまっすぐな国境線が引かれている。その線を引いたのはアフリカになど一度も行ったことがない人々であり、まさに彼らは行ったことがないからこそ、このような国境線を引くことができたのである。一八八四年のベルリン会議では、ヨーロッパ列強がアフリカ大陸を分けあった。ドイツがナミビアを獲得し、フランスは北アフリカと西アフリカに広大な領地を得て、英国は東アフリカの大部分を確保し、イタリアまでもがエチオピアの一部を占有した。

そして今ふたたび、ヨーロッパ諸国だけでなく全世界を巻き込んで、アフリカをめぐる争奪戦が展開されている。米国は、アフリカ大陸で資源を確保するために軍司令部ＡＦＲＩＣＯＭを設置した。アジアの民間企業も、この大陸における資源確保に熱心である。韓国企業の大宇《デウー》は、マダガスカルにおいて、韓国市場向けの食料を生産するために一三〇万ヘクタールの農地を占有する契約を政府と締結していた。この農地は、大宇に無償で提供され、大宇は見返りとして現地で農業労働者を雇用することが求められていた。だが、この契約があまりに不平等であったことも一因となり、この政権はのちに打倒された。

しかし、農地収奪を行なっているのは韓国資本だけではない。インドや中国、サウジアラビア、および米国の政府や企業は、世界のより貧しい地域において、農地とともに、その地下にある、より重要な水資源を、わずかの対価で手に入れてきている。この新たな争奪戦は、アフリカにおいてだけでなく、世界各地で貧しい人々の資源をめぐって起きており、私たちは、まさに前代未聞の資源戦争の世紀に突入しつつある。

持続可能に飢餓を解決するために

悲劇的なのは、真に持続可能に飢餓を解決する方法が、すぐ手の届くところに存在しているのに、それをしようとしないことである。

たとえば、私たちが気候変動に本気で取り組むつもりなら、米国のロデール研究所による最近の発表によれば、土壌の健全性を回復し、農業を有機農業に切り替えることによって、世界の温室効果ガス排出量

◆緑の革命　主に途上国において、高収量の新品種、化学肥料、農薬などによって、穀物の生産性を向上させようとした農業革命のこと。農業の産業化が推進されるとともに、農民の貧困化、砂漠化や農薬汚染などの環境問題などを引き起こした。本書第5章参照。

▼3　http://www.thenation.com/doc/20090921/patel_et_al

▼4　http://www.rodaleinstitute.org/file/Rodale_Research_Paper-07_30_08.pdf

の四〇%を吸収することが可能なのである。[4]

世界中で、消費者は〝地産地消〟と〝旬産旬消〟に価値を見出すようになってきており、さらに重要なことに、人々は自らが単なる消費者ではないことに気づきはじめている。

北アメリカでは、数多くの市町村において食料政策委員会（food policy councils）が設立されている。エクアドルやマリ、ネパールでは、食料主権が国家政策目標となった。

人々は食料に飢え、そして変化に飢えている。今の政治指導者たちは変化の担い手にはなりそうにもないが、今回の食料危機は、私たちに変化を起こす機会を提供してもいる。あとは、私たちが政治の舞台に乗り込み、変化をつくり出す勇気を持っているかどうかにかかっているのである。

二〇〇九年九月　サンフランシスコ

序章

〈肥満〉と〈飢餓〉を生み出す世界フードシステム

1……同時進行する〈肥満〉と〈飢餓〉

これまでになく大量の食料が生産されるようになった現代において、世界人口の八人に一人が飢えている。この八億人が飢えている◆という現実は、その人口を上回る一〇億もの人々が太りすぎているという、歴史上で初めて生じた現象と同時に発生している。

世界で生じている〝飢餓〟と〝肥満〟は、同一の問題から派生している現象である。飢餓を撲滅することは、じつは蔓延する糖尿病や心臓病を予防することにつながり、同時に、さまざまな環境と社会の問題を解決することにも寄与する。太りすぎの人々と食料不足の人々は、農地から食卓に食料を届けている〝食料供給産業（フードシステム）〟を通じてつながっている。食料を販売している企業は、利潤追求という動機にもとづいて、私たちが何を食べるかを決定し、制約し、私たちの食に対する考え方に影響を与えている。マックマフィンからマックナゲットまでという狭い選択肢しかないファストフード店を見れば、私たちの食がどのような制約を受けているかは一目瞭然だ。しかし、ロナルド・マクドナルドの術中にはまらずとも、フードシステム全体に、不可視な制約が張りめぐらされている。

私たちが健康に良く、医者知らずになれる食べ物を買おうとしても、この「ファストフード国家」を生み出した食品産業の罠から逃れることはできない。たとえばリンゴを買うとしよう。北米と欧州のスーパーマーケットには、五〜六品種しか選択肢がない。ふじ、ブレーバーン、グラニースミス、ゴールデンデリシャスなどに加えて二つか三つの品種が並んでいる程度だ。なぜ、これらの品種なのか？　第一に、見栄えがよい。私たちはツヤがあって無傷の果物を好む。第二に、たいていの人が美味しいと感じる味である。だが、理由はそれだけではない。これらの品種は、長距離輸送に耐えることができる。果樹園からスーパーマーケットの棚にいたる長い道のりを揺られても傷つきにくく、長距離輸送しても見栄えを損なわせないためのワックスの乗りが良いのである。これら品種はまた、農薬の効きがよく、大量生産に向いている。そうした理由から、スーパーの棚には、カルヴィル・ブランクやブラックオックスフォード、ザバーゴーレイネッテ、カンディルシナップ、あるいは伝統品種で傷つきやすいランボーなどの品種のリンゴが並ぶことはないのである。つまり、私たちの選択肢は、スーパーマーケットにおいても、私たちの嗜好や旬、栄養素、食味を反映しているのではなく、食品企業の都合で一方的に決められているのである。

食品企業の利害がもたらす悪影響は、スーパーの品揃えの問題にとどまらない。この利害こそが、近代のフードシステムを根底から腐らせているのである。少数の食品企業が、多くの人々の健康に影響を与える大きな力を有していることを理解するには、ブラジルの「緑の沙漠」から近代的な大都市にいたる、世界規模の調査が必要であり、同時に、農耕文化の始まりから「シアトルの戦い」◆にいたる歴史的な考察が不可欠である。このような調査は、アジアやアフリカから飢餓がなくならず、世界中で農民の自死が絶えない本当の理由を明らかにするものだ。私たちが食べ物の中身がわからなくなった理由も、米国では白人よりも黒人の方が太りすぎになりやすい原因も、そして、私たちに食べ物について再考し食生活を変えるよう促す世界最大の社会運動が、多少なりとも衆目を集めるようになってきた本当の理由も、このような調査によって明らかになる。

◆八億人が飢えている　二〇〇八年の世界食料危機により、飢餓人口は二億人増加し、二〇〇九年には一〇億二〇〇〇万人となった。日本語版序文の地図「世界の飢餓状況」を参照のこと。

◆シアトルの戦い　一九九九年一二月、米シアトルで開催された世界貿易機関（ＷＴＯ）閣僚会議に、経済のグローバル化に抗議する五万人以上の市民が世界から集まり、抗議の声を上げたことを指す。

環境的に持続可能で、社会的に公正な食料の生産方法と食べ方を提示することで、私たちの今の食のあり方が変われば、飢餓はなくなり、食習慣が原因である病気もなくなるだろう。食料の生産方法と私たちの食べ方の問題について理解を深めることで、私たちは、より自由になり、食べることの喜びを再発見することができる。この任務は緊急を要するが、得られる成果は非常に大きい。

すべての国で、肥満と飢餓をめぐる矛盾と、貧困層と富裕層との格差が拡大している。たとえばインドでは、貧困層の食生活の質が一九四七年の独立以来、最も悪くなっている一方で、何百万トンもの穀物が貯蔵庫で腐っている。貧しい世帯の栄養状態が悪くなり始めていた一九九二年、インド政府はそれまで保護されてきた国内市場を、外国の清涼飲料水メーカーや食品多国籍企業に開放した。以後の一〇年間で、インドは世界で最も糖尿病の罹患率が高い国となってしまった。人々(しかも多くの場合に子どもたち)の身体は、健康に良くない食べ物を摂取しすぎて壊れてしまったのである。

このような劇的な変化を経験したのは、インドだけではない。こうした経験は世界共通のものであり、世界で最も裕福な国も例外ではない。米国では二〇〇五年に、三五一〇万もの人々が、次の食事が得られるかどうかもわからない貧困生活を送っていた。他方で、同国では糖尿病など食習慣に起因する病気の発生数も、食料の消費量も増え続けている。

こうした矛盾の存在に慣れてしまうのはたやすい。食品が山と積まれたスーパーマーケットに買い物に行く道すがら、ホームレスや物乞いを見かけたとしても、そうした日常の体験が人々に与える苦痛はわずかなものだ。良心の呵責をやわらげるには、貧しい人々は怠け者だから飢えているのだ、と思い込めばいい。同様に、金持ちは良い物を食べすぎるから太っているのだと。以前から、人々はこのような思い込みによって自らを自衛してきた。

どこの国でも、人々は何らかの形で、他人の身体の問題は当人の悪習の結果であると思い込まされている。しかし、当人のせいにしてしまっては、地球上でこれまでにない規模で、飢餓と過剰消費と肥満が並存するようになった理由を理解することはできない。

思い込みによる非難は、非難されている人々に他の選択肢がない場合には、的外れなものとなる。飢餓人口と肥満人口がこれだけ増大しているなか、その原因を個人の悪習に求めるのはお門違いだ。私たちの認識がずれてしまった理由の一つは、私たちの身体についての理解が、時代についていけなくなったことにある。太りすぎの人は金持ちだという、かつては正しかったかもしれない想定は、現代には通用しない。肥満は、もはや金持ちの専売特許ではなく、システムが生み出しているのである。たとえば、平均年収が六〇〇〇米ドル程度の途上国メキシコでは、一〇代の子どもたちの肥満がこれまでになく増えており、貧しい人々でさえ肥満になっている。ある家庭の子どもが、別の家庭の子どもよりも太っていたとしても、その家庭が裕福であるからではない。決定的な要因は、収入の額ではなく、米国との国境に近いところに住んでいるかどうかなのである。居住地が北側の国境に近くなればなるほど、砂糖や脂肪分の多い加工食品を摂取する割合が増え、子どもたちの肥満度が増していたのだ。[1] 居住する地域がこれほど大きな意味を持つのだとすれば、個人の選択が肥満や飢餓の予防に重要な役割を果たすという考えはくつがえされる。この発見は、一九世紀末に同国の大統領だった独裁者ポルフィリオ・ディアスの嘆きに、新たな意味を与える。「かわいそうなメキシコ！　なんと神から遠く、米国に近いことか」。

十分な食料を買うことができない人々さえ肥満にしてしまうのが、現代のフードシステムの恐ろしいところだ。ブラジルのサンパウロにあるファヴェーラ（スラム地域）で、栄養不良で育つ子どもたちが、大

▼1　de Rio Navarro et al. 2004.

人になって肥満になるリスクが高いというのは、その良い例だ。幼少期の貧困によって機能が低下した身体は、栄養をうまく代謝したり蓄えたりできないため、摂取した質の低い食品を体脂肪として溜め込んでしまう危険が高いのである。地球上のあらゆるところで、貧しい人々は質の高い食品を手に入れることができない。前述したとおり、それは世界で最も裕福な国々でも同じであり、米国では子どもたちが犠牲になっている。最近のある研究は、現在の消費パターンが改められなければ、米国の現在の子どもたちの余命は、これまでより五年短くなると指摘している。一生の間に食習慣に起因する病気にかかる可能性が高くなるからである。[2]

私たちは消費者として、個人の選択にもとづく経済システムが、飢餓と肥満を私たちから遠ざけていると考えるよう仕向けられている。しかし実際には、「選択の自由」こそが、このような不幸を生み出している。スーパーマーケットで買い物ができる人々は、五〇種類もの砂糖添加シリアルや、どれもがチョークのような味しかしない五、六種類の牛乳、何段もの棚を占める添加物まみれの決してカビないパンといった幅広い選択肢を前に迷うことになる。しかし、これらはどれも、ほとんど砂糖からできている。たとえば英国の子どもたちは、子ども向けに売られている二八種類もの朝食シリアルから何を食べるか選ぶことができるが、そのうち二七種類の砂糖含有量は政府の勧告レベルを上回っている。うち九種類は、砂糖の割合が四〇％にもなる。[3] 英国では六歳児の八・五％、一五歳児の一〇％以上が肥満であり、この割合は増加の一途をたどっているが、当然の結果だろう。朝食シリアルの例は、食品加工会社に、栄養価が低くても利益率の高い食品を製造・販売する十分な動機があるという現実の一端を明らかにしたにすぎない。実際には、あらゆる食品で同じことが起きている。同じ理由から、スーパーではリンゴよりも朝食シリアルの選択肢の方が多いのである。

私たちの選択肢は、おのずと限られてくる。野菜や果物、食肉などの生鮮食品のバラエティは、単に豊富なのではない。食品業界のちょっとした宣伝によって、新たな食材が私たちの選択に加わることもある。たとえばキウィ・フルーツは、かつて「中国スグリ」と呼ばれていたが、ニュージーランドの食品会社によって、冷戦時代の一九五〇年代末、この偏見をともなう名称ではなく、新しい名前で世界に売り出されたのである。それまで誰も食べたことのなかったキウィが、今では、はるか昔から食べられてきた果物であるかのように日常化している。このように新たな種類の生鮮食品が、少しずつ私たちの選択肢に加わりつつある一方、食品産業は毎年何万種もの新たな加工食品を生み出しており、その一部は世代を経て欠くことのできない定番商品となっている。私たちの食文化は、かように制限されており、私たちは皆、自らの食の選択を、どのような経緯から、どのような理由で行なっているのかを明確に認識することができなくなってしまった。

2……ともに選択肢が奪われている消費者と農民

食品が食卓に届くまでの道のりについての私たちの理解は、作り話や子ども向けテレビ番組によってほぼ形づくられている。子ども時代に教えられたおとぎ話を思い出すまでもなく、私たちが食料生産に抱くイメージは、農家が畑に種をまき、水をやり、作物が大きく強く育つよう晴天を願うという、牧歌的でおめでたいものだ。このイメージは、確かに食料生産の一面を捉えてはいるが、重要な部分がほとんど欠落

▼2　Olshansky et al. 2005 - though see Oliver 2005, and discussion in chapter 9.
▼3　*Which?* 2004

している。いまだに、そうして作られた食料を食べているのは、世界の農村の貧しい人々くらいだ。食品の来歴が、ラベルにたった一行表記されるだけになってしまった今、私たちには何もわからないし、知るすべもない。

そもそも、私たちの食料を生産している主人公は誰なのか？　農民か？　彼女の人生はどのようなものなのか？　彼女の食事はどのようなものか？　知ろうとすれば、世界の農民の大半が苦境にあることに気づくだろう。農地を売り払わざるを得なくなり、賃労働者としてその農地を耕している農民もいる。都市や海外に移住する人々もいる。自死を選ぶ人も少なくない。

そして、農民は何を植えているのか？　多くの農民にとって、栽培できる品種は、その土地の条件や気候、および市場へのアクセスや借りられる資金、あるいは食料生産における明確な、あるいは不可視な諸条件によって大きく制約されている。来年は何を食べようか、などと考えて、のん気に栽培品種を選ぶ余地はないのである。収穫物を自家で消費するのではなく販売したいのであれば、農民には限られた選択肢しかない。特に南側諸国の農民にとっては（私が本書で使う「南側諸国（Global South）」とは、世界の貧困国のことを指している）。農民は市場が求める作物を育てねばならない。

結局のところ、農業というビジネスは、市場という競技場に制約されているのである。しかも市場は、競技場と言うほどには競争原理が働いていない。農民に育てる作物を選ぶ余地が少しはあったとしても、複合的な要素を考慮して最も適した作物を選ばねばならず、ミスは許されない。選択を間違えれば、市場に罰せられ、極貧を覚悟せねばならない。すでに借金漬けとなっている農民たちにとって、それは破産を意味する。銀行と穀物商社は、破産した農民から貸付金を回収する画期的な方法を編み出した。たとえば、契約栽培あるいは土地賃貸契約では、農民はかつて自分が所有していた農地において、単なる労働の提供者に成り下がる。農民には他に選択肢がないため、そのような契約を自ら進んで結ぶのである。銀行が競売すると脅しをかけるため、たとえ土地を劣化させるような農法を求められても耕せないよりはましだということになる。

農民がこのような農法を強制されるため、他の農法を選択することは不可能となる。こうして、企業や政府などの力を持つ勢力が望む農法が拡大していく。食料生産のあらゆる段階で、あからさまに、あるいは密やかに、さまざまな形で選択が行なわれている。農薬の安全基準や、「安全」の定義を決めているのは、誰なのか？　私たちの食事に、どんな素材をどこから調達するかを決めているのは、誰なのか？　食料を生産している農民や農業労働者の賃金を決定しているのは、誰なのか？　加工食品に使われる加工技術が安全だと決め付けているのは、誰なのか？　食品添加物から利益を得ているのは、そして、これら添加物は害よりも恩恵の方が多いと決めたのは、誰なのか？　世界中から食材を輸送し、加工するための安価なエネルギーの大量使用を可能としているのは、誰なのか？

こうした決定は、食品の購入者である私たちの日常からすれば、火星のように遠いところで下されているように思えるかもしれない。しかし、農民から選択肢を奪っている勢力は、スーパーの品ぞろえにも影響を与えている。そもそも、スーパーの棚にどんな商品を並べるかを決定しているのは、誰なのか？　商品の値段を決めているのは、誰なのか？　売り場にパンの匂いを漂わせ、アニー・レノックス◆の悲しげな歌声を流せば販売促進になることを突き止めるために、巨額を投じているのは、誰なのか？　そして、最も貧しい人々が買えない額に商品価格を設定しているのは、誰なのか？

◆アニー・レノックス　八〇年代に流行したポップ・グループ「ユーリズミックス」のヴォーカリスト。現在はソロ活動を行なっている。

それらの問いの答えが問題の核心なのである。選択肢の少ない豊富な品ぞろえ、レジの手前に置かれた特売品、そして常に食料が手にはいる日常に私たちは慣れきっている。「便利さ」が、消費者としての私たちを麻痺させ、個人の味覚や好みがどう操作されているのかということだけでなく、私たちのスーパーでの選択が、私たちの食料を生産している人々から選択を奪うことであるという、厳しい現実を直視しないようにさせているのである。

3……ある農民の話——「あなたが飲んでるコーヒーが、飢餓の原因なのです」

オックスファム〔主に南側諸国の貧困と不正をなくすために支援活動を行なっている国際NGO〕が最近発表した報告書には、食品業界の支配的な力について考えさせられる事例が載っていた。ウガンダのコーヒー生産者ローレンス・セグヤは、こう述べている。

「私は、あなたの国の人々にこう言いたい。あなた方の飲んでいるものが、私たちの問題のすべての原因なのです、と」▼4。

こう考えているのは、彼女一人ではない。サロメ・カフルジは、一三人の子どもを抱える母親であり、コーヒーで生計を立てている。彼女はこう語っている。

「私たちには、お金がなく、不幸です。すべてうまくいっておらず、必需品も買えません。肉も魚もコメもなく、サツマイモや豆やマトケ〔青いバナナをすり潰したようなもの〕さえない〔……〕。子どもを学校にやることもできないのです」。

サロメの夫ピーターは、その原因は、コーヒーの価格にあると断言した。

「キボコ〔天日干ししたコーヒー豆〕が一キロ六九セントだった頃は、何の心配もなく安眠でき、家族を食べさせることもできました。最低でも一キロ三四セントの価格じゃないと困るのです。これが二九セントにまで下がったら、農地を守ることができません」[5]。

だが現在、価格は一キロあたり一四セント前後である。

需要と供給の法則からすれば、コーヒー生産者は、他の作物を生産すべきだということになる。しかしこの考えは、彼らが他に生産する作物があるという前提に立っている。だが現実には、そうでない場合がとても多い。その結果、農民の収入は減り、食べ物がなければ誰でもそうするように、仕方なく自らの首を絞める選択を行なう。降参して都市に出て行くよりも、あるいは他の作物を育てるよりも、コーヒーの生産を増やし、身を粉にして働き、何とか生活を維持するためにあらゆる手を尽くすのである。そして時には、生き残るのに必死なあまり、自然環境を犠牲にせざるを得ないこともある。こうして、世界では九億キログラムものコーヒーが余剰となった。それほどコーヒーがあまっているなら小売価格が安くなってもよさそうなものだが、そうなるには流通プロセスが長すぎるのである。

ローレンスと彼の家族は、コーヒー生産に適した高緯度の傾斜地に暮らしている。それは彼の土地が、他の作物の生産に適していないことを意味する。つまり、彼らにはコーヒーを生産し続けるか、土地を離れるかの選択しかなく、他に行くところがなければ、コーヒーの生産を続けるしかない。

農民は一キロ一四セントで仲買人に売り、仲買人はそれを加工工場に一九セントで売る。工場は加工して一キロにつき五セントを得るが、それでは操業を続けるのは難しい。コーヒー豆が持ち込まれるのは、メアリー・ゴレティが経営するキトゥントゥの工場だ。彼女はこう語る。

▼4 Gresser and Tickell 2002 : 6.
▼5 Gresser and Tickell 2002 :22.

「今は、ほとんど儲かっていません。しかも、電気代がすごく高い〔……〕。キボコを持ち込む農家が、とても少ないのです。価格が安いうちは、家に保管している農家もいます。低価格が続くなら、工場は立ちいかなくなるでしょう。一〇袋分しか加工しないのでは、工場は続けられません」[6]。

しかし、メアリーには、工場で他の仕事を請け負うという選択肢がないため、今のところ工場は稼働を続け、コーヒーを加工している。

袋詰めにされたコーヒーは、一キロあたり二セントの輸送費をかけてカンパラ［ウガンダの首都］に送られる。この時点で価格はキロあたり二六セントになっているが、カンパラにも大きな利益は落ちない。ウガンダの大手コーヒー輸出業者ウガコフのハニントン・カルハンガ代表は、一トンあたり一〇ドル、すなわち一キロあたり一セントの儲けで満足している。しかも、この額は、高品質のコーヒーの場合の利益である。カルハンガは、「なかには輸出する価値のない品質の豆もあります。そんな豆は、捨てた方が安いのですが」と言いつつ、豆を分別し、等級付けし、保険をかけて焙煎業者に輸出する、という複雑なプロセスを経て、こうした豆まで輸出している。その豆が、たとえばネスレ社のコーヒー加工工場があるウエスト・ロンドンに到着すると、一キロあたり一ドル六四セントになる。ネスレの工場に入る時点で、カフルジやセグヤスが受け取った額の一〇倍を優に上回る価格になっているのだ。しかし、価格が跳ね上がるのは、その後だ。ここで焙煎された豆は、ウガンダでの価格の二〇〇倍近い一キロあたり二六ドル四〇セントに値付けされるのである。

コーヒー生産者が蓄えを取り崩して生活している一方で、ネスレの利益はとめどなく増加している。同社は、二〇〇五年に食品と飲料の販売で七〇〇億ドル以上を売り上げており、そのブランド力と市場占有率の高さを思えば、コーヒー生産者の受け取る金額を引き上げることは十分可能なはずだ。だが、そうすべき理由などない。ネスレは慈善団体ではないし、「安く買って、高く売る」という資本主義の鉄則にしたがう他社と競合している。ネスレは、その巨大な規模によって、生産者、加工工場、輸出業者、および輸入業者との取引条件を一方的に決定し、買い叩くことができる。同社にとっては、ウガンダのコーヒー産業がつぶれたとしても問題ではない。

ベトナムは、世界銀行によって世界のコーヒー市場への参入を促され、他のどこの国よりも安くコーヒーを供給するようになった。どこの生産地でも、コーヒーの国際市場を通じて遠方の生産者との競争を余儀なくされている農民は、他にほとんど選択肢がないため苦境に立たされている。生産物の正当な対価を得ようとする農民の試みも、食品産業の強大な力によって阻まれている。エチオピアの農民は、最近、同国の代表的なコーヒー豆の名称を商標登録して、シダモ、ハラル、イルガチェフェなどのブランド名を取り戻そうとしている。これがうまくいけば、生産者の取り分は二五％ほど増える可能性がある。しかし、年間の売り上げがエチオピアの国内総生産の四分の三という規模を誇るスターバックス社は、直ちにこの動きに反撃した。この闘いは、本書を書き上げた時点でも決着がついていない[7]。

大企業は、フードシステム全体に及んでいる自らの支配をゆるめるつもりなどないのだ。だが、ネスレやスターバックスをはじめ、あらゆる食品企業には、私たち消費者という大義名分がある。消費者のため、あるいは「消費者の自由」を守るために、賃金や生産者の取り分を低く押さえねばならないという主張が展開され、これが実際に支持されている。私が住んでいた南アフリカのダーバンにあるピック・アンド・

▼6 Gresser and Tickell 2002 : 23.
▼7 Seager 2006とKlein 2000によって、スターバックス社の非情なマーケティングの実情が明らかにされた。世界産業労働組合［米オハイオ州に本拠を置く。組合員数は五万人］は、同社のバリスタに対する不当な扱いに対して抗議を行なっている。http://www.iww.org/en/node/3096

ペイ・スーパーマーケットには、チコリーがブレンドされたものや、新鮮な深煎りコーヒーなど、一〇七種類ものコーヒーが陳列されているが、五メートル近い幅で棚を占領しているのはネスレの商品である。なんと豊富な品ぞろえだろう。

4……「砂時計」のくびれ——フードシステムのボトルネック

世界には、コーヒーの生産者と消費者は星の数ほど存在し、加工工場の数も多いが、輸出業者の数は少なく、これが、コーヒーの流通システムのボトルネック〔ビンの首の意が転じて、全体の円滑な進行・発展の妨げとなるようなシステム上の障害要素のこと〕となっている。同様のことは他の食品についても言える。生産地と食卓を結んでいる流通システムのある段階において、ひと握りの企業に力が集中しているのである。

食品が生産され販売される経路の、どこで集中が起きているかを図で示すと、図表序－1のようになる。上の図は、オランダ・ドイツ・フランス・英国・オーストリア・ベルギーの統計を合計したものである。下の図は完全に同じ内容ではないものの、米国における同様の統計から作成した。実際には、欧州や北米で消費される食料を生産している農民の数は、これら図表の数字よりはるかに多いことは念頭に置く必要がある。なぜなら、輸出用にさまざまな熱帯の果実や野菜を生産している何億人もの農民は、これら富裕国以外の地域に暮らしているからである。

この図で、最もくびれた部分（ボトルネック）に位置する特定企業に、力が集中しているということになる。いくつかの理由によって、世界ではわずかな数の企業だけがコーヒーの売買に携わっている。遠方から食料を輸入し、加工して出荷するには巨額の資本が必要であり、お金がなければこのビジネスに参入できない。これは規模がものを言うビジネスでもある。つまり、企業の規模が大きければ大きいほど、よ

図表 序-1 ■ フードシステムにおける勢力と企業の集中を示す「砂時計」

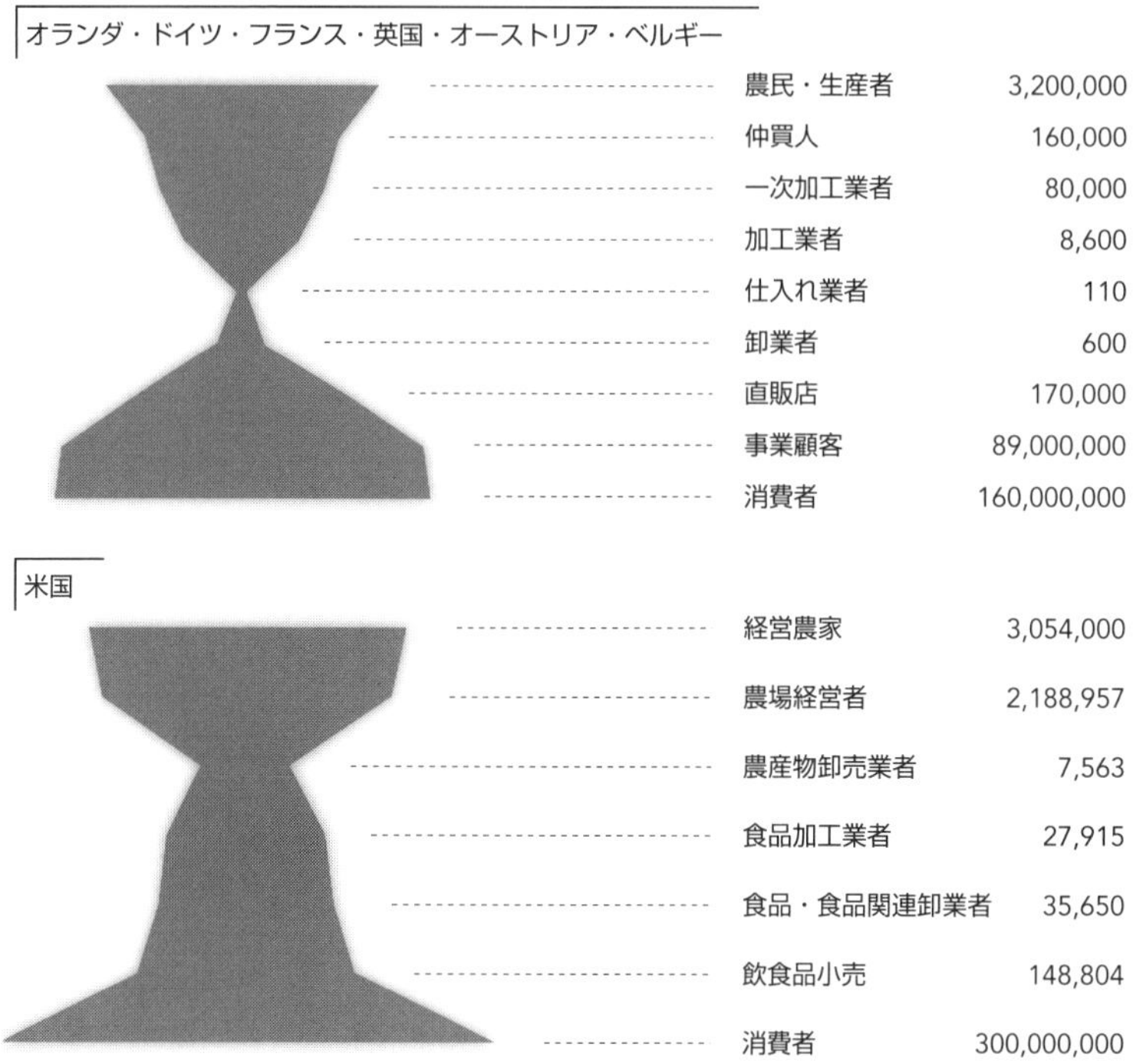

オランダ・ドイツ・フランス・英国・オーストリア・ベルギー
農民・生産者　3,200,000
仲買人　160,000
一次加工業者　80,000
加工業者　8,600
仕入れ業者　110
卸業者　600
直販店　170,000
事業顧客　89,000,000
消費者　160,000,000
米国
経営農家　3,054,000
農場経営者　2,188,957
農産物卸売業者　7,563
食品加工業者　27,915
食品・食品関連卸業者　35,650
飲食品小売　148,804
消費者　300,000,000

出典：Grievink 2003, US Census 2000, USDA 2007.

り大量の食料を扱うことができ、その結果、コストを最小にすることができる。結果として、国際的な食品流通業者に小さな会社は存在しない。小さな魚は、食品流通業界の巨大な海獣に飲み込まれてしまうのだ。そして、ひと握りの企業が農民と消費者をつなぐ流通市場を支配しているかぎり、これら企業が食料の生産者と、それを食べる消費者の両方に対して支配的な力を持つことになる。

　その力の大きさを実感するには、ボトルネックとなっている業種全体の市場規模と、その業界の最大手企業の売上額を見ればよい。

二〇〇四年の一年間に、小売業界は三兆五〇〇〇億ドル以上、種苗産業は三一〇億ドル、農化学産業は三五〇億ドルを売り上げ、[8]食品加工業の総収入は一兆二五〇〇億ドルであった[9]（比較のための数字を挙げると、二〇〇五年のカナダの国内総生産は一兆一〇〇〇億ドルである）[10]。付け加えると、世界のダイエット食品産業は年間で二四〇〇億ドルを売り上げている。さらに、食料不足に悩む国々に支援を行なっている食料援助業界の規模は、二〇億ドルにもなる（その背後で利益を上げている石油産業は含まれていない）。他方で、食料を自分で購入できる人々は、非常に安価な高カロリー食品を食べている。

　フードシステムを支配する巨大企業は、その規模の大きさゆえにルールに従う必要がなく、平らなはずの競技場を傾けることもできる。これらの企業は、自国内でも、世界貿易機関（WTO）などにおいても、自社にとって都合のよい経済環境を整えるため、政府に対してロビー活動を行なっている。貿易協定は、フードシステムの砂時計のボトルネックに位置する企業に対して、政府が便宜をはかる手段の一つである。そうした手段は他にもいろいろある。少々リスクが高いと思われる海外投資に対しては、政府が出資する輸出信用機関あるいは世界銀行が、直接的にそのリスクを肩代わりしてくれるか、投資受け入れ国にそのリスクを引き受けるよう説得してくれる。健康あるいは安全や環境上の理由から、特定の商品の輸入を禁止する国があれば、外交圧力を加えてくれる。

　政府は、最も競争力のある企業を優遇しているとの非難に応えて、フードシステムに対する政府介入によって国益が守られていると思わせるために多大な努力を行なっている。政府支援を実施している政策担当者のなかには、こうした支援策が米国のニューディール政策や欧州の福祉国家政策、あるいはインドの政府配給制度と同じように、国民に恩恵をもたらしていると純粋に信じ込んでいる者も少なくない。だが、政府の動機は、たいていは不純である。たとえば歴史的に見ても、政府が貧困対策に熱心であった場合のほとんどが、腹を空かせた怒れる都市貧困層が政治的に大規模に組織化されれば、都市の富裕層に対して何をするかわからない、という恐怖に駆られた結果であった。英国で二〇世紀初頭に、セシル・ローズが植民地主義を唱道したのも、街角でパンを求めて紛糾する労働者らを黙らせるためであった。実際、欧州や北米の国々では、都市の貧困層が食料を求めて内紛を起こさないようにすることが、食料政策を実施する目的だったのである。

つまり、現在のフードシステムは、空から降って湧いたシステムではないということだ。このシステムは、食料からのより多くの利潤をあげようと画策する企業と、社会不安が起きることを懸念する政府、あるいは世論や都市消費者の批判を気にかける政府との間で利害調整が行なわれた結果なのである。その際、考慮されることのない農村の人々は、このシステムの犠牲者となる。しかし今や、彼らこそが、生き残るための必要に迫られ、まったく新しいフードシステムの構築に向けて先導的な役割を果たしている。

5……立ち上がる世界の農民たち

崩壊しつつある農村の人々ほど、田舎の悲哀を歌うエレジーが似合う人々はいない。土手の上から土砂が降り注ぐがごとく、世界各地で農地を失い、生きる意味を失い、自殺する農民が急増している。だが、農民や土地を失った人々は、沈黙し続けているわけではない。これまでも常に反乱は起きていたし、それは今後も続く。この闘いの舞台はフードシステムそのものであるが、この闘いにおいて多数の人々が犠牲

▼8　ETC Group 2005b.
▼9　Ibid.
▼10　World Bank WDI 2005.

になってきたことを認識している人はほとんどいない。消費者がより良い食を求めて闘うようになったのは最近のことだが、農民は長いこと、消えゆく自由を回復するために闘ってきており、それは今日まで続いている。一〇〇〇万人以上の農民が集結するインドの「カルナタカ州農民連合」（KRRS）から、メキシコで始まった「カンペシーノ」（農民の意）の運動まで、世界の数多くの運動が、フードシステムに反対するだけにとどまらず、新たなフードシステムと尊厳ある暮らしを求めて闘っている。

たとえば、米国やインド、メキシコの農民グループは、彼らが受け取る作物の対価が低すぎることについて、さまざまな場所で訴えてきた。WTOの会議場に張りめぐらされたバリケードの外側で、または、タコベル社など彼らの作物を仕入れている企業や、モンサント社など種子や農薬の売り上げから利益を上げている企業の事務所の前で、あるいは地方を窮乏に陥れた政府に対して。

ブラジルでは、一〇〇万人以上の土地なし農民を組織化し、遊休農地を占拠する運動が盛んだ。この運動は、土地なし農民に対する他のどの対策よりも、参加した農民を健康で長生きにし、彼らに充実した教育機会を提供している。このブラジルの「土地なし農村労働者運動」（MST）の参加者は、世界全体で約一億五〇〇〇万人の農民を代表している「ラ・ヴィア・カンペシーナ」（「農民の道」の意）という世界最大の独立した社会運動組織の一部を成している。この社会運動には、KRRSから、「カナダ農民連合」「韓国女性農民連合」「フランス農民連合」、そして「モザンビーク全国農民連合」まで、世界各地の運動が参加している。この運動は、彼らが対峙しているフードシステムの支配勢力とほぼ同じくらいグローバル化しているのである。この運動の参加者には、土地なし農民もいれば、農地を所有し労働者を雇っている農民もいて、彼らの農業の規模も中規模から小規模までさまざまである。たとえば、カナダの小規模な農場は、インドでは大農園に相当する規模であり、それぞれの農民の置かれた状況は明らかに異なっており、参加している運動組織の状況もさまざまである。それぞれの国の中でも、大きな違いがある。たとえば米国では、常に黒人農家は、白人の農家よりも厳しい状況に置かれてきた。米農務省が、一九九九年に大規模な反差別訴訟に決着をつけた結果、それまでずっと差別的に支出されてきた農家に対する連邦政府の補助金について、黒人農家に賠償金が支払われることになった。しかし二〇〇六年の時点でも、黒人農家の多くが、いまだに連邦政府から賠償金を受け取っていない。

農民運動は、それぞれの土地で違う条件や制約の下、それぞれ別の対抗勢力や軍隊と闘っているが、国際的なフードシステムに対する共通の理解によってつながっている。それは、本書で詳述している見解でもある。これらの運動は、ともに共通理解を深めるだけでなく、複雑かつ洗練された形で共同行動を実施している。二〇〇四年にインド洋で大規模な津波が発生し、インドネシアとスリランカの農村や漁村が被害を受けたときにも、この運動が現地で復興を支援した。

しかし、砂時計の図表が示すとおり、フードシステムにおいて、力の乱用によって犠牲を強いられているのは農民だけではない。消費者もまた、企業が持つ市場の力によって規定されている。もちろん消費者が置かれている立場は微妙に違う。私たちは消費者として、どこで何を買うかの選択を変えることで、多少なりとも市場を規定することができる。だが、コーラからペプシに変えるというようなお手軽な変更では何も変わらない。地域コミュニティによる運動は、より本質的な変化を求めて闘っている。私たちの選択肢を広げるための運動には、米カリフォルニア州オークランドにつくられた〝ピープルズ・グロサリー〟（民衆の食料品店）による、有色人種のための新たな食品流通機構の創出や、〝スローフード運動〟のような、食べ物の意味を再定義しようとする食文化運動の実践などがある。世界中で、このような運動が、食料の生産者と消費者から奪われてきた選択肢を取り戻すために、フードシステムを多様化しようと努力しているのである。

もちろん、あらゆる運動が矛盾を抱えている。純粋なイデオロギーでつくられた人間などいないし、すべての人が聖人であるはずもなく、したがって、完璧で制約のない抵抗運動など存在しない。私たちはすべて、今ある資源を生かし、その資源のある場所で運動を生み出している。そして私は、本書でこのような運動のあり方を紹介し、提案する道を選択した。世のなかには、時計の針を戻し、農村の不満を保守的な愛国主義や外国人排斥に結びつけようとねらっている運動勢力もある。だから私は本書のなかで、KKK（クー・クラックス・クラン）を生み出した農村の急進主義の伝統について詳述するつもりはない。〝ピュア・フード〟を求める運動の歴史にも汚点がある。たとえば英国土壌協会は、一九三〇年代に英国ファシスト連合に助言を行なっていた。この二つの組織は、血統と土壌の純粋さにこだわるという点で共通する。農家と移民を排除し、手つかずの自然と純粋な食品を求める環境保護主義者は、ヨーロッパだけに存在するわけではない。米国の「シエラ・クラブ」もまた、移民の受け入れ規制の是非をめぐって分裂を経験している[11]。

本書では、このような思想に与するのではなく、フードシステムにおいて国際主義的な運動が展開する闘いについて詳述する。この運動が有する展望は、この運動が対峙し、代替しようとしている企業中心のグローバル化と同じように幅広く、移民に対して寛容である。農村の現場が絶望に覆われている一方で、こうした運動は確かに存在し、種子の交換や、文化や具体的な成功事例の交流を通じて連携を深めており、孤立した〝オルタナティブ（代替の）〟運動にとどまってはいない。この運動は、オルタナティブな選択肢は存在するし、創り出すこともできるのだ、ということを広く知らせ続けている。そうした選択肢には、古き良き時代に存在していたものもあれば、新たに創造するものもある。このような創造的な作業に取りかかるには、私たちはまず、冷静な目で現状を分析し、何が問題なのかを明らかにしなければならない。

6……本書の構成

本書では、世界のフードシステムについて、生産現場において、そして私たちの食卓に向けて、どのような選択が行なわれてきたのかを詳細に検討していく。そのなかで、農村社会、企業、政府、消費者、活動家、社会運動のそれぞれが、どのようにフードシステムを形作ってきたのかを考察する。

これらの主体によるそれぞれの選択が複合された結果、多くの人々が〝過剰摂取〟または〝飢餓〟に苦しみ、このシステムの両端に〝肥満〟と〝貧困〟が生み出され、このシステムを構築したひと握りの層が大金持ちとなった。しかし、人々を自由にし、結びつけ、世界を一つにする新たな手段を生み出すような選択もあれば、人々を孤立させる選択もある。

第1章では、農民の自死と、世界中の農村社会を破壊している力について考察する。都市にいると、農村社会が直面してきた物理的および経済的な暴力の存在に気づくことは難しい。都市で直接目にするのは、農村が荒廃した結果として国内および海外から流入してきた移民たちである。

第2章では、移民の現状について考察し、この問題を、近年に農村に大きな変化をもたらしてきた最大の要因の一つである貿易協定についての議論と関連づけて考えていく。貿易協定の歴史は、食料援助、開発、および反乱の歴史と深く結びついている。

◆KKK（クー・クラックス・クラン）　南北戦争後、南部で白人の優越性を維持するために結成された白人至上主義組織。黒人を始め、有色人種やユダヤ人、共産主義者を標的に暴行を繰り返してきた。

▼11　Hall 2005.

第3章では、世界のフードシステムが第二次世界大戦直後に、どのように形づくられたのか詳述する。このフードシステムは、システム自体が安定するのに十分な量の食料を再分配するためにつくられたが、決して世界で最も貧しい人々のニーズを重視したものではなかった。

第4章では、このシステムの最大の勝利者であるアグリビジネスについて精査し、第5章では、これら企業が人種・科学・開発といった概念を駆使して、生命の源である種子に対する支配を強化してきた道のりを明らかにする。このような考察を進めるなかで、各国の歴史は書き直され、現在の状況は、もたらされるべくしてもたらされたのだということが明らかになる。

第6章では、これまで詳述してきたような市場の力が一丸となって、地球上で最も重要な作物の一つである大豆に対してどのような影響力を行使してきたのかについて、事例として取り上げる。しかし、私たちの多くは、以前にも増して、食品を農場や加工場からではなく、大規模小売店で購入するようになっている。第7章では、最も新しく、今では最も強力なアグリビジネスに成長したスーパーマーケットについて考察する。

第8章では、私たちの味覚がどのように形づくられ、私たちが消費者としてだけではなく、生活者としてフードシステムからどのような制約を受けているかについて問う。

そして最終章では、このシステムを創り直し、生産者と消費者の双方から搾取している市場の勢力との関係を変えることによって、私たちが単なる消費者であることをやめ、主権を取り戻すことができる方法があることを示す。これまでとは違った生き方をする、という困難な課題を実現できる保証はない。しかし、私たちが挑戦しないかぎりは、実現の可能性さえ生まれないのである。

第1章

崩壊する農村、自殺する農民

1……世界の農村で、いったい何が起きているのか？

近くの公園で、子どもたちがシーソーに乗って遊んでいる。ギッコン、バッタンと、シーソーを動かしながら口ずさんでいるのは、「シーソー、マージョリー・ドー」の歌だ。

〽シーソー、マージョリー・ドー
ジャックは新しい親方の下にいく
一日働いて一ペニーの稼ぎだ
なぜって彼は仕事が遅いからね

シーソー、マージョリー・ドー
ベッドを売ってわらの上に寝る
彼女は薄汚いふしだらな女か
ベッドを売って土の上に寝るなんて

（伝統民謡）

子どもたちは、明るいメロディーにのせて、一番の歌詞を呪文のように繰り返す。楽しげに歌いながらシーソーを上下させ、歌詞の意味など考えたりはしない。二番の歌詞などすっかり忘れてしまっている。ありがちな光景だが、これは都会に住む私たちの田舎に対する意識と似ている。私たちの農村に対するイメージは、人情にあふれているが、変化に乏しく面白味に欠けるところといったものだ。農村が、都市の人々にとっての理想郷であり続けるために、農村は忘れ去られ、都合の悪い事実は隠され、歪められてきた。

だが、都市の人々のために田舎のイメージが塗り替えられてきたことが、私たちに問題をもたらしている。私たちに食料が届けられる手段が制約を受けていることを理解するには、農業が受けてきた被害と、フードシステムが、以前とはまったく違った食料の流通形態をもたらしている現実を、直視する必要がある。

世界人口の過半が暮らすようになった都市が、農村のあり方を規定している。しかし農村もまた、これまでも都市を規定してきたし、今も都市のあり方を制約している。このフードシステムの悪いところを挙げれば切りがないが、たぶん最も広範に影響を与えているのは、人々の想像力を支配している点だろう。

インドの例を挙げよう。植民地支配に抗し、一九四七年に独立を勝ち取ったインドでは、以後、何もないところから経済を発展させようと必死の努力が続けられた。その努力はある程度成果を挙げ、今や海外でのインドに対するイメージは、数多くの雇用が生み出され、高い技術を持つ労働者がわずかな賃金で熱心に働く夢の国である。ＩＴ産業の新興の「マハラジャ」たちは、この産業の高い成長率（二〇〇四〜〇八年に年率で一九％）を自画自賛し、政府の教育投資によって多数の技能労働者が生み出されていることを歓迎している。しかし、この経済成長神話は誇大解釈されている。当時インドの政権党だったインド人民党（ＢＪＰ）は、二〇〇四年、困難な経済状況を克服したとの自負に支えられ、「シャイニング・インディア（光り輝くインド）」というスローガンを掲げて、お決まりの笑顔を浮かべた肌の色の薄いインド人政治家らとともに意気揚々と選挙戦に突入したが、敗退を喫した。

もちろん、「シャイニング・インディア」に値する現実もあるにはある。バンガロールやハイデラバードなどの主要都市の、空港から数キロ以内の地域を散策すれば、そこには光り輝く街がある。オラクル、マイクロソフト、ノーベル、インテル、IBM、インフォシスなどの企業のビルが建ち並ぶ街は、スモッグにかすむ太陽の下で煌々《こうこう》と光を発している。アンドラ・プラディシュ州の州都であるハイデラバードは、今、急成長している都市だ。空港からビジネス・パーク、そして官公庁へと続くマネーの通り道は、あまりにピカピカに磨かれているために、この街の古くからの住民たちの目には映らない。夜になると、ビルの裏から、解放された若者たちがタイトなジーンズ姿でスクーターにまたがり、一斉に飛び出してくる。ボーイッシュなショートヘアの女性たちは、二〇〇CCのスクーターでコールセンターからコーヒーバーへと居場所を移す。これは、ある意味では発展と言えるだろう。しかし、この都市の内部にも、このような発展とは無縁の人々がいる。同市の六〇〇万の人口の三分の一がスラムに暮らしている。良い生活を夢見て都会に出てきたものの、大卒エリート階級の暮らしなど望むべくもない人々だ。[1]

都市の発展物語が、同じ都市内の貧困を覆い隠すものだとしたら、インドの農村について語られる物語は、痛みを分かちあう可能性を打ち消すものだ（それが罪滅ぼしの類いでないかぎりは）。米国に「ハートランド」の心温まる物語があるように、あるいは英国の「アルビオン」（グレートブリテン島の古称）がいつも農村の物語であるように、インドにも「マザーインディア」の感傷的な物語が存在する。そうした物語は、今では誇り高き近代国家となり、農村よりも都市が主役となっているインドが、農村にルーツを持つ国であることを伝えている。だが現実は、このような牧歌的な幸福感にあふれた物語とは対照的である。いくつかの例を断片的に示すと、米国では麻薬がらみの殺人は、都市よりも農村で多く発生しており、英国では自殺人口が、都市よりも農村で多い。インドでも、農村には発展も家庭的な幸せも見出せない。

ハイデラバードから五時間ほど離れた、大金とも高層ビルともコンピュータとも無縁な農村にも、髪の短い女性はいる。[2]しかし、ここには坊主頭の赤ん坊もいる。モンスーン期の終わりの暑い日に、私がパルバティ・マサヤに初めて会ったとき、彼女は他の村の女性たちとはかなり違う短い髪をしていた。私は、葉っぱで使い捨ての皿をつくる仕事から、少しの時間、彼女を引き離し、話を聞いた。パルバティの二人の男の子の一人、六歳の子は、彼女が話している間、母親のサリを引っ張ったり離したりしていた。八歳の子は、近くの学校で他の子に混じって黒板の文字を読み上げていた。

パルバティの一日は長い。朝五時に子どもたちの朝食の準備を始め、食器洗いと洗濯をすませて、水を汲みに行く。子どもたちを朝八時半までに学校に送り届けたのち、近所の家の庭につくられた皿づくりの作業場に行く。午後六時半に家に帰り、近所の家に子どもを迎えに行き、一〇時から一一時の間に眠りにつく。皿づくりの賃金は低く、一日働いて二五ルピー（五〇セント）にしかならない。この収入では、子どもを育てられない。

「以前には、コメを長持ちさせるためにご飯にチリ（唐辛子）を加えていたのですが、子どもたちの具合が悪くなったのでやめました。今は、私の両親が、少しだけお金を援助してくれています」。

パルバティは四エーカーの農地を所有しているが、今は休耕中である。

「子どもたちが、学校を卒業するのを心待ちにしています（上の子どもが一二歳になるまで、あと四年）。子どもが農作業をするようになるでしょう。今は、誰も子どもを見てくれる人がいないので、都市に出て働くことができないのです（都市の賃金の方が高い可能性がある）。だから今は皿をつくっています。何とか生きていかねばなりませんから」。

しかし彼女は、誰も責めたりはしない。

▼1　事実は、ハイデラバード市の公式データで確認できる。http://www.ourmch. com/cdp/

▼2　本人を特定できないよう仮名に変えてある。

「私は、怒ってなんかいません。怒っても仕方ないですから。怒っていたら戻ってこなかったでしょう」。

彼女の世帯の農業収入は、多い年で一万二〇〇〇ルピー、一日あたり七五セント以下だった。それも、彼女の夫キスタイアが存命中のことだ。二〇〇四年八月一一日、キスタイアは晴れわたった空を見上げ、絶望していた。彼は二〇〇〇年以来、借金を重ねてきた。彼が金を借りたのは、雨がほとんど降らなくなり、地下水が枯渇したためだった。コメをつくるには深い井戸を掘らねばならなくなり、最初に地元の銀行から八〇〇〇ルピー（一八〇ドル）を借り、次にパルバティが「ご近所さん」と呼ぶ地元の金貸しから九万ルピー（二〇〇〇ドル）を借りた。キスタイアは、彼の農地に井戸を三ヶ所掘ったが、地下水は出なかった。八月の第二週に入っても雨は降らず、彼の作物は枯れてしまった。

その夜、皆が寝静まった後、キスタイアは起きあがり、緑と白でプリントされたビニール袋を棚から取り出した。この袋の色柄は少しだけインドの国旗に似ていたが、下の方には形の整った野菜が帯状に描かれ、まん中には車輪ではなく「毒物」を意味する赤と白のダイヤモンドが描かれていた。彼はこの袋の中の顆粒でカップを満たし、これを水で溶かせるだけ溶かして飲み込んだ。そしてパルバティの横に身体を横たえた。

これは、有機リン系の「ホレート」と呼ばれる殺虫剤であり、世界保健機関（WHO）が非常に危険な農薬に分類し、国連食糧農業機関が安全に使用するのは不可能だとしている農薬である。[3] ところがインドでは、この殺虫剤がどこにでも売っており、アンドラ・プラディシュ州の農家だけで国全体の使用量の三五％を使用している。殺虫剤ホレートは、キスタイアが飲み込む前に、水と混ぜられた時点で彼の皮膚や肺を通じて身体に吸収されていた。そして、彼の神経のレセプター（受容体）の機能を低下させ、呼吸器の筋肉を麻痺させた。彼は、呼吸が停止する前に、昏睡状態に陥ったと思われる。そして、ひどい痙攣《けいれん》が起きることもなく、妻子を起こすこともなく、彼は死んだのである。

パルバティは、二〇〇四年八月一二日、追悼の儀式として髪を剃った。キスタイアは、村の誰からもとても好かれていた。「彼は、もの静かな良い農民、良い人でした」と、村の代表であるナラシマ・ヴェンカテスは語った。キスタイアの死を人々は悼んだ。しかし、自死を選んだのは彼だけではない。国全体についての政府統計は手に入らないが、人口七五〇〇万のアンドラ・プラディシュ州の記録では、年間に数千人が自殺しており、他州にも同様の現実がある。ムンバイに食料を供給している後背地では、農民の自殺が急増している。この問題は、インドの食料供給にも影響を及ぼすまでになった。ハイテク農業による「緑の革命」のメッカであるパンジャブ州では、一九九五年から九六年にかけて農民の三人に一人が「破滅と生存の危機」にさらされ、「この現象は、一九八〇年代後半に始まり、一九九〇年代に深刻化した」[4]という国連報告がなされ、インド政府を憤慨させた。状況は悪くなる一方だ。最新のデータでも、パンジャブ州の自殺率は急増している。インドの新聞は、こうした現実を、インドの農業のすばらしい未来は「緑の革命」にかかっていると鼓舞され、成功を約束されていたはずの農民たちの悲しい最期だ、と報じた。[5]

もちろん、インドの貧しい農民が、すべて自死を選んでいるわけではない。自殺する代わりに腎臓を売

▼3　「国連の食糧農業機関は、WHOでⅠa（ホレートはこれに分類される）とⅠbに分類された農薬は途上国で使用されるべきではなく、可能であればⅡに分類された農薬も使用を避けるべきであると勧告している」(MARI, CSA and CWS 2005: 15)。

▼4　UNFP India 2004 : 42.

▼5　*India Today*, 29 November 2004, New Delhi, available at http://www.undp.org.in/hdrc/pc/Deco3/Green Revolution.pdh.

る農民たちもいる。マハラシュトラ州アムラヴァティ地方のシンガプール村では、農民たちが「腎臓販売センター」を設立するまでとなった。ある農民はこう述べている。

「私たちは〔……〕、腎臓販売所の落成式に、首相と大統領を招待しました〔……〕。私たちには、腎臓以外に売る物がないのです」[6]。

これは、シンガプール村だけの特殊な例ではない。多くの村人が、自らの身体まで売り物にしているのである。農村の内部にも格差はある。広く見られる男性と女性の間の格差だけではなく、農地を所有し続けている農民と、すでに売る物がなく、労働を売るしかなくなった者たちとの間には際だった違いがある。農民の自殺ほど顕著な傾向にはなっていないものの、土地なし農民のなかには飢餓の脅威にさらされる人々も出てきた。

農民が自殺に追い込まれるほど絶望している状況を、インド政府の失政という固有の問題と捉えたがる人もいるかもしれない。しかし、海の向こう側のスリランカでも、同じような事態が生じている。同国では、農薬中毒は病死原因の中で六番目に多く、農村地帯にある六つの地方では、一番多い[7]。

東アジアも同様の問題を抱えている。中国では、自殺の五八％が農薬の服用によるものであり、未遂事件を含めて毎年二〇〇万人が農薬で自殺をはかっている[8]。同国で一九九六年から二〇〇〇年の間に自殺した人々のなかから八八二人の実例を見ると、賃労働者と学生の割合が一六・九％、主婦と退職者および失業者が四分の一であるのに対して、農業労働者が過半を占めている。農業労働者は、ケガや事故による死亡数も最も多く[9]、農村の自殺率は都市のそれの三倍である。また、男性よりも女性の自殺率の方が若干高くなっている[10]。

農民の自殺は、貧しい国々においてだけでなく、裕福な国の一部でも増えている。オーストラリアでも、農村で自殺が急増している。英国では、あらゆる職種のなかで農業従事者の自殺率が最も高い。英国農業者連盟の報道官はこう述べている。

「英国の農家は、未来を悲観して自殺した農業関係の友人か知人あるいは同僚を、誰でも一人は知っています」[11]。

米国では、一九八〇年代の農業危機の際に多くの自殺者が出た。当時、オクラホマ州精神保健局の地域プログラム・マネージャーだったグレン・ウォーレスは、今日、南側諸国で農民が感じていることと、まさに同じことを感じていた。

「多くの農民にとって、農地を失うことや農業に失敗することは、愛する者を失うよりもつらいことなのです。曾祖父の代から受け継いできた農地に『公売』の立て札が立てられるとき、彼らは罪悪感に押しつぶされてしまいます」[12]。

その頃に起きた自殺に関する政府統計は見つからず、驚いたことに、当時の状況を総括するような調査はいまだに行なわれていない。しかも、中西部で自殺が最も多かったのは一九八二年から八四年にかけてであるにもかかわらず、今もその他の状況は改善されていない。たとえば女性は、低い収入を補うために

6 Bunsha 2006. See also www.dsharma.org for more.
7 Gautami et al. 2001 ; Van Dar Hoek et al. 1998.
8 Phillips, Li and Zhang 2002.
9 Phillips et al. 2002.
10 Qin and Mortensen 2001.
11 BBC News 2003.
12 Schnerder 1987.

農業と農業以外の仕事をかけもちし、賃労働から戻ると家事をこなし、さらに地域活動にも参加しており、三重の負担を背負っている。少なくとも農業に従事する米国女性の二五%が、そうした状況にある。[13] 同時に、米国の農村はひどく貧困化している。一九九九年に、同国で最も貧しい五〇の郡のうち、四九までが農村地帯の郡だった。また、過去一〇年の間に、都市では麻薬がらみの殺人が減ったが、農村では逆に三倍に増えている。[14] この世界で最も裕福な国でも、農村は激変に見舞われているとまでは言わないまでも、慢性的に困窮しているのである。

2……残された家族たち——隠蔽される貧困と飢餓

自殺について語るとき、その死が、すべての終わりを意味することはまずない。残された家族にも人生があり、地域社会もまた、その苦境を生き延びねばならない。農民の自殺は、個人の悲劇であるだけでなく、社会全体の状況を映す鏡なのであり、社会という視点から捉え直せば、これは一人の人生が終わったという以上の意味を持っている。地域社会の苦難はその後も続くのである。

多くの事実が、農村の内部にも格差が存在することを語っている。女性は大きな重圧を受けている。たとえば、ある調査によると、南インドのある地方では、若い男性の自殺率は一〇万人に五八人だが、若い女性の場合は一〇万人に一四八人にも達している。[15] 参考までに、英国では、この数字は一〇万人に五人にすぎない。したがって、農民の自殺は、インドの農村における慢性的な沈滞感から生じた急性症状なのであり、個人的な問題としてではなく、社会の構造的な悲劇という文脈に位置づけられるべきである。

インド政府によって「先住民」に分類される屈強で率直な女性、マンガナ・チャンダーは、ハイデラバードから二時間ほど離れたネレラコル・タンダ村（「常に水が流れている土地」の意）に住んでいる。この村の二七世帯は、非常に小さな借地を耕しており、その所有権は地元の地主が握っている。彼らは、その土地だけでは食べていけないため、出稼ぎをしている。農村から出稼ぎにいく人々は、他の場所でも増加している。

「私たち一五人の女性は、工事現場で働くために、一緒にハイデラバードに行きます。女性は一日八〇ルピー、男性は一日九〇～一〇〇ルピー稼ぎます。仕事の声がかかるのを待つ場所があります。大きな家が建てられるときには、人が来て現場に連れて行ってくれます。仕事がないときは、何も食べません。連続して仕事があることはほとんどないので、毎月一〇日はハイデラバードで働き、一五日は農作業をし、五日間は休みます」。

それでも彼女は、幸運な方だ。地元の金貸しから一年前に借りた、わずか二〇〇〇ルピー（四五ドル）が、今や三〇〇〇ルピー近くにまで膨れあがっている。彼女の子どもたちは学校に行っており、彼女は子どもたちが自分よりも良い生活を送れると考えているが、確証はない。

「都市の人々は、私たちが生きていくのに、どれだけ苦労しているかを知る必要があります」。

このような状況に置かれている女性たち、なかでも配偶者を失った女性は、孤軍奮闘している。パルバティの場合のように、ときには親兄弟が、子どもたちに食べ物を調達するための資金を援助してくれることもある。だが、親兄弟のせいで、状況がさらに悪くなることもある。たとえば、家族の土地を夫の兄弟が譲り受け、残された妻と子どもを奴隷のように扱う場合などだ。特定の条件を満たせば補償金を提供し

▼13　Gallagher and Delworth 2003.
▼14　Center for Rural Affairs, newsletters, various issues, available at http://www.cfra.org/.Egan 2002.
▼15　Aaron et al. 2004.

てくれる州もあるが、そのために四〇もの条件を課している州もある。補償金から分け前をもらえないなら自殺証明を出さない、と言う村長もいる。遺族に対する債務救済制度によって、債権者には支払いが行なわれるにもかかわらず、遺族からも借金を取り立て続ける債権者もいる。政府からの補償金が下りたとしても、遺族が長期にわたって安定した生活を営むことができる金額がもらえることはまずない。だから母親たちは、必然的に都市に出て家政婦になったり、工事現場で働いたり、場合によってはセックス・ワーカーとして働かねばならなくなる。

このような自殺や女性の置かれた苦しい現実が広く伝わっていないとしたら、その一因は、そうした事実の存在自体が、統計から削ぎ落とされてきたことにある。政府によれば、インドでは貧困人口が減少している。この公式見解からすれば、彼らが苦しんでいるはずはないのだ。農民、とりわけ女性の農民は、インドで最も貧しい人々である。「シャイニング・インディア」のおとぎ話を語るには、貧しい人々は消え去らねばならない。インドは、魔法の杖で統計の中身を変えることで、それを実現した。

インドの農村に暮らす精力的な学者であり、受賞歴のあるジャーナリストでもあるP・サイナットは、農村の貧困に関する統計が、どのように書き換えられてきたかを調査した。一九九〇年代の初めに、インド政府は国内の貧困人口を正確に算出する方法を編み出すために、専門家による委員会を立ち上げた。このときインド政府は、世界のたいていの政府がそうするように、その数字がかなり小さくなるよう算出することに前向きな専門家を集めた。政府は、その時代遅れの方法で算出された数値をもとに、同国の貧困人口の割合を五人に二人ではなく、五人に一人以下であると発表した。

「[インド政府がコペンハーゲンで開かれた国際援助国会議において] 人口の三九・九%が貧困線を下回っているとする文書を提示してから九ヶ月も経たないうちに、同国で貧困人口が急減したというのです」。

つまり、貧困人口が多ければ多額の援助資金を得られるため、国際会議では援助国向けに違う数値を示したのである。[16]

エコノミストのウッサ・パトナイクも、一九七〇年代より行なわれてきた貧困人口統計の巧妙なごまかしについて、貧困と最も相関性の高い現象の一つである「飢餓人口」を算出することで明らかにしている。一九七〇年代初頭には、貧困層が人口の半分以上を占めていたが、二〇年後の一九九三〜九四年にこの人口は三分の一にまで縮小している。これは、貧困に関わる公式の閾値が下げられたせいで、貧困者の多くが貧困層に含まれなくなったことが大きな理由だ。一九七〇年代には、一日に二四〇〇キロカロリーを摂取できない人々が貧困層とされたが、九〇年代になると、その値が一九七〇キロカロリーに下げられた。一九九九〜二〇〇〇年には、貧困人口は総人口の四分の一にまで減ったが、その閾値は一八九〇キロカロリーだった。パトナイクは、こう述べている。[17]

「〔統計を取り始めて〕六〇年目の二〇〇四〜二〇〇五年期には、〔貧困線は〕一八〇〇キロカロリー以下に引き下げられ、それにともない、農村の貧困人口は五人に一人以下ということにされるだろう」。

今日、インドの公式統計では貧困人口は二七％程度とされているが、一日二四〇〇キロカロリー以下という基準をあてはめて計算すれば、人口の四分の三が貧困線を下回っていることになる。言い換えれば、達成目標を政府の都合にあわせて変更し、現在および将来の経済的繁栄をせっせと宣伝することで、およそ五億の貧困人口が視界から消し去られているのである。政府の貧困についての説明は事実と異なっており、増えたのは教育を受けた中産階級のための雇用であり、教育を受ける機会を得られなかった人々には

▼16　Sainath 1996 : x.
▼17　Patnaik 2005.

恩恵がもたらされていない。これが「シャイニング・インディア」の実態なのである。

3……背負わされる借金──農村と都市の格差拡大

インドでも米国でも、自殺する農民が借金苦に陥っていることは共通する。

インドでこの現象を調査した、パンジャブ大学経済学部のS・S・ギル教授は、こう語っている。「五エーカー（約二ヘクタール）の農地を所有し、一五万ルピー（三四〇〇ドル）の借金を抱えている農民がいたら、彼は将来、間違いなく自殺すると断言できる」。

たとえばアンドラ・プラディシュ州では、農民の八二％が借金を抱えている。たいていの場合、最初に借金をした理由は、農地と作物に投資するためである（他州でもそうであるように、婚礼費用や医療費のためである場合もある）。借金は、農民の企業家的欲求に端を発しているのである。農民は、政府（および後述する巨大な種苗企業）による換金作物栽培の要請に応じて、市場で売買できる綿花や落花生などを栽培するようになった。これが、コメやサトウキビの場合もある。

インドでは、自由市場経済に移行する以前には、政府が作物の最低卸価格を保証していたため、農民は作物が順調に収穫できた場合に得られる収入を予測することができた。作況が悪ければ補償制度があり、必要に応じて安価で安全な食べものを提供する食料配給制度も存在した。自由市場への移行がある程度進んでからも、政府はインフラ投資を補助し、新たな作物に必要な灌漑設備を整備し、農民のために研究を行ない、新しい種子や技術、作物を提供してきた。市場経済と政府による支援が混在していたのである。

しかし一九九〇年代の初頭になると、農村に対する支援は徐々に減らされていった。政府は改革と自由化の旗印の下、不完全ながらも非常に重要だった公的支援の制度を次々に廃止し、自由化を進め、制約のない厳しい自由市場原理の世界に農民たちを放り出したのである。不幸なことに、自由市場は、厳しい状況に追い込まれた農民には、支援も再分配も行なわない。農産物市場の自由化によって、以前の社会主義的な制度の時代に比べて農産物の価格は下がり、支援は減り、都市と農村の所得格差が拡大した。それまで農民が頼ってきた支援制度はことごとく廃止され、農民は破綻に追い込まれた。同時に、アンドラ・プラディシュ州政府の「農民福祉に関する委員会」が指摘するように、都市には外国からの投資と高層ビルがもたらされた。一九九三年からの一〇年間に、後背地の農村の所得が二〇％減少する一方で、都市の所得は四〇％増加した。

ここで、検討しなければならない次のような重要な見解がある。長期的には、すべてがうまくいくのかもしれない。都市と農村の格差は不幸なことかもしれないが、必然のプロセスなのかもしれない。世界中で格差が拡大していることも、一時的な現象かもしれない――そう予測する経済学の思考実験がすでに存在しており、これをよく理解する必要がある。人々が二つの場所に別々に暮らしている状態を想像してみてほしい。これらの場所を、〝地方〟と〝都市〟と呼ぶことにしよう。都市では賃金が高いが、この思考実験の最初の段階では、都市人口は非常に少ないとする。対照的に、地方の賃金は低いが、大半の人口がそこに暮らしている。地方では、ほぼすべての人が同様に低い賃金で働いているので格差はあまりない。

人々は都市に流れて行った。今の現実の世界と同じように、人口の半分が都市に住み、残りの半分が地方に残っているとすれば、実際に過去数十年間にそうであったように、格差は急激に拡大するだろう。これは数学的事実である。ある場所で賃金が高く、もう一方の場所で賃金が低く、この二つの場所が分断されていれば、格差が生じるのは必然である。将来的には、すべての人が都市に移動し、高い賃金で暮らすようになると想像するかもしれない。そうなれば、格差は縮小し、すべての人の賃金が高くなる。長期的に見れば、すべてがご破算になるので、格差について心配する必要はないと考えるに足る理由があるということだ。このような理論では、世界全体で格差が拡大しつつある現在を、通過点にすぎないと考える。[18]

だが、この理論には二つの欠陥がある。一つは、アンドラ・プラディシュ州のデータが示しているのは格差の拡大だけではなく、農村で貧困人口が増加している点だ。農村社会の暮らし向きは、相対的な意味だけでなく、絶対的な意味で悪くなっているのである。もう一つには、農村から都市に出た人々が実際に高い賃金を得ている確証はどこにもない、という問題がある。人々が都市に出て行きたがる理由の一つは、高い生活水準が約束されていると考えるためだが、実際にその約束が実現する保証はどこにもない。ウッサ・パトナイクは、以下のように警告している。

「仕事のない地方労働者も、都市に出れば仕事があると考えるのはやめよう。改革後の時代には、工業セクターにおいても、大量の雇用削減が行なわれてきており、GDPに占める二次産業の割合は九〇年代に二九%から二二%に低下している。つまり、インドでは製造業が衰退しているのだ[19]」。

「シャイニング・インディア」という誇大宣伝の裏で大打撃を被っているのは、農村だけではなかった。ブルーカラーの仕事もまた減り続けていたのである。インドが優位性を持つと考えられてきた、低賃金の雇用さえなくなりつつあるのだ。インドは、工業部門の発展を経ることなく、知識集約型のコンピュータ・ソフト産業の雄となったが、国民の三人に一人は読み書きすらできない。

4……絶望の果ての死——「私たちは、イ・キョンへだ!」

カルナタカ州の農民運動のリーダーであるシェシャル・レディと、作物の価格について話をした際に、私が農民の自殺に関心を持っていると知ったシェシャルは、こう語った。

「私の息子も自殺しました。いいやつでした。いつも、うちのトラクターで他の人を手伝ってやっていました。よくわからないのですが、息子は結婚できないことを悩んでいたのだと思います。ある日、体調が悪くなった彼はクリニックに行きました。理由はわかりませんが、息子はその日に自殺したのです」。

注意していなければ、彼の声がわずかに震えていたことに気づかなかっただろう。

「私もよく、自殺しようと考えることがあります。農民運動をやっていなかったら、自殺していたと思います」。

このシェシャル・レディは、世界最大の農民運動の一つである「カルナタカ州農民連合」（ＫＲＲＳ）の議長を務めている。一九八〇年代初めに設立されたＫＲＲＳは、自立を原則に掲げ、州内の何百万人もの農民を組織している。レディによれば、ＫＲＲＳの活動が自殺率を低下させたという。これはたぶん事実だろう。なぜなら、多くの社会運動が、効果的な支援を、必要としているコミュニティに提供しているからである。ＫＲＲＳは、抗議行動や自立支援の実施、および新たな耕作計画や農村教育の提供などを通じて、農民たちの直面するさまざまな困難を克服するために他の国内外の農民運動と連携してきた。その一つが、世界貿易機関（ＷＴＯ）の協定案を翻訳し、農村に配布することだった。カルナタカの農村でこの協定案についての討論が行なわれたのは、世界の他の地域の人々がＷＴＯの危険性について警告を発した一九九九年のＷＴＯシアトル閣僚会議よりも七年も前の、一九九二年のことだ。

しかし、社会運動に参加していても、絶望から逃れられないこともある。自殺した農民が残した遺言のなかでも、最も重視すべき一文は、韓国の農民によるものだ。韓国の農民運動のリーダーだったその人物

▼18　現在の世界の格差の現状に関する見解。United Nations, Department of Economic and Social Affairs 2005.

▼19　Patnaik 2005.

は、二〇〇三年、自らの命を絶った。以下の文章は、彼が自殺する日に配布したものである。[20]

巨額の借金を抱え、毒物を飲んで自殺した農民の家に、私は駆けつけたことがある。ここでも私は、嘆き悲しむ彼の妻の横にたたずむだけで、何もできなかった。あなたが私だったら、どう感じるだろうか？　何世代もの人々が何千年もかけて築き守ってきた田んぼがつぶされ、広く平らな舗装道路や、巨大な集合住宅や工場がつくられる。かつて、田んぼは食べ物だけでなく、あらゆる生活必需品を生み出していた。生態系と水循環に田んぼが果たす役割が以前にも増して重要となっているにもかかわらず、現場ではこのようなことが起きている。このような状況において、農村の活気や地域社会の伝統、アメニティ、そして環境を誰が守っていけるというのだろう？

二〇〇三年九月一〇日、メキシコのカンクンで開催されたＷＴＯ閣僚会議において、韓国の農民であり農民運動のリーダーであったイ・キョンへ（李京海）は、会場のまわりに張りめぐらされたバリケードによじ登った。彼は、折りたたみナイフを開き、「ＷＴＯは農民を殺す！」と叫んで自らの胸を突き刺し、数時間後に死亡した。数日の内に、バングラディシュからチリ、南アフリカ、そしてメキシコにいたる世界中の何万もの農民が彼の死を悼み「私たちはイ・キョンへだ！」という言葉を繰り返しながら、農業に対する国家支援を求めて連帯の行進を行なった。

イ・キョンへは活動家であった。彼は、一九八七年に「韓国進歩的農業連合」の創設を主導した。彼の農場「ソウル・ファーム」は、自然環境の厳しい長水郡（全羅北道）にあり、小さな牧場を経営したいという彼のささやかな望みも、近隣の人々には実現は難しいと思われていた。イ・キョンへは農業大学に進み、そこで出会った妻と郷里に戻って農業を始めた。彼は、冬場に牧草を丘の上に引き上げる小さなケーブルカーを設置し、いち早く電柵を導入し、農場と農業に打ち込んだ。ソウル・ファームは研修所となり、イ・キョンへは一九八八年には国連から「農村指導者賞」を受賞した。彼の人生は順調だった。だがそれは、韓国政府がオーストラリアからの牛肉に対する輸入制限を撤廃したことで、一変する。オーストラリアは世界最大の牛肉輸出国であり、豪政府は牛肉輸出産業の利益確保に熱心だった。韓国で豪州産牛肉の売上を増加させる輸入制限の撤廃で恩恵を受けたのは、豪企業のスタンブローク社やＡＡＣＯ社などだけではない。米資本のカーギル・オーストラリア社、日本資本の日本ミート・パッカー社（日本ハム）などの巨大商社もまた、この措置によって大きな利益を手にした。

韓国政府は、安価な豪州産牛肉が出回ることで牛肉価格が下がることを見越したうえで、韓国の畜産農家に対し、規模拡大で低価格を実現するために借金をして仔牛を仕入れることを奨励した。イ・キョンへもまた、この政府の助言にしたがった。しかし、牛肉価格は下がったまま上がらず、農家は借金の利息を払うために牛を手放さねばならなくなった。イ・キョンへもまた、毎月数頭ずつ牛を手放して借金の返済に充てたが、最終的には農場を維持することもできなくなった。イ・キョンへは農場を失った。彼は、初めて人前で涙を流した。彼の家族は、苦悩する姿を見せたくない彼が、映画館の中で泣いているのを見た。[21]

5……WTOが、彼を殺したのか？

私は、イ・キョンへがなぜ死んだのかを詳しく知るために、韓国を訪ねた。彼の死に際し、三人の娘の

▼20　全文は以下のウエッブサイトに掲載。http://staffedandstarved.org
▼21　Watts 2003.

一人、イ・ジヒェはこう語った。

「父が死んだのは、英雄になるためでも、注目を集めるためでもありません。父は、父自身も体験した韓国の農民の窮状を訴えるために死んだのです」[22]。

父の死を知ったとき、彼女は地球の反対側にいた。同じ農民で、今は韓国の国会議員を務めるカン・キカは、イ・キョンへの死を目の当たりにした一人である。カンはかつて、韓国農民連合の一兵卒であり、農民の政治闘争に精通している。小規模なコメ農家でもある彼はイ・キョンへと同様、肌で知っている韓国の農民の窮状を、詩人のように抑制された調子でこう語った。

人間にとって必要不可欠なもの、それは太陽と水と食料です。これらは、人々の暮らしに欠かせない資源です。神は、すべての生物が生きていけるように、これらをすべての生物に与えました。神は、これらを人間に独占させるつもりはなかった。しかし、無尽蔵であるように思われたため、人々はこれらを粗末に扱っています。WTOを推し進めているのは、資本主義システムのグローバル化という潮流です。根本的な矛盾は、富めるものをますます豊かに、貧しいものをますます貧しくする、貧富の二極化です。これは競争理論の当然の帰結だという人もいるかもしれません。しかし、あなたが良識と良心を持つ人間ならば、WTOは廃止されるべきだと思うはずです。特に農業セクターに対する市場圧力は取り除かれるべきです。農産物を確保することは人権です。人が生きていくためには、食料を食べる必要があります。それを商品化することはできません。それは非人間的であり、反社会的であり、人々に対する裏切り行為です。

そのことは、イ・キョンへがWTOにおいて自殺したことと、どう関係があるのですか?

私が、あなたにこのように語ったのは、今の貿易システムが韓国の農民に与えている影響について理解してもらいたかったからです。WTOの政策は、小農にとって爆弾のようなものです。彼らは農業することさえできなくなったのです。以前には、一年間の賃金がコメ一一袋〔一袋は八〇キログラム〕と同額でした。今はコメは一一袋で七〇〇ドルですが、これは賃金にして一ヶ月分です。多くの農村で、人口の六～七割が七〇歳前後です。農業は儲からないので、彼らは皆、借金を抱えており、返済もままなりません。

農村にとって、借金が最大の問題となっている。WTOはそうした状況に拍車をかけている。農民の借金は世界共通の問題であり、私はこの問題を訴える農民の話を世界中で聞いてきた。より良い生活を夢見て初めて借金をするときには、それ自体が大きな問題であることはない。返済が滞るようになったとき、その夢が破れるのである。一九九六年に金持ちクラブであるOECDに加盟した韓国では、国中の農村が借金に押しつぶされている。常に新たな収入源を見つけ出さねばならない状況に置かれた農民たちは、互いに資金を融通しあう「借入クラブ」を生み出した。彼らの農地は複数の借金の担保に入っているため、仲間内から借金をする以外に道はない。彼らは、韓国の伝統的な民衆金融である「契《ケ》◆」に倣ったのである。この民衆金融では、赤字の農場経営を維持するために、すでに抵当権の設定された土地を担保にした貸し

▼22　Ibid.

◆契《ケ》　日本の「頼母子講」や「無尽」のように、人々が金銭や穀物を出しあい、出資者にまとまった額を還元する民衆の金融組織。

図表 1-1 ■ 農場の規模と集中度の推移（米国、1850 ～ 2000 年）

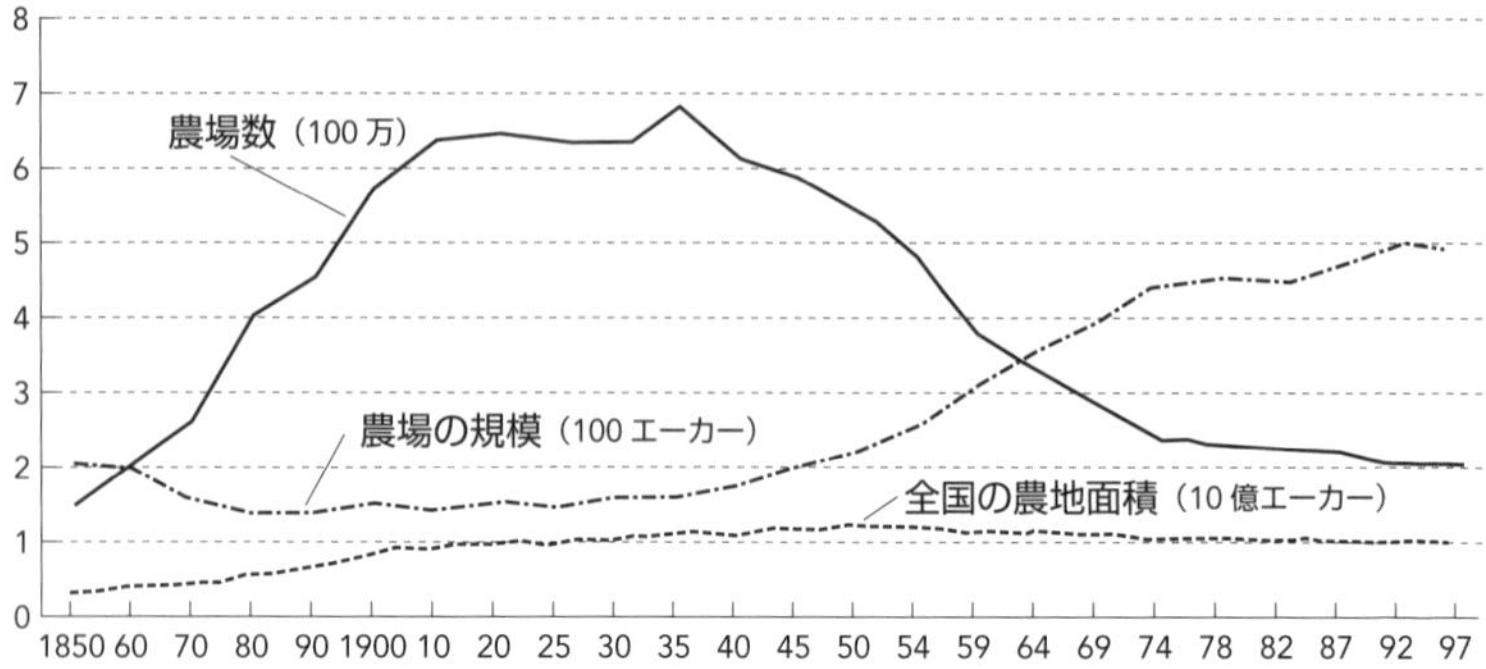

（1エーカーは約4,000平方メートル）
出典：Hoppe and Wiebe 2003.

出しや、借り換えのための貸し出しなども行なっている。農民が生き残りをかけて知恵を絞った結果である。農地を手放す時期を先延ばしできたとしても、この仕組みもまた非常に危険なものである。一人が債務不履行に陥れば、メンバー全員が影響を被る。一人が経営に失敗し、もう一人の借金返済が滞り、他の一人の農場が差し押さえられ、といったことが重なれば、連鎖的に大量の破産者が発生することになる。

米国の農民も同様の事態に直面している。全米家族農家連合（NFFC）のリーダーを務める農民ジョージ・ネイラーは、こう説明する。

「一次産品価格が一九七〇年代初めの頃よりも低いのに、農業資材と生活必需品の価格は二〇〇〇年の水準にあるのだから、農業では生活できないのは明らかです。農民のほとんどは、それを知っています」。

これが他の事業であれば、事業家はあきらめ、別の事業を始めるだろう。しかし農民が耕しているのは、父と先祖代々が遺してくれた土地なのである。自分の代で、そのすべてを終わらせるのはあまりに忍びない。米国で一九八〇年代に多数の農家が破産したとき、そう感じた農家は多かったはずだ。そして、農民が土地を追われている状況は今にかぎったものではなく、一九三〇年代の「黄塵地帯《ダストボウル》◆」の時代から続いているのである。

米国では、数十年にわたって農家の数が減り続けており、同時にそれぞれの農場の規模が拡大している（図表1－1）。借金は、農場の規模拡大と家族農家の破壊を同時に推し進めてきた最大の要因である。農民は、景気が悪化するなかで農業経営によって当初の借金を返済するために、耕している農地を担保に借金を重ねているのである。銀行に農地を明け渡した農民のなかには、先祖代々の土地を失った屈辱から自殺を選んだ人もいた。当時、米国で自殺した農民と、二〇年後にインドで自殺した農民には、驚くほど共通点が多い。彼らは皆、誠実で誰からも好かれ、少し内気で家族を大切にする中年の農民たちだった。

では、なぜ農民は借金を返すことができないのだろうか？　ほとんどの農産物の価格が大きく下がってきたことは明らかな事実だ。しかし、少なくとも短期的には、低価格だけが問題のすべてではない。低価格に対応する方法はいくつもある。たとえば、価格が低い作物ではなく、他の作物に転作することも可能だ。しかし皮肉なことに、食料の市場が世界市場に直結されたことで、農民は市場の効率性を信用する根拠となっていた、価格という「目安」そのものを失ってしまったのである。

たとえば、あなたが南アフリカの農民で、自由市場に最近放り込まれたと仮定してみてほしい。あなたは、生産コストを回収するだけの収益を得ようと、食用作物の生産を止め、すべての農地で綿花の生産を始めるかもしれない。一九九三～九六年は、綿花の価格が高かった。しかし六年後、旧ソ連の繊維産業が

◆黄塵地帯（ダストボウル）　大恐慌時代のアメリカで、乱開拓による農地の荒廃によって、中西部の農業地帯に大規模な干ばつと砂嵐（ダストストーム）が発生し、一帯は「黄塵地帯」と化した。オクラホマ州・カンザス州・ミズーリ州では農作物が壊滅し、五〇万人以上の農民が借金を払えないため農地や家を捨て、カリフォルニアなどへ移住した。この農民たちの悲劇を描いた作品に、ジョン・スタインベックの名作『怒りの葡萄』がある。

崩壊したことで綿花の価格は暴落する。地元市場向けの食用作物であれば、作況が良いときは価格が下がることがわかっているので、その分多めに生産しておくことで何とかしのげる。作況が悪くても、価格が上がるので問題はない。しかし、国際市場に向けて綿花を栽培するとなると、あなたにはどうすることもできない。あなたの知り得ないいくつもの要因が、生活を左右することになる。米国は、あなたよりも安いコストで綿花を生産できるようにするために、自国の綿花農家に補助金を出すのかどうか？　旧ソ連の繊維産業の崩壊は、中国の需要増で相殺されるのかどうか？　綿花価格が回復したとしても、為替レートはあなたの綿花の輸出を可能とするほど低くあり続けるのだろうか？　実効的な最低価格保証が存在しない国際市場において、あなたの収入はまったく保証されない。すなわち、市場のグローバル化によって、耕作に関する農民の裁量は、実質的には市場を支配する者たちに奪われてしまったのである。

6……「神の見えざる手は、常に見えざる拳をともなう」

いつも市場が、市場要因によって決定されているわけではない。正確に言えば、市場要因には、需要と供給以外の要因もあるということである。

「神の見えざる手は、常に見えざる拳をともなう〔……〕。マクドナルドは、マクドネル・ダグラス◆なしには繁栄できない」と考察したのは『ニューヨーク・タイムズ』のコラムニスト、トーマス・フリードマンである。▼23

しかしフリードマンが忘れているのは、銃は、テロリストやテロ容疑者らしき人々にだけ向けられているのではなく、たいていの場合は一般市民に向けられているということだ。特に南側諸国では、貧しい人々は身体的危害を加えられる危険にさらされており、権利を主張しようとすれば、その危険はさらに増大する。世界の各地で、違法な土地の没収に抵抗したり、不当な処置に抗議したりするだけでも、農民のグループは地方や国の軍や民兵の標的とされる。法律が適用されないことも多い。

各地で起きた暴行を一つひとつ挙げていくのは、心が痛む作業だ。

韓国では、二〇〇五年一一月一五日、農民がコメの輸入自由化に抗議して街頭に繰り出した。カン・キカは、二八日間のハンガーストライキを行なってこれを阻止しようとしたが、この自由化法案は賛成一三九対反対六六で可決された。暴力的であることで悪名高いソウル首都警察が、農民たちと激しく衝突した。多くが負傷し、四三歳の農民ジョン・ヨンチョルも警察に頭を殴打された。彼は家に戻ると倒れ、九日後に脳出血で死亡した。

ブラジルでは、政府と民兵組織が農民運動のリーダーたちの殺害を続けており、政府側の数字だけでも過去二〇年間に、地方の労働者や指導者および活動家が、一四二五人も暗殺されている。だが、犯人が捕まったのは七九件にすぎない。二〇〇五年の一年間だけで、農村地域で一八八一件もの衝突が起き、一六万世帯が安全を脅かされた。同国では、プランテーションでの過重労働で三人が亡くなっており、七〇〇〇人が実質的に奴隷状態にある。[▼24]

同じような抑圧は、フィリピンやホンジュラス、コロンビア、ハイチ、南アフリカ、グアテマラなどの国々にも存在する。これらの国々では、農民や労働者のグループが集団で権利を主張しようとしても、地

◆マクドネル・ダグラス　F－15戦闘機などを製造する航空機製造企業。つまりこの発言は、米のファストフード産業は、同国の軍事力なくして世界進出を果たせない、という意味。
▼23　Friedman 1999.
▼24　FIAN 2006.

元警察や民兵に懲らしめられ、告訴しても相手にされない。運動に参加しただけで殺されることもある。しかし、このような弾圧にもかかわらず、農民運動は拡大している。

農民は、集団となって闘っている。米国の農民であり作家でもあるウェンデル・ベリーから、インド・カルナタカ州の農民運動KRRSの創設者であるナンジュンダスワミー「教授」まで、世界には異議を唱える多くの人々が存在する。

「私たちは、公正な価格を求めているだけです。それ以上は、何も望みません。私の父は、これを科学的な価格と呼びました。つまり、生産と労働と土地のコストをカバーする価格です。それ以上の価格は望みません」。

KRRSに参加するもう一人の農民、ヴェルサタナラヤナンはこう言う。

「世界に向けた私たちのメッセージは、『私たち農民は、自分の二本の足で自らを支えたい。資金援助はいらない。私たちは所有する資源を、どう使ったら良いか知っている。私たちは、WTOや国際通貨基金（IMF）や世界銀行に依存したくない』というものです」。

彼は、インドの経済改革に大きな影響を与えた他の国際機関（これについては第3章で詳述する）の名前を挙げて、「彼らがくれたものは、私たちを役立たずにするためのものでした。私たちは物乞いではなく、物を創っていく者です。私たちには自尊心があり、自立は可能です。私たちの資源は私たちが管理できるのです」と語った。だが、これを現実にするには、現在、これらの資源を支配している勢力と対決し、彼らを追い出さねばならない。

7……彼らの死が意味するものは？

フードシステムの砂時計の一番上に位置する何百万人もの農民のように、イ・キョンへは、他の人々の選択に翻弄された。彼は受け取った牛の代金を、自身で決定することができなかった。市場を支配する勢力が、彼の命運を握っていた。この勢力の代表者たちが、彼と彼の農民運動を払いのけたのである。彼は死を選んだ。死に場所さえ市場の勢力が選んだ。WTOは、メキシコ政府の招聘を受け入れ、二〇〇三年の閣僚会議をカンクンで開催すると決定したのである。しかし、日時だけはイ・キョンへが自ら選ぶことができた。彼は、収穫を祝い、祖先を奉る韓国の伝統的な祭日に、ナイフで自らの胸を刺した。

だが、イ・キョンへを死に追いやったものは何なのか？　イ・キョンへは以前にも、WTOの前身である「関税と貿易に関する一般協定（GATT）」事務局の建物の前で、自らの腹に大きな切り傷をつけたことがあった。GATTが韓国の農民に厳しい要求を突きつけたことに抗議して、自らの身体で痛みを表現したのである。彼は後にこの行為について、「衝動を押さえられなかった結果」だと悔いた。彼の自殺は、自身の衝動的な性格によるものではないかと思うかもしれない。しかし、彼が折りたたみナイフを広げたとき、私たちはそこで彼自身の問題以外の自殺理由について考えようとはしていなかった。問題とされるべきは、私たちがどれほど深く物事を理解しようとしているか、という点なのである。

韓国で労働運動を起こした青年、チョン・テイル◆（全泰壱）は一九七〇年に自ら命を絶った。彼の死後、「彼の死は母親が原因」などと宣伝されたが、私たちは今、労働運動が警察と事業主によって暴力的につぶされてしまう状況で、彼がロマンチシズムと自己主張から、運動のために死を選んだのだと推測することができる。同じことがイ・キョンへについても言えるのではないだろうか。彼が最後に配布した文書の

◆チョン・テイル（全泰壱）　労働法を施行しない朴正熙政権に抗議して、二二歳で焼身自殺を遂げた。韓国労働運動の発展のきっかけとなった。母親の李小仙も投獄されながらも、息子の意思を引き継ぎ労働運動に関わった。

内容は、経済の実態を描写したものではあっても、ありきたりの経済分析などではない。彼の分析は、グローバル化の犠牲にされた人々を数えあげることでグローバル化とは何ものであるかを明らかにするものであり、人類への賛歌とも言えるものだ。彼の声明は、「冷たい世界よ、さようなら」といった類いのものではなく、長いこと彼や他の農民たちを苦しめてきた要因に対する真剣かつ的確な批判なのである。イ・キョンへの文書を注意深く、批判的に読み込めば、彼の行為は、彼の身体を彼自身が取り戻すことを許さなかったシステムに対し、これを取り戻すための果敢な抵抗手段であったのだということを理解できるだろう。そして、このシステムはＷＴＯを超えてはるか彼方にまで広がっている。

本章では、インドを出発点に、いまや世界中で小規模農民が危機に直面している現実を明らかにしてきた。土地なし農民や、とりわけ貧しい女性たちは、さらに厳しい状況にある。次章で詳述するように、ＷＴＯには貿易を自由化してきた責任があるとは言え、この機関が、農民を苦しめている数多くの問題の唯一の原因ではないし、最大の原因でもない。今のフードシステムを形づくっているのは、網の目のように入り組んで配置されている数多くの協定や組織なのである。メキシコでは、ＷＴＯのモデルとされた北米自由貿易協定（ＮＡＦＴＡ）において、米国政府の助言を無視したメキシコ政府によって、農業分野が対象に引き入れられた。インドでは、農産物市場の自由化を実現したイデオロギーは、国内と海外の両方からもたらされた。各国政府は、農民を支援したいがＷＴＯが認めないのだと、ため息まじりに説明するが、各国政府は自らの手を自身で縛ったのであり、支援できなくなることを自ら選んだのである。各国政府が、なぜそうなることを選んだのか？　そして、広い意味での国家の発展に、貿易がどのような役割を果たしているのかについては、次章で検討していきたい。

第2章

あなたが、
メキシコ人になったら…

1……「イ・キョンへは、メキシコ人になった！」

韓国の農民イ・キョンへの自死は、電話やファックス、インターネットおよび口コミで、数時間のうちに小規模農民の世界的なネットワーク全体に知れわたった。インドやタイ、ブラジルなど、十数ヶ国で行なわれたWTOに対する抗議行動に参加していた農民たちは、各地で彼の死を悼んで黙禱した。彼の自死の現場となったメキシコの農民たちのチャント［デモ行進の際にリズムに乗せて唱和する主張］は、とりわけ勢いがあった。ここでは、「私たちは〝イ〟だ！」「〝イ〟は自殺したのではない、WTOに殺されたのだ！」というチャントが、英語とスペイン語で交互に繰り返された。

チャントのなかには、理解困難なものもあった。「兄弟である〝イ〟は、メキシコ人になった」というものだ。彼らが〝イ〟のなかに自分を見出す理由と、そのことが農民に力を与えていることを理解する必要がある。メキシコの農民は、イ・キョンへこそが農村での経験と生き死にのあり方を彼らと共有する存在であると言いたかったのだろう。自由貿易に苦しめられ、市場に自由を奪われ、破産して絶望の淵に追い込まれているのはメキシコの農民も同じであり、その意味でイ・キョンへがメキシコ人であったとしてもおかしくない。北米自由貿易協定（NAFTA）の締約国であるメキシコは、自由貿易、なかでも食料貿易の自由化を世界に先駆けて実践した国である。メキシコがこのような先行事例となったプロセスと、その実態に対する社会の反応と行動を見れば、韓国やメキシコ、インド、そして米国までをも含む世界のさまざまな国で、農民の生き死にのあり方に共通点が見出されている理由が理解できるだろう。

2……北米自由貿易協定《NAFTA》によって、何か起こったか？

メキシコ・米国・カナダの三ヶ国間の経済同盟である北米自由貿易協定（NAFTA）は、他のすべての自由貿易協定の雛型となった。欧州連合（EU）は、それよりもずいぶん前から自由貿易圏であり、NAFTAは初めての自由貿易協定ではないものの、富裕国と貧困国との間で締結されたという意味で初めての事例だった。

さらに、NAFTAが農業貿易も対象としていたため、メキシコの最も貧しい人々は、世界で最も生産性が高く、かつ多額の補助金を受けている米国の農業セクターとの競争に追い込まれた。NAFTAを正当化しているのは、富が国境を越えれば、高成長が見込まれる国々からそれほどでもない国々まで行きわたり、自由と事業と良い生活がもたらされる、という理屈だ。メキシコでも、農民の一部には若干の富がもたらされた。米国との国境の近くに比較的大きな農地を持っている農民は、米国の豊かな消費者にアクセスしやすくなった。NAFTAによって、裕福な農民は資金や事業に恵まれたし、その他にもこの状況を何とか切り抜けた農民もいないわけではない。彼らのほとんどが、安価な労働と土地を利用して生産した果物や野菜を米国に輸出して、同国の巨大な生鮮食料市場に参入できた農民だった。しかし、それができたのは豊富な資源と支援に恵まれた人々だけである。米国で消費される果物と野菜にメキシコ産が占める割合はおよそ二％にすぎない。▼1

▼1 Nadal 2000 : 31.

国境から遠くなるほど、その恩恵を受けられる機会も減り、小規模農民は苦境にある。[2] 実際、貧しい農民の大半がＮＡＦＴＡで大打撃を被った。彼らの生産している作物が、ＮＡＦＴＡの交渉において無知で無能な交渉担当者によって軽視されたためである。この協定が締結された時点で、同国の人口の八％に相当する三〇〇万人の農民の生活を支えていたトウモロコシの栽培面積は、全耕作地の六〇％を占めていた。メキシコは、トウモロコシ発祥の地であり、世界随一のトウモロコシ品種の宝庫である。同国では今も四〇品種が広く栽培され、数百種が現存している。トウモロコシは同国の人々の主食であるだけでなく、人々と地域社会のアイデンティティの源なのである。

　トウモロコシ生産が貿易自由化で大打撃を受けることは、初めからわかっていた。米国の農民は、生産価格を大きく下回る価格でトウモロコシを売りわたしている。たとえば二〇〇二年には、米国産トウモロコシの価格は、一ブッシェル［約三五リットル。トウモロコシの重量にして約二五キログラム］あたり一ドル七四セントだったが、生産コストは二ドル六六セントだった。米国では長いこと農民が保護されてきており、農機械や肥料、貸付、輸送など、さまざまな形で政府が補助金を出しているからだ。[3] 貿易が自由化されれば、米政府から補助金をもらっている米国産トウモロコシが、メキシコの地域経済において最も弱い立場にある貧農の生活を破壊するだろうことは、火を見るより明らかだった。メキシコでトウモロコシを生産するコストは、補助金を受けている米国のレベルよりもはるかに高い。にもかかわらず、米国とメキシコはＮＡＦＴＡを承認したのである。状況は良くない。ＮＡＦＴＡが発効した一九九四年一月一日、ペソの対ドルレートは四二％も暴落した。さらにＮＡＦＴＡ発効以後、メキシコのトウモロコシの生産者価格は下がり続けた。だが、農民が生産調整を行なうことはなかった。それどころか、農民はトウモロコシの生産を拡大したのである。需要と供給の法則を信じる人には、奇妙に映るかもしれない。社会において価格は偉大なメッセンジャー、つまり、明白かつ絶対的な社会のニーズを知らせる手段であるはずだからだ。通常は、価格が下がるということは、それ以上生産しても売れる保証はないということであり、したがって、生産者は決して増産すべきではないのである。

だが、ミクロ経済学では、パニックが起きると予測する。なぜなら、世界は一日にして調整されないからである。市場が発する価格変動のシグナルを受けてから、それに合わせて資源を他に振り向けるまでには時間がかかる。価格変動が起きた際の対応を「即時」「短期」および「長期」の三つに分けて考えてみよう。価格変動が突然発生したとき、驚いた生産者は「即時」には何もできず、生産を続けるしかない。「短期」的には、その作物の生産をやめ、「長期」的には需要と供給はバランスを取り戻す。

メキシコでトウモロコシの価格が下落したとき、政府は農民に対する責任を放棄していたため、農民は自身と家族を養うための方法を自ら考えねばならなかった。農民がとった方法は、生活用品全般の値上がり分をカバーするだけの収入を得るために、トウモロコシの生産量を増やすことだった。[4] 自由市場の理論では、生産者は他の作物に投資できることが前提とされているが、実際には転作に必要な資源に恵まれていた人はほとんどいなかった。資金も、技術も、流通手段もなく、灌漑もないやせこけた農地で栽培できるのは在来種のトウモロコシだけという状況下で、農民が工夫できることはほとんどなかった。その結果、NAFTA以後、生産を拡大できる農民はそうしたのである。[5]

しかし、なかには絶望する者もいた。インドの場合と同様に、メキシコでも自殺率が上昇した。一九九

---

[2] See table 2.6 in Nadal 2000.
[3] Boyce 1999 : 7.
[4] Henriques and Patel 2003.
[5] Fiess and Lederman 2004 : 2.

○年には、農村の自殺率は、一〇万人あたり男性で三・九人、女性で〇・六人だったが、[6]二〇〇一年には、男性で六・一人、女性で一・二人にまで拡大した。これは全地方人口に対する数値だが、農民だけに絞れば自殺率はより高くなるだろうし、カトリック教徒が多い国に特有の自殺に対する負のイメージのために、自殺の報告自体が実際よりも少ないだろうと指摘する研究も多い。[7]もちろん、自殺率だけを社会の窮状を表わす指標とすべきではない。自殺は、貧困と絶望の度合いを測る直接的な不幸の指標ではあるが、一方で、私たちの思考自体がそこに限定されてもしまうからである。自殺者を数え上げるという苦痛だけに注目することで、生き続け、生き残るために闘っている人々の日々の辛苦が忘れ去られることがあってはならない。自殺率が農業を主とする州で急上昇している（二〇〇一年の自殺率は、一〇万人あたりカンペーチェ州で九・六八人、タバスコ州で八・四七人である）ことは、私たちの理解を進める最初の一歩であるが、これだけですべてを理解したことにはならないのである。

だが、農民の苦境が、突然に生じたわけでないことも理解する必要があるかもしれない。生産者が貿易自由化の勝者にはならないことは、初めからわかっていたことだった。実際、生産者を主眼とした自由貿易の「比較優位論」の中心には、極端な思想が埋め込まれている。この理論では、少数と仮定された生産者が競い合い、彼らの生産物の価格は下落する。少数者である生産者は儲からないが、多数者とされた消費者には市場を通じて余剰が再分配される。つまり、消費者は少しだけ安く商品が買えるようになる。

この理論では、市場がピラミッドのような形をしており、一番上に位置する少数者が、下に位置する多数者から搾取している構図を想定している。問題は、農業にはそれが当てはまらないことにある。農業では、生産者の数が多く、消費者よりも貧しいことが多い。貧しい農民や農業労働者の手取りのお金を減らせば、彼ら自身はほとんど消費することができなくなる。

このことはすべて事前に予測可能だった。つまり、非効率なアクターは退場させられ、効率的なアクターに場を明け渡すという、資本主義の「創造的破壊」と呼ばれる経済的変化が期待され、それが実現しているのだ。では、他に選択肢がほとんどない、農村の貧しい農民の「非効率性」をどうしたらよいのか?この理論では、貿易が社会にもたらす恩恵の総和が「パイ」(市場規模)を拡大し、変化で最も打撃を受けた人々にもその痛みを緩和し、新たな不確実な将来に向けて彼らを訓練するための資源がもたらされるとの主張が展開される。しかしながら、特に南側諸国では、貿易自由化によって生み出された余剰を貧しい人々に分配し、市場の変化によって失業した人々に有意義な仕事や再教育を提供するための有効なメカニズムが整っていることはまずない。それは、政府の介入は(それが基本的人権を確保するためのものであったとしても)、干渉であり、非効率であるという政治哲学の実践の一環として自由化が行なわれているためだ。だからこそ、わずかの例外を除けば、貿易協定の時代は、格差拡大の時代でもあったのである。[8]世界全体が豊かになったとしても、最も貧しい人々は取り残される。明らかに、近代資本主義の「創造的破壊」は、自身を守ることさえ難しい人々を犠牲にし、彼らの社会に対する貢献の対価を値切るものなのである。その一端は、現代の経済と政治の頂点に位置する貿易協定が、社会に対する再分配を強化するのではなく、弱める姿勢を示していることに表われている。メキシコの農民がＮＡＦＴＡに苦しめられたのは、必然だったのだ。

トウモロコシ価格が下がり、その後に供給が過剰に陥ったのであれば、収入のある都市住人は、前よりも安くトウモロコシを買えるようになったのではないか、と思うかもしれない。消費者こそが、自由市場

▼6 Puentes-Rosas,Lopez-Nieto and Martinez-Monrroy 2004. ただし、Borges et al. 1996 の数値は若干異なる。
▼7 Duran - Nah and Colli - Quintal 2000.
▼8 United Nations 2005.

競争のもたらす恩恵の受け手とされているからだ。しかし、トウモロコシをそのまま食べる人はほとんどいない。メキシコでは、主食の代表格であるトルティーヤに加工されている。以前には各家庭で女性がつくっていたトルティーヤは、石灰水でトウモロコシを茹でるところから始まる労働集約的なプロセスを経てつくられる。この最初のプロセスは、トウモロコシの外皮を取り除くためだけでなく、このアルカリ性の煮汁によってナイアシン［ニコチン酸またはビタミンB_3とも言う］などの栄養素を活性化し吸収しやすくするためのものだ。石灰水を完全に洗い流してから粉に挽き、マサと呼ばれる練り生地をつくり、トルティーヤを焼く。

トウモロコシの価格が下がったとき、トルティーヤの値段も下がると思った人もいただろうが、そうはならなかった。NAFTA以後、トルティーヤの価格は上昇した。一九九四年一月に〇・五ペソだった価格は、一九九九年には七倍になっていたのだ。[9] この場合も、トルティーヤの価格は、社会的な価値とニーズを反映する指標だと考えるとつじつまが合わない。自由貿易が消費者価格を下げるという約束が実現しなかったのには、いくつかの理由がある。一つには、ペソの暴落によってインフレが起き、物価全体が上昇したことである。だが、それは理由の一つにすぎず、また、トルティーヤだけが特に値上がりしたことの説明にはならない。

序章の図表序－1の、砂時計の真ん中のくびれた部分を思い出してほしい。多数の生産者は、生産した食料を都市に住む多数の消費者に直接届けているのではなく、少数の食品加工業者に売りわたしている。トウモロコシの価格下落の恩恵を受けたのは、消費者ではなく、中間にいる食品産業だった。メキシコでは、トウモロコシの大半がトルティーヤになる。そして、トルティーヤを製造している加工業者はわずか二社である。GIMSA社とMINSA社の二社は、産業用コーンフラワー（トウモロコシの粉）市場の九七％を押さえている。同国の産業向け製粉所の七〇％を占めるGIMSAは、グルマSA社が所有している。グルマSAは、年間二二億ドルの売り上げを誇るメキシコの多国籍企業であり、ミッション・フーズとともに米国のトルティーヤ市場を独占しているため、米国では広く知られている。[10] メキシコ政府が製粉業者に対する補助金制度を変更したことで、この二大企業の受け取る補助金の規模は、一九九四年の二〇億ドルから、九八年の五〇億ドルに拡大した。[11] さらにメキシコ政府は、以前には貧困者のための政府による社会保障制度の下で、公営の店舗で安価なトルティーヤや他の基礎食品を販売していたが、この制度が大幅に縮小された。

公的な支援を減らされた貧困世帯では、所得に占める食費の割合がますます大きくなり、物価がうなぎ登りに上昇するなか、大きな打撃を受けている。メキシコでは、NAFTAの影響で一三〇万人の農民が農地を追われた。彼らが都市に仕事を求めて大量に流入した結果、産業労働者の賃金は一〇%下がった。女性が世帯主である世帯の貧困率は、五〇%増加した。[12]

NAFTAは、消費者物価を下げ、市場の効率を向上させる、というふれ込みでメキシコに導入された。そのような恩恵がもたらされず、貧困者に悲惨な結果をもたらすことが予測できたのだとしたら、「なぜメキシコ政府は、NAFTAを受け入れたのか?」という疑問が生じる。その答えを知るためには、さかのぼってNAFTAが成立した背景とメキシコの歴史について考察する必要がある。

▼9 Nadal and Wise 2004 : 38.
▼10 同社の報告書に記載されている二〇〇四年の売上。
▼11 Nadal and Wise 2004 : 38.
▼12 Labor council for Latin American Advancement and Public Citizen's Global Trade Watch 2004.

3……米国帰りのエリート・エコノミストたち

話は、一九七〇〜八〇年代にさかのぼる。この頃、米国の数少ないエリート大学で教育を受けた新しいタイプのエコノミストが、次々にメキシコ政府の官僚となっていった。彼らは、「自由市場リバタリアニズム」とも呼ばれる「新古典派経済学」を生み出したシカゴ大学などで教育を受けた。このような経済学と、それに付随する政治哲学を学んだ官僚たちが、第二次世界大戦後の数十年にわたって政府の要職を占めてきた官僚たち――その多くは国内で教育を受け、法学の素養があった――に取って代わったのである。それが可能だったのは、この新世代が、重債務に苦しむメキシコに支援を呼び込むための海外人脈を持っていたためである。彼らは、国内で教育を受けた旧世代よりもうまく立ちまわり、より多くの資金を呼び込んだ。結果として同国では、「開発」の筋道と、そのための政策のあり方に関して、新古典派経済学の考え方が主流を占めるようになった。

開発分野の権威たちが、この米国からの帰国組を支持・支援した。『フィナンシャル・タイムス』紙の一九九二年の記事は、世界銀行がこうした権威の一つだと指摘している。世界銀行については次章で詳述するので、ここでは、重債務に苦しむ途上国に対する最大の資金供給源であり、経済成長に関するご意見番であるがゆえに、これらの国々に強大な影響力を有する世界銀行は、思想を共有するメキシコ政府の官僚にとって重要な協力者である、とだけ記しておく。

カルロス・サリナス大統領が、メキシコの時代錯誤な農業法の改革を決めたとき、農業省の官僚は世界銀行の知人に助言を求めた。〔……〕世界銀行は意見書をまとめ、メキシコ政府はそれにほぼ従った。改正法案は何度も書き直され、最終的には憲法改正案が出され、可決された。〔……〕メキシコでは昨今、このような緊密な連携は日常茶飯事であり、過去一〇年間、世界銀行はメキシコ政府の経済関連改革の大半に助言を行なってきている。たとえば一九八五年の貿易自由化や、八九年の債務削減、そして現在の教育や農業、環境に関する政策などである。昨年、世界銀行は中所得国に対する融資としては最高額である合計一八億八二〇〇万ドルの対メキシコ融資を承認した。この額は、ブラジルに対する融資額を九億二七〇〇万ドルも上回っていた。

米国で教育を受けたエコノミストらがメキシコにもたらしたのは、世界銀行の融資と、その資金の活用法に関する知見だった。しかし、彼らがメキシコ政府で確固たる地位を築くことができたのは、巨額の融資を獲得できたからだけではない。同国の金融危機、なかでも一九八〇年代初めに起きた債務危機が、この「新たな思想」を勝利させる絶好の機会を提供したのである。

メキシコでは、一九七六年のペソ暴落以降、経済を立て直すために原油を輸出し、その対価を原資に国際資本市場から巨額の借入を行なってきた。原油価格が下がり、国際金利が上昇し、米国経済が不況に突入したことで、一九八二年にペソが暴落する。同年に債務危機に陥ったメキシコは、「緊縮財政」時代に突入した。この財政政策もまた、米政府と米国で教育を受けたメキシコの官僚によって導入されたものだ。公共支出が削減され、農業予算も大幅にカットされ、貧しい農民に対する支援はぎりぎりまで切り詰められた。たとえば一九八八年までに凍結された灌漑プロジェクトは一万件に達した。[13] 農民に対する貸付件数

▼13 Kelly 2001 : 90.

は三分の一にまで減らされ、これを管轄していた公共機関は民営化された。結果として、利益率が低く、高リスクにさらされた貧しい農民は市場に受け入れられず、借金すらできなくなった。

政府は、貧困対策のプログラムによって貧しい農民は救済されるだろうと主張したが、このプログラム自体が「引き締め」の対象となり、その予算は毎年六％ずつ減額された。一九九八年には貧しい地域を支援するために「国家連帯計画」（ＰＲＯＮＡＳＯＬ）が導入されたが、その恩恵を受けたのは、もっぱら都市貧困層だった。都市貧困層が世帯あたり年間最大で一四五ドルの食料補助金を受け取ったのに対し、農村の貧困世帯の受給額は一〇ドルだった。[14]

だが、同国ではすべての農業が等しく「緊縮財政」に苦しめられたわけではない。ドルを稼ぐ輸出型農業が、メキシコを金融危機から立ち直らせる手段として急浮上したのである。ペソ暴落による経済危機から回復する際に、農産物輸出ビジネスは他の産業をしのぐ勢いで急成長したが、この間に飢餓と貧困に苦しむ人口も増加している。実際、債務削減の交渉において、メキシコは四〇％程度だった農産物の輸入関税を一〇％程度に引き下げている。高度に機械化され、大量の化学肥料や農薬を使用し、多額の融資を受け、市場および国際貿易を行なう中間業者へのアクセスを持つ農業にとって、状況はさほど悪くはなかった。だが、貧しい農民には大きな打撃だった。ＮＡＦＴＡが施行された一九九四年に、農村の絶対貧困人口の割合は一〇年前よりも高くなっていた。

メキシコ政府の新たな思想を信奉する勢力にとって、ＮＡＦＴＡは天の恵みといって良かった。社会学者サラ・バブは、以下のように分析する。

サリナス政権〔一九八八〜九四年〕が成立する頃には、政府の政策の交渉や形成のプロセスにおいて、社会運動は重要な役割を果たさなくなっていた。同様に、メキシコの中小企業の利益とまっ向から対立するNAFTAが成立するまでの交渉プロセスにおいて、中小企業の要求は実質的に退けられていた。これとは対照的に、最も強力な八つの産業セクターは、メキシコの一連の自由化改革、とりわけ北米自由貿易協定（NAFTA）の条項に関する交渉において重要な役割を果たした。しかし、NAFTAや他の自由化改革を当初から推進していたのは、産業界ではなかった。むしろメキシコ政府がこの改革の実施を決定し、一連の自由市場改革を進めるために、大企業を味方につけたのだと言える。[15]

つまり政府自体が、主にイデオロギーに駆られて食料の国際貿易の自由化を推進してきたのである。事実、交渉相手だった米政府は、メキシコが農業分野について交渉する姿勢を見せたことに驚いたという。米国は、自由貿易が農民の貧困を深刻化させ、メキシコの農村が不安定化する可能性について懸念を表明した。だが、メキシコ側の交渉者は、大丈夫だと請け合ったという。[16]

NAFTAの交渉は、メキシコ政府が貧しい人々に対して不十分ながら配慮してきた方針を撤回し、非常に富裕な人々に奉仕するための政策実現に舵を切ったことを如実に表わしていた。これは民主主義が機能不全に陥っていなければ生じなかった結果である。そして、メキシコ政府は自ら進んでこの民主主義を犠牲にしたのである。メキシコ政府は、トウモロコシの貿易自由化の一環として、一五年間にわたって国内価格と国際価格の差額を補塡する「移行措置」と輸入量制限の実施を認められた。この上限を超えて輸入されるトウモロコシには、関税が課されることになった。しかし、米国からメキシコへのトウモロコシ

▼14 Lustig 1996, cited in Kelly 2001.
▼15 Babb 2001 : 175.
▼16 Lasala Blanco 2003.

の輸出量は、一九九四〜九八年には毎年この上限を上回っていたにもかかわらず、メキシコ政府はそのおかげでインフレが抑制されたとして、超過分にも関税を課さなかった。この超過分に課税していたら得られていたはずの収入は、二〇億ドルにもなる。

4……南側から北側へ、農村から都市へ吸い上げられる人々

二〇〇〇万人以上が暮らす、世界で二番目に大きい都市メキシコシティの路上には、さまざまな音と美味しそうな匂いがあふれている。メキシコの農村から出てきた人々は、どこの出身であれ、郷里の料理が路上で売られているのを目にするだろう。オアハカ州のモーレ〔七面鳥や鶏肉に、チョコレートやナッツのソースをかけた料理〕から、プエブラ州のセミタス〔カツサンドのようなもの〕、ユカタン州のサルブーテス〔揚げたトルティーヤに、野菜や鶏肉などを乗せたもの〕まで、すべてそろっている。同市の中心のソカロ（中央広場）に面した回廊構造のパラシオ・ナシオナルでは、画家ディエゴ・リベラが描いた緻密な壁画からメキシコの歴史を知ることができる。左上には『共産党宣言』を抱え、未来を指さしているカール・マルクスが描かれている。この、深紅に染まった夜明けの絵が構想した未来とは、工業と電力と高層ビルであり、マルクスが突き出した指の先には整然と植林された大規模なモノカルチャー（単一栽培）がイメージされていたのだろう。

NAFTAの下、農薬漬けでほとんど人手を必要としない、魂のない農業の未来というヴィジョンが現実のものとなった。これが、二〇〇三年一月三一日、一〇万人以上という現代では最大規模の農民デモが、メキシコシティ市街で政府に抗議の声を上げた理由だった。この日、「農村は、これ以上我慢できない」という連合によって組織された前代未聞の規模のデモ隊は、ソカロを埋め尽くした。このスローガンには、「われわれは、トウモロコシの民、残存する農民。消滅なんてしない」、あるいは「農村イエス、貿易ノ

ー」といった言葉もあった。この小規模農民の運動には、歴史的に政府と近い関係にあった人々も、政府と激しく対立してきた人々もともに参加し、その窮状を政府に訴えた。単に認識させるだけではなく、より深い理解を求めたのである。農民たちは家族を動員して、これまでのメキシコの歴史的事実に照らして、現政権による裏切りを批判した。たとえば一九一〇年の革命では、すべての農民に農地を分配することが約束された事実や、一九八〇年代に農民たちの自己組織化の結果として政府が一部の貧しい農村に支援を行なっていた事実があった。[17] サン・ルイス・ポトシ州の農民ルイス・サンチェス・ゴンサレスは、こう語っている。

「〔大統領は〕選挙運動の最中にさまざまな約束をしたが、何一つ実現していない。私はヴィンセント・フォックス大統領に投票したが、もうゴメンだと言っているんだ[18]」。

農村から都市に出てくれれば、市場の不平等性は、痛いほど明らかだ。チアパス州の農民サラ・デ・ロス・レイエス・ペレスは、農村の市場と都市の市場には大きな違いがあり、都市に近づくほど価格が高くなるのを実感した。

「私たちが毎日売っている農産物の価格は、どんどん安くなっています。メキシコシティでコーヒー一杯を飲もうとすれば、七ペソ払わねばなりません。しかし、〔チアパスでは〕私たちはコーヒー豆一キロを、二ペソで売っています〔……〕。私たちはこの実態を変えたくて、デモをしているのです[19]」。

このデモは、国家間の格差も問題にした。ＥＵで牛一頭が得ている補助金は、メキシコの農民三人の所

▼17 Fox 1992.
▼18 Pérez and Enciso 2003.

得に等しいという発言が、驚きと怒りを巻き起こした。農地と農村が疲弊するなか、子どもたちは「ハーメルンの笛吹」となり、廃墟となった故郷に両親や祖父母を残して、都市や「北側」に向かう若い世代の大きな流れを形成している。

NAFTAは、農村から都市への移住を促進した（多くの場合、それは拡大するスラム街に住むことを意味する）。その他の者は、北での良い暮らしを求め、国境の警備網をすり抜けるという、より大きな危険を冒してきた。農村から都市や米国に向かう人の流れは、自発的に生じたものではない。農民も良い暮らしはしたいが、住み慣れた農村で良い暮らしがしたいのである。「農村は、これ以上我慢できない」の行動を組織した人々は、メキシコシティの住民に対して、抗議行動がもたらした混乱を詫び、「カルロス・サリナス、エルネスト・セディージョ、およびヴィンセント・フォックスの政権によって、五〇万人が国を出ることになるよりも、一〇万人の農民が農村で暮らし続けられる方が良い」と述べた。[20] メキシコの農民運動は、できることなら農村を去らず、移民もせずに暮らせるようにするために闘っているのである。彼らは雇用と支援と安心感を求めており、都市と農村の間の不平等が解消されることを望み、それを実現するために再分配を要求している。政府の政策が農民を苦況に追い込んでいるため、メキシコの農民たちは農地を取り上げられたうえに、米国への移住を余儀なくされている。そして彼らは、米国から故郷へ送金することで、再分配を担っているのである。二〇〇六年には米国からメキシコに向けて、正規の銀行経由で二三〇億ドルが送金されている。[21]

これは、農村から都市、あるいは南側から北側に向かう世界的な移民増加の一例にすぎない。NAFTAが初めて議題に上ったとき、テキサス出身の米大統領候補（当時）だったロス・ペローは、米国に残された最後の雇用が、低賃金のメキシコの労働力を大量に吸い上げる「巨大な吸い上げ音」が響くだろうと述べた。だが、世界全体で最も大きく響いているのは、農村から都市に人々が吸い上げられる音である。

世界の農村人口は現在三二億人だが、二〇二〇年以降は減少に転じると予測されており、急激な人口増加は都市部で生じつつある。すでに都市人口は、農村人口を上回っている。だが南側諸国では、それが可能な人々にとっては、農村から都市に移住するよりも、富裕国に移住する方が有利である。そして、国境を越えて移住した人々は、彼らの母国や家族、地域社会が生き残るために、非常に重要な役割を果たしている。二〇〇五年、移民が母国に送金した金額の合計は、公式統計上の数字だけで世界全体で二三二〇億ドルを上回った[22]。非公式な送金額はこの一・五倍にもなると推測されている。この資金は、富裕国が貧しい人々に与えている開発援助の総額を上回っており、南側諸国の多くが移民からの送金に依存している。

　抗議行動は、農村の人々が貧困と闘う手段の一つだ。声を上げることで彼らの窮状に政府の目を向けさせ、彼らをその状態に追い込んだ政府に政策の変更を求めるのである。オアハカ州とチアパス州で起きた蜂起は、トウモロコシを史上初めて栽培したメキシコ先住民が長いあいだ貧困に苦しむなか、政府に黙殺され続けた結果なのである。メキシコや他の中南米諸国では、先住民が他のどの人種よりも貧しく不健康になりやすく、高い教育を受けられない状態に追い込まれている。メキシコでは、他の国々と同様に政府が先住民の要求にほとんど応えておらず、貧しい先住民社会を置き去りにしている。そうしたなか、先住民は海外への移住を選択するのである。

　移民のパターンはさまざまだが、ある程度共通しているのは、たいていは農村の若者が故郷の村と国を

▼19 Ibid.
▼20 Pérez and Enciso 2003.
▼21 Lapper 2007.
▼22 World Bank 2005.

離れ、時には大きなリスクを冒して、富裕国を目指すところだ。移民の家族も犠牲を強いられる。あるメキシコ人女性はこう報告する。

「子どもたちは、彼〔父親〕がいなくて寂しがっていますが、彼は〔米国での〕仕事を確保しなければなりません。賃金は毎週支払われます。賃金が多くなくても、私に二ヶ月に一度必ず送金してくれます」[23]。

NAFTAが奪ったのは、毎月、確実に稼ぎを得られる仕事なのである。そして、農業分野における市場自由化が農村を不安定化させたことの結果として、世界全体で移民が増えている。韓国でも、メキシコでも、南アフリカでも、若者が都市あるいは海外に出て行ってしまった結果、農村が高齢化している。メキシコから米国に、グアテマラからメキシコに、東欧から英国に、ジンバブエから南アフリカに、モロッコからスペインに、かつては自作農だった人々が農業労働者として働きに出ているのである。

5……マネーとモノと肥満が、国境を越えてやってきた

国境地帯は、NAFTAの影響を最も激しく受けている場所だ。自由貿易協定が、国中で企業活動を活発化させるためのものであるとしたなら、国家間の格差を凝縮したような国境地帯には、最大の激震が走ることになる。モノとマネーは簡単に国境を越えられるが、人間の場合はそうはいかない。米国の国土安全保障省は、メキシコが米国と接するアリゾナ州の国境沿いに二八マイル〔約四五キロ〕の「ヴァーチャル・フェンス」を張りめぐらせる六七〇〇万ドルの契約を、ボーイング社と締結した。国境のメキシコ側では、状況は劇的に変化している。この富裕国と貧困国が接する国境地帯では、確かに雇用が増えている。しかし、ここでも、相対的に力を持つ人々がその恩恵に浴している。農地と豊富な資金を持つ男性たちが果物や野菜の輸出で成功を収めている一方で、NAFTAがもたらした外国資本の工場で労働者として働

くたくさんの女性たちの境遇は暗澹たるものだ。国境の町、チワワ州シウダフアレスで殺されているのも◆、このような女性たちだ。[24] 彼女たちの死体こそが、自由市場に対する非難に根拠を与えている。

モノとマネーだけでなく、文化もまた国境を簡単に越える。メキシコでは、NAFTAによって人々の食生活が変化し、特に高カロリーの食品が簡単に手に入るようになり、消費量が増えている。[25] 肥満人口は急増しており、序章で指摘したように、居住地域が米国との国境に近ければ近いほど、子どもが肥満になる確率が高くなっている。[26]

メキシコでは、人々の食べる量が増えただけでなく、食べている物も以前とは違っている。人々は豆類やコメよりも、小麦でつくられた麵類を多く消費するようになり、[27] 牛乳よりもコカコーラを多く飲んでいる。[28] こうした変化は、表面的なレベルに留まらない。メキシコでは一〇人に一人が糖尿病を患っており、その治療に毎年一五〇億ドルが費やされている。[29] 食料を調達する手段も大きく変化し、スーパーマーケットが急増した。ウォルマート・メキシコ（Wal-Mex）が急成長し、今やメキシコで食料に費やされる一〇

▼23 Lewis 2005 : 45.
◆シウダフアレスで殺されている　この町では、過去一五年間に、若い女性の誘拐殺人事件が少なくとも五〇〇件も発生しており、犠牲者の多くは「マキラドーラ」と呼ばれる国境地帯の工場労働者である。
▼24 「人権に関する米州委員会」（二〇〇三年）は、女性に対する暴力が極度に横行する国境の町において、一九九三～二〇〇三年に、二六八人の女性および少女が惨殺され、二五〇名以上が行方不明になっていると報告している。
▼25 del Rio - Navarro et al. 2004.
▼26 del Rio - Navarro et al. 2004. See also Jiménez - Cruz, Bacardí - Gascó, and Spindler 2003.
▼27 Agriculture and Agri - Food Canada 2005a.
▼28 Chopra and Darnton - Hill 2004 : note 14.

ペソのうち三ペソがWal-Mexに支払われている。[30]ダイエット食品の売り上げも二〇〇三年には二〇％増加し、今後も増加が見込まれている。

肥満人口の増加という現象が、メキシコの北部から南部に急速に拡大しているさまを、〝上〟から強制されたように感じている人も多い。上とは、単に米国だけを意味するのではなく、国内のエリートをも意味している。二〇〇六年九月二四日、フェリペ・カルデロンとロペス・オブラドールが争った大統領選挙における不正に抗議した人々は、国内各地の広場だけでなく、メキシコシティ内のWal-Mexの全店舗でも抗議の声を上げた。Wal-Mexの筆頭株主であるマヌエル・アランゴが、左派寄りのオブラドール候補を中傷する選挙活動に資金提供していたとされたためだ。抗議した人々は、同国の右派寄りのエリートであるカルデロン候補の資金源を標的にすることで、具体的かつ象徴的なメッセージを発したのである。メキシコにあるすべてのウォルマートは、レジ係が傍観するなか（なかには抗議に加わった人々もいた）抗議者たちに占拠され、彼らはカートいっぱいにフリトレー・チップスの袋を詰め込み、袋を手にしてマラカスのように振り、そのリズムに乗せてこう繰り返した。「こんなもの輸入しちゃいけない」「こんなものは買うな」[31]。

国境の向こう側、米国のハートランドでも農民は苦しんできた。メキシコが一九八二年の債務危機に陥った頃、米国で多数の農民が自殺に追い込まれていたことは偶然ではない。この二つの事象はともに、一九七〇年代に世界市場に巨額のオイルダラーが流れ込んだことで生じた低金利に端を発している。オイルダラーとは、原油を売って得たドルのことで、これを得たのは石油輸出国機構（ＯＰＥＣ）の加盟国である。一九七〇年代の原油価格高騰は、ＯＰＥＣ諸国の政府と個人に莫大な資金をもたらした。この巨額のマネーが国際金融システムに再投資され、巨額の融資を実行する必要に迫られた銀行が金利を大幅に引き下げたのである。米国と南側諸国は巨額の借入を行なった。米国の農民は、旺盛な購買力を持っているように思われたグローバル市場に向けた増産を政府に奨励された。米国で生産が拡大し、他の国々もこれに倣ったため、国際市場は供給過剰となり、食料価格は暴落した。その結果、世界の農家は「生産拡大による自転車操業」に陥った。借金を返すために生産を増やしたが、価格が下がったため、農機械や農薬、あるいは地代を払うために借金を重ねることになったのである。生産コストすら回収できない状態が続くなか、農民の家計は火の車となった。

一九八〇年には、米国の農民が作物生産に投じた資金一ドルにつき、売上は九七セントでしかなかった。米国の農民は、一九七六年から八三年の間に主要な一五品目の生産面積を一六％拡大したが、焼け石に水だった。彼らは、一九七八年には二・六％の利率で借金ができたが、利率は八〇年に五％、八二年には六・二％に上昇した。金融不況は、都市でも地方でも銀行が倒産するほどの深刻さだった。一九七九年から八六年にかけて、食品加工業は急成長していたにもかかわらず、農業と関連産業で数百万の雇用が失われた。パスタやパン、シリアル、チョコレート・クッキー、クラッカー、ソーセージなどの製造部門では雇用が増え、都市の食料品店チェーンの雇用は米国の雇用増加率の二倍の割合で増加したが、他方で一九七八年から八六年の間に農民の貧困率は一二％から二〇％に上昇し[32]、自殺率は大きく上昇した。そして、米国の農村社会の社会保障に関する大半の指標が史上最低となり、その状態が続いた。

▼29 Hawkes 2006.
▼30 Chopra and Darnton - Hill 2004 ; Reardon and Berdegué 2002. See also Agriculture and Agri - Food Canada 2005b, 2005c.
▼31 http://video.google.com/videoplay?docid=8185405351022920l4.
▼32 Susman 1989 : 300.

6……カリフォルニアのメキシコ化

一九八〇年代に米国の農民が経験した絶望は、メキシコの農民よりも、イ・キョンへのそれに近かったかもしれない。しかし、わずかな例外を除いて、米国で農村社会の窮状を訴えた人々は、海外の農民が同様の経験をしていることについて知る必要性をほとんど感じていなかった。ある著名な政治評論家が「誰が、カリフォルニアを殺したのか?」と問い、自らその答えを提示したが、イ・キョンへであれば彼の結論の一部に賛同していたかもしれない。この政治評論家が出した答えは、以下のようなものだった。

グローバルな自由貿易と、それがもたらした貿易赤字〔……〕。そのせいで、何千もの企業が工場を閉鎖して、メキシコやアジア、中国に移転したため、製造業で何百万もの雇用が失われた。カリフォルニアは、ものすごい勢いで第三世界化している。しかし、その責任を負うべきブッシュ政権の共和党も、クリントン政権の民主党も、彼らが自国にしたことに気づいていない。

だが、カリフォルニアで起きていることは、カリフォルニアだけの問題ではない。全米で同じことが起きている〔……〕。議会が米国から製造業を奪った自由貿易の狂気から目覚めないかぎり、カリフォルニアで起きたことは、どこでも起きる。ブッシュ大統領はすべてを忘れてしまったようだが、それは彼の父親にも言えることだ。[33]

これを書いたのは、パット・ブキャナン◆である。ブキャナンは、米国の「伝統的な保守派」である。彼は、カリフォルニアの凋落は、三八〇億ドルにのぼる同州の財政赤字と、「第三世界からの制限なき移民、メキシコからの侵入者を追い返さないこと」[34]によるものだと主張した。彼の主張の多くは、大部分の米国人が（支持政党に関係なく）共感する内容だ。労働者に同情的な人々にとっては、どちらの政党を支持していたとしても、ブッシュ父子とクリントンの経済政策にはほとんど違いはなく、ブキャナンの移民についての考えを共有している人々は多い。ゾグビー（Zogby）［米国の大手世論調査会社］が二〇〇六年初めに実施した世論調査では、米国人の六六％が、移民が多すぎると答えている。[35]

多くの米国人は、自由貿易が米国の労働者に悪影響を及ぼしていると考えているが、その傾向は大学を卒業していない層で特に顕著である。ブキャナンは、カリフォルニア州に関しては少し大げさすぎたかもしれない。経済規模で世界第六位のカリフォルニア州は、州内の人々の収入を見るかぎりでは健闘している。ブキャナンが前述のように嘆いてみせた一年後、同州の平均年収は一五〇〇ドルも増加しているし、一九九七～二〇〇三年の同州の経済成長率は、アリゾナ州、アイダホ州に次いで全米第三位であった。同州では、コンピュータ産業、運輸業、および機械産業に次いで、農業は第四位の輸出産業であり、二〇〇五年には、同州の輸出総額一一七〇億ドルの一割弱を農産物が占めていた。[36]カリフォルニア州の農業生産量は全米最大であり、その量は二位、三位の州の生産量の合計よりも多く、米国人の消費している食料全

▼33　Buchanan 2003.

◆パット・ブキャナン　ニクソン、フォード、レーガンなどの歴代大統領のアドバイザーを務め、一九九二年と九六年の大統領選に共和党から立候補した。

▼34　Buchanan 2003.

▼35　Center for Immigration Studies 2006.

▼36　LAO 2006.

体の三分の一が同州で生産されている。同州の農業に関する統計には目を見張るものがある。同州の農地面積は一〇〇〇万エーカー（約四〇〇万ヘクタール）であり、その八割近くが灌漑農地である。同州の農産物の総売上高は二〇〇二年に二五〇億ドルだったが、そのうち一一〇億ドルをわずか八六八の農場が占めている。[37] 同州には数多くの小規模農場が存在するが、大草原の小さな家を想像するのは間違いであり、今や農業はハイテク産業である。柔軟な生産体制、ジャスト・イン・タイム配送、少規模のニッチ・サービスの提供、そして柔軟な資金調達など、カリフォルニアの農地には情報技術産業を思わせる高度なシステムが構築されているのである。同州では、資金調達から、生産、加工、小売、そしてインターネット注文にいたるまで、最先端のフードシステムがいち早く実現した。そしてIT産業の場合と同様に、同州の農業においても、移民は中心的な役割を果たしている。同州には、アメリカ先住民に続いて、中国人、日本人、フィリピン人、メキシコ人、インドのパンジャブ人、メキシコのオアハカ人と、次々に移民が流れ込み、彼らの食や技術、種子、および専門性が持ち込まれた。移民社会は、激しい人種差別と排除に遭いながらも、カリフォルニア農業に繁栄をもたらしたのである。

しかし、この偉大なカリフォルニア州でも、すべてがうまくいっているわけではない。繁栄する農業の恩恵はすべての人に行きわたっておらず、農業を担っている人々の生活は安定していない。同州は、全米最大の貧困人口を抱えている。また、農業における労災死の割合は、他産業と比べて五倍も高いにもかかわらず、[38] 農業労働者の時給は七ドル六九セントにすぎない。[39] しかも、この時給は「合法」の雇用の初任給であり、非合法雇用の賃金はこれよりも相当低い。移民労働者の賃金は実質的に一九九〇年代に下がり続けているが、地域によっては一つの仕事に三人の労働者が殺到する事態が生じている。移民の被害を最も直接的に受けているのは、最も貧しい移民たち自身である。過去二〇年の間、移民の増加が賃金水準を引き下げてきた。また、米国において農業部門の雇用に移民労働者が占める割合が高いことは、メキシコの農村から働き盛りがいなくなっていることの裏返しなのである。

米国では、移民労働者は、農業部門とともに他の産業の舞台裏でも低賃金の非熟練労働（女性の場合は、特に繊維産業の労働者や家政婦）を担ってきた。多くの米国市民は二〇〇六年五月一日、何十万人もの居住権を持たない移民たちが仕事を休み、「移民のいない一日」をうたったゼネストを敢行したとき、その事実を思い知らされた。その影響を最も被ったのは、食品産業とフードサービス産業だった。その日、世界第六位の食品・飲料会社であるタイソン・フーズ社は、国内数十カ所の工場を休業せざるを得なくなり、パーデュー・ファームズ社やゴヤ・フーズ社、ゴールド・キスト社、カーギル・ミート社、マクドナルド社などと同様に、この移民による政治行動の被害を最小限に食い止めるために、その他の工場でも稼働人員を減らさねばならなかった。

このストライキは例外的な出来事だった。移民の大半が、仕事と労働条件を選べる立場にない。これまでも移民関税執行局（ＩＣＥ）が、移民を職場で取り押さえてきた。ＩＣＥは、「ＩＤ泥棒から米国市民を守る」という名分の下、スウィフト社のハイラム食肉加工工場（ユタ州）に強制捜査に入っている。スウィフト社は、全米第二位の食肉会社である。「ＩＤ泥棒」とは、他人の社会保障番号を申告することなどを意味するが、これは、申告した労働者が他人の社会保障に賃金の一部をつぎ込んでいることでもある。虚偽のＩＤ申告という罪で数多くの移民が送還されたが、スウィフト社が組織ぐるみで不法移民と知りな

▼37　有機農産物市場も、ひと握りの生産者によって占められている。同州には一四四三の有機農家が存在するが、総生産額一億四九一三万七〇〇〇ドルの九四％を、わずか三一四の生産者が生産している。

▼38　Ahn, Moore, and Parker 2004.

▼39　カリフォルニア州雇用開発局のウエッブサイトより。http://www.labormarketinfo.edd.ca.gov.

がら労働者を雇用してきた事実が明らかになりつつあるにもかかわらず、同社は取り締まりの対象とされておらず、執筆時点では事業を継続している。

絶望的な状況に追い込まれて米国に入国する労働者たちは、搾取の対象とされやすいが、それでも入国する移民は後を絶たない。カリフォルニア州では、農村で働く労働者の賃金は常に低かった。ジャーナリストで著名な知識人であったキャリー・マクウィリアムズは、一九三〇年代に当時の状況を的確に指摘している。

　こうした状況にあるカリフォルニアの田舎を訪ねたことがある人なら、誰でも、恐ろしい現実が存在することを否定しないだろう。この状況を、事実上のファシズムと表現しても過言ではない。裁判官は憲法が保障する被告の権利を盲目的に否定し、浮浪罪を言い渡す。上告しても無駄である。なぜなら、受理されるのを待っている間に、収穫期はすぎてしまうからだ。[40]

マクウィリアムズの〝怒り〟には、ジョン・スタインベックの〝怒り〟［スタインベックの名作『怒りの葡萄』を示唆している］と底通するものがある。

　働いていない馬にも餌を与える必要があることに異議を唱える人はいないが、私たちは、私たちの土地で働く男女に食べ物を与えることに文句を言っている。この地域が世界で一番裕福となるのに手を貸してくれた男たちや女たちに着るものや食べるものを与えることができないのは、この州が、あまりに愚かで、悪意に満ち、恐ろしく貪欲であるせいかもしれない。飢えが怒りに転じ、怒りが暴発するまで何もしないというのか？[41]

彼らは「カリフォルニアの貧困を根絶する」という公約を掲げて、一九三四年の州知事選に民主党から立候補したアプトン・シンクレアに期待を寄せた。しかし州内の共和党員だけでなく、身内の民主党員までもが組織的な反対キャンペーンを展開したため、彼は落選した。もちろん、選挙政治制度の下で、投票権を持たない移民に支援が行なわれる可能性は、きわめて低い。市民権を持たない移民の農園労働者たちは、まず自らの地位を確立することから始めねばならないのだ。米国農業労働者連盟（ＵＦＷ）が設立されたのは、まさにそのためだった。

ＵＦＷは、一九六二年、農業労働者の労働者としての尊厳を認めさせ、団体交渉権を獲得するための闘争を行なった。ただちに反対に立ち上がった農場経営者たちは、この運動のリーダーたちを解雇し、労働者たちを威嚇した。策に窮したＵＦＷは、農場経営者らに富をもたらした主要産品であるカリフォルニア・グレープのボイコットを呼びかけた。

この葡萄の生産者たちは、「働く自由委員会」を立ち上げて対抗した。この委員会が雇った荒くれ者たちは、ＵＦＷのリーダーを追い回し、嫌がらせをし、脅迫し、時には暴力を振るった。生産者たちはウィッタカー&バクスター広告社に二〇〇万ドルを支払い、「カリフォルニア・グレープ、禁断の果実」の消費を促すメディア・キャンペーンを展開した。だが、多くの消費者が葡萄を買わなくなったため、生産者たちは、自らの食べ物を自由に選べない人々に葡萄を食べさせることにした。生産者たちは、消費者が食

▼40 Ferriss, Sandoval and Hembree 1997 : 24. See also McWilliams 1936.
▼41 Matthiessen 1969: 225-6の引用より。

べない葡萄の買い上げを国防総省に陳情して見事に成功を収め、葡萄はベトナムに駐留していた米軍兵士に配給されたのである。一九六九年、国防総省は一一〇〇万ポンド（約五〇〇〇トン）のカリフォルニア・グレープを購入し、ベトナムに輸送された葡萄の量は、前年の五倍に膨れあがった。[42]

UFWの努力は、一九七〇年代を通して報われることはなかった。その最大の要因は、農場経営者たちによる攻撃ではなく、他の組合が次々に勝利を勝ち取っていったことにあった。農場経営者とチームスター労組（全米運輸労働組合）が締結した人種差別的な協定によって、UFWが達成した成果は踏みにじられた。UFWは組合運動の内部からの攻撃にもさらされていたのである。さらに、UFWによる交渉の成果自体が、深刻な組織崩壊をもたらした。UFWは、農業労働者の権利と地位を確立する闘いを繰り広げ、これに勝利した。そして、カリフォルニア州には移民農業労働者に適切な支援を行なうことを目的とする農業労働関係委員会が設立された。だが、この委員会を管轄したのが、この問題の解決に最も熱心でない州政府であったため、委員会は機能せず、UFWの運動は勢いを失ったのである。UFWは、以前よりは若干はましになったとは言え、依然として搾取され続けている農業労働者の権利を擁護するために今も闘っており、トイレや水道へのアクセスの確保を経営者に約束させるといった成果を上げてきている。私のようにカリフォルニアに住み、地産地消に熱心に取り組んでいる人々にとっては、地場産であることが倫理的であるとは限らないことに気づかされる皮肉な事態である。しかし、カリフォルニアにも、移民の手でつくり上げられた農場のなかには、倫理的な地産地消を実現しているところもある。[43]

7……ロサンジェルスで農業を！

パット・ブキャナンがその「死」を追悼したカリフォルニアは、農業州である。同州の「第三世界化」

は、最大産業の一つである農業の労働者を擁護する必要性を訴えている。労働者の尊厳を求めて闘いが行なわれ、それは今も続いている。そして、労働者の権利を擁護するために最も熱心に闘っているのは、移民たちである。彼らは政党の支援を受けることもなく、裕福な農場経営者たちや、時には州兵を相手に闘っている。だが、移民がもたらしたのは労働者の権利だけではない。この運動は、人種差別を終わらせ、環境と共生するコミュニティのあり方を、州内だけでなく世界に対して示すモデルを打ち立てたのである。

ロサンジェルス空港に向かう飛行機が通過するサウスセントラル地区を上空から見ると、その碁盤の目の道路で仕切られたすべてのブロックが、わずかな緑の木々の存在をのぞけば、灰色の建物で埋め尽くされている。空港とサウスセントラル地区の距離は、上空の飛行機からの距離七〇〇メートルとほぼ等しい。この地区で頻繁に人種間の衝突や暴動が起きているため、中産階級の大部分がこの地区から逃げ出してしまった。この地区の街路樹の上に、女優ダリル・ハナの看板が掲げられているのは変な感じだ。しかしハリウッドの良心的な人々は、中南米や中国からの移民がほとんどを占める同地区の三五〇ほどの世帯による、国内で最大規模の都市農園を維持する活動を支援している。

四一番街とアラメダ（スペイン語で「樹木の並ぶ大通り」の意）通りの交差点付近の一四エーカー（約五・六ヘクタール）のエリアは、東に倉庫街と工場地帯、西に低層住宅街が広がる、スモッグと電車の街である。だが、アラメダ通りを少し入ると、そこには植物が繁茂する静かな楽園がある。私でも知っている品種もある。豆類、イチゴ、タマネギ、トウモロコシ、ブラックベリー、販売用の大量のコリアンダー、ワシン

▼42 Ferriss, Sandoval and Hembree 1997 : 148.

▼43 Shred 2005.

トン・アップル、ザクロなど。それに、私の知らない品種も植わっている。アルフレド・ヴァケーロ（カウボーイの意）は、一九九二年のロス暴動後に地域住民にこの土地が提供されて以来、この農園で働いている。この場所はもともと、ゴミ焼却炉を建設するためにロサンジェルス市が収用した土地だったが、この計画は地域住民の反対で頓挫した。

アルフレドと彼の息子ホセは、農園に植えている作物を指さし、それぞれの名前をスペイン語で教えてくれたが、少なくとも私には翻訳不可能だった。アルフレドは、ホセが食べ物について学ぶことが重要だと考えている。アルフレドいわく、

「それが、自然や過去とのつながりを取り戻すための方法なのです。この農園に区画を持たない多くの人々にも子どもがいますが、彼らには街角しか行くところがないのです」。

ホセは言う。

「僕は、ここで植物の名前を学ぶことができます。他の多くの子どもたちには行くところがなく、街角にはギャングがいます」。

この父子は、サウスセントラルで発生している犯罪に心を痛めていた。彼らには、子どもがギャングに加わってしまった友人が何人もいる。だが、子どもたちに街に出るな、というよりも、農園に呼び込む方がたやすい。アルフレドはこう語った。

「ここは、住民たちと、食べ物に気をつかっている人々にとって大切な場所です。私たちがここでつくっている食べ物を店で買おうとすれば、高くつきます。しかも、ほとんどの作物は、他では買うことができないものです。それに、ここは人と出会い、交流する場所にもなっています。この辺〔ロサンジェルス〕では、自然と触れあえる場所が他にほとんどないのです。風にゆれる葉の音を聞くのは素敵です」。

この農園には、一〇〇から一五〇ほどの品種が植えられている。都市のジャングルのなかのオアシスだ。

サウスセントラルには緑がほとんどない。市内の他の地域の人口密度が一・五エーカー（約六〇〇〇平方メートル）に一〇〇〇人なのに対し、この地区では〇・三五エーカー（約一四〇〇平方メートル）あたりに一〇〇〇人が暮らしている。この農園では、この地区に住む移民の多様性と融合性を反映して、世界各地の作物が育てられている。ここは、市当局から見捨てられたサウスセントラルのなかにあって、緑が生い茂る静かで安全な場所なのである。子どもたちを遊ばせながら、両親や祖父母が木陰に腰かけ、スナックをつまみながら冗談やうわさ話に花を咲かせる、移民にとってかけがえのない場所だ。

だが、ここでも問題が持ち上がっている。市は、この土地を二束三文で収用したが、現在、この土地を市に譲り渡した不動産業者に五〇〇〇万ドルで買い戻させようとしている（実際には、この土地の市場価値は一五〇〇万ドル程度である）。この土地の価値を高めたのは、この農園を通して築かれた地域住民のコミュニティである。だが、地域住民らが土地を買収する資金を集め、農園を守るために訴訟を起こし、彼らの苦境に衆目を集めるためにハリウッド・スターを動員しようとしているにもかかわらず、彼らはふたたび、この土地から追われようとしている[44]。

私たちは、移民が突きつけられている「寄生」あるいは「居候」という言葉の意味と、移民たちが新たな居住地に歴史や文化、思想をもたらしてきた現実について、もう一度よく考える必要がある。これらを忘れ去ることは、外国人嫌いになる第一歩である。たとえばイギリスの食生活は、何世代にもわたる移民受け入れの歴史がなければ非常に貧しいものになっていただろう。そして米国自体が、移民によって建国され、先住民の排除によって成立した国家である。だが、遠い祖国から歴史と文化をたずさえて米国にや

▼44　詳しくは、以下のウエッブサイトで。http://www.southcentralfarmers.org

ってきた移民たちは、ここでも土地や、平等と正義を求めて、移民となる以前とまったく同じ闘いを強いられる運命にある。

8……メキシコ／米国の双方に生み出された貧困

「イ・キョンへはメキシコ人になった」というチャントの言葉の真意は、こうした背景から理解できる。これまでの、特に一九八〇年代と一九九〇年代の経済の激変によって、米国とメキシコの双方で農村の生活が変貌した。貿易が最も貧しい人々を豊かにすると喧伝され、経済は成長したが、この成長の恩恵は貧困層には届かなかった。取り残された人々は、さまざまな形で対抗してきた。本章では、抗議デモや自殺、および移民という形の対抗について詳述してきた。食料の貿易自由化が進めば、このような動きが起きるのは必然であった。何十万人ものメキシコ人はＮＡＦＴＡを抗議の標的にした。イ・キョンへは、ＷＴＯを標的にした。

しかし貿易においては、「非熟練」生産者、なかでも農業生産者は、より合理的で効率的な経済に向けて変化する経済における「お荷物」と見なされている。次章では、今日のフードシステムが、特有の場当たり的な政策や欲得ずくの勢力によって歪められてきた現実と、貧しい農民が長いあいだ、このシステムによって使い捨てられてきた事実を詳述していく。

第3章

世界フードシステムの知られざる歴史

ヒラムは使節を遣わし、こう伝えた。あなたのお望みは承知しました。レバノン杉および糸杉の木材について、ご要望にしたがいましょう。木材は、わたしの家来たちにレバノンから海まで運ばせ、いかだに組んで海路であなたの指定される場所に届け、そこでいかだを解き、あなたにお渡しいたします。あなたには、わたしの家のための食料を提供してくださることを望みます。こうしてヒラムはソロモンの望みどおりレバノン杉と糸杉の木材を提供し、ソロモンはヒラムに彼の家のための食料として、小麦二万コルと純粋のオリーブ油二〇コルを提供した。ソロモンは、これらを毎年ヒラムに提供した。主は約束したとおり、ソロモンに知恵を授けられた。ヒラムとソロモンの間には平和が保たれ、二人は条約を結んだ。

(『旧約聖書』「列王記上」第五章、八―一二節)

この『旧約聖書』の紀元前一〇〇〇年頃の取引についての記述は、国家間貿易の最も古い記録の一つである。もちろん、今日の地球規模のフードシステムでは、国際貿易の主体は国王だけではないし、貿易される品目も、小麦・木材・オリーブ油にとどまらず、また、重い荷役を運ぶ人々が「家来」と呼ばれることもない。しかし、世界のある地域の産物で他の地域の人々を養っている点と、国家政策が経済の領域に介入している点で、ソロモンによるヒラムとの交渉のさまは、今日にも通じるものがある。ヒラムは、彼の王国の外から食料を調達することを通じ、貿易のもたらし得る恩恵を実証して見せたのである。貿易は食料価格を低下させる技術であり、生産物の総量を増加させる手段であると見ることもできる。食料の国際取引を通じて世界に新しい味覚がもたらされ、食べ物は安価になった。

本章では、私たちが安価な食料に慣らされてしまった理由とそのプロセス、そして、それが誰を犠牲にしているのかについて検討していきたい。

1……産業革命を支えた〝栄養ドリンク剤〟紅茶――大英帝国による世界フードシステム

近代のフードシステムの歴史は、ヨーロッパ、なかでも英国に起源を持つ。過去二〇〇〇年の間に繁栄し衰退した巨大な貿易大国は、中東や極東にも存在したが、世界初の地球規模の食料貿易ネットワークは、それよりも後に、英国と英植民地との間に築かれた植民地貿易のネットワークだった。

英国の植民地進出は、国内の変化、なかでも英国の地方の変化が促したものだった。英国の地方部では、一五世紀より「囲い込み《エンクロージャー》」、すなわち富裕層の土地に対する貧しい人々の共同管理権が、今で言う「私的財産権」に転換されるプロセスが進行していた。地方の貧困層は共有地へのアクセスを失い、労働力を売るしかなくなった。これは、社会に大きな影響を与えた経済革命だった。土地を持たない人々には、ほとんど選択肢がなかった。土地に対する伝統的なアクセス権を失った「自由な」土地なし貧困層は、仕事を求めて都市に移動した。地方に残った人々も、日中は賃労働を行ない、残った時間で家族のための食料を生産するようになった。他方で、土地の所有者たちは、封建制度から資本主義経済への転換による効率化がもたらした利潤によって、海外で生産された食料に対する需要をふくらませていった。

高級食材が次々に英国にもたらされるようになった一七三三年、一八世紀のベジタリアン唱道者であるジョージ・チェインは、裕福がもたらす病気の増加を嘆き、これを「英国病」と名付けた。

だが、食料の国際貿易は、富裕層に病気だけでなく、贅肉ももたらした。食料貿易のネットワークが拡大し、一八世紀から一九世紀にかけて産業革命と社会革命が起きるなか、農業貿易が世界全体を大きく変質させた。二〇〇〇年後の私たちの飲食の実態は、国際貿易が世界に与えた大きな影響を抜きには語れない。

たとえば、ノンアルコール飲料（ソフトドリンク）について考えてみてほしい。二〇〇五年には、世界全体で一兆四七〇〇億リットルのソフトドリンクが消費された。これは、一人あたり二二七リットルに相当する。その多くにカフェインと甘味料が含まれている。その甘味料の多くが、トウモロコシ由来のぶどう糖果糖液糖（HFCS）か、アスパルテーム、あるいは砂糖である。世界で最も消費されているソフトドリンクは、意外かもしれないが、カフェインの入った飲料である。コーラやコーヒー、およびボトル・ウォーターもシェアを伸ばしているものの、世界で最もよく飲まれているのはお茶である。二〇〇五年には一人あたり五七リットルのお茶を消費している。[1] 今日のソフトドリンクの起源は、砂糖入りのお茶にさかのぼることができる。だが、お茶も砂糖も、アジア以外の地域に広まったのは二〇〇年ほど前であり、国際的には比較的新しい飲み物である。英国では、今でもそうであるように、お茶には通常、牛乳と砂糖を加える。一杯の紅茶を構成する水・砂糖・牛乳・茶葉のうち、一六〇〇年代以前に英国内に存在していたのは、牛乳と水だけである。砂糖はヨーロッパの作物ではなかったし、当時ロンドンに住んでいたサミュエル・ペピーズの日記では、茶葉は一六〇〇年代にもたらされたことになっている。[2] 砂糖については、食料政策の大家であるシドニー・ミンツが著書『*Sweetness and Power*（甘味と権力）』のなかで、その変遷を詳述している。

紀元一〇〇〇年に、ショ糖あるいはキビ砂糖の存在を知るヨーロッパ人はほとんどいなかった。しかし、その後すぐに彼らはこれらの存在を知り、英国では一六五〇年には貴族と富裕層の間で砂糖の摂取が日常化し、薬としても使用され、上流階級を象徴する品物の一つとなった。一八〇〇年までには、砂糖は高価かつ稀少であったにもかかわらず、すべての英国人の必需品となり、一九〇〇年になると、英国人が摂取するカロリーの五分の一弱が砂糖から摂取されるようになった。[3]

高級食材という砂糖のイメージが需要を喚起したことも事実だが、甘く高カロリーで白色であることも人気の理由だった。砂糖の需要は中流階級や労働者階級にも広がり、仕入れれば仕入れただけ売れる状況が生まれた。特筆すべきは、紅茶の苦みを消し、穏やかな習慣性を補完する砂糖と、紅茶の渋みを緩和する牛乳との組み合わせが紅茶の人気を世界に広め、世界を変えてしまったことだろう。

茶葉と砂糖の生産には、工業的な農業の最も残酷な発明であるプランテーション栽培が必要とされた。先進的かつ恒久的なモノカルチャー（単一作物栽培）という農業技術は、土壌を耕し、サトウキビを刈り取り、茶葉を摘む、南側諸国の使い捨て可能な労働者の絶え間ない供給という社会的技術をともなっていた。二〇〇年間に及ぶ奴隷時代の幕開けは、バルバドス島［西インド諸島の小アンティル諸島東端の島］でサトウキビ生産をするために一〇〇〇人の奴隷が売買されたという、一六四五年の記録にまでさかのぼる。砂糖産業が儲かる産業であったことと、人命の価格が非常に低かったことが、その後もたくさんの奴隷を生み出し、一八カ月後には奴隷たちによるストライキを発生させた。▼4

英国内で消費される茶葉もまた、大英帝国の海外領で生産されていた。紅茶が生産されていたインドや中国は、英国政府と東インド会社が強引に広げてきた国際貿易ネットワークに組み込まれた（この事実に、北米のボストンをはじめとする植民地が異議を唱えたのである）。この貿易体制が紅茶の消費を拡大させ、

▼1 Zenith International 2006.
▼2 Denyer 1893.
▼3 Mintz 1985 : 5-6.
▼4 Mintz 1985 : 53.

たかだか二〇〇年の間に紅茶を英国の国民的飲料ならしめた。一九世紀末に批評家のC・W・デンヤーは紅茶人気の高まりについての記述のなかで、最も紅茶消費の多い労働者階級に美的感性が欠落していると非難している。

注目すべきなのは、当時すでに紅茶が労働者階級の食生活で重要な地位を占めるようになっており、特に女性が好んで飲用していたことである。牛乳と砂糖を入れた紅茶は、飲んだ人に即座にカフェインと炭水化物を供給するため、手仕事を行なう人々の活力とカロリーの源として最適だった。デンヤーは、女性が紅茶を好んだことを裏付ける文章を残している。

　工場で働く女たちは、ティーポットを一日中、暖炉のそばにおいており、一人が一日に五回か六回も〔紅茶販売店で〕紅茶一ペニー分と砂糖一ペニー分を買い求めることも珍しくない。紅茶の飲みすぎは神経系と消化系に非常に良くないということは、これまでの臨床例からも明らかなのだが、女たちは最も濃いインド紅茶を欲しがる。[5]

カロリー源としての紅茶消費によって、ロンドンの都市労働者が食い物にされていた事実は、フードシステムのもう一方の端で、一日の労働をやり遂げるためのカロリーをサトウキビを囓ることで得ていたカリブ諸国の奴隷たちの現実と酷似していたと言える。

しかし紅茶は、もっと栄養価が高く、国内で生産できる原材料でつくられるビールという、もう一つの労働者の好物と競争関係にあった。紅茶が英国の典型的な飲み物になるには、いくつもの仕掛けが必要だった。この甘くて温かい飲み物に、人々の関心を向けさせねばならなかった。だが、よりたくさんの砂糖が植民地から入るようになるなか、人々は甘党になっていったし、英国の天候はいつでも温かい飲み物を必要としていた。環境の面でも、嗜好の面でも、温かく甘い飲料が求められる素地ができあがっていたのである。さらに、紅茶が確保できるという経済的要因が加わった。企業が紅茶と砂糖を入手するには、すなわち、紅茶をインドと中国から仕入れ、カリブ諸国から砂糖を仕入れるには、帝国の力が必要だった。英国は、この二つの地域を支配していた。紅茶が普及する過程では、禁酒運動やプロテスタントの労働倫理がビールとジンを職場から追放するなど、宗教も一役買っている。そして働く貧困者たちも、冷たい一杯のビールよりも紅茶を好んだのである。「一週間に二オンス（約五六グラム）の紅茶があれば〔……〕、多くの人が冷たい夕食でも温かく感じる」[6]。かつては、工場から養育院まで、あらゆるところで売られていたビールが影を潜め、世界の反対側から届けられる原料でつくられた飲み物に、取って代わられたのである。

労働者に対して、賃金の代わりにビールが支給されていたのは、遠い昔ではない。しかし、南アフリカの例を見れば、それがいかに良くないことかがわかる。南アでは一九六三年に「トット」（〝一杯〟という意味）と呼ばれる慣行が禁止されたが、今日でも少数のぶどう園では続けられている。そのせいで同国では、子ども一〇〇〇人あたり六〇人が、胎児期アルコール症候群に苦しむという最悪の事態が生じており、この割合は世界で最も多い[7]。しかし、英国で、日々の生活でビールに代えて紅茶と砂糖が消費されるようになったことは、何世紀もの間の嗜好を変え、「世界の工場」の労働者の栄養状態を悪化させ、カフェイ

▼5　Denyer 1893 : 38.
▼6　Mintz 1985 : 137, footnote 101.
▼7　Labour Research Service, *Women on Farms Project and Programme for Land and Agrian Studies* (University of the Western Cape) n. d.

ン漬けにする結果を招いた。紅茶は、史上初の栄養ドリンク剤のようなものだったのである。甘いミルクティーには刺激物と炭水化物が含まれ、飲めば甘く元気が出る。オーストラリアで、「レッドブル」（世界最大のシェアを持つ豪企業のエネルギードリンク）を販売しているディエトリッチ・メイトシッツが、一〇億ドルの売上を手にしたように、紅茶や砂糖を売った商人たちは、より凄惨な貿易行為によって巨万の富を築いたのである。

国際貿易は世界を変えたが、その非常に資本主義的なやり方は、地球上の多くの場所でさまざまな商品を生産するために、多くの人々から搾取することを前提としていた。奴隷労働は、ヨーロッパの都市に安価な食料を提供するために不可欠な要素だった。たとえば、米国、カリブ諸国、およびブラジルのプランテーション経済は、アフリカ人奴隷なくしては成り立たなかった。地球規模のフードシステムの構築には、植民地政策と強制的な市場の創出という、二つのプロセスが関わっていたのである。長期にわたって植民地から提供された熱帯の食料（砂糖、紅茶、コーヒー、果物、油）に加えて、入植者たちが供給する温帯の食料（穀物、肉）が、英国内だけでなく世界の市場に流れ込んだ。

植民地への入植は、ヨーロッパにおける農業の商業化が小規模農民を農地から追い出した結果として生じた。土地を失った人々が、新たに征服した領土への入植者としてヨーロッパから大量に送り出された。南アフリカから当時のローデシア（現在のジンバブエ）まで、あるいはアルゼンチンからカナダまで、当時の英国領のすべてが新たな農業システムを取り入れ、拡大する産業セクターのニーズを満たすために生産性の高い農業セクターとなることを目指した。大都市に安価な食料を提供するために、入植地にも輸出用産品を生産することが求められた。これは、入植地には「家族農場」という美化されたイメージがつきまとうからこそ、忘れてはならない点だ。一九世紀の終わりには、大草原の小さな家でさえ、投入と産出の予測と、国内外の貿易政策との間の最良のバランスを図るための洗練された代数計算に基づく、商業化された農業を実践していた。

他の（熱帯の）国々については、入植は、現実的かつ望ましい選択肢とは思われていなかった。これらの国々では、英国が植民地の土地と労働に英国式の自由市場システムを導入することで、穀物貿易をいち早く発展させている。その筆頭がインドだ。英国は、インドにおいて、不作の年には地主が小作人に必要な食料を提供するという、飢餓者を出さないことを地主に保証させてきた封建制度を解体し、それに代えて、干ばつに備えて蓄えられてきた各村の穀物備蓄を、電報と蒸気という技術を用いて世界市場に放出させたのである。インドで生産された穀物が集められ、英国の穀物市場に運ばれた。不作の年にも、インドの農民たちに地主から無償の穀物が配給されることはなくなった。近代の英国支配の下で、彼らは食料生産のための労働力となり、その結果、インドの農村は極度の飢餓と貧困に苦しむこととなった。悪天候が不作をもたらせば、英国に輸出される穀物を買うことができない何百万人もの人々の命が失われたのである。マイク・デイヴィスは、押しつけられた合理主義と農村の現実との大きな隔たりを、以下のように指摘している。

英国人は、インドを「永遠の飢餓」から救ったと主張するが、インドのナショナリストたちが引用した、権威ある『統計で見る社会ジャーナル』誌に掲載された一八七八年の研究報告の記述に、衝撃を受けた英国官僚は少なくない。その記述とは、英国支配下の一二〇年間に、深刻な飢餓が三一回も発生しており、それまでの二〇〇〇年間に記録されている一七回を上回っていた〔……〕。何百万人もの人々が、「近代の世界システム」の外側ではなく、まさにそのシステムの経済・政治構造に取り込まれる過程で命を落としたのである。彼らは、自由な資本主義の黄金時代に死んでいったのである、というものであった。▼8

英国は、熱帯の植民地と、温帯の入植地に築かれた新たな輸出農業の拠点から直接的に食料資源を運び出すことで、その犠牲となった人々に良心の呵責を感じながらも、自国の労働者階級を養うことができたのである。

英国は、いち早く工業を発達させ、世界の工場としての役割を果たすようになり、帝国としての地位を揺るぎないものにしていった。英国の工業化が進行するにつれ、海外からの食料輸入はますます増加した。特に小麦については、国内産よりも海外産が圧倒的に安かった。しかし、小麦には高い関税が課せられていた。一連の「コーン法」（ここで言うコーンとは、トウモロコシではなく穀粒を意味する）は、国内産小麦の販売から利益を得る地主層の貴族たちを守るための法律だった。そのため労働者たちは、高い価格に苦しめられ、彼らが働く工場を所有する新興の中流階級の利益を間接的に損ねる結果を招いた。一八四八年、「コーン法」は廃止された。貴族は特権を放棄させられ、主導権が新興の中流階級に移行したのである。これは、階級政治における大転換であり、結果として労働者階級は安く食べ物を買うことができるようになった。

2……労働者階級を餌付けするための、植民地でのモノカルチャー

しかし、労働者階級には新たな懸案があった。英国の鉱山王であり、金権政治家であったセシル・ジョン・ローズが、「コーン法」が廃止されて数十年も経っていたにもかかわらず、人々の同情心と利他主義に火をつけたのである。彼が一八九五年に食料問題について以下のように表明したとき、当時の政治家の多くがこの考えを支持していた。

私は昨日、ロンドンのイーストエンド地区で失業者たちの会合に参加していました。怒りのこもった発言のすべてが、つまりは「パン！」「パンをよこせ！」という叫びだったのでした。私は、帰り道に、会合で見聞きしたことについて深く考え、これまで以上に帝国主義の重要性を確信したのです〔……〕。大英帝国は、私がこれまでも言ってきたとおり、パンとバターを得るために必要なのです。内乱を回避したければ、帝国主義者にならねばなりません。▼9

新興エリートも、旧来からのエリートも、組織化が進む労働者階級の反応を非常に恐れた。この恐怖を緩和するために、企業家たちと政府は一策を講じた。その政策は、ローズの懸念を反映しており、その基本的な考え方は今日の私たちにも継承されている。

1、貧困者の数は多く、増え続けている。
2、すべての貧困者を養うに十分な食料がない。
3、十分な量の食料がなければ、貧困者は飢えてしまう。
4、飢餓が発生すれば、内紛が起きる。
5、他の国々には彼らを養うに十分な食料がある。

▼8 Davis 2001: 297, 9.
▼9 Lenin 1970 : 75.

したがって、他国からの食料で貧困者を養うことで内紛を防ぐことができる。

この論議の1と2は、世界で初めて有給雇用された経済学者、トーマス・マルサスが展開した主張である。マルサスは、長期的に見ると、人口が幾何級数的に増加するのに対して食料生産は算術級数的にしか増加しないため、飢餓と内紛は起こるべくして起きると主張したことで有名だ。彼の見解は、飢餓が発生する原因の分析において間違っており誤解を招くものだが（第5章で詳述する）、今日でも人口と飢餓に関する議論ではしばしば同様の主張が展開される。人口増加が食料増産を上回る懸念が生じると、優生学者が提示する解決策から、イ・キョンへの人口増加への懸念、あるいは「クォータ・クィーン」◆という言葉を使用してきた人々の言説まで、あらゆるところにマルサスの亡霊が立ち現われるのである。

ローズは、このマルサスの説に乗じて、自身の階級に対する考え方にもとづく予測を矢継ぎ早に公表した。貧困層は、飢えによる集団的消滅という事態に追い込まれるよりは、自らを組織化して富裕層を追いつめる道を選ぶだろうという主張を展開したのである。この理論では、貧困者を、空腹・握り拳・強い性欲という三つの身体的特徴に単純化している。貧困階級の出生率が高く、貧困人口が多いことの理由は自明だというのだ。食料問題を根拠に帝国主義を正当化するローズの主張は、飢餓防止そのものではなく、飢餓がもたらす不満が引き起こす政情不安の回避を論拠としていたのである。

一九世紀末に中流階級に仲間入りをした人々も、ローズの主張の最初の部分には違和感をおぼえなかっただろう。実際、貧困者はたくさんいた。一七八〇年代から一八四〇年代頃に起きた産業革命は、英国を一変させた。一八世紀末から一九世紀にかけて、新興都市に暮らす労働者階級の人々は、厳しい生活と労働条件に苦しめられていた。都市の貧困地区を「スラム」という言葉で表現するようになったのは、まさにこの頃である。一九世紀半ばのロンドンにおける労働者階級の窮状は、作家チャールズ・ディケンズの当時の状況を克明に描いた作品によって、広く知られるようになっていった。

ディケンズは、一二歳で工場に送り込まれ、毎日一〇時間、靴クリームの瓶にラベルを貼る作業に従事していた。若き日のチャールズは、彼の父親がマーシャルシー債務者刑務所で惨めな暮らしを送っているあいだ、そのわずかな賃金を家賃の足しにしていたのである。ディケンズが若いころに極貧の暮らしをしていたことが広く知られるようになったのは死後であるが、彼の文学は、自身が体験したすべてが金次第で恐怖に満ちた産業革命と、貧困の犯罪化の実態をあますことなく描いている。『オリバー・ツイスト』では、貧しい暮らしを強いられた少年オリバーの食事が、「一日三回のうす粥、週一度の一枚のオニオンスライス、そして日曜日にはロールパン半分」[10]だったとある。これは少し大げさかもしれないが、労働者階級の人々の食事が概して乏しかったことは間違いない。産業革命初期から一八〇〇年代半ばまでのあいだ、労働者階級の実質賃金は一五%しか上昇しなかった[11]。そのため、主食のパンにジャガイモという食事が一般的だった。しかし、ディケンズ本人の状況は、比較的ましだったとも言える。それは、産業革命では、男性よりも女性の困窮がひどかったからだ。英国から船に乗せられて流刑地に向かった女囚たちの身長と識字率の記録からは、この時代の痛ましい事実が浮かび上がってくる。

一八〇〇年から一八一五年のあいだに、英国人女性の平均身長は、地方出身者で〇・七五インチ

◆クォータ・クィーン　差別是正措置の一環として実施されるマイノリティ優遇枠の設定、または増加を求める人々に対する蔑称。

▼10　Dickens and Southwick 1996 : ch. 2.

▼11　Feinstein 1998.

〔約一・九センチ〕、都市出身者で〇・五インチ〔約一・三センチ〕低くなった。英国人女性の識字率も低下した。流刑に処された女性のうち、読み書きができなかったのは一七九五年生まれでは一〇%であったのに対し、一八二〇年生まれでは二〇%を超えていた。[12]

　しかし、新たに誕生した労働者階級は、与えられた運命にただ甘んじたわけではなかった。その点ではローズの予測は正しかった。一九世紀の前半は革命の時代となり、その影響は次世紀にまで及んだ。一九世紀後半には労働者の運動が盛んになった。『共産党宣言』の初版が刊行された一八四八年には、フランスからオーストリア帝国、そして現在のイタリアやドイツになっている地域にまで、ヨーロッパ全体に革命の火が飛び火した。英国では、人民憲章運動が普通選挙の実施を要求した。一八七一年の初頭には、パリで数週にわたってコミューン〔革命政府。労働者が蜂起して世界初の民主的な自治国家を実現した〕による統治が実現した。ディケンズが活躍していた英国は、中流階級、なかでも当時の扇動者たちを恐れていた人々の目には、汚く、暗く、ごみごみした地区で暮らしていた男たちと女たちによる反乱だらけの世の中に映っただろう。

　武器を持って立ち上がったのは、ヨーロッパの労働者たちだけではなかった。ヨーロッパと米国の新興都市のスラムで労働者が生活苦を跳ね返すために立ち上がったのと同じように、白人の労働者階級のための食料価格を低く抑えるために働かされていた奴隷たちもまた、革命の機運をとらえて反乱を起こした。なかでもハイチの奴隷たちは、何世紀にもわたるヨーロッパ諸国による略奪を受けた末に、米国の革命に触発され、トーサン・ルーヴェルチュールを中心に蜂起し、短いあいだながら国を支配下に治めた。フランス、英国、スペイン、そして再びフランスと、列強による支配が続いてきたハイチにおいて、独立を求めて闘った奴隷たちは、たとえ一瞬であっても輝かしい勝利を収めたのである。[13]しかし、それに対する報復はきわめて激しく残酷なものだった。[14]ハイチは、一七九一年から一八〇四年の革命以後、二〇〇年にわたって西半球で最も貧しい国家となった。これは、米国、フランス、そしてドイツによる意図的な行動の結果だった。ハイチ人に対する報復の残忍さは、この革命が他の植民地に飛び火することを、西側のエリートたちが心底恐れていた事実を知らなければ理解できないものだ。

ヨーロッパ諸国における労働者の不満を収めるには、彼らの不平を先鋭化させない必要があった。そのためには、安価な食料を十分に供給することで飢餓と貧困を一定程度以下に押さえ込むという、社会契約の不文律にしたがう必要があった。安価な食料の確保には、奴隷と低賃金の農業労働者が不可欠だった。マイク・デイヴィスの試算によれば、欧州と北米に食料を供給するために、何万人もの奴隷や農業労働者が命を落とし、二〇世紀には世界で近代のフードシステムが構築されるプロセスのなかで南側諸国が貧困に苦しめられることになったのである。新たな国際食料システムの立案者らが、奴隷の反乱を恐れたのはそのためだ。奴隷がいなければ、砂糖も得られず、工場労働者を黙らせるための食料も手に入らなくなる。奴隷たちは、貴族政治に対して主に中流階級の人々が起こした米国とフランスの革命が、奴隷のケースにもあてはまると誤解したのだと言える。奴隷にも生命と自由に対する権利を要求し、幸福を追求する資格があるはずである。だが、あまりに貧しく浅黒く、ヨーロッパのための食料生産に不可欠であった彼らは、欧米の革命によって解放されるべき対象とは考えられていなかった。奴隷が生産する安価な砂糖は、ヨーロッパの労働者たちをなだめるためのものだった。ヨーロッパで反乱が起きることを阻止するために捕らえられ、カリブ諸島に連れてこられた奴隷たちには、欧米の革命を真似て武器を取り、革命のスローガン

▼12 Nicholas and Oxley 1993 : 747-8.
▼13 Jamesによる一九六五年の学術論文は必読に値する。
▼14 Farmer 2006.

を唱えるなど、もってのほかだったのである。

3……冷戦と「武器としての食料」――赤化防止のための食料援助

セシル・ローズは、国際化が進む世界経済において英国が地歩を失うことに対する恐怖と懸念を喚起したが、同様の主張は、第二次世界大戦後に世界の力の中心が英国から米国に移行した際にも展開された。国際経済の中心が米国に移行すると、その政治力と経済力、そして農業分野での圧倒的な強みを反映して、世界のフードシステムの地図は塗り替えられた。しかし、この新たなフードシステムにも、以前と同じように、労働者が組織化することに対するエリートの恐怖が色濃く反映されていた。

冷戦時代の初期にも、NATO（北大西洋条約機構）諸国の政府にとっては、ローズの主張は現実味を持っていた。第二次世界大戦が終結すると、鍛えられ、武器の扱いを教え込まれた何百万人もの男たちが復員した。平和を希求し、権利意識に目覚めた男たちだ。ヨーロッパ諸国だけでなく、米国でも、国内の共産党が政治的な影響力を強めていた。それに加え、閣僚レベルの政治家たちは、メキシコで一九四三年に、ヨーロッパで一九四六年に起きた食料危機への対応に追われていた。これは米政府には寝耳に水だった。米国とカナダには、終戦直後、一人あたり毎日三〇〇〇キロカロリー消費できるだけの十分な食料があった。これら国々にとって、第二次世界大戦の開戦以後、初めてロンドンの食料品店の前に長蛇の列ができたことは、戦後の混乱期に官僚機構が機能していないことの現われであるように思われた。英国で食料を求める人々の行列がふたたび出現したことは、人々には不便なことであったが、人々の食料の摂取量は一人あたり一日二九〇〇キロカロリーと、さほど減ってはいなかった。しかしヨーロッパの大陸側では、この数値は二〇〇〇キロカロリー程度にまで減少していた。[15]

ヨーロッパに突如として飢餓が再来し、冷戦が始まったことで、食料はふたたび階級をめぐる政争の具とされることになった。ただし、以前とは違って、その視点はよりグローバルなものだった。ハリー・トルーマン米大統領は、一九四九年の就任演説で以下のように述べている。

我々は、我々の科学的進歩と産業発展の恩恵を、低開発地域の発展に役立てる大胆な新しいプログラムに着手しなければならない。世界人口の半分以上が、悲惨と言える状況下で暮らしている。彼らは十分な食料を得られず、病気の犠牲になっている。彼らの経済は未発達で停滞している。彼らにとって貧困は障害であり、それは彼ら自身だけでなく、より繁栄している地域にとっても脅威である。人類は、歴史上初めて、こうした人々を苦難から救済する知識と技術を有するようになった。[16]

この演説は一般的に、今日「開発」と呼ばれる教義の憲章とされている。しかし、この「開発」とはそれほど無邪気な概念ではなかった、ということはあまり指摘されていない。そのことを明らかにしているのは、共産主義の害悪についての補説から始まる演説の、四つめのポイントとして語られている部分である。

我々は、世界貿易に対する障壁を減らし、貿易量を拡大するために、我々の計画を実行しなければ

▼15　Perkins 1997 : 127.
▼16　一九四九年一月二〇日に行なわれたハリー・S・トルーマン大統領の就任演説。

ならない。経済復興と平和は貿易の拡大にかかっている〔……〕。我々は、侵略の危険に対抗して、自由を愛する国々の強化を図る。私はできるかぎり早期に、北大西洋の安全保障計画に関する条約の批准を上院に諮るつもりである。さらに、平和と安全保障を維持するために、我々に協力する自由国家に対し、軍事的助言と軍備を提供していく。

つまり、「開発」とは、国際貿易と軍事力、再分配の政策を相互に関連づけた政策理念の一部だったのである。そして再分配の中身とは、食料であったことが後に明らかになる。第二次世界大戦直後のヨーロッパに対する米国の援助計画マーシャル・プランは、他の援助とともに、戦後の食料不足に苦しみ、不平をもらしていたかもしれないヨーロッパの人々に食料をもたらした。一九五〇年代初めには、ヨーロッパの農民が大陸の需要に応えられるようになり、余剰さえ生み出すようになったため、この援助の中止を望むようになった。米国からの安価な輸入食料は、ヨーロッパの農家が自国で作物を売ることを妨げる結果を招いたのである。その結果、一九五四年七月以降、米国の食料援助は、農民が同様の要求を行なう政治力を持たない南側諸国を、新たな受け入れ先としたのである。

米国産の食料を開発途上地域に送るという決定は、米国の国内外に存在した数々の懸念を反映していた。米国の農民と地方の有権者たちは、連邦政府からの支援を当然のことと考えていたし、食料供給で戦争に協力してきた生産者たちから補助金を取り上げることに前向きな政治家はほとんどいなかった。加えて、ヨーロッパ市場が縮小するなか、米国は余剰食料の処理に窮していた。また一九五四年は、ジャーナリストのエドワード・R・マローが「ジョセフ・R・マッカーシーについてのレポート」◆を放送した年であり、米国内では「赤狩り」がピークに達していた。そして当時、南側諸国は共産主義に傾斜しつつあると考えられていた。中国は、（今日もそうであるように）米国のエリートに恐怖と不可解感を与えていた。こうした状況の下で冷戦に突入したことは、政治家たちに五〇年前のセシル・ローズの懸念と同様の懸念をもたらしたのである。飢えに苦しむ人々は、安価な食料を供給されれば助かるだろうし、感謝もするだろうし、米国の食料への依存という新たな展開も生じるかもしれない。この論理は、米国の余剰食料を飢えている人々に提供するという、合理的な解決策と受け止められた。

アイゼンハワー大統領は、一九五四年七月、「PL480」（公法四八〇号）として知られる「一九五四年農業貿易開発支援法」［通称「余剰農産物処理法」と呼ばれている］に署名した。国家間の友情という高尚な言葉が使われているものの、PL480は狡猾で強力な外交政策の実施手段であった。労働者による組織的抵抗や、政治的に敵対する左翼と見なしうる勢力との抗争状態にある親米政権であれば、米国の戦略的穀物備蓄から分け前を得ることができた。社会主義国に隣接していた国には、優先的に穀物が提供された。

こうして食料援助は、米国の外交政策で中心的な役割を果たすようになり、一九五六年以降の経済援助全体の半分以上を占めるようになった。一九五六年から六〇年のあいだ、世界の小麦貿易の三分の一以上を米国の小麦援助が占めていた。小麦の国際価格は米国の食料援助によって極端に低くなり、世界の主食生産者に打撃を与え、南側諸国を米国の援助に依存させる結果を招いた。南側諸国による米国依存は、米国の輸出の七九％が「第三世界」向けとなった一九六八年にピークを迎えた。ニクソン政権とフォード政権で農務長官を務めたアール・バッツは、この米国の外交戦略について、以下のように語っている。

「飢えた人々は、パン切れを持った人の言うことしか聞かない。食料は道具であり、米国の交渉カードの

◆「ジョセフ・R・マッカーシーについてのレポート」　マッカーシー上院議員による「赤狩り旋風」（マッカーシズム）を、痛烈に批判したドキュメンタリーTV番組。当時ほとんどのマスメディアが、自らが標的になるのを恐れて批判を控えていた。

なかでも強力な武器である」。しかし、麻薬の中毒者と売人の関係が永久でないのと同様に、米国も食料援助を永久に続けるつもりはなかった。

4……「緑の革命」と債務返済のための食料増産――新世界食料秩序

大々的に宣言されたわけではないが、戦後の食料秩序は、一九七三年に終わりを告げた。その原因は多岐にわたるが、最大の理由は、国際経済の円滑な運営に不可欠な原油が不足したことである。原油価格は、一九七三年一〇月から七四年にかけて四倍まで跳ね上がり、そのショックが世界経済を停滞させた。南側諸国に向けた食料を調達・輸送するコストが上昇するなか、食料援助が芳しい評価を受けていなかったこともあり、この制度は割りに合わないと思われるようになったのである。一九七四年五月には、米国とソ連によるアメとムチの政策が続くことに不満を持った南側諸国の意向を受け、国連が新国際経済秩序の樹立を求めた。この要求は、内容自体は大したことはなかったものの、米国やソ連ではなく、南側諸国の指導者らが国際秩序に異議を申し立てたという意味で、大きな衝撃をもたらした。

オイルショックによって、冷戦期の経済と政治のあり方を問い直すことが必然となった。ガソリンを給油するために行列ができていた米国では、国内消費のための燃料を確保することが戦略的な優先課題となった。主な産油国の一つが、国内で不足していた小麦を輸入する対価を原油で支払うことを提案してきた。それはソ連だった。原油を確保する必要に迫られていた米国は、食料援助用の小麦を共産主義国に売りわたすことさえ厭わなかった。米国の食料がソ連に渡ったことで、その食料に依存してきた南側の国々が悲惨な状態に陥ったのではないかと考える向きもあるだろう。だが、他の北側諸国、なかでもヨーロッパ諸国が、この機をとらえて自国の余剰農産物を南側諸国に売却した。

同時に、セシル・ローズの難問を解決するための、さまざまな技術が開発されつつあった。飢餓人口を海外からの穀物で養う代わりに、各国の農業生産量を増大する「緑の革命」と呼ばれる技術が開発され、各国内で食料増産が可能となった。この変化は、南側諸国を食料の対外依存からは脱却させた。ところがその代わりに、飢餓問題が政治化することを防ぐための十分な食料を生産するために、必要とされる肥料などの農業技術に対する対外依存を高めた。食料が増産できるようになったことは、大輸入国と化していたインドなどの国にとっては進歩だったが、「緑の革命」には高い代償がともなった（第5章で詳述したい）。さらに、「緑の革命」だけが、大衆の不満の解消に役立ったわけではない。たとえばインドでは、ガンジー政権時代、一九七〇年代半ばの「非常事態」期に強制的な不妊計画が実施された。飢餓の問題を、食料供給によってではなく、人口を減らすことで解決しようとしたのである。事実として、ローズの懸念は健在だったのである。

援助としての食料贈与は、富裕国にとっても貧困国にとっても、交渉における戦略手段であり続けた。食料供給を増やして外国の経済を支配する時代は一九七〇年代に終わったが、フードシステムを支配するための、より巧妙な手段が編み出された。食料をめぐる新たな政治経済は、米国の余剰食料によってではなく、南側諸国の対外債務を通じて構築されたのである。それは、以下のようなプロセスだった。

米国が原油の確保に躍起になっていたとき、南側諸国の政府もまた、危機に直面していた。南側の政府は、原油を輸入するための資金を借り入れる必要があった。巨額の現金を手にした石油輸出国は、この新たな収入を喜んで貸し付けた。オイルダラーの時代である。史上最低レベルの金利に加え、石油輸出国からの資金がつぎ込まれた銀行は、あらゆる借り手に貸付を行なった。このような金融は、わずかの変化によって簡単に崩壊する危険をはらむものだった。そして、一九七〇年代の終わりに変化が起きた。金利の上昇と世界規模の不況によって、債務危機が、中南米からアフリカ、そしてアジアを次々に襲ったのである。

金融政策が、突然に引き締められた。返済期日が来ても、国際経済が縮小するなかで返済のための資金を得ることは簡単ではなかった。債務不履行に陥らないためには、債務の利子を支払うために、さらに借金を重ねるしかない。積み上がった債務への懸念を、経済情勢が好転するまで先送りするやり方である。各国は、そのために新たな貸付を必要としたが、不景気がもたらした高いインフレ率と高い利率によって、融資条件は非常に厳しいものとなった。民間銀行の融資が細るなか、南側諸国の命運を左右する新たな貸し手が登場した。国際金融機関（IFI）である。税金を原資とするIFIには、政府の輸出信用機関や融資保証機関および援助機関、あるいは「国際通貨基金」（IMF）など、さまざまな形態の組織が含まれる。その筆頭が「世界銀行」である。今日でも、IFIからの融資が期日を迎えるときに、まっ先に支援に乗り出すのが世界銀行であり、世銀は出資者である富裕国政府の間の結束の象徴となっている。世界銀行は、戦後復興を支援する機関として誕生したが、のちに、より幅広い任務を担うようになり、今や南側諸国に大きな影響力を行使している。世界銀行は、一九六八年から八一年まで総裁を務め、ベトナム戦争を企図した一人とされるロバート・S・マクナマラの下で、大きく舵を切ったのである。一九七〇年代の終わりには、世界銀行は各国政府が出資する機関であるがゆえに、南側の政府に貸付を行なう原資と意思を備えた数少ない組織の一つになっていた。

世界銀行は融資を行なったが、その融資には特定の条件が付されていた。世界銀行は、これらの条件を「構造調整計画」（SAP）にまとめあげた。第三世界の政府が、一九七〇年代に抱え込んだ債務を返済するために新たな融資を受けたければ、構造調整計画の「コンディショナリティ」（融資条件）を受け入れねばならなかった。世界銀行はSAPにおいて、一九七〇年代の債務問題の原因は「不健全な経済のファンダメンタルズ（基礎的条件）」であると断じ、過大評価された為替レート、肥大化した政府機構、および資金の流出入に対する規制とともに、歳入を上回る歳出を行なった政府を非難した。世界銀行の融資条件によって、各国の経済は根底からくつがえされた。政府は赤字に陥ることを許されず、財政を均衡させる必要に迫られた。通貨規制は撤廃され、各国の通貨が国際市場で自由に売買されるようになった。これは、実質的に南側諸国の通貨のレートを引き下げる結果をもたらし、南側諸国からの輸出品の国際市場における価格を下げ、これら国々が輸入する品目の価格を上昇させた。貿易も自由化され、関税は徐々に引き下げられた。農民に農産物の市場と最低価格を保証してきた「マーケティング・ボード」(国営農産物販売機関)など、農民に対する政府支援は撤廃させられた。そしてたいていの場合、インフレを抑制するために金利が大幅に引き上げられた。

状況が違っていたなら、この一連の政策にも、多少のメリットはあったかもしれない。しかし、これらの政策は、今日の北側諸国が経済発展を目指していた時代に採った政策とも違っていた。米国や英国、日本、ドイツなどの先進国は、これら国々が南側諸国に押しつけた政策とは、まったく逆の政策によって富裕国となったのである。一九世紀にヨーロッパや北米諸国や日本が工業化したとき(そして二〇世紀にインドや中国が発展したときも)、政府は多額の産業投資を行ない、高関税で自国産業を保護し、公債を発行し、公共セクターを拡大させた。南側諸国は、債務返済をわずか数年猶予してもらうために、このような発展の可能性をいっさい放棄させられたのだと言える。このような融資条件の下、南側政府は社会と経済への支出に関する主権を大きく譲歩させられた。この時点より、各国の開発に関する選択は、政府ではなく債権者によって決定されるようになった。

ここでも食料は、国際政治で一定の役割を果たすことになった。各国は債務の返済を続けねばならず、しかも米ドルで返済しなければならなかった。各国は米ドルを獲得するために、ドルを持った観光客を呼び込める国は観光を振興したが、最も効率的な方法として、ドルを支払ってくれる国々のために商品を生産し販売するようになった。そのために南側諸国の有する資源を活用する一つの方法が、農産物の輸出だった。気候と土壌に恵まれた南側諸国では、国内消費用ではなく、北側諸国に向けて食料を生産することが、ふたたび、より魅力的な選択肢となった。北側諸国は、上からの統制という植民地時代のやり方に代えて、南側諸国に市場ルールを「自発的に」採用させるという、安上がりな方法を編み出したのである。通貨取引が自由化され、貿易障壁が減らされたことで、北側諸国は、南側諸国から安価な食料を入手できるようになったうえに、それを寛大な行為であるかのように装うことが可能となった。北側諸国の人々は、これらの安価な食料を消費するたびに、南側諸国の債務返済を助けていることになるというわけである。

わずか一〇年で、世界のフードシステムは再構築された。食料援助も続けられていたが、南側諸国の経済とフードシステムは、今や生命維持のための食料確保ではなく、債務返済を優先するものとなった。セシル・ローズの難問は、この新たなシステムの下で、当時の懸念を反映した形でふたたび解決された。一九八〇年代に組織化されていった労働者は制圧され、世界中で労働組合つぶしが行なわれたことによって、労働者の反乱に対する恐怖は一時的にせよ食い止められた。新たな食料秩序は、世界中に安価な食料を供給し続ける手段を提供したが、農業技術の提供と国際貿易においては、米国だけでなく民間セクターの役割も大きくなった。

5……そして、WTOの誕生

第二次世界大戦後、「関税と貿易に関する一般協定」（GATT）は、加盟国の間で工業製品に対する関税の引き下げに、一定程度の成果を上げてきた。一九七〇年代、世界全体が不況に陥ると、各国は自国経済への影響を最小限に食い止めるために、ふたたび関税による保護政策を採るようになった。GATTは崩壊を始めた。米国政府は各国に対し、交渉のテーブルに戻るよう強硬な説得工作を行なった。のちに「ウルグアイ・ラウンド」と呼ばれるようになった交渉が、一九八四年にプンタ・デル・エスタで開始され、以後、ほぼ八年間も続けられた。一九九五年には「世界貿易機関」(WTO)が正式に発足した。WTOは、GATT協定の継承に加え、新たな領域を管轄するようになった。知的所有権、サービス、繊維、農業などの分野である。また、非常に重要な点として、GATTに欠けていたと米国が考えた、強制手段としての新たな紛争解決メカニズムがWTOに整備された。

WTOに農業分野が盛り込まれたことは大きな変更であり、WTO協定の交渉を難航させた最大の要因だった。戦後、国内農業に対する補助制度を拡大してきたEUと米国は、その削減に乗り気でなかった(その大部分が貧農ではなく、大規模なアグリビジネスに支払われていた)。EUと米国は、南側諸国からは農業生産に対する主権を取り上げておきながら、自国の戦略的な食料備蓄は維持しようとした。交渉が頓挫しかけた一九九二年一一月、EUと米国は協定案を起草し、他の国々に調印するよう求めた。激しい交渉と巧妙に練り上げられた統計を駆使した説得工作を通じて、この農業補助金に関する「ブレアハウス合意」に対する各国の合意が形成された。この合意は基本的に、EUと米国が農業補助金の拠出を続けられるようにする一方で、南側諸国からはその権利を取り上げる内容だった。EUと米国では、政府と民間セクターが連携して国内農業の均衡を維持しようとしていた。世界の他の地域では、これら欧米の民間セクターの事業が操業地域の政府の干渉を受けずにすむようになった。

これが、新しい世界の食料秩序の中身だった。農業分野では、一九七〇年代以後のフードシステムがく

▼17 UNCTAD 1996.

つがえされた。米国は、食料援助という贈与を行なう代わりに、新たな貿易協定を練り上げ、自国農業への補助を続けながらも、国際貿易の領域では債務をテコに他国に新たなルールを押しつけたのである。オイルショック以後、経済開発の領域では世界銀行などの国際金融機関が大きな役割を果たすようになり、のちには世界貿易機関もこの領域に影響を与えるようになった。一九九六年、当時のＷＴＯ事務局長であったレナート・ルジェロは、こう宣言している。

「我々は、もはや、個別の国家経済の間の取引ルールを交渉しているのではない。我々は、単一の世界経済の憲法を起草しているのである[17]」。

この地球規模の経済発展のための新たな憲法は、最貧困層の生活の質を大きく改善させることを主目的とはしていなかった。これはむしろ、反乱を防ぐための安価な食料の供給という何世紀も繰り返されてきた歴史の最新局面と言えるものだった。南側諸国の貿易障壁が引き下げられたのは、貧困問題を解決するためではなく、農業発展を促すためでもなく、これら国々の財政破綻を未然に防ぐための緊急措置だった。食料をめぐる国際政治は、貧困国に選択と機会を与えるのではなく、介入と援助、そして時には暴力を通じて、これら国々を支配しようとするものだった。だが、このフードシステムの政策の多くが、自由と安全保障への懸念を引き起こした。もし、このフードシステムの政策が、小規模農民の自由と安全保障を否定するものであるとするならば（そうであることは、すでに第1章で概観した）、世界は誰に安全保障を提供し、誰の自由を拡大するために存在するのか、と問うのは当然だろう。次章では、この問いについて考えていく。

第4章

フードビジネスは、市場を支配し政府を動かす

——競合他社は味方であり、消費者・生産者は敵である

25. United Fruit Co. — Cutting Bananas.

競合他社は私たちの友人であり、顧客は私たちの敵である〔……〕。この世界には、自由市場で取引されている穀物など、一粒たりとも存在しない。一粒もだ！　自由市場とは、政治家の演説のなかにだけ存在するものだ。中西部の出身でない人々は、この国〔米国〕が社会主義国であるということを理解していない。

（ドウェイン・アンドレアス〔ADM社長・当時〕へのインタビュー[1]
「世界のスーパーマーケット」一九九五年より）

1……アグリビジネスは、中米で何をしてきたか？——ユナイテッド・フルーツ社

貿易協定は、食料援助と同様に、世界に安全と自由を広げるための各国の努力を促してきた。だが、貧しい農民には災いがもたらされた。グローバルな市場で生き残れなかった農村の多くの人々が、自殺、貧困、あるいは移転を余儀なくされた。貿易協定と自由化が、彼らに自由をもたらさなかったのだとしたら、誰に自由がもたらされたのだろう？　その答えは、時に姿を現わすことがあるものの、ほとんど知られていない、ある少数の企業である。「グローバル・フードシステム」について考えるとき、このシステムを数世紀にわたって支配し、供給のプロセスにいとも簡単に割り込んできた、これらの大企業の存在に目を向けないわけにはいかない。

今日、多国籍アグリビジネスは、世界の食料貿易の四〇％を支配しており、コーヒー貿易のすべてが二〇社に、小麦貿易の七割が六社に、包装された紅茶の貿易の九八％がわずか一社によって支配されている。[2]

このような寡占状態を生み出したプロセスは多様である。企業は、生産の現場では助言や貸付を行ない、借金のカタに農地を失いそうな農民とは栽培契約を結ぶ。農民は企業と契約を結ぶことで、結果として企業の言いなりになる。企業は、税負担を最小限に留めるための企業内取引という形で、確保した食料を国内外の市場に流通させる。フードシステムの企業は、国益という概念を用いて補助金を要求することにも長けている。そのためには、彼らの事業すべてが神聖な行為であるかのように振る舞い、彼らの介入を正当化するために民族問題までも利用する。儲かる見込みがある話には、いつも彼らが一枚かんでいる。[3]

たとえば、近代のフードシステムにいち早く取り込まれた食品の一つであるバナナについて見てみよう。バナナは、その生物学的特性から、国際的なフードシステムに非常に適した作物である。厚い皮に包まれているために傷つきにくく、長距離輸送に耐える。一八九九年に設立された「ユナイテッド・フルーツ・カンパニー社」は、世界最大のバナナ商社だった。同社は、最盛期には中米諸国においてバナナだけでなく、輸送、郵便、そして通貨までをも支配していた。同社は、その支配力の維持に細心の注意を払い、太刀打ちできる者はほとんどいなかった。現地の政府が同社の力を制限しようとしたときも、現地の住民が同社による収奪を減らそうと組織化したときも、同社はこれらを撃退した。

ユナイテッド・フルーツ・カンパニーが、トルーマン、アイゼンハワー両政権とのコネを利用していたことはよく知られる。グアテマラで民主的に選出されたハコボ・アルベンス・グスマン大統領が、共産主義に傾いているという主張が展開された際に、同社の顧問を務めていた弁護士事務所出身のジョン・ハワ

▼1 Carney 1995.
▼2 Arcal and Maetz 2000.
▼3 McMichael 2006.

ード・ダレス国務長官が主要な役割を果たしたことは、特に有名な話だ。実際にはグスマン大統領が、土地なし農民に農地を与えるために、ユナイテッド・フルーツ・カンパニーの所有する土地を、同社が税還付を受ける際に申告した実勢にそぐわない安い価格で買い取ろうと考えていたことが、米政権を動かしたのである。米大統領は、一九五四年、CIA（中央情報局）が中心となって「PBSUCCESS」作戦をグアテマラで展開することを許可した。この作戦は、グアテマラ内戦を引き起こし、以後四〇年にわたって二〇万人の命が失われる結果を招いた。そして、ユナイテッド・フルーツ・カンパニーが所有していた土地は、同社の所有に留まった。作戦は名前のとおりに「成功《サクセス》」したのである。

ちなみに、この作戦後もCIAには、グスマンが共産主義国の傀儡であることを証明するために、過去の文書から証拠を探し出すという任務が残されていた。この任務は「PBHISTORY」と呼ばれた。一五万頁もの文書を徹底的に調べても、そのような証拠は見つからなかった。[4]だが、グアテマラの人々は、一九九六年に名ばかりの和平が結ばれるまでの四〇年以上ものあいだ、苦しみ続けたのである。こうした数々の悪行によって、ユナイテッド・フルーツ・カンパニーは「エル・プルポ」（プルポはスペイン語で「タコ」の意）と呼ばれるようになった。

ユナイテッド・フルーツ・カンパニーが、中米諸国の貧困化に一役買っていたことは、米国ではほとんど知られていない。これは消し去られた歴史なのである。実際、人々が中米とカリブのバナナ輸出国について聞いたことがあるとしても、それは強奪と暴力の歴史についてではなく、輸出産業が擁立した滑稽なほど愚かな政権についてのお決まりの表現なのである。これらの国々は、帝国の犠牲となった国々としてではなく、「バナナ・リパブリック（共和国）」として知られている。これは、これら国々の市民をおとしめる言葉であり、彼らを貧しくした原因について米国側に自省を促す言葉では決してない。犠牲者を非難する典型的な例だ。

ユナイテッド・フルーツ・カンパニーは、より温かみがあり、意味があいまいな「チキータ・ブランド」に改名された。同社は、イメージアップ宣伝とフェアトレードへの取り組みを通じて、消費者の企業イメージを一新しつつある。しかし同社は、イメージ通りの良い企業になったわけではない。最近も同社は、コロンビアの民兵で組織される暗殺部隊に資金を提供した件で有罪となり、二五〇〇万米ドルの罰金を支払っている。[5] だがユナイテッド・フルーツ・カンパニーの歴史は、この企業だけに特有のものではなく、現代のアグリビジネス複合企業の典型的な一例にすぎない。これは、幅広く生産・流通・販売・融資を支配し、そのために国益を動員し、第三世界の民族問題を再燃させる「帝国主義の歴史」[6] そのものなのである。まず最初に、アグリビジネスを支配力の統合、という点から見ていこう。

2……企業統合が市場を支配し、ルールをつくる――アルトリア社

あなたの持っている卵を、すべて一つの籠に入れ、籠を見守りなさい。あちこちを狙ってはいけない。人生を大成功に導くのは、集中である。[7]

アンドリュー・カーネギー◆

▼4 Cullather and Gleijeses 1999.
▼5 Muse 2007.
▼6 Zinn 2003.
▼7 Carnegie 1903.
◆アンドリュー・カーネギー 「鋼鉄王」と称された米国の実業家。

図表 4-1 ■ フードシステムにおける上位 4 社による集中度の変遷（米国内）

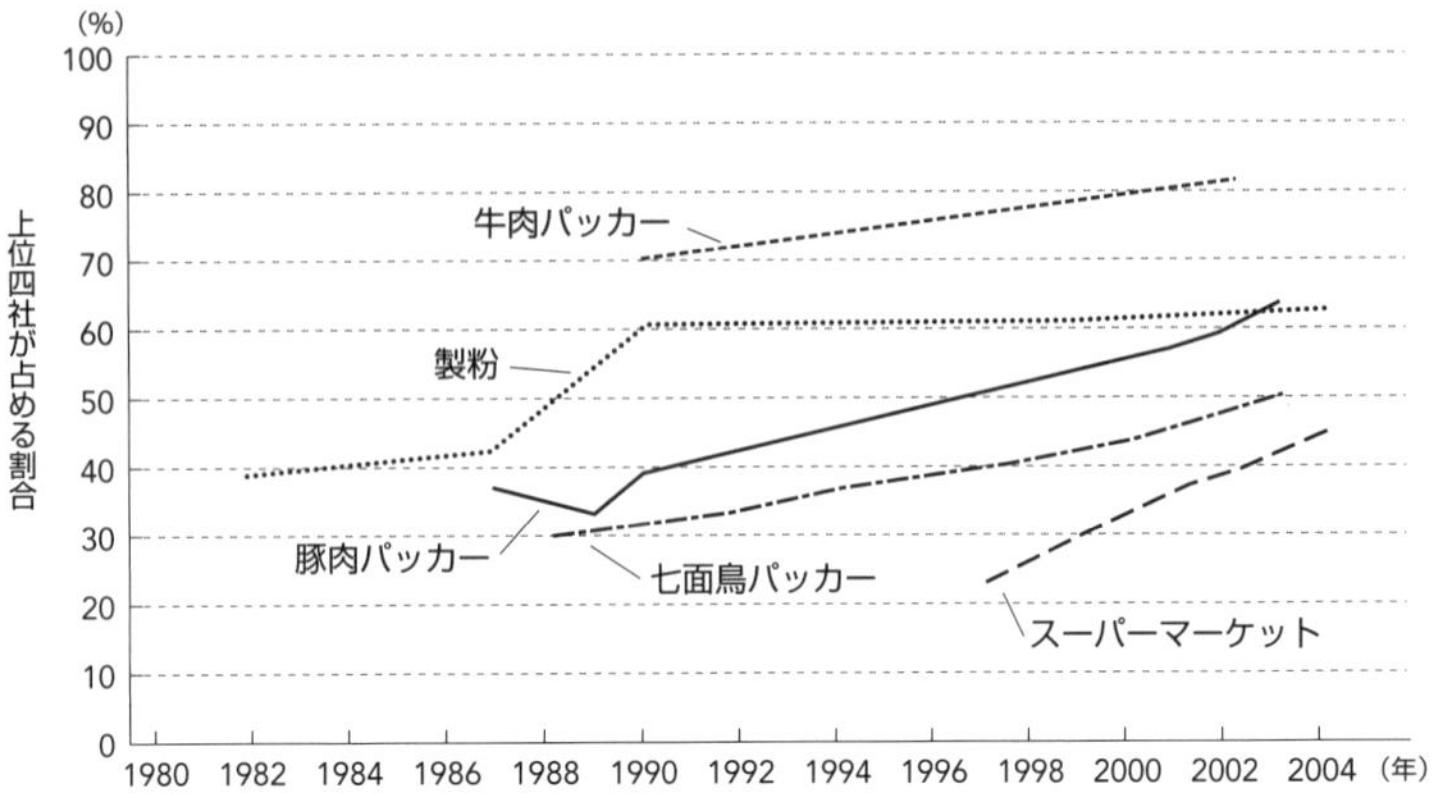

出典：Hendrickson et al. 2001.

映画『卒業』の主人公ベンジャミン・ブラドックが、現在の企業で働くことになったとしたら、彼が何を売るかは大した問題ではない。今日、最も大事なのは「統合（Consolidation）」である。少し嚙み砕いて言えば、市場力の統合である。フードシステム全体で、市場力の統合が徐々に進んできた。ユナイテッド・フルーツ・カンパニーの例でもわかる通り、市場を支配する勢力は以前から存在した。一〇〇年前には、カーギル、コンティネンタル、ブンゲ（バンジ）、およびルイ・ドレイファスの四社が、世界の穀物貿易を独占していた。しかし、今日の統合の実態は、巨大アグリビジネスが関与していない領域は、ほとんどないと言えるまでになっている。ミズーリ大学の研究者らは、特定領域の食品産業における統合の割合を追跡調査してきた。彼らは、特定の農産物あるいは農業関連サービスの米国市場での全体規模を計算し、上位四社がその市場に占める割合を算出したのである。この割合は、「上位四社集中度」（CR4）として知られる。米国市場における集中度の変化が、食の過去と未来を示しているのである。

図表4－1は、食料市場が、わずか数社にどの程度支

配されているかを示しており、集中度は小売から養鶏にいたるまで、あらゆる部門で高まっている。フードシステム全体で統合が進んでいるのである。種子の供給においても、一〇社が世界全体の半分を占めている。[8] 米国内では、家畜用薬品の総売上二〇〇億ドルの五五％は一〇社によるもので、農薬の場合には総売上三〇〇億ドル弱の八四％が一〇社によって占められており、今後も農薬会社の統合が進み、二〇一五年にはわずか三社による寡占状態になると予測されている。加工食品と飲料製品の一兆二五〇〇億ドル規模の市場でも、上位一〇社が全体の売り上げの二四％を稼いでいる。そして、最も集中化が進んでいる小売部門では、三兆五〇〇〇億ドル規模の市場の二四％を上位一〇社が占めている。[9] ビールの世界市場もまた、米国とヨーロッパの五社が全体の四一％を占めている。[10]

高い集中度を示す数字が延々と繰り返される現実は、フードシステムが抱える最大の矛盾を示している。市場は、競争を通じて効率を向上させ、価格を下げると考えられている。しかし、食料生産を市場にゆだねた結果、競争が減り、最大手の企業の持つ構造的な力が増大した。そのおかげで、消費者は犠牲を強いられている。ある最近の研究によれば、米国では、集中が進んだ結果として、飲食料品の三三部門のうち二四部門で消費者価格が上昇したという。[11] 農民も苦しめられている。農業経済学者C・ロバート・テイラーは、上院農業委員会で一九九九年に以下のように証言した。

「一九八四年以降、食料全般の価格は実質的に二・八％上昇したが、この間に農家の売り上げは三五・七

▼8 ETC Group 2005a.
▼9 ETC Group 2005b.
▼10 O'Brien 2006.
▼11 See Lopez et al 2002, and Mamen et al 2004.

%減っている」[12]。

このような寡占を防ぐためには、一部の国々に存在する「競争」または「独占禁止」のための委員会を機能させればよい、と考えるかもしれない。しかし、それは有効な策ではない。企業は、統合を画策する際に、これらの政府機関にこの取引を正当化するさまざまな理由を訴える。その主張は、ダーウィン主義的な進化論に基づいている。市場とは、適者が生き残るためのメカニズムであり、政府は、競争に負けて退場する運命にある事業体の救済という介入をすべきではない、と主張するのである。合併は、効率化という大義によって正当化されるか、二社の「相乗効果」によって規模の経済（スケール・メリット）が生まれるという主張によって正当化される。規制当局に合併を認めさせる際、「相乗効果」説は消費者利益につながる可能性を示唆する恰好の理由づけとなる。時には、便宜をはかった役人に企業内で高給の閑職をあてがうという回転ドアのお膳立を通じて、合併の問題がうやむやにされてしまうこともある。結局のところ、恩恵を受けるのは株主だけである。

種子産業における最近の合併は、その良い例である。化学大手のモンサント社は、野菜種子を扱うセミニス社を買収すると発表した。同社はその発表で、「〔両社の持つ〕技術力は相互補完的である。モンサントは、より広い領域における研究成果を活用できるようになった。つまり、モンサントとセミニスの強みを一つにすることで、さらに研究と開発が進み、消費者に恩恵がもたらされる」と述べている。しかし、投資家はこの合併にあまり関心を示さなかった。米農務省の経済研究サービス局によれば、種子産業の統合や種子研究の成果の民間への移譲は、研究開発への投資を減らす結果を招いている。むしろ、モンサント社は、野菜種子を「農業における高価値・高成長の部門」と見ており、この合併によって種子市場で同社と一、二を争うデュポン社を引き離せると考えていると理解するのが順当だろう。

このような「相乗効果」は、広く一般市民に恩恵をもたらすものとは言いがたい。企業はまず、広い社会的目標のためではなく、利益のために事業を行なっているということを認めるべきだ。企業が「広い社会的目標」を語ることがあるが、これも投資家の利益を考慮したうえでのことなのである。企業では、一般向けの広報に比べると、投資家向けの広報は格段に信用度が高い。

最近まで世界最大手の食品関連コングロマリットであった、アルトリア社の例を見れば、「相乗効果」がどのように発揮されるかをよく理解できる。現時点では、アルトリア（以前のフィリップ・モリス）は、傘下のクラフト・フーズ社の売却を画策しており、代わりにR・J・レイノルズ社（タバコ企業）の傘下にあったナビスコ社（ナショナル・ビスケット・カンパニー社）を獲得している。またアルトリアは、ミラー社とサウス・アフリカン・ブレウェリー社の統合で誕生したSABミラー社の株式の三〇％は持ち続けており、自社の基幹部門のタバコ事業は維持するという。タバコと加工食品とは奇妙な組み合わせだ。フィリップ・モリスは長いあいだ、売上の低迷と訴訟費用の増大に悩まされており、事業を多角化するためにすでにジェネラル・フーズ社も傘下に収め、業績の悪いタバコ部門とは別の収入源を確保している。しかし同社は、ただ高収益の企業を買収しているだけではない。同社が一九九二年にクラフト社を買収したことで、同社は世界最大の消費財企業となったのである。〝マルボロ・マン〟［フィリップ・モリスの銘柄「マルボロ」の宣伝イメージのカウボーイ。転じて同社のこと］は、人々に食料を供給するようになっただけでなく、クラフト社の流通網を手に入れたことで、その供給プロセスまでも手にしたのである。

タバコ会社が事業多角化のために食料産業に進出しなければならない、というのは奇妙な話だ。しかし、これには先例がある。グルックスタイン家の兄弟、アイシドールとモンターギュは、一八八七年、評判が

▼12 Talor 1999.

悪かった安売りタバコの販売という家業を捨て、ケータリング事業を始めた。事業はうまくいき、一八九四年には食品を大量生産する小さな工場を購入し、同年にロンドンのピカデリー街にJ・リヨンズ・アンド・カンパニーという紅茶の小売店を開いた。英国の象徴となったこの紅茶店は、英国全土に張りめぐらされた同社の食品の生産・加工・流通ネットワークの中心だった。同社はその後も成長を続けた。同社の歴史を本にした作家は、この会社は世界初の〝食品帝国〟となった、と記している。[13] この帝国の規模は巨大だった。同社は、ニャサランド（現在のマラウィ）に紅茶プランテーションを所有し、茶葉が食卓に上るまでのあらゆる流通プロセスを掌握していた。ロンドンの紅茶店の人気が下火になった一九五三年からは、「ウィンピー」という英国初のファストフード・チェーンを展開した（リヨンズは王室にコネを持っていたため、インドで初めて広まったファストフードも同社のチェーン店だった）。同社の資産運営には巨額の投資と大きな技術革新が必要とされ、運営のすべてを把握するために世界初の事業用コンピュータが生み出された。リヨンズ電子オフィス1号（LEO I）である。同社はまた、食品製造ラインを開発するために食品科学の専門家を何人も雇い入れた。オックスフォード大学で化学を学んだマーガレット・サッチャーも、短期間ではあったが、その一人だった。現在、リヨンズ社の株式は、ネスレ社と、いささか不名誉な末路にも思われるが、ダンキン・ドーナツの運営によって事業を維持しているアリード・リヨンズ社が所有している。[14]

リヨンズ社が前世紀の巨人なら、アルトリアは現代の巨人である。同社の食品事業の二〇〇五年の売上は三〇〇億ドルを超えていた。なにしろ同社は、オレオ（クッキー）からスターバックス、トブルローン（チョコレート）、オスカー・メイヤー（肉加工品）、そしてマルボロからフィリップ・モリス持株会社まで、数々のブランドを傘下に抱える巨大コングロマリットなのである。そしてリヨンズと同様、アルトリアは、その市場支配力によって、市場ルールに従属するのではなく、そのルール自体を自社の都合に合わせて熱心に作り変えている。

アルトリアは、食品市場の巨人であると同時に、米通商代表部の農業技術諮問委員会のメンバーを務めるなど、米政権の中枢とも近しい関係にある。しかし、こうした関係を維持するにはお金がかかる。同社は自社に都合の良い法律や政策をつくらせるために、一九九八年から二〇〇四年の間に一億一二二万ドルを費やし、米農務省から鉄道退職者委員会にいたる、二〇以上もの連邦政府機関に働きかけるために五〇社以上のロビイング団体を雇っていた。[15]

この事実は、統合がゲームのルール変更を可能とする甚大な力を生み出すことを如実に示している。市場がつくり変えられるプロセスは、世界貿易機関（WTO）において最も顕在化している。WTOの秘密主義の実態を考えれば、顕在化という言葉はあまり適切ではないかもしれないが、各国政府の交渉アジェンダはWTO本部で決定されてはおらず、ワシントンDCやロンドン、あるいは北京のホテルの会議室でつくられているのだ。こうした非公式の会合に参加する政府高官に提供される軽食や娯楽は、食品会社が菓子やタバコを売って得た利益から支払われている。

3……政府を買収する

政府を買収しているのは、アルトリア社だけではない。種子会社から食品梱包材の企業まで、フードシ

▼13 Bird 2000.
▼14 Bird 2000 ; see also http://www.kzwp. Com/lyons/index.htm.
▼15 http://www.publicintegrity.org/lobby/profile.aspx?act=clients&year=2003&cl=Looo203.

ステムに関わるあらゆる企業が、自社利益を擁護するために、脅しや嘆願、あるいは要望などの形で働きかけを行なっている。フードシステムにおける支配力の統合によって、政治的便宜を求める市場構造が生まれたのである。図表4－2の米国内で行なわれた政治献金総額の内訳を見れば、フードシステムの多くの部門において、上位四社がその半分以上を占めていることがわかる（報告された献金額が、実際に正確であるとすればだが）。さまざまな企業が、政治献金という制度を通じて、自社に都合の良い政治決定を引き出そうとしているのである。そのこと自体は目新しい事実ではないし、また、こうした現実のなかで、企業間の利害対立が、政治の世界にそのまま持ち込まれていることも驚くに値しないだろう。どの利害が優先されることになるかは、献金額の多寡によって左右される場合もあれば、その利害を第三者機関あるいは巧妙な説得工作によって、どの程度正当化できたかどうかが決定要因となることもあるし、時には世論を味方につけることが重要になることもある。一九九三年、米国とカナダの政府が、動物性脂肪の摂取の削減を勧告したときのことを例に見てみよう。栄養学者たちは、この勧告が出される一〇年も前に同様の結論にいたっていたが、この勧告が政府見解として採用されるという快挙は、実際には、科学の勝利ではなく、食肉・酪農産業に対して植物油脂産業が勝利した結果だった。政治献金は、フードシステムの現状の映し鏡というよりは、政治的影響力をめぐる競争の実態の反映と言えるかもしれない。献金は、現在の覇者が誰であるかということだけでなく、次の覇者となるために最も熱心に働きかけているのは誰かということを如実に表わしているのである。

　このような政治的影響力を競う市場では、フードシステムにおける活動が、合法なのか、非合法なのかの境界はあいまいにされ、法律と慣行との間のギャップが非常に大きくなり、その隙間に転落する企業も出てくる。企業犯罪の規模も非常に大きい。大規模な企業犯罪を暴いたこれまでの裁判のいくつかは、食品企業に対するものである。たとえば、イーストマン・ケミカル社、ヘキストＡＧ社、日本合成化学、お

図表 4-2 ■ 米政権へのロビイングに、食品会社が費やした金額

産業部門	報告された献金の総額（1998～2004年、米ドル）	献金額1位の企業	献金額トップの企業の献金が、部門全体に占める割合（%）	部門全体に占める献金額トップ4位企業の割合（%）
農業サービス、農業生産	104,137,056	米国ファーム・ビューローと各州の支部、および関連企業	37	75
ビール、ワイン、リキュール類	74,629,931	蒸留酒協会	24	58
農業関連産業	14,047,965	カーギル	38	89
飲料、食料品	62,359,787	マーズ	15	48
食品加工・流通	67,920,672	米国保存食品製造者協会	16	44
食品小売	73,803,244	全米コンビニエンス・ストア協会	15	40

出典：Center for Public Integrity 2006

およびダイセル化学が、ソルビン酸の価格をつり上げるため、あるいはBASF・AG社とF・ホフマン－ラロシュ社が、朝食シリアルなどに添加するビタミン（A、B_2、B_5、C、E、ベータカロチン）の価格をつり上げるために、それぞれ国際カルテルを形成していた事実がある。最も有名な例は、リジンとクエン酸の世界市場価格を七〇％もつり上げ、六〇〇〇万ドルもの過剰利益を上げていた国際カルテル事件であり、その主犯はアーチャー・ダニエルズ・ミッドランド（ADM）社だった。

このADMの事件を詳述する前に、注意を促したいことがある。それは、裁判では「人々」の推定利益と企業利益とのあいだの紛争だけが扱われるという考えに、捕らわれないことが肝要だということである。裁判所は、企業ともめている人々にも、企業間の争いごとにも、分け隔てなく係争の場を与えるのである。たとえば、清涼飲料水の最大手であるコカコーラ社とペプシコ社が、フードシステムの他部門の巨大企業数社と対立した際にも、裁判所が活用された。いつもは敵対関係にあるコークとペプシコだが、この件では、清涼飲料水の原料であるブドウ糖果糖液糖（ＨＦＣＳ）の使用に関して一致して戦ったのである。二社は、一九九〇年代初めに、ブドウ糖果糖液糖の製造業界が価格をつり上げるために談合していたと主張し、この業界を相手に集団訴訟を起こした。二社は、アーチャー・ダニエルズ・ミッドランド（ＡＤＭ）社、カーギル社、およびステイレー社による価格操作で一六億ドルの損失を被ったと主張した。この訴訟は、二社がカーギルから二四〇〇万ドルの和解金を得ることで決着したが、もし被告の三社が有罪判決を受けていたら、陪審員団が二社の主張する金額の三倍に相当する五〇億ドル近い賠償金の支払いを命じていただろう。ＡＤＭも、有罪判決を受けるリスクを回避するために、二社に四億ドルを支払って和解した。

　特にＡＤＭは、長いこと、このような行為に手を染めてきており、一九九〇年代半ばにも、別の植物性副生成物であるリジンの価格を操作したことで有罪判決を受けている。米連邦捜査局（ＦＢＩ）がＡＤＭに対する徹底調査を開始し、内部告発者《インフォーマント》がＦＢＩに情報を提供したことが決定打となり、同社に対する一億ドルの罰金刑が確定したのである。この価格操作を主導した役員二人は、三年の禁固刑を言い渡された。そして、三年ものあいだ隠しマイクを装着してＦＢＩに情報提供をしたバイオ製品部の責任者マーク・ウィテカー◆は、一〇年の禁固刑となった[16]。

　フードシステムにおいては、競合他社との競争が存在する一方で、垂直方向の提携が行なわれることもある。たとえばカーギルは、モンサントと連携して加工および物流のネットワークを形成しており、このネットワークを通じて農薬と種子を入手している。ノバルティス社とＡＤＭも同様の提携関係にある。北米最大の製粉会社の一つであるコナグラ社は、種子から食品加工および小売にいたるさまざまな段階の企業と事業提携している。このような事業提携が幅広く行なわれていることによって、フードシステムでは競争が成立しにくくなった。だが、このような事業提携は、政治的な介入なくしては実現し得なかっただろう。フードシステムを構成する要素のほとんどは民間セクターによって支配されているが、その市場自体のあり方を決定しているのは、社会と政府なのである。私たちがその事実を忘れていたとしても、アグリビジネスは忘れていない。このことを最も良く記憶しているのは、ほかならぬADMである。

4……「国益」の名の下に——ADM社

だが、私は卵一つを七セントで購入し、これをマルタの人々に四ドル二五セントで売って、三ドル二五セント儲ける。もちろん、これは私の儲けではない。シンジケート（企業連合）の儲けになるのだ。その利益はみんなに分配される。

（『キャッチ22』のミロ・マインダーバインダーの言葉[17]）

ある国が他の国に執着すれば、さまざまな悪いことが起きる。その友好国への思い入れから、ありもしない共通の利害が捏造され、友好国の敵は自国の敵だと考える雰囲気が醸成され、友好国が関わる国際紛争や戦争への介入が正当化される。また、友好国に与えた特権を他の国々

◆マーク・ウィテカー　正義の内部告発者（インフォーマント）として世論の注目を集めたが、自身の不正が明らかになり、結局、他の役員の三倍もの量刑となった。この事件をモデルにした映画『インフォーマント』が二〇〇九年に公開されている。

▼16　Connor 2001, 1997 ; Lieber 2000.
▼17　Heller 1961.

には与えないことによって、無用な摩擦や嫉妬、反感が引き起こされ、報復が発動されれば、その国は二重に痛手を被ることになる。友好国に入れあげ、野望を抱き、腐敗し、思い違いをしている市民たちは、人々から恨まれることなく、そして時には大きな支持を得て、自国の利益に背き、これを犠牲にするのである。彼らは、高潔な義務感、世論を敬う立派な態度、賞賛に値する公益の死守といったうわべを装っているが、それは野望にしたがう愚行であり、腐敗であり、のぼせ上がりである。

（ジョージ・ワシントンの退任演説より、一七九六年）

アーチャー・ダニエルズ・ミッドランド（ADM）社の事例は、食料産業が巨額の政治献金を行なうことで、どんなものを手に入れられるのかを教えてくれる。当時、同社を率いていたのは、一九七一年から九七年まで最高経営責任者（CEO）を務めた、ドウェイン・アンドレアスである。

アンドレアスは、第一次世界大戦末期に生まれ、食品加工会社で商才を磨いた。この会社が第二次世界大戦末期にカーギル社に買収されると、その七年後には副社長の地位を手にした。一九六五年、兄に請われてADMに転職し、食品加工会社を倒産に追い込んだ。しかし彼は、その当時にも民主党の大統領候補だったヒューバート・ハンフリー、およびその対抗馬だった共和党のリチャード・ニクソンの両陣営に巨額の献金を行ない、政治との結びつきを強めていた（実際、ウォーターゲート事件の主犯の一人が、アンドレアスの切った小切手を銀行に預けたことが、ニクソンの有罪を決定づける最初の証拠となっている）。

アグリビジネスが、政治家に資金を提供するということは、時には政治家自身を買うことを意味している。ADMの取締役の一人で、かつて民主党全国委員会の会長を務めたロバート・ストロースは、一九八五年に「私はドウェイン・アンドレアスの所有物にほかならない」と告白し、「もちろん、良い意味でということだが」と付け加えている。[18]

アンドレアスは、政治献金とは、ある種の税金のようなものだと考えており、「私にとって、政治とは、まさに教会のようなものだ」と語っている。[19] これは、わかりやすい譬えだ。もし教会において、恵み深く、寡黙であり、かつ最高の権威が全能の神であるのなら、政治の世界では、何がこれに相当するのだろうか？　その存在とは、それ自身は語ることがなく、その言葉とされるものを解釈し、伝える人々がいて、究極的には、その存在に対するあらゆる批判は、あらゆる政治の領域からの追放を意味するほどに、すべての関係者に絶対の忠誠を要求している何かである。これを「国益」と呼ぶことにしたい。国益とは、自明のものでも、実体があるものでもないが、この名のもとに存在する指導者と神官がいて、彼らに「十分の一税◆」を支払う者は、より特権的な分け前を得ることができる。そして、中世の教会がそうであったように、国益もまた、貧困層よりも富裕層に恩恵をもたらしてきた。

アンドレアスは、巨額の現金という貢ぎ物によって、米議会の議員たちから国益への多大な関心を引き出すことに成功した。時には、羽目を外してお咎めを受けることもあったものの（ADMは、一九七六年、平和のための食料プログラムの下でソ連に穀物を輸出した際に、犯罪行為を行なったと認めている。また、アンドレアスは、リジンの価格操作スキャンダルで、息子が刑務所に入れられるのを阻止できなかった）、彼は冷戦のただなかで、驚くほど強力な影響力を行使して、国益のあり方を決定づけていたのである。

トウモロコシの例を挙げよう。メキシコの生産者が貿易の影響で農地を失ったとき（第2章を参照）、同様のことが同国以外でも起きていたように、トウモロコシの問題もメキシコだけで起きたのではなかった。

▼18　Isikoff 1985.
▼19　Isikoff 1985.
◆十分の一税　中世封建社会のヨーロッパなどで、教会が教区民から生産物や収入の一〇分の一を徴収した貢租。

図表 4-3 ■ 甘味料消費の推移（米国内）

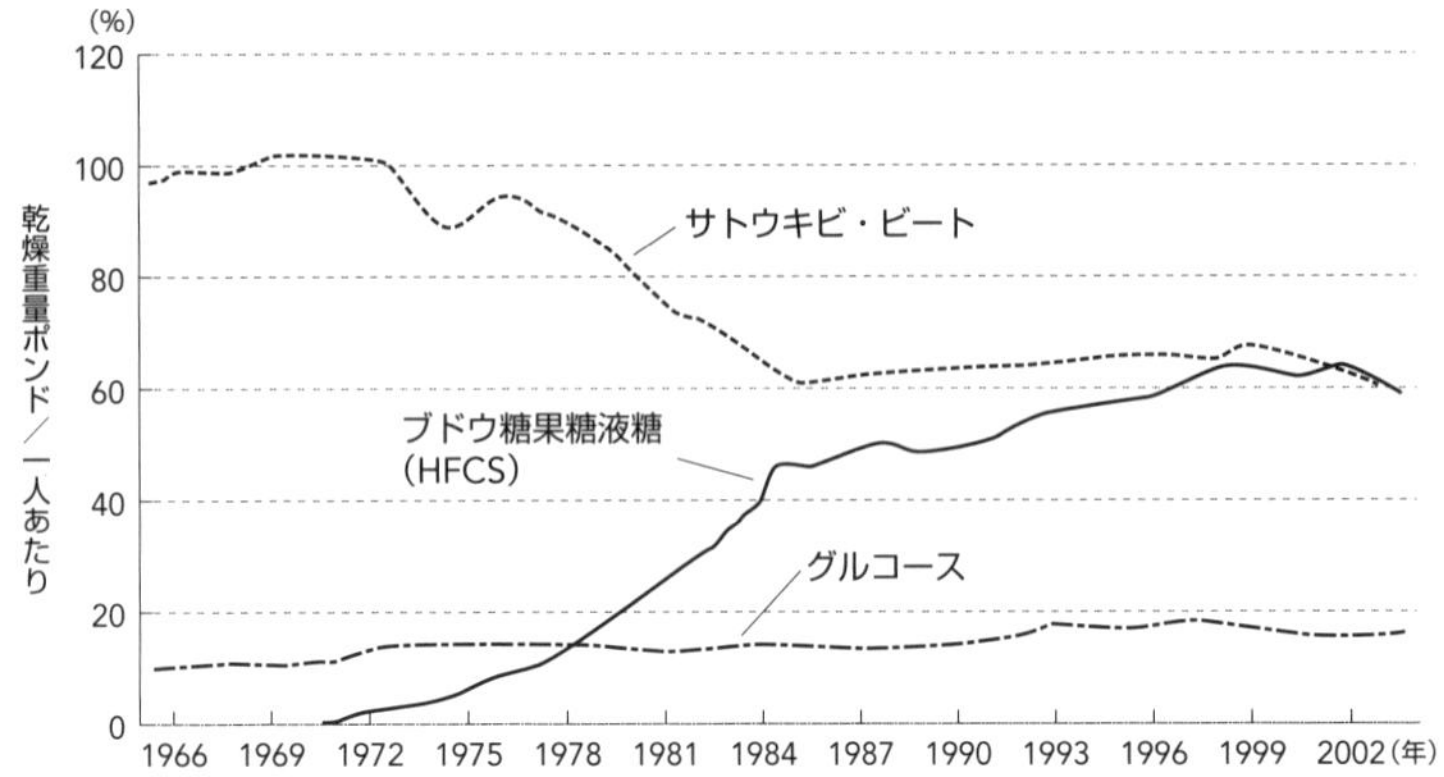

出典：米農務省経済調査局

米国は、海外の市場をこじ開けることに成功したにもかかわらず、それでもまだ大量のトウモロコシを処理しきれずに抱え続けていた。この穀物の他の利用方法を見つけるために、あるいは余剰を援助に回すために多額の公金が投じられてきた。余剰トウモロコシは、当初、共産主義を封じ込める作戦の一環として活用されていた。一九四〇年代末以降の食料援助は、飢餓と人口爆発、および反乱の危険を抱える南側諸国に食料を提供するという、冷戦期の戦略的防衛の論理の特徴を備えていた。[20] 食料援助の名の下で、大量の食料が海外に送り出された。一九六〇／六一年期には、海外に送られた米国の食料援助は、トウモロコシの国内生産量の一〇分の一、小麦と小麦粉、大豆油、粉乳については四分の一を占めていた。[21] しかし、（自国利益のために）大量の食料を援助したにもかかわらず、米国内の余剰生産物をすべて処理することはできなかったため、他の活用方法を見つける必要があった。

一九七〇年代に入ると、のちに何百万人もの人生を変えることとなった、画期的な技術が開発された。今日にいたるまで最も世界で普及している甘い液体、「ブドウ糖果糖液糖」（ＨＦＣＳ）である。トウモロコシをこの液体に変える方法を発見するために、たいへんな努力が重ねられた。湿式粉砕と呼ばれるプロセスでは、まずトウモロコシを乾燥し、選別し、亜硫酸に浸す。それから、胚芽を取り除き、洗浄、ろ過、回転分離したのち、希釈した塩酸に浸して加熱するとコーンシロップができあがる。この時点のコーンシロップの甘みは、砂糖の四分の三程度であるため、酵素を使ってフルクトース（果糖）の割合を増やすことで甘みを増やし、さらに、蒸留・濃縮によって甘みを凝縮させる。この時点では果糖成分の割合は八〇～九〇％にもなるが、産業標準の五五％に希釈したものが、ブドウ糖果糖液糖（ＨＦＣＳ）となる。

図表４－３を見ると、ＨＦＣＳの需要は大きい。しかし、ＨＦＣＳの爆発的な人気の理由は、その甘みだけにあるのではない。ＨＦＣＳは砂糖ではなく、代替物質であるが、砂糖が高価である米国では非常に魅力的な代替物なのである。二〇〇五年には、砂糖の国際価格が一ポンド当たり一三セント強であったのに対し、米国内の卸価格は二九セントを上回っていた[22]。国内の砂糖加工業者が、砂糖の輸入量を制限する保護措置によって守られてきたためである。米国は、海外で生産された安価な砂糖を輸入させないことで国内の高価格を維持してきた。この状況は、米国のより貧しい農民ではなく、フードシステムの中間に位置する加工業者に多額の収入をもたらしたが、それは偶然の結果ではない。実際、ＡＤＭはそのために強力なロビイングを展開したのである。この措置を正当化したのは、国内の砂糖生産能力を維持することは、国益だとする主張だった。

ＨＦＣＳは一九六九年に実用化されたが、その背景には原料のトウモロコシの価格が安いという事情が

▼20 Perkins 1997.
▼21 Pincus 1963.
▼22 Source : USDA/Economic Research Service, 21 December 2005.

あった。トウモロコシに関しても国益擁護の主張が展開され、その結果として輸入量が制限されただけでなく、国際価格からすれば、あり得ないほど大量のトウモロコシを生産することを助長する補助金制度が設けられたのである。この場合も、トウモロコシ農家の支援と生産されたトウモロコシの活用は、国益に資するという主張が展開された。

これから見ていくように、この国益論議は、穀物商社にとってより重要な意味を持っていた。つまり、この国益擁護の政策によって、穀物商社はHFCSの原料を安く入手できるようになった。そして、ご推察の通り、ADMは大量のHFCSを生産している。米国で生産されるトウモロコシの一割近くがHFCSの原料となっており、HFCSの生産は、ADM、カーギル、テート・アンド・ライル社の子会社であるステイレー社の三社によって、ほぼ占有されている。ジョン・バーンズは『ニュー・リパブリック』誌に以下のように書いている。

「ADMは、トウモロコシ由来の甘味料一ポンドを九〜一二セントで生産し、国内で精製された砂糖よりも安い一八〜一九セントで販売することで大儲けをしている」[23]。

現在、HFCSはあらゆるものに使われている。一九六九年には、HFCS入りの食料はほとんど売られていなかったが、一九九九年には、米国人は一人当たり年間で乾燥重量にして六四ポンド（約二九キログラム）のHFCSを摂取するようになっていた[24]。これはすべて、国益という名の下に起きている現実なのである。

だが、アンドレアスが国益の中身を最も大きく変えたのは、HFCSについての一件ではなく、ソ連との貿易の再開と継続をめぐってであった。アンドレアスは、一九七四年に戦後の食料体制が崩壊しつつあったとき、国際貿易外交におけるミロ・マインダーバインダー◆の役を忙しく演じていた。

「米国は、一九七三年、ソ連が穀物を購入する資金七億五〇〇〇万ドルを融資し、ソ連はその資金を活用し、利息を付けて返済した。これは、双方に利益をもたらす取引だった」[▼25]。

アンドレアスのソ連支援への関心は一九八〇年代を通して拡大し、一九八四年に米ソ貿易経済委員会の会長に就任した後も、国益を盾にソ連との貿易を熱心に擁護し続けた。ソ連による大韓航空のジャンボジェット機の撃墜事件が起きた一ヶ月後、アンドレアスはモスクワで米国アグリビジネスの展示会を主催していた。これに対する批判には、以下のように応えている。

「もし〔……〕、ロシア人が、トウモロコシ・大豆・小麦を買い続けるのであるなら、それらをすべてドイツから購入することになることを、私たちは望んでいるのか？　それとも、米国もその取引に参加したほうがよいと思うのか？　ソ連は、西ヨーロッパから四四〇億ドルも輸入しているが、米国からは二〇億ドルしか購入していないのだ[▼26]」。

このような国益解釈を雄弁に語っていたのは、ドウェイン・アンドレアスただ一人ではない。豊かな農業が国の豊かさと密接に関係している例は、枚挙にいとまがない。たとえば、国家社会主義者〔ナチス・ドイツの民族至上主義〕の「血と土」は、まさにドイツの土から国民意識を掘り起こそうとした試みであろう。「国家の利

▼23　Barnes 1987.

▼24　この数値は、近年低下してきている。HFCSの大部分が清涼飲料水に使われているが、ダイエット・ブームに圧されて、糖分の多い飲料が敬遠されるようになってきたためである。

◆ミロ・マインダーバインダー　ジョーゼフ・ヘラーによる戦争の不条理と狂気を描いた小説『キャッチ22』（一九六一年発表、七〇年映画化）の登場人物の一人。軍の物資を密売している米軍人だが、「利益」を部隊全体に分配しており、そのモットーは「会社の利益は、みんなの利益」。

▼25　Bovard 1995 の引用より。

▼26　Sikoff 1985.

益」を唱道するに際し、農村は、国家の歴史が刻まれた過去の遺産とのどかな農村風景の寡黙な守護者という特定の役割を果たす。他方で、都市は未来を切り開く存在だとされるが、もちろん、このようなイメージはいずれの場合も真実からはかけ離れている。

農村では、技術・経済・社会という面で、非常に大きな変化が起きている。そして、このような変化は、進行している最中にも歴史を書き換えていく。「バナナ・リパブリック（共和国）」というイメージは、一九三〇年代に生まれたが、当時、たとえばグアテマラでは農業の近代化が大々的に強制されていた。そうしたことは今日まで続いており、それには理由があるのだ。国民国家の際だった特徴の一つが、進歩と啓蒙を必然の結果としてともなうという物語にあるとすれば、すべての世代は、国家の現在に合わせて過去を創り替えねばならないことになる。企業と国家の利益は一致しているし、これまでずっとそうであったと、新たに歴史に書き込まれることになるかもしれない。次章で詳述する通り、二〇〇六年にブッシュ米大統領（当時）がインドを訪問したことは、まさにこのような歴史の書き換えであろう。

第5章

化学は、
いかに農業・食料を
変化させたのか？

窒素固定が可能となるのは、時間の問題だ。それができなければ、偉大な白色人種の優位性は失われ、パンを主食としない他の人種に生存を脅かされるようになるだろう。[1]

（ウィリアム・クルックス、一八九八年）

本章では、〝飢餓〟という、現代のフードシステムがもたらした最大の問題を検証していきたい。

第二次世界大戦後の二〇年間には、米国による余剰食料の輸出が、飢えた人々に食料をもたらした。この食料援助が行きづまると、貿易と援助を切り離した新たな制度に取って代わられた。この制度の下、民間セクターはより大きな役割を担うようになり、特に、農業技術の飛躍的な発展によって、南側諸国の多くで、主食となる小麦やトウモロコシ、およびコメの収量が大幅に増加した。伝統品種よりも収量の多いハイブリッド種子が開発されたのである。

ハイブリッド種子が威力を発揮するには、灌漑設備、化学肥料、農薬を使用して、一定の生育環境を整える必要があった。つまり、ハイブリッド種子の栽培には、化石燃料が必要とされた。ハイブリッド種子を使用する農業によって、それぞれの土地の生物多様性が犠牲にされた。農法は大きく変化し、それはのちに「緑の革命」と呼ばれるようになった。この技術の導入は、一部の地域では飢餓減少の一助とはなったが、社会と環境に与えた悪影響は大きかった。インドなどの国々では、最近になって飢餓の問題がふたたび深刻化している。これを受けて、かつて「緑の革命」をもたらした企業が、ふたたび「新たな緑の革命」という旗を掲げ、収量を増やすために遺伝子を組み換えた次世代の種子を売り出している。

1……「緑の革命」とインド／米国関係——「奇跡の種は、あまりに高い代償をともなう」

インドのマンモハン・シン首相は、二〇〇五年、過去を封印し、新たな未来ビジョンを携えて米国を訪問し、このように語った。

「私たちは、緑の革命について米国に恩義がある。そして今、米国の支援を得ることで、第二の緑の革命を開始しようとしている」[▼2]。

ブッシュ米大統領は、二〇〇六年にインドを訪問した際、これに応えて以下のように述べた。

> 米国とインドは〔……〕、農業において緊密な協力関係にある。米国は、一九六〇年代にインドの食料自給の達成に協力した。ノーマン・ボーローグら米国の科学者が、インドの農民に農業技術を提供したのである。インドの人々のたいへんな努力により、インドは過去半世紀に食料生産を三倍近くにまで増加させた。この成果をふまえ、シン首相と私は、新たな「農業知識イニシアティブ」◆をスタートさせる。この計画では、耕作技術向上のために一億ドルを投じて、米国とインドの科学者の間の交流と共同研究を奨励する。米国とインドは、共同でより良い農業技術を開発し、これを市場化する

▼1　Crookees 1899 : 38 cited in Shapin 2006.

◆ウィリアム・クルックス　一八三二年生まれの英国の化学者・物理学者。タリウムの発見、陰極線の研究などの業績を残したほか、テンサイから砂糖を製造する方法を研究し、また、フェノールの防腐作用を発見している。

▼2　Mishra 2006.

ことで、第二の緑の革命をリードする。（拍手）〔……〕偉大なインドの詩人、タゴールはこう記している。「歴史は一つしかない。それは人類の歴史である」。米国とインドは、この言葉を信念に掲げて前進する。人類の歴史は一つしかない。それは自由に向かう歴史である。▼3

これは、緑の革命を曲解しているとしか思えない。私がそう考える理由を概説する必要があるだろう。インドの農業が大きく変化したのは、すべて米国の政策選択の結果であるが、それは二人の首脳が想起したような変化ではなく、ブッシュ大統領は認めたくないだろうが、その現実は自由とはほど遠いものだった。

一九五〇年代から六〇年代にかけて、米国は、インドが共産主義化することを非常に恐れていた。そのため、米国はインドに大量の食料を援助した。しかしインド政府は、私有地という資本主義の核となる制度にメスを入れることで、農業生産のあり方を変えようと試みた。当時のネルー首相は、中国が農地改革によって農業生産性を大きく向上させ、これが中国革命をもたらした現実を見て、地主と小作が「共同」で土地を管理するようになれば、農業生産性が上がるのではないかと考えたのである。この提案は、地主層と彼らの代表者からなる議会上院から冷たくあしらわれた。土地所有制度の変更は、大多数の国民がこの提案を支持していたのだが、政府に地主と官僚の絶大なる権力との戦いを強いることになると思われた。しかし、農地問題を放置するわけにはいかなかった。地方の貧しい農民たちは苦しんでいた。安価な小麦の輸入が、農民たちを苦況に追い込んでいた。米国の生産者に巨額の補助金がつぎ込まれるなか、インドの農民はこれに対抗できなかった（しかも、インドは当時、地方の資源を都市の工業化と技能開発に振り向けることに熱心だった）。インドの農民は、このような市況を受けて生産量を増やさなかったため、一九六〇年代の前半に、小麦の生産量はほとんど増加しなかった。海外からの食料援助は、国内の食料生産を減らす結果をもたらしたのである。食料自給率は下降し始め、インドは輸入食料への依存を増大させ、一九六〇年代には毎年一〇%の割合で食料の輸入が拡大していった。[4]

食料援助が終了した一九七〇年代の終わりに、米国はインドの通貨供給量全体の三分の一以上を所有するまでになっていた。[5] 食料援助は、米政権の国家安全保障に関する懸念を払拭する効果を持っていただけでなく、米国のアグリビジネスに世界で二番目に人口の多いインドに根を下ろすチャンスを提供したのである。当時、共産主義を恐れる米国には、貧しい人々が富裕層との大きな所得格差に不満を抱き、正当な分け前を求めて蜂起するのではないかという懸念が存在し、これが「安全保障」上の問題とされていた。たとえばリンドン・ジョンソン大統領は、一九六五年一月に議会下院で行なった演説において、「私たちの豊かな島が、絶望と不安の大海のなかで、あるいは虐げられた人々が近代の破壊兵器を手にするようになるかもしれない未来に、平和を維持できる」とは到底思えない、と語っている。[6]

ネルー首相は、一九六四年五月、心臓発作で死去した。後継のラル・バハドゥル・シャストリ首相が就任したとき、インドは大飢饉の瀬戸際に追い込まれていた。一九六四年から六五年にかけて、食料暴動が

◆「農業知識イニシアティブ」「印米農業知識イニシアティブ」（ＡＫＩ）。二〇〇五年に印米間で調印された、農業分野の人材育成・研究・サービス・貿易を対象とする協定。「インド農業の人材育成・研究制度の基盤作りへの米国の大学の積極的な参画」を規定し、「新たなパートナーシップの形成」を提案。理事会には、米国側の民間代表として、モンサント、ＡＤＭ、そしてウォルマートが入っている。

▼3 Ro 2006.
▼4 Perkins 1997 : 1758 and Shiva 1989 : 55.
▼5 Perkins 1997 : 175.
▼6 Belair Jr 1965.

インド全土に広がった。米国では、この一連の暴動は、米国の食料援助への依存度が高まっている現実の反映とは理解されず、『タイム』誌の一九六四年の記事にあるように、「これは、インドが変革に執拗に抵抗していることの現われである」と喧伝されたのである。[7] このような米国の態度は、単に頑固であるというだけでなく、きわめて危険であった。米国では、マスメディアとジョンソン政権内部の両方で、人口と飢餓と政情不安が、共産主義の拡散と密接に関連づけられていた。ケネディ政権とジョンソン政権の下で、一九六一〜六九年に農務長官を務めたオービル・フリーマンは、記者クラブで以下のように語っている。「絶望は、敵対心を生む。持つ者と持たざる者の格差がこれまでになく拡大している地域では、まず路上で暴動が起きる〔……〕。これが反乱に発展し、政府が転覆され、〔それが〕最後には、絶望的な国家間の敵対関係を生む」。[8]

シャストリ首相が米国による北ベトナム空爆を非難したとき、ジョンソン政権はインドの非協力的態度を、共産主義に傾斜した結果であると解釈した。ジョンソンは、インドに少しだけお仕置きをし、共産主義化を阻止しようとした。彼は、一九六五年七月に予定されていた「PL480」法に基づく食料援助協定の更新を先延ばしにし、協定の更新を、毎年ベースから毎月ベースに変更した。米国は、食料援助の停止というナイフを、インド政府の喉元に突きつけたのである。

他方で、米国はインドへのご褒美も用意した。シャストリ首相がネルーの発案した農地改革を断念し、米国の対アジア政策に沿って行動すると言明すれば、米政府はインドを助けるというのだ。米国は、より確実かつ長期にわたる食料援助を再開するだけでなく、新しい農業技術も提供するという。この新たな技術は、フォード財団やロックフェラー財団などによって開発され、メキシコで収量の増大に大なり小なり貢献してきていた。『ニューヨーク・タイムズ』誌は、一九六五年、このインドに対する誘導策を以下のように概説している。

〔米国は〕途上国を正しい方向に誘導するために〔……〕、たとえばインドに対しては、肥料の輸入または肥料工場の誘致のために、インドが外貨準備から一定額を毎年支出することなどと引き換えに、食料を援助するだけでなく、経済開発のための米国際援助庁（ＵＳＡＩＤ）からの融資および贈与を約束している。[9]

緑の革命は、富裕層から土地を取り上げることなく、貧困層に食べ物を与えることを可能とする種子・肥料を提供し、それに即した農地の活用を促すことで、困難な農地改革を回避する格好の解決策となった。

ウォルター・モンデール◆は、一九六六年にこう述べている。

「この食料援助の新たなコンセプトは、援助の受入国に条件を課すことである。受入国がその国にとって最善の選択を行なわないのであれば、援助は直ちに停止される」[10]。

オービル・フリーマンが米国の肥料産業の利益を前面に押し出し、インドが米国から食料援助を得るた

▼7　Ahlberg 2003 に引用されている、一九六四年の『タイム』誌の記事より。
▼8　Ahlberg 2003 の第Ⅳ章の参考資料5と19に引用されている「Department of Agriculture Administrative History Vol.II」に収録された、一九六七年二月一五日のオービル・フリーマンによる講演「Growing Nations, New Markets」より。
▼9　Belair Jr 1965.
◆ウォルター・モンデール　民主党上院議員（一九六四〜七六年）、カーター政権での副大統領、駐日大使（一九九三〜九六年）を務めた。現在、オバマ大統領の対日政策顧問グループの名誉会長。
▼10　Ahlberg 2003 に引用されている米国議会記録より（一九六六年第八九回第二会期）。

めの条件に縛られ、また、インドの社会改革がこれに後ろ向きな議会によって阻止されるなか、緑の革命が開始された。このような状況下で緑の革命が行なわれたことを「私たちは、緑の革命について米国に恩義がある」と表現したのであれば、その限りにおいてシン首相は間違っていなかった。しかし、この発言では、緑の革命がインドの国民だけでなく、インド政府の自由意志によって実施されたのかどうかは明確にされていない。実際には、小農による運動の多くが緑の革命に反対し、闘争を繰り広げていた。緑の革命は、適切なタイミングにおける適切な解決策であると認識されたのだと言える。収量の増大は再分配を求める人々の不満を解消し、技術的解決策は政治問題を覆い隠した。これが、ブッシュ大統領の言う「自由に向かう歴史」の真実なのである。

緑の革命の功罪を、単純に評価することはできない。土地を所有し、灌漑設備と適切な支援を得ることで緑の革命の技術を取り入れることができたインド北部の農民は、二〇年間で収量を五倍ほどに増やすことができた。[11] こうした実績が、世界各地で緑の革命が推進される根拠となっているようだ。緑の革命によって収量が以前よりも増えることは、間違いのない事実である。その事実は、緑の革命への反対を明確にしている人々でも認めている。南パンジャブの農民ジャグディシュ・パプラは、世界を回って緑の革命への反対運動を行なってきた。だが、その彼も、緑の革命に関する発表を農村中の人々が聞き入った瞬間の熱狂を、以下のように回想している。

> 私たちは、ラジオでパンジャブ大学の発表を聞いた。誰かがラジオのボリュームを最大にしたので、村全体に音が響きわたった。若い人は信じないだろうが、当時は静かだったので、その音は遠くの畑まで聞こえた。私たちはその発表に聞き入った。パンジャブ農業大学は、私たちに、新しい種と肥料と農機械があることを知らせた。人々は徐々に、この技術を導入してみるようになった。パンジャブ

大学は、当時、村に来て肥料を配っていた。この技術を導入する農民が増えていった。多くの農民がこれに反発したが、宣伝攻勢のなか、その声はかき消されてしまった。今になって考えると、この技術は、毒やその他のさまざまな害悪を村に持ち込んだのだということがわかる。しかし結局のところ、この技術は利益を増大させ、収量を増やしたのである。

にもかかわらず、パプラは農民に対し、この手の技術について警告を発している。なぜならば、彼いわく「奇跡の種は、あまりに高い代償をともなう」からである。

この種子がもたらす奇跡とは、最適な環境下で栽培すれば、不自然なほどの収量増がほぼ確実に見込めることである。問題は、そうした最適な環境を整えることが、ほぼ不可能であることなのだ。これらの種子を育成するには灌漑が必要であるため、それが水需要を増大させ、一部の地域で毎年三〇センチ以上も地下水面を低下させている。[12] 灌漑によって塩類集積が起き、使用できなくなった農地も増えている。緑の革命がもたらした単一作物栽培は、固有種の生物多様性を破壊している。一〇〇〇年以上の歳月をかけてパンジャブの生態系に適応してきた多数の作物種は、人々に小麦では得られない栄養素を供給してきただけでなく、緑の革命の改良品種ではない小麦の育成環境を整えてきた。また、肥料の代金を支払えるのは、そのための資金を調達できる農民だけだった。灌漑や肥料の費用を工面できない、あるいは使いこなす技術がない農民は取り残された。

▼11 Dharmadhikary, Sheshadri and Rehmat 2005.
▼12 Shiva 1989 : 78.

パンジャブ州では、小規模農民の数は四分の三にまで減った[13]（これは、この技術が農民を豊かにするというよりは、特定の食料を都市の消費者に安く提供することを主眼としていたことを表わす一つの例だ）。インド政府の統計によると、今日、パンジャブ州の農民は、平均で毎年四万ルピー（約九〇〇ドル）の借金をしており、これは全国平均の一万三〇〇〇ルピー（約三〇〇ドル）をはるかに上回っている[14]。債務が不履行になる割合は史上最も高く、その代償もまたこれまでになく大きい。国連によると、過去二〇年のあいだに、この地方の農民の三分の一以上が借金苦に陥っており、緑の革命を導入した当時と同じだけの収量を上げるには、肥料の消費量を増やし続けねばならないため、増え続けるコストの問題に頭を悩ませている[15]。

もう一つ、重要なことを指摘しておかねばならない。政府の緑の革命への巨額の支出は、最も生産性の高いパンジャブ州に集中していたという事実である。パンジャブ州の穀物生産量は、一九六五／六六年期のおよそ三〇〇万トンから、一九九九／二〇〇〇年期には二五〇〇万トンにまで増加した。緑の革命の技術導入によって、インドの総人口のわずか二％である二四〇〇万人が暮らすパンジャブ州が、インドの食料総消費量の一二％以上を生産するようになったのである[16]。だが、大きな農地を持たず、貧しい州に暮らすインド農民の大半は、政府の緑の革命のための政策の対象とはされなかった。インドの農地全体の三分の一を占めている農民全体の四分の三は、インドのフードシステムの屋台骨であるにもかかわらず、政府に無視され続けたのである。

そういう意味では、緑の革命を導入すること以上に悲惨だったのは、導入できないことであったと言える。だが、より深く緑の革命について理解するには、導入前／導入後の状態を比較するのではなく、他の選択を行なったと仮定した場合の便益と損失――これを経済学者は「機会コスト」と呼ぶ――を、緑の革命のそれと比較する必要がある。インドの場合には、ケーララ州の事例と比較するのが一番良いかもしれない。ケーララ州では、技術の導入によってではなく、政治によって問題の解決がはかられた。同州では、一九五七年に農地改革法と教育法が施行された。これら法律は、その名の通り、農業を変革するには広範な社会問題に対応する必要があるという認識に基づいて起草された。同州の共産主義政権は、農地の分配を、食料の配布、雇用の保障、教育・保険制度の改革という政策パッケージの一環として実施した。この政策は功を奏し、ケーララ州の三〇〇〇万人の所得平均は、インド全体の平均を下回っているにもかかわらず、同州は今日、識字率、健康、社会開発においてインドで最も高い水準を達成している。もちろん、すべてがうまくいっているわけではない。ケーララ州では左派と右派が緊張関係にあるだけでなく、たとえば産業セクターと漁民の間でも対立が続いている。だが、ケーララ州政府は対立をうまく利用し、一九九六年に共産党がふたたび政権を執ると、参加型の地域計画（People's Campaign for Decentralized Planning）の実施を通じて、州政府予算の三〇～四〇％について、使途の決定を参加型の地域コミュニティにゆだねた。この予算決定プロセスには、二五〇万人が直接に関わっている。[17] ケーララ州は、広範にわたる政治課題の実現において中心的な役割を果たしている再分配のメカニズムを通じて、米国の一部の地域よりも高い識字率と長い平均余命を実現したのである。同州では、農民たちを市場に左右される独立した企業家として扱うのではなく、社会変革のための政策の実践を通じて、社会問題を包括的かつ全体として解決する

▼13 Ibid, 177.
▼14 Tandon 2006.
▼15 UNDP India 2004 : 42.
▼16 See http://censusindia.net/ ; Dharmadhikary, Sheshadri and Rehmat 2005 : xvii.
▼17 Heller 2001.

図表 5-1 ■ インドの食料生産／供給量の推移

期間	一人あたりの主食穀物生産量（年間）	期間平均の人口	一人あたりの主食穀物供給量（年間）
1921 〜 26	186.　.5kg	2 億 3918 万人	185.　6kg
1927 〜 32	171.　1kg	2 億 5326 万人	174.　5kg
1933 〜 38	154.　2kg	2 億 7098 万人	159.　3kg
1989/90 〜 91/92	175.　6kg	8 億 5070 万人	173.　5kg
1992/93 〜 94/95	177.　3kg	9 億　102 万人	170.　1kg
1995/96 〜 97/98	171.　5kg	9 億 5307 万人	169.　3kg
1998/99 〜 2000/01	171.　9kg	10 億　814 万人	159.　9kg

出典：Patnaik 2001, 2004

可能性を追求したのである。

ケーララ州の政策は、緑の革命よりも永続的な改善をもたらしたように思える。緑の革命が導入されて二〇年経った時点で、ケーララ州では高い健康と福祉の水準が保たれている一方で、他のすべての州は一度は克服されたように見えた諸問題にふたたび悩まされるようになった。インドでは一九九〇年代を通して、栄養不良に苦しむ人口が増加し、最貧層の平均カロリー摂取量が減少した。今日、インドでは二億三三〇〇万人が栄養不足の状態にあり、カロリーも微量栄養素も十分に摂取できていない。[18] 三歳以下の子どもの四六%が栄養不良に苦しんでいる（中国では、この割合は八%にすぎない）[19]。また、輸出用作物の生産が増えるなか、一部の主食穀物の生産量が減っている。図表5－1で示した通り、一人当たりの主食穀物供給量は、英植民地であった一九三〇年代の大恐慌時代以来のレベルにまで減っているのである。[20]

なぜ、食料供給は減ってしまったのか？　一人当たりの主食穀物の生産量が減ったということもある。だが、生産量よりも供給量の減少が大きい点に注目してほしい。一九九〇年代が、インドの食料安全保障を支えてきた「国民分配制度」（PDS）が廃止された時期であることを考慮すれば合点がいく。この制度は、北側諸国のフードシステムを支えている政府の政策と同様に、当初は農村の貧困層ではなく都市部に安価な食料を供給することを目的としていた。この制度は、一九四二年に七都市を対象に開始されたが、一九四三年のベンガル飢饉を契機に、一九四六年までには七一一都市で実施されるようになった。こうして整備された食料分配のネットワークによって、一九五〇年代を通して、都市には断続的に食料が供給されていた。一九六〇年代に入ると、このネットワークは米国の穀物を供給する手段とされるようになった。この制度の下、全国の四万のフェア・プライス・ショップを通じて八〇〇〇万人以上に一八八〇万トンの雑穀が供給されてきた[21]。数十年に一度という規模の干ばつが一九八七年に起きたときも、政府の食料備蓄と分配制度のおかげで飢餓を防ぐことができたのである。

マンモハン・シン首相が蔵相だった一九九一年に、彼が起草した政策が実施されたが、それはちょうど最貧層に対する福祉が削減された時期だった。彼は、非効率な国民分配制度を改革する必要性が広く認識されるようになったことに乗じて、この制度そのものを実質的に無効化したのである。この制度は一九九二年に改定され、一九九七年に対象が絞り込まれた結果、この制度を通じた政府の穀物供給量は、一九九七年の一七二〇万トンから、二〇〇一年には一三二〇万トンにまで縮小した[22]。これだけなら、政府の穀物供給量の減少が飢餓人口の増加を招いたとは言いきれないかもしれない。だが、政府による農村開発に対

▼18 Gill et al. 2003.
▼19 Page 2007.
▼20 Müller and Patel 2004.
▼21 Sharma 1999.
▼22 Ministry of Finance and Company Affairs – Government of India 2003.

する支出がＧＤＰに占める割合も、一九八〇年代末の一四％から、二〇〇〇年には六％にまで減らされていた。[23]

農村の貧困化にショックを受けたインドは、効率的な市場と新たな技術が、農村と都市の両方で飢餓の問題を解決してくれると信じた。だが、経済史上最も悲惨な教訓の一つである一九四三年のベンガル飢饉を思い起こせば、そのように思い込むことはできないはずだ。そもそも国民分配制度は、三〇〇万人以上が犠牲となったベンガル飢饉を受けて拡大されたのである。皮肉なことに、人々が餓死していたとき、ベンガル州には十分な食料があった。経済学者アマルティア・センの先駆的な研究は、食料の不足よりも、食料を買えないことが飢餓と密接に関係していたことを明らかにした。センは、一九四三年の飢饉について調べた結果、ベンガル州では食料は不足していなかった事実を突き止めた。実際、食料は十分にあった。だが、食料が不足すれば価格が上がると考えた人々が食料を貯め込んでいた。路上で飢え死にした人々は、貯蔵庫に貯め込まれた食料を買うことができずに死んでいったのだ。[24]センが究明した事実は、市場に食料が流通していることと、貧困層が食料を得られることは、直接的な関係にないということを明らかにしたという意味で非常に重要である。実際、貧しい人々が食料を得る手段が——当時ベンガルを支配していた英国がそう考えていたように——市場からの購入に限定されていたとしたら、食料が不足していると認識された時に、砂時計の形をしたフードシステムは、ほぼ間違いなく、彼らに食料ではなく飢餓をもたらすことになるだろう。穀物の供給を握る人々は、納得のいく価格でなければ売却しないであろうから、飢餓を回避するにはフードシステムの砂時計の細い部分に位置する彼らに食料の拠出を強制して、貧しい人々に食料を得る権利を保障するしかない。センは、民主主義を機能させることなく、それを実現することはできないと考えた。

しかし、マンモハン・シンの考えはまったく違った。彼は、ケーララ州の事例から学ぼうとせず、農村開発への支出を増やさなかった。彼は、その代わりに、ジャーナリストで評論家のデヴィンデル・シャルマの言葉を借りれば、農民ではなく銀行を潤す一時しのぎの救済策を講じた。そして長期戦略として、「第二の緑の革命」を推し進めたのである。今回も、かつての緑の革命と同様に、解決の難しい社会の問題を、他の政策を検討することもせず、飢餓対策としての食料増産を約束する技術で対処しようとしたのである。しかし、他の政策の可能性を完全に否定するためには、歴史を書き換えねばならない。

米大統領がヘーゲル学派を否定し、「人類の歴史は一つしかない。それは自由に向かう歴史である」と演説したとき、私たちが懸念を持ったのは当然だった。最初の緑の革命を実行させたパワー・ポリティックスの歴史が消去されたとしても、当時も存在した他の選択肢は今も存在する。だが、以前に比べて米国とインドの関係が良好であるため、第二の緑の革命が開始される可能性は高い。ネルーが冷戦期に非同盟諸国と第三の道に舵を切ったのは昔のこと。米国が食料援助を武器にインドを支配し、一九七一年にニクソンが死の床のインデラ・ガンジー首相を「年老いた悪魔」と呼んだのも昔のこと。このとき、ニクソンはこう続けたのである。「〔インド人は皆〕狡猾で説教くさい人々だ〔……〕。パキスタン人は、正直で時に恐ろしく愚かだが〔……〕、インド人は悪賢い」。これに、ヘンリー・キッシンジャーはこう応じた。「しょせん、インド人はろくでなしだ」[25]。今日、インド政府は、ソ連のミグではなく米国のボーイングを購入しており、メキシコの場合と同様に、インドのエリートたちはガバナンスと経済のあり方について米国と考えを共有している。両国のエリートらの利害一致によって、化学肥料と改良種子（今回の場合は、遺伝

▼23 Müller and Pater 2004 iii.
▼24 Sen 1981.
▼25 Reid 2005.

子組み換え種子）を基本とする「第二の緑の革命」がインドにもたらされることになる。

2……第二の「緑の革命」――遺伝子組み換え種子と知的所有権

人類の歴史と、語り継がれてきた夢物語は、土地からよりたくさんの収穫を得るための試行錯誤に満ちている。『ジャックと豆の木』が最初に本になったのは一八世紀だが、物語そのものは、はるか昔から存在した。ギリシャ神話には、農耕を始めた人類が収量を増やすために行なってきた工夫の数々が記されている。農民たち、なかでも農家の女たちは、食用あるいは布や建材として利用する作物を得るために、土地の生産性を上げ、害虫に強く、育てやすく、収量の多い品種を生み出してきた。そのために、生物多様性を守り、種子を保存し、交換し、試行錯誤を重ねてきた彼ら・彼女らは、新たな種子を開発してきた史上初の自然科学者なのである。二〇世紀の終わり頃までは、世界のほとんどの場所でこうした品種改良が、その知識を誰に独占されることもなく実践されてきた。だが、世界貿易機関（WTO）において、「貿易関連知的所有権」を確立するためのルールがつくられ、このルールの下、個人または組織は、ソフトウェア・音楽・商標・特許・製法・娯楽など、さまざまな形態で存在する知識や発想を所有し、他の人々による利用に課金できるようになった。

インドでは、知的所有権の導入は、インドの貧しい人々の生業である農業に、インドで最も豊かな情報技術産業との競争を強いることになった。インドの企業で初めてナスダックへの上場を果たしたインフォシス社には、「ビジネス・プロセス外部委託」に特化した子会社がある。同社の最高経営責任者（CEO）であるアクシャヤ・バルガヴァは、知識から利益を得ることに熱心である。彼によれば、「知識集約的プロセスこそが未来を握っている」のである。インドの情報技術産業界はもちろん、この考えに賛成だろう。

しかし、この将来に対する楽観的な見通しを実現するには、プロセスとその背後にある発想に対して対価が支払われるようにしなければならない。この将来の収益を確保するには、ハイテク知識が法律によって守られねばならない。だがWTOでは、ソフトウェアの知識を守る規定が、農業の知識にも適用される。実質的に、あらゆる農業技術に知的所有権を設定することが可能となったのである。よく挙げられるのは、W・R・グレース社と米農務省（USDA）が設定した、農業技術に対する知的所有権の例である。

グレース社と米農務省は、一九九〇年、インドのニームの木に含まれる農薬効果を発見したとして、ニームの木に特許を設定する申請を行なった。問題は、インド人たちは、その効能を何世紀も前から知っていたということである。この知識は、農村では二〇〇〇年以上前からよく知られていたため、あるインドの国会議員は「ニームの特許を申請するなんて、牛の糞の特許を申請するようなものだ」と述べたほどだった。[26]だが、この特許申請が最終的に却下されるには一五年もの歳月が必要だった。ニームに特許を設定する試みは結局成功しなかったが、国内外の企業はWTOの知的所有権ルールを盾に「バイオパイラシー」（生物への海賊行為）として知られるようになった開発と特許申請にしのぎを削っている。

インドと米国が合意した「農業知識イニシアティブ」は、ニームの木の事件が契機となっている。この計画が発表されて数ヶ月後の現在も、その詳細はまだ公表されていない。非公開である事実は、国益に関わるということで正当化されている。しかし、詳細はわからなくとも、その主眼とするところは明らかだ。米農務省のバイオテクノロジー担当上級顧問を務めるマデリン・E・スパーナクは、端的に語っている。「米国の目的は、インドのバイオテクノロジー市場が閉鎖的にならないようにすることである」[27]と。イン

▼26 Kadidal 1997 ; McGirk 1995.

ドの遺伝学者スマン・サハイは、こう述べている。

「以前には、モンサントのような企業は、あくまで企業でしかなかった。今では、企業はＩＣＡＲ（インド農業研究委員会）の事務局長から、ＩＣＡＲが管轄する二〇〇以上の研究機関が有する膨大な遺伝情報を、好きなだけ引き出すことができる。民間企業は、その情報をもとに特許を申請し、高いロイヤリティを得ているのだ▼28」。

農業知識イニシアティブでは、これら企業に繁栄をもたらす遺伝資源へのアクセスの確立が主眼とされているのである。企業が、インドの生物多様性、なかでもＤＮＡへのアクセスを得るということは、これら企業がはかりしれないほどの情報にアクセスし、これを分析し、分離して転売するようになることを意味する。あるインド政府の官僚によれば、この計画にインド政府は二億ドル以上の支出を行なうが、米政府はまったく支出しなくて良いことになっている▼29。つまり、米国の知的所有権へのアクセスを得ることに躍起になっているインドのＩＴ産業と研究者ら（パソコンの前で仕事をしている主に男たち）は、その代償として農業の知識（何世紀にもわたって働いてきた主に女性たちの成果）を、いとも簡単に差し出してしまったのである。

この農業知識イニシアティブを背後からあやつり、遺伝子組み換え種子の生産で最前線に立っている企業は、最初の緑の革命にも直接的に関わっていた。これらの化学企業が開発した種子は、農村の貧しい人々の多くを助けたいという切実な思いからではなく、単に既存の農薬に加え、新たな製品を売り出そうという思惑から開発されたにすぎない。その結果として、農薬会社は、種子の所有権の最大の保有者となった。

インドでは、土壌中のバクテリアがつくり出す「Bt」（Bacillus Thuringiensis）と呼ばれる農薬成分が組み込まれた綿花が広く栽培されている。農薬会社は、農薬を植物に組み込むこと以外にも、さまざまな組み換え技術を開発している。主流となっているもう一つの遺伝子組み換え作物は、モンサント社が開発した「ラウンドアップ・レディ」として知られる作物である。この遺伝子組み換え作物が開発された目的は、食味や栄養価を改善するためでも、大きく育つようにするためでも、干ばつに強くするためでもない。同社のもう一つの製品である「ラウンドアップ」という汎用の除草剤を散布しても枯れないようにすることがその目的だった。ラウンドアップを散布すれば、雑草の駆除に追われなくて済むというのだ。ミサイルの自動追尾よろしく、ラウンドアップにお任せ、というわけだ。もちろん、「ジャブリン」「ブラボー」「キャプテン」「アンモ」「ウォーリアー」といった他の化学メーカーの農薬のブランド名を見れば、農薬散布を戦闘に見立てるのが、今に始まったことではないことがわかる。何が変わったのかと言えば、農薬も兵器と同様に、狙いを定めて引き金を引くだけで邪魔者を排除できるようになったということなのである。

農民が在来の種子より格段に高価なこの種子を購入すると、びっしりと文字の書き込まれた法律に関する分厚い説明書を受け取る。その内容は、農民の母語で書かれていたとしても、彼らにはほとんど理解できない内容だ。私たちの多くがこれと似たような経験をするのは、コンピュータ・ソフトウエアを購入したときである。ソフトウェアが入ったディスクは高価だが、空っぽのCDに比べて格段に高いそのディスクを私たちが購入するのは、そこに情報が圧縮されているからである。

農薬産業は、ソフトウェア産業と同じように、企業の知的所有権を侵害から守るためにあらゆる手を尽くしてきた。ソフトウェアが「コピー防止」機能を備えているのと同じように、農薬産業は「ターミネー

▼27 Mishra 2006.
▼28 Ibid.
▼29 Ibid.

ター・テクノロジー」を開発した。これは、農薬産業が開発した植物に実った種子が発芽しないようにするための一連の遺伝子操作技術である。農薬産業はソフトウェア産業に見習って、農薬会社との契約を遵守しない農民を捜し出し、訴訟を起こすようになった。マイクロソフト社は「ウィンドウズ・ジェニュイン・アドバンテージ」を開発し、同社のオペレーティング・システム（ＯＳ）がコピーされると、本社に報告がいくようにした。農薬会社が同様の目的で開発しているとされるのは、これよりもはるかに斬新な技術である。私がある関係者から聞いた話では、モンサント社は、光が特殊な反射をする形質を種子に遺伝子操作で組み込むことによって、ある位置の低軌道衛星から監視ができるようにしているという。この形質は、農民に恩恵をもたらすものではない。単に、同社が知的所有権について宇宙空間から調査し、特許料を支払っていない農民を探し出すのを容易にするためのものだ。

しかしながら種子には、ソフトウェアとは異なる現実がある。それは、まったくの無から開発されたソフトウェアとは違って、種子に含まれる大量の遺伝情報は、農薬会社の開発ではなく、人々が数千年にわたって利用してきた結果なのである。それに、わずかな付加価値を持たせただけで、種子そのものに特許が設定されてしまっている。

第二の緑の革命で最も直接的な恩恵を得るのは、最初の緑の革命のときと同じように、農薬会社である。農薬会社の成功を保証する政治環境があり、「飢餓との戦い」と称して、農薬会社に暴力の独占を認める新たな歴史が生まれつつある。そして今、農薬会社が必要としているのは、国民の支持である。農薬会社は、世界の貧困問題への無関心、問題の多い遺伝子組み換え技術、その種子の販売によって他の種子の作付けを困難にしている事実などによって、世界中の社会運動と市民社会組織から猛攻撃を受けてきた。政府が先導し民間が恩恵を受けた最初の緑の革命のときとは異なり、第二の緑の革命を先導しているのは民間セクターであり、政府は脇役にすぎない。このフードシステムにおける支配者の交代により、民間セクターは、市民に対するアカウンタビリティ（責任）を果たすよう求める声に、以前にも増してさらされるようになっている。農薬会社が、それぞれの会社の製品の売り込みに、これまでになく躍起になっているのは、そのためである。

3……貧しい人々のニーズに応える？——農薬会社による戦略（1）

農薬会社は、数々の批判に対応し、彼らの事業への市民の支持を取り付けるために、三つの柱からなる戦略を描いた。その一つは、貧しい人々を対象とした作物の開発である。二つめは、現在の事業を正当化するための科学的知見の増強である。そしてもう一つが、農薬会社の言い分を受け入れさせるための「文化的な戦い」である。これらの戦略を一つ一つ精査していく必要がある。なぜなら、これらの戦略は、より広範な、そして問題の大きい社会的潮流を暗示しているだけでなく、農薬会社なしで世界の人々を養う可能性を持つ他の選択肢と、まったく対照的な内容だからである。

まず、一つめの、貧しい人々を助ける作物の開発について考えてみよう。もし、利潤の追求が飢えている人々のニーズを顧みることと矛盾しているのであれば、なぜビジネス・スクールの学者は「最下層の人々を相手に財を成すことは可能だ」と主張できるのだろうか？　実は、これは矛盾した考えではない。企業が貧しい人々のニーズに特段の配慮をすることなく、彼らに向けた製品やサービスの販売に巨額の投資を行ない、彼らを大切な顧客として扱うということも、あり得なくはない。フードシステムに参画している企業の多くが、世界から飢餓をなくすことに熱心であることをアピールしている。「ゴールデン・ライス」は、民間企業による貧しい人々の救済を可能とする作物だと期待されている。

世界では、毎年二五万〜五〇万人の子どもたちがビタミンA欠乏症によって失明しており、彼らの半分は一年以内に死亡している。ゴールデン・ライスは、この問題を解決するためにビタミンAが含まれるよう遺伝子組み換えされたコメである。このビタミンAは、人参をオレンジ色にしているベータカロチンであるため、このコメの色はゴールド（黄色）である。ゴールデン・ライスは、アジアでの販売を主眼に開発された。この地域では、人々がカロリーの大半をコメから摂取しており、ビタミンA欠乏症の人口が特に多い。だが、不幸なことに、アジアでは昔から白くないコメは質が低いとみなされており、教育プログラムを実施してこの感覚を変えないかぎり、ゴールデン・ライスが人々に受け入れられるようにはならないだろう。しかも、効果を得るには、子どもたちは大量のゴールデン・ライスを食べなければならない。ビタミンAの一日の推奨量の摂取に必要なゴールデン・ライスの量は、茶碗二杯分という農薬業界の推計から、独立機関による一五杯弱という推計まで大きく幅がある。そして、「一〇〇万人の子どもたちを救う」とした二〇〇〇年の『タイム』誌の賞賛とは裏腹に、対象とされる子どもたちの大半が、すでに余剰食料を抱えている国々に暮らしている。この技術は、より重要かつ困難な政治課題や食料分配の問題に、正面から取り組むことを回避したい政治家たちを喜ばせるものなのである。世界にはすでに十分な量のビタミンAがある。人参を半分食べただけで、ビタミンAの一日の推奨量を摂取することができる。明らかなのは、南側諸国の子どもたちの大半が苦しみ、多くが死んでいっているのは、世界に十分な食料がないからでも、ベータカロチンが含まれたコメが国内にないからでもないのだ。彼らが栄養不良と栄養失調に悩まされているのは、彼らの両親がコメ以外を買うことができないからなのである。

ゴールデン・ライスのような作物は、不足している栄養素を補助的に供給することしかできない。だが、栄養バランスの取れた食生活が送れないのは貧しいからであり、作物にどんな栄養を添加しようとも根本的な解決にはならない。所得と食料分配の問題を一種類の作物で解決しようというのは、いかにも馬鹿げている。そのうえ、このような作物によって、ビタミンA欠乏症の本当の原因が覆い隠されてしまうとすれば、この業界による効果の低い宣伝工作とばかりも言っていられない。農薬業界は、貧困の根本原因に対処するための真面目な議論を熱心に妨害しているのである。彼らの開発した作物が農民を貧困の連鎖から救い出すという主張は、あくまで二次的なのであり、その主張そのものにも大きな疑問を抱かざるを得ない。

中国では、一九九七年から、農薬成分が組み込まれたBt作物が栽培されるようになった。綿が自らつくりだすBt成分がワタキバガという害虫を撃退するので、農民は以前よりも農薬を買わないで済むようになった。だが二〇〇四年になると、一九九七年当時と比べて三倍も農薬を使用しなければならなくなった。これは、在来種を栽培するときの使用量とほぼ同じだった。Btの効果でワタキバガが一時的に減少したことで、Btが効かない他の虫が、ワタキバガの代わりにその生態的地位を占めるようになったためである。[30]

インドでは、二〇〇五年、人口七五〇〇万人のアンドラ・プラディシュ州で、効果が見られないとしてモンサント社による遺伝子組み換え（GM）綿の販売が禁止された。この綿は、在来種よりも収量が少なく、病気に弱い。[31] そして、このGM綿の栽培という壮大な実験は、大きな犠牲をともなった。アンドラ・プラディシュ州とマハシュトラ州ビダルバ地方では、自殺した農民の九割がGM綿を栽培していたのである。[32]

第二の緑の革命は、すでに反乱を引き起こしている。ハリヤーナ州の農民プラムジット・シンは、マイ

▼30　Connor 2006.

▼31　Centre for Sustainable Agriculture et al. 2006も、最初の緑の革命で導入された作物の一部では収量が減少していたと報告している。Cassman and Pingali 1995.

▼32　See Shiva 2006.

コ社◆から、実験のために農地を借りたいとの申し出を受けた。同社は、在来種を使用した実験だと説明していたにもかかわらず、実際にはＧＭ綿を栽培した。このことについて、シンはこう語った。「あれ〔ＧＭ綿〕は、農地にも、環境にも、人間にも良くない。燃えてしまってうれしい」。ＧＭ作物の畑を焼いてしまう農民が増えているというのだ。[33] 世界最大の農民組織「ヴィア・カンペシーナ」に加盟する「バルティヤ・キサン連合」（ＢＫＵ）などの農民運動を通じて、ＧＭ作物の悪影響に関する情報が広まっている。だが、農民がＧＭ作物の栽培を拒絶するようになったため、彼らに向けてＧＭ作物の導入を求める大規模な販売促進キャンペーンが展開されるようになった。その一つが、月刊『インドラヤ・ベラーンマイ』誌の見開きの二ページを使った全面広告で、トラクターの前に立つ農民の写真に「Bt綿を栽培した農家の本当の話」という見出しが付けられ、ＧＭ種子を栽培したおかげでトラクターを買うことができた、という内容が書かれていた。だが、この農民は、銀行ローンを組んでトラクターを購入しており、トラクターの前で写真に収まればムンバイ旅行が当たるかもしれない、と言われたというのが真相である。[34]

　実際の問題は、この農民がムンバイ旅行に行けるかどうかということよりも深刻である。明確にしておきたいのは、遺伝子組み換え技術そのものが悪いと言っているのではないということである。後述するが、遺伝子組み換えを使った農業科学には、有用となり得る技術も存在する。問題の核心は、権力と支配に関わっている。モンサント社の販売促進部門がつくり出したＧＭ綿に対する狂信は、農民から「技能を奪った」だけでなく、農薬会社の販売促進担当が去ったのち、長期にわたってＧＭ綿の影響を調べた高齢の人類学者によれば、農業全体を崩壊させたのである。

　さらに、ＧＭ作物が農民を貧困から救い出すという主張も、消費者がＧＭ食品を買ってくれなければ実現しない。消費者団体は、ＧＭ食品に対して多くの懸念を抱いている。一つには、作物の安全性への懸念であるが、これにはもっともな理由がある。安全評価がまったく行なわれない場合さえあるのだ。モンサント社は、二〇〇五年、米証券取引委員会に一五〇億ドルの罰金を支払った。同社が一九九七年から二〇〇二年にかけて、インドネシアにおいて同社のBt綿に対する検査強化を定めた規制の撤廃を求めて、七〇万ドルの賄賂を支払ったことが明らかにされたためである。[35] 米国では、一九九〇年代初頭、当時のダン・クエール副大統領（彼は「ポテト」のスペルを組み換えた〔間違えた〕ことで有名）が起草した認可手続き簡便化のための法律が導入されたことで、GM作物の商業化を認可することが可能となった。米国においては、食品医薬品局（FDA）が新規のGM作物を認可した書類のなかで、企業が既存の安全規制にのっとり、必要とされるすべての評価を実施したことを認める、と述べている。つまり、政府自体は評価をまったく行なっていないのである。作物の安全性を確保するために必要な安全評価と評価科学は、クエール副大統領が簡素化（削除）した部分だった。

英国では、活動家たちのキャンペーンが功を奏しただけでなく、狂牛病に対する恐怖の記憶が残っていたこともあり、英政府が米政府のように農薬会社に迎合することはできなかった。それどころか、英政府は国民からの圧力に応えて、世界で初めての「農場規模評価」（FSE）に基づく圃場《ほじょう》実験を行なった。だが、この圃場実験は、農薬会社がGM作物は環境に良いという自らの主張の正当性を証明するために最適な環境で実施された。四つの圃場実験がすべて終了したのは、つい最近である。野生生物の保全に役立つという結論に至ったのは、GM大豆の実験だけだった。それも、毒性が強いことから近日中に使用禁止と

◆マイコ社　モンサント社が株式の二六％を所有するインドの関連会社。
▼33　Black 2007.
▼34　Anand 2005.
▼35　Birchall 2005.

なるアトラジンを散布する慣行農業による大豆と比較した結果である。[36]有機栽培との比較は行なわれず、有機農業以上に農業生態系の保全に役立つ農法との比較など論外であった。[37]それでも英国は、他の国々よりはましだった。米国の消費者は、それと知らずにGM作物を食べているが、九〇~九五%の人々がGM作物の含まれた食品であることを知らせる表示（ラベリング）を希望している。[38]産業界は、全力を挙げてそれを阻止している。

消費者団体がGM食品に反対しているもう一つの理由は、GM作物の恩恵が農民にもたらされないことに懸念を抱いているからだ。農民たちも、同じ懸念を明確に表明している。たとえばインドでは、カルナタカ州農民連合が、一九九八年、「モンサント火葬作戦」を開始した。この農民連合のリーダーは、インド農業省が同州の三つの圃場で遺伝子組み換え種子を栽培すると発表したことを受けて、声明を発表した。「友人たちよ、カルナタカ州のモンサントの圃場実験を灰にしよう。この土曜日に開始する」。このかけ声の下に団結した農民たちは、農地を焼き、バンガロールにあるモンサントの事務所に入って書類を破いた。ブラジルや米国など、世界各地でGM作物の畑に火が付けられた。この運動に参加した人々は、進歩に逆らうラッダイト◆派の暴徒であるかのように報道されることが多い。だが、農業関連バイオテクノロジーの導入に積極的な政府内部の議論から、以前にも増して民間セクターの利益に奉仕するようになった学界の議論まで、あらゆる議論が遺伝子組み換え推進一色で染まるなか、農民が他の手段も議論の機会も失っている現実を知れば、なぜ彼らがこのような戦術に打って出たのかが、少しは理解できるようになるのではないだろうか。

4……大学・研究機関を操作する――農薬会社による戦略（2）

農薬産業による二つめの戦術は、研究や情報を操作することによって、自らの事業を正当化するというものだ。広告会社による農薬産業のイメージアップよりもはるかにイメージ悪化の防止に効果的なのは、農薬会社の開発した製品を評価している学術界に影響力を持つことだった。フードシステムで発生している動きに批判的な人々にとって、そして特にそうした科学者にとって、学界は身動きが取れない場所になりつつある。カリフォルニア州立大学（UC）バークレー校で土壌科学を教えるイグナシオ・シャペラ准教授には、それが身に染みているはずだ。

彼とUCバークレー校の大学院生デイヴィッド・クィストは、二〇〇一年、メキシコのオアハカ州で採取したトウモロコシから遺伝子組み換え大豆の遺伝子を検出し、これを論文にまとめ『ネイチャー』誌に掲載した。だが同誌は、一三三年の歴史において一度もしたことのない行動に出た。この論文の信憑性に確信がもてなくなったとして、掲載を取り消したのである。これは異例のことだった。通常、科学界では査読を経た論文は受理され、他の科学者らの研究の足がかりとされるか、反論の対象とされるようになる。それが科学分野で合意されている審査方法なのである。だが『ネイチャー』誌は、査読プロセスを経て掲載したシャペラとクィストの論文について、編集者宛に多数の手紙が届くと、三人の研究者それぞれに独立審査を依頼し、のちにこの論文の取り消しを発表したのである。英BBC放送の番組『ニュースナイ

▼36　Heard et al. 2003 ; Hawes et al. 2003 ; Zeki 2003 ; Perry et al. 2003 ; Roy et al. 2003 ; Haughton et al. 2003 ; Brooks et al. 2003 ; Firbank 2003 ; Champion et al. 2003.
▼37　Soil Association 2003.
▼38　See Langer 2001.
◆ラッダイト　産業革命時の英国で、機械の導入が失業を生むとして発生した機械打ちこわし運動。

ト』が入手した審査結果を見ると、そのすべてに批判的意見が含まれていたものの、この論文の核心部分について反対意見を記していたのは一人だけだった。にもかかわらず、論文は取り消された。『ネイチャー』誌は、「この論文の正当性を証明する根拠が不十分である」と述べている。

シャペラの不幸はさらに続いた。インターネットで誹謗中傷攻撃を受けたのである。「アンドゥラ・スメタセク」あるいは「メアリー・マーフィー」と名乗る人物らが、彼らの論文は査読を受けていない、あるいは、イグナシオ・シャペラは科学者というよりは活動家であるなどと書き込みをした（アインシュタインもそうであったように、科学者と活動家とは両立するのだが）。だが、のちに、これらのメールは、「gatekeeper2.monsanto.com」および「bw6.bivwood.com」というサーバーから発信されていたことが明らかにされた。Bivwoodは「ビヴィング・グループ」というモンサントが所有するインターネット広報会社のサーバー名である。だが、勢いづいたバイオテクノロジー推進派の学者たちが、このモンサントが仕組んだ中傷攻撃を取り上げ、シャペラに辞職を迫った。

シャペラは、助手から準教授に昇格する予定だった。これは北米の学界における通過儀礼であり、対象となる人物の学術研究の成果・指導力・態度などを大学が評価し、終身地位保証（定年まで在職が保証される権利）を与えるかどうかが判断される。得られる特権とこの大学の格を考えれば、UCバークレー校の広報を担当する副学長ジョージ・A・ストレイトが、同校の終身地位保証授与の審査過程は、「米国のなかでも非常に厳しく、非常に公正で、非常に難しい〔……〕。〔この審査過程では〕いかなる人物でも、どの組織でも、どのグループでも、不当な影響力を行使することはできない」▼39と述べたことは驚くには値しない。

シャペラは、学部の教員の総意で終身地位保証に推薦された。彼の業績を審査する特別委員会が組織され、ここでも全会一致で終身地位保証の授与が決定された。ところが、米議会上院の委員会が、この特別委員会に再審査を求めた。そして特別委員会の委員長が他の委員が知らない間に辞任し、上院は同校の学長にシャペラの終身地位保証を否認するよう勧告し、学長はそれにしたがった。訴訟になりかけたときに学長が交代し、同僚の教員らがシャペラに授与されてしかるべきと考えていた終身地位保証が、ようやく彼に与えられることになった。だが彼は、準教授になった現在も、給与の額は助手時代のままである。

終身地位保証の否認と論文掲載の取り消しという二つの事件には、正当な審査過程への不当な介入、密室での陰謀によって公正だと思われてきた組織が突然特定の個人を排除した、という共通点がある。それには理由があるはずだ。

「私が解雇されねばならないとすれば、理由の一つは、ノバルティス社から大学が五〇〇〇万ドルの寄付を受けることに反対したことです」[40]。シャペラは、以前、サンドスという会社の社員だったが、同社はチバ・ガイギ社と合併してノバルティス社となった。ノバルティスは、九万人の従業員を抱える「生命科学」企業であり、二〇〇五年には三二〇億ドルの売上を計上している。同社は、UCバークレー校の植物微生物学部に寄付を行なったが、その額はシャペラを巻き込んだスキャンダルの後に二五〇〇万ドルに減額された。同社は寄付の見返りとして、同大学の研究者が発表するすべての論文に最初に目を通す権利と、五人で構成される研究委員会の委員二人の任命権、および同学部のすべての研究成果（ノバルティスの出資した研究だけでなく、他の資金による研究も含め）の三分の一の特許を申請する権利を要求した。高等教育に対する公的補助が細るなか、資金繰りに窮している大学にとって、これはさほど悪い条件ではない

▼39 Walsh 2004.
▼40 Vidal 2005.

ように思われた。学問の自由を多少犠牲にすれば二五〇〇万ドルが手に入るのだから。

だが、シャペラは、大学とは他のどこにもない情報を提供すべき場であるがゆえに、懸念すべき理由が二つあると主張した。一つには、この契約がデモンストレーション効果と呼べるような副作用をもたらす可能性である。この契約で、ノバルティスは、投資額をはるかに上回る見返りを確保する。その効果は、研究費の減額といった直接的な形ではなく、研究費獲得のための競争を通じて現われるという。

シャペラは以下のように述べている。


研究者は、企業から直接に研究費を支援されていない場合でも、支援を受けられたらうれしいと思っています。企業が出資を考えるような研究課題を思いつけば、それを研究するでしょう。企業がその研究に出資しなくても、企業が損することはありません。このようにして、企業は事業化の可能性を持つ知識を大量に蓄えてきました。これらの知識をすべて、小さな人参をぶら下げてやるだけで手に入れてきたのです。地域の小さな短大にいる研究者の立場だったらどうでしょうか。彼らは皆、評価を得るために研究課題を捜しています。巨額を研究につぎ込み、借金をしてでも、高い評価を得たいと思っているのです。


ノバルティスから資金を得るという希望が、すべての研究者の研究をノバルティスにとって都合の良いものにしている。UCバークレー校も、ノバルティスの事業化の可能性を広げている大学の一つである。

シャペラの話は続く。

◆

私は、ビバ社の社外検査員をしていたときのことを思い出します。ある女性が、自分の発見について話をしていました。彼女は、商品化できるものを発見したのだというのです。テーブルを囲んで座っていた彼女の学部の同僚たちは、「これは論文に書くよりも、ノバルティスに持ち込んだ方がいいんじゃないか」と言っていました。つまり、商業的に価値のない発見だけが論文となり、企業は一銭も身銭を切らずに、役立つ発見だけを手に入れているのです。彼らにとって最高でしょう。

大学には、もう一つメリットがある。意外かもしれないが、法的義務の免除というメリットだ。多くの国で、大学は他の社会組織には適用されるさまざまな法律の適用を免除されている。たとえば大学は、国家が学問の自由を制限すべきではないという正当な理由により、たいていの場合は、議会に対して説明責任を果たす必要がない。だが、シャペラによれば――

「今日、学問の自由とは、『私たちが、自分の研究を、誰に売り込んでもかまわない』ことを意味するようになり、『公共の資金を使って何をしている？　君は社会を良くするという公共の利益のために研究職に就いているのではないか』と諭す人はいないのです。その結果、大学では、研究者を訴訟リスクから守るための法的文書が大量に作成されるようになりました」。

議会の議員たちすら、この大量の条項や規約をどう整理したらよいのか、頭を悩ませている。二〇〇〇年五月に数度にわたって行なわれたカリフォルニア州議会の公聴会では、公共機関であるカリフォルニア州立大学が、バイオテクノロジー企業と締結した数々の契約の内容開示を回避するために、さまざまな手だてを講じてきたことが明らかとなった。[41] 上院財務委員会の委員長であるピース上院議員は、こう述べた

◆ビバ社　ビバ・ライフサイエンス社。米テキサス州本部の製薬会社。栄養補助食品などを製造・販売している。

と伝えられる。

「大学は、支払いや送金の監査を基本的に不可能とするシステムをつくり上げた」。

トム・ヘイデン上院議員は、大学と民間セクターとの間の契約の内容を突き止めるために行なわれた、結論の見えない苛立たしい反対尋問の最後に、以下のように述べている。

「今日の議論を無駄だったとは思わないでほしい。私たちは、少なくとも努力はしたのだ、ということを未来の世代に知ってもらうために、その爪痕を残そうとしたのだ」。

専門領域を超えて特定の研究課題――この場合はフードシステムに関わるバイテク企業の課題――について「販売促進のために」行なわれる研究には、破格の予算が割り当てられる。販売促進のための研究に多くの資金を投入するために、より基礎的な他の科学研究への予算が削減されている。「皆、『どうしたらAをBに変えることができるのか』、あるいは『この花を赤くするには、どうしたら良いのか』というようなことは熱心に考えますが、『私がこれを研究したら、何が起きるのだろうか?』と自問することはありません」。研究課題が利潤動機によって決定されるため、飢えた人々のニーズが顧みられることはないに等しい。課題とされるのは「コメにビタミンAを含有させる方法はあるか」、または「貧しい人々の人口を、いかに抑制するか」ということであり、「貧しい人々は、なぜ今でも飢えているのか」ということは、決して課題にはならない。研究対象にされない重要な問題は山のように存在しており、もしその気があれば、これらの問題に取り組んで解決策を生み出すことは可能なはずだ。トウモロコシの遺伝子汚染に関するシャペラの論文を裏付ける調査は、メキシコの研究者に依頼したため、この研究の費用は一次調査で二〇〇〇ドル、全体で一万ドルと少額だった。他方で、ノバルティス社は大学に二五〇〇万ドルを寄付している。

「このことは、基礎的な研究よりも販売促進のための研究がどれほど多くの予算を獲得しているかを暗示しています」。

バイテク産業の広報宣伝部門からの攻撃にさらされているのは、シャペラだけではない。タイロン・ヘイズ博士◆とアーパド・パズタイ教授◆も、似たような経験をさせられている。▼42 悲劇的なのは、学界が、厄介で大がかりな検閲を受ける必要がなくなるだろうことだ。今日、成果を挙げている大学院生たちは、このような環境に適応させられている。彼らが成功するか否かは、産業界の意向にしたがう学界に留まることに満足できるかどうかにかかっている。つまり、シャペラやヘイズ、パズタイなどの研究者の系譜は、絶滅の危機に瀕しているのかもしれない。そして、学問の自由は重要な問題ではなくなるだろう。産業界が関心を持つ課題にだけ取り組んでいる研究者たちは、他の人々の関心に応えるすべを失うだろう。

▼41 Thompson 2000.

◆タイロン・ヘイズ博士　二〇〇二年、除草剤アトラジンが、カエルのオスをメス化させているという研究結果を『ネイチャー』誌に発表。カリフォルニア大学バークレー校、生物学科準教授。

◆アーパド・パズタイ教授　一九九八年、レクチンという成分を含む遺伝子組み換えジャガイモを食べさせたラットの免疫力が低下したと発表し、その論文を『ランセット』誌に掲載した。同教授は、この発表によって所属していた英国ロウェット研究所を停職となった。なお、漫画『美味しんぼ』（原作：雁屋哲）は「続・食と環境問題（その8）」（『週刊ビッグコミックスピリッツ』二〇一〇年五月二四日号）で、この研究について紹介したが、GM作物などへの不安を不当に煽ったとして、唐木英明（東京大学名誉教授）主宰の食品安全情報ネットワークから抗議を受けている。しかし出版社・原作者側は、科学的根拠があるとして訂正を拒否した。

▼42 Smith 2003.

5……アフリカの飢餓を救え！――農薬会社による戦略（3）

飢餓に脅かされている大陸のために、私はヨーロッパ諸国の政府に対し、バイオテクノロジーに対する反対を止めるよう要求する。私たちは、世界から飢餓をなくすために、安全で有用なバイオテクノロジーの普及を奨励すべきだ。

ジョージ・W・ブッシュ[43]

私たちは、人の死をひどく悼むが、彼らがそれまでどのような生活を送ってきたのかについては無頓着だ。

P・サイナット[44]

モンサント社は、一九九七年、「収穫を始めよう！」というスローガンを掲げたキャンペーンによって、自社イメージの改善を試みた。さらに、主にヨーロッパ人の活動家らが「フランケン・フード◆」という造語を用いてモンサント社を批判するようになると、同社は方針を変更し、人種間の緊張を利用する戦術を繰り出してきた。それは、バイテク産業が商品を正当化するために採用した、三つめの戦術である。

この戦術では、まず南側諸国の人々が「遺伝子組み換え（GM）作物を欲しがっている」ことをアピールし、EUや米国の白人中産層の環境保護論者が根拠なき危険性を煽り消費者を不安に陥れていることによって、その望みが断ち切られているとの主張が展開される。だが南側諸国にも、GM作物に反対運動を展開している組織はいくらでも存在する。にもかかわらず、この戦術が人々の心を揺さぶったのは、そもそもこのメッセージが南側の農民を説得するためのものではなく、北側の消費者に向けて発せられたものだったからである。北側がターゲットとされたのは、GM食品に対する反対運動を最も効果的に展開したのはヨーロッパなどの北側の消費者たちであったためである。

かつてマーティン・ルーサー・キング牧師とともにデモを行なった輝かしい過去を持つ人種平等会議（CORE）は、一九八〇年代から九〇年代にかけて税金トラブルに見舞われ、キング牧師の理想とはかけ離れた存在に成り下がってしまったが、このCOREが二〇〇三年に表舞台に返り咲いた。COREの創設者であるロイ・イニスと、彼の息子で共和党の顧問であり民法テレビ局MSNBCの解説者であるナイジェル・イニスが、バイオテクノロジーを推進する運動を始めたのである。「アフリカからの主張」と題された映画のなかで、ロイ・イニスは、トーマス・マルサスの亡霊を呼び起こして、こう宣言した。

私は、アフリカが急増する人口を養えなくなるだろうと心配しています。すでにアフリカ諸国の半数が食料援助に依存しています。私は、自分の目でそれを確かめるためにアフリカにやってきました。そして〔……〕、バイオテクノロジーの可能性に目覚めたのです。[45]

イニスは奇妙なことを言っている。なぜなら、アフリカでは、ピークだった一九八〇年代初頭に比べると、今の人口増加のペースはかなり緩やかになっている。しかも、アフリカは不十分ながらも一九七〇年代以降に域内消費向けの食料生産を増加させてきている。[46] イニスは、アフリカが今でも食料援助を必要と

▼43　Gillis 2003.

▼44　Sainath 2005a.

◆フランケン・フード　フランケンシュタインとフードを合成した言葉で、遺伝子組み換え食品のこと。

▼45　Available at http://www.core-online.org/features/voices_video.htm.

図表 5-2 ■ アフリカで 20 世紀に起きた超過死亡の数

年	発生地	超過死亡数	原因
1903 ～ 06	ナイジェリア（ハウサランド）	5,000	干ばつ
1906 ～ 07	タンザニア（南部）	37,500	紛争
1913 ～ 14	西アフリカ（サヘル）	125,000	干ばつ
1917 ～ 19	タンザニア（中部）	30,000	紛争・干ばつ
1943 ～ 44	ルワンダ	300,000	紛争・干ばつ
1957 ～ 58	エチオピア（ティグレ）	100,000 ～ 397,000	干ばつ・イナゴ
1966	エチオピア（ウォロ）	45,000 ～ 60,000	干ばつ
1968 ～ 70	ナイジェリア（ビアフラ）	1,000,000	紛争
1969 ～ 74	西アフリカ（サヘル）	101,000	干ばつ
1972 ～ 73	エチオピア（ウォロ・ティグレ）	200,000 ～ 500,000	干ばつ
1974 ～ 75	ソマリア	20,000	干ばつ・政府政策
1980 ～ 81	ウガンダ	30,000	紛争・干ばつ
1982 ～ 85	モザンビーク	100,000	紛争・干ばつ
1983 ～ 85	エチオピア	590,000 ～ 1,000,000	紛争・干ばつ
1984 ～ 85	スーダン（ダルフール・コルドファン）	250,000	干ばつ
1988	スーダン（南部）	250,000	紛争
1991 ～ 93	ソマリア	300,000 ～ 500,000	紛争・干ばつ
1998	スーダン（バハル・アルガザール）	70,000	紛争・干ばつ

出典：Devereux 2000.

している原因を、単純に生産量の問題だと考えているようだ。彼とこの活動を支援している企業は、アフリカの飢餓の原因をこのように説明することで、人々を思考停止状態に追い込んでいる。図表5－2を見れば、最近の飢饉や大規模な飢餓、および飢餓による死亡は、最適な作物品種がなかったせいで起きたわけではないことがわかる。真実はより複雑なのである。飢餓は、紛争、資源の不足、流血をもたらすダイヤモンド、冷戦時代の負の遺産など、さまざまな事象が原因となって生じている。さらに、気候または人為的原因によって生じた食料危機の影響を緩和するために存在してきた（「倫理的な経済」と呼ばれる）社会制度が撤廃されたことが原因の場合もある。だが、イニスがアフリカに行って武器規制や資源の再分配、あるいは政治変革を提案したという話は聞いたことがない。

一九四三年のベンガル飢饉のときと同様に、食料援助が行なわれた国々の多くには、人口に行きわたるだけの十分な量の食料があった。足りなかったのは分配の仕組みだった。イニスやモンサントが、この問題への対応を提案することはない。なぜなら、それは彼らが売っている商品ではないからだ。

これが、アフリカ大陸で生じている飢餓をめぐる真実である。飢えたアフリカの人々の目の周りにハエが飛び交う映像が北側諸国のテレビに映し出されるのは、これらの国々の政府が緊急事態を宣言したときである。たとえば二〇〇二年に、アフリカ南部では凶作が二年続いた結果として飢餓が広まり、「飢饉」の法定基準を上回るレベルに達していた。だが、その惨状を伝える映像が映し出されたとき、これほどの「飢饉」にいたるまでには、かなり長い道のりが存在していたという事実は、ほとんど報道されなかった。二〇〇二年にアフリカ南部の人々に飢饉が訪れたのは、それまでの一〇年以上もの間にも飢餓状態が続いてきた結果なのである。アフリカ南部開発委員会は、ザンビアでは一九九一年に、六ヶ月から五九ヶ月までの乳幼児の三九％が慢性的な栄養不良（発育不良）状態にあったと報告している。同国ではその後この割合が五五％にまで上昇し、その状態が続いている。同国では、極度の栄養不良（衰弱）に陥っている人口の割合は常に四・四％程度である。マラウィでは、慢性的な栄養不良状態にある人口の割合は一九九〇

▼46 たとえばFAOSTATの統計によれば、アフリカでは穀物の一人あたりの生産量と消費量は、一九六九〜七一年当時に比べて一〇％増加している。

年以降ずっと四九％である。[47] この間、極度の栄養不良に陥っている人口の割合は一％増えて六％になった。国連開発計画（ＵＮＤＰ）は、二〇〇〇年、飢饉が起きている地域に住む人々の三五％が栄養不足に苦しんでおり、モザンビークではその割合は五四％に達すると推計した。[48] 慢性的な食料不足の影響を最も受けやすいのは、女性と子どもと高齢者である。ＵＮＤＰの二〇〇〇年の報告書によると、この地域の子どもたちの二〇％が低体重児である。[49] レソトの市場ではたくさんの食べものが売られていたが、同国の三人に二人が貧困線を下回る生活水準にあり、二人に一人が極貧状態にある。レソトの貧困層は、消費する穀物の四分の三を購入しているが、「極貧」に分類される世帯の七〇％が穀物の蓄えをまったく持っていない。[50] レソトにおいても、人々が飢えているのは、食料が売られていても買うことができないからなのである。

マラウィの状況も同様だ。同国の政府は、二〇〇一年、穀物の戦略備蓄を一六万五〇〇〇トンから三万～六万トンのレベルにまで減らすよう、国際通貨基金（ＩＭＦ）に求められた。ＩＭＦは、それによってコストが削減できると主張したが、ＩＭＦは間違ったデータに基づき、次年度の収穫によって備蓄が増えると予測して、この勧告を行なったのだった。餓死者が出始めていた一年後、政府の飢餓対策の不備に対する非難の声が高まるなかで、ＩＭＦは四七〇〇万ドルの融資を凍結した。[51] マラウィ政府は、ＩＭＦが飢餓を引き起こしたと批判したが、ＩＭＦはまず政府の腐敗を批判し、その後にＩＭＦの配慮も足りなかったかもしれないと認めたのである。ホルスト・ケーラーＩＭＦ専務理事は、英国議会の公聴会で以下のように述べている。

これまでＩＭＦは、構造調整を提案するときに、貧困と社会的セーフティネットに十分な配慮を行なってこなかった。だが、構造的な変化は、常に失業をともなうものである。途上国の経済を成長させるためには、私たちは恒常的な変化を受け入れねばならない〔……〕。途上国は、自国民の食料を自国で生産すべきであり、私たちは途上国の食料生産能力の強化を助けるべきである。[52]

他方で、何億人もの人々が飢えており、飢餓による大豆価格の上昇を見込んだ投機家が大量の穀物を買い占めている。投機家たちは、需要が多く供給が少ないときに自由市場で取るべき行動を取っているにすぎない。

それでは、なぜアフリカは、このような状態に陥ってしまったのだろうか？　アフリカ諸国は、一九八〇年代初めには、繁栄するために社会と経済が必要としているものが何であるかを明確に理解していた。アフリカ諸国の指導者らは、「ラゴス行動計画」◆のなかで、世界市場の変動に左右されない経済成長のあり方を追求し、輸入代替政策と食料主権、およびアフリカ諸国間の貿易を重視するとともに、アフリカから富を吸い上げる結果を招いている対外債務を減らすことの重要性を認識した。だが世界銀行は同意せず、一九八一年に書かれた「バーグ・レポート」[53]のなかで、円滑に機能する市場に国家が介入することこそが、まさに成長率を押し下げている原因であると主張した。アフリカ諸国の大半が巨額の債務に苦しみ、低下

▼47　SADG-FANR Vulnerability Assessment Committee 2002b.
▼48　SADG-FANR Vulnerability Assessment Committee 2002a.
▼49　UNDP 2002.
▼50　SADG-FANR Vulnerability Assessment Committee 2002c.
▼51　Devereux 2002.
▼52　Jubilee Research 2002.
◆ラゴス行動計画　一九八〇年に採択された大陸全体の開発計画。経済発展戦略の一環として地域統合と地域協力の役割を重視し、二〇〇〇年までにアフリカ経済共同体（ＡＥＣ）を設立することをうたった。

する一次産品価格がこれら国々の未来を暗いものにしていた。世界銀行は、これら諸国の債権者だった。世界銀行の計画は最優先されねばならなかった。

近年に起きたアフリカ南部の食料危機は、世界銀行による一連の政策の結果であり、農薬産業にはビジネスチャンスとなった。イニス父子のようなGM推進派のアフリカ系米国人にアフリカについての意見を語らせるのも一つの戦術だったが、他の戦術も使われた。二〇〇〇年に、アフリカ南部・カトリック司教協議会が、アフリカ大陸へのGM作物の輸入についてモラトリアム（一時停止）を求めたとき、GM推進派は、南アフリカ以外の国々ではGM作物の受け入れについて合意を得られなかった。食料危機は、これら農薬会社に絶好のチャンスをもたらし、その際にもキリスト教会が重要な役割を果たした。二〇〇二年九月末、コリン・パウエル国務長官は、バチカン（ローマ教皇庁）の外務局長であるジャン・ルイ・トーラン枢機卿に現世的な仲裁を要請した。パウエルはバチカンに対し、米国から遺伝子組み換え食料の援助を受け取るよう、ザンビアを説得して欲しかったのである。「物乞いはもらう物を選べない」。これは、似たような状況において、ある米国開発庁（USAID）の職員が述べた言葉だ。[54] 米国メディアの批判にさらされながらも、ザンビアは米国のGMトウモロコシの受け取りを拒否した。ザンビアにおいて、このGMトウモロコシに対する独立機関による科学的検査を実施することができなかったため、ザンビアのトウモロコシが汚染される心配があるという理由からだった。代わりにザンビアは、域内から穀物を調達することで、米国のGM食料援助に頼ることなく飢饉を収めることに成功した。

このような複雑な事情を持ってしても、人種平等会議の主張を変えることはできなかった。ナイジェル・イニスは、現在グリーン・ピースが行なっている農業バイオテクノロジー反対キャンペーンについて以下のように言及している。

「今こそ、この狂信者たちに、自らが引き起こした窮状と死の責任を取らせるときだ〔……〕。なぜなら、彼らは自らの主義主張を貫くために、第三世界に貧困と病と死を永遠に留まらせようとしており、今のところ成功を収めているのである」[55]。

イ・キョンへが自死したメキシコのＷＴＯ閣僚会議において、イニスはグリーン・ピースなどの団体に「グリーン・パワー＝ブラック・デス」（黒人に死をもたらす環境運動）賞を贈り、その理由が記されたちょうちん記事を披露した。

「何百万人もの命を救う可能性を持つ、エネルギー、バイオテクノロジー、貿易、および経済開発に対して、何百万ドルもの資金を投じて反対キャンペーンを先導し」〔……〕、黒衣をまとった死神が見守るなか、イニスはアカデミー賞の授賞式よろしく、受賞者に見立てた女子大生風の「グリーン・ピース代表」に最優秀賞を授与した。この女性は、はしゃいだ様子で「後発開発途上国に、マラリアをもたらしてくれた蚊に感謝します。しかし、私が最も感謝したいのは、この賞をもたらしてくれた、死んでいった何百万人もの子どもたちです」と語った[56]。

この芝居がかった演出もまた、アフリカ人ではなく、ヨーロッパと北米の人々に向けたものだ。人種平等会議の起用は、アフリカやヨーロッパ、および北米で遺伝子組み換えに対する懸念を呼び起こし、これ

▼53 World Bank 1981.
▼54 Weiss 2002.
▼55 Nickson 2004.
▼56 Driessen 2004.

ら地域の消費者に農薬会社には疑って当然の理由があると思わせることに成功した組織の信用を失墜させるための戦術の一つである。北側諸国に存在する人種間の緊張に対する不安を利用して、アフリカ人でもアフリカ系米国人でもかまわないのだが、とにかくアフリカの「代弁者」に、アフリカの人々が何を求めているのかを「生の声」で伝えさせ、彼らの望みに反する活動は、すべて人種差別主義者によるものであるかのように思わせるという戦略なのである。だが、実際にアフリカで何が起きているのか？　ロイ・イニスは自身の映画のなかでこう続けた。

「南アフリカでは、遺伝子組み換え作物がすでに栽培されている。アフリカの人々が、それを望んだだから だ」。

だが現実は、イニスの幻想とはまったく違う。同国のクワズール・ナタル州北部では、二〇〇〇人ほどの農民がモンサント社のGM綿を栽培したが、イニスやモンサント社、あるいは南ア政府が考えているようにはうまくいっていない。

6……GM作物の輝ける成功例の実態――南ア・マカティーニ

クワズール・ナタル州北部の平野部にあるマカティーニは、モンサント社の事業拠点となっている。モンサントで製品・技術協力を担当しているロバート・ホーシュ副社長は、二〇〇三年六月一二日に行なわれた米下院科学委員会の研究調査に関する小委員会で、それを裏付ける発言をした。

南アフリカで最初にバイテク綿を栽培した農民の一人、T・J・ブテレジは、バイテク綿の収量が多いので、将来への投資として土地を買い増し、良い農機具を購入することができたと語っている。

T・Jは、最近、私にこう語った。

「私は、生まれて初めて儲けている。これで借金も返せる」。

この成功例を見れば、バイオテクノロジーの導入は、アフリカにとって適切で強力な選択肢であることがわかる[57]。


南アの一部の農民が、わずかな農地で行なっていることを、米国の議会でわざわざ説明する必然性などあるのだろうか？ 遺伝子組み換え作物を製造・販売している企業が、最も正当性を主張したい相手が北米の人々であることを考えれば、このことも納得がいくというものだ。遺伝子組み換え作物という技術革新は、「種子にすべての機能を持たせる」ことで、誰でも簡単に栽培できるようにするためのものである。モンサントは、世界中で数多くの農民にこの種子を販売している。だが、国家が認めなければ、この種子をその国で販売することはできない。北側諸国が抱くアフリカのイメージからすれば、アフリカの農民がGM作物をうまく栽培できるのなら、誰でもうまく栽培できるだろうという話になる。また、アフリカの農民がGM作物を栽培したいというのなら、ヨーロッパの白人がそれを阻止していいのか、ということになる。結局のところ、誰もが人種差別主義者と非難されたくはないのだ。こうした理由から、マカティーニの事例は、願ってもない最良の宣言材料となったのである。

マカティーニ平野では、灌漑を利用できる農民の数は非常に限られており、その他のほとんどの農民がこの乾燥地で天水に頼って農業を行なっている。農民の大半が、一〇ヘクタール程度の小さな農地しか所

▼57 Horsch 2003.

有していないことが、かえって企業には都合が良かった。彼らは貧しいため、より良い暮らしを約束するものなら何でも歓迎する。GM種子は一九九八／九九年にこの地域に初めて導入されたが、その四年後には、ほぼすべての農民がGM綿を栽培するようになっていた。[58] このデータを見れば、農民たちが除草剤ラウンドアップ・レディに耐性を持つGM綿の導入に、自ら踏み切ったように見える。つまり、市場は、環境保護論者たちの間違いを証明したということになる。

だが、その市場自体が少々歪められていたことも事実だ。モンサントは二〇〇一／〇二年に、同社のGM綿の種子の購入資金に充てることを約束した農民すべてが、融資を受けられるようにした。農民たちは同社に殺到した。彼らは、自分たちが綿花農家であることは間違いないと請け合い、盲目的に借入を申し込んだ。私たちも似たような境遇だったらそうしていただろうが、この借入金は既存の借金の返済に使われ、「綿花農家」の多くが消え失せた。したがって、実際に栽培されたGM綿花の量は、融資のデータから推測される量よりもかなり少ないのである。

農民に貸付を行なってきた地域の綿業者は倒産し、代わってマカティーニ綿会社（MCC）という、より賢明な会社が誕生した。MCCは、融資を求める貧しい人々に毅然とした態度で臨んだ。誰にでも貸付を行なうのではなく、本当の農民であるということを同社が把握している相手だけと契約を締結したのである。この契約では、農民に収穫した綿花を入れる袋と輸送を無償で提供し、綿花の買取を約束した。農家はその代償として、綿の種子を合法的に購入したことを証明し、実際に袋を受け取るのが登録した農民本人であることを証明するよう求められた。同社は、モンサント社のGM種子の使用許可証を見せるよう要求したのである。

このことは実質的に、農民にGM種子で綿を栽培するか、綿の栽培をまったくしないか、の二者択一を迫ることだった。地域市場で換金可能な作物は綿しかないため、農民はGM綿を選ぶしかなかった。

乾燥地で綿を栽培したければ、GM種子の方が良いと言われているが、その真偽はまだ明らかになっていない。GM作物を導入すれば、当初は収量が増えるが、以後は徐々に減っていくことがわかっており、これがGM種子の導入が増えている理由ではなさそうだ。GM種子を購入した農民たちは農薬支出を減らしているが、その一因は、GM種子の価格が高いために、農民がモンサントの指示を無視して農薬を一切散布していないことにある。世界各地の先例を見ても、小規模農民にGM綿が既存の種子以上の恩恵をもたらすとは考えにくい。だが、問題は別のところにある。栽培する品種の選択肢に関わる問題だ。農民による種子の選択が、力の強い勢力によって制限されるようになってきたのである。マカティーニの場合、この勢力を担っているのは、マカティーニ綿会社である。

綿繰り工場は、スケールメリットの経済で成り立っている。加工する綿の量が多ければ、単位あたりの利益率は高くなるからである。マカティーニで使用されている綿繰り機［綿の繊維と種子とを分離する機械］は、二〇世紀中頃のモデルを米国から輸入したものだが、それでも非常に高価である。一目見れば、その理由は明らかだ。多数の回転ドラムとカッター、および乾燥機が組み込まれた綿繰り機は、住宅数棟分ほどの大きさがある。この機械を使って収穫された綿花から不純物を取り除き、洗浄し、糸を撚るのである。綿繰り機を効率的に使用するには、綿花を絶えず供給して機械を動かし続ける必要がある。マカティーニで生産される綿の量では不十分なのである。よりたくさんの綿花を得るために、MCCは農民に綿花栽培を奨励する策を取った。農民には栽培契約を結ぶか、一時金を受け取ってMCCの綿花栽培に農地を貸し出すかの選択肢が示された。工場の立地条件や以前の会社の財務危機、および農民を照合する仕組みなど、さまざまな要因

▼58 Thirtle et al. 2003.

が検討された結果、マカティーニで再開されたGM種子の実験的な栽培普及活動では、農民の一部は、自ら耕作することさえ必要としなくなったのである。

MCCは、綿繰り機に十分な綿花を供給するために、もっと多くの農地を必要としていた。大規模な農機械を使うには、サッカー場数個分のまとまった土地が必要であり、小さな農地は役に立たない。MCCは、地域コミュニティの長たちに、彼らの土地を一括して購入する話を持ちかけた。「地域の人々」を代表する長たちはこれに応じ、契約が結ばれた。だが、すべての住民が移転に合意したわけではなかった。

X夫人（本人の安全のために仮名とする）は、「あなたに話をすれば撃ち殺されます」と怯えていた。「村のすべての女性と話をして下さい。そうでないと、この話をしたのが私だということがわかってしまう」。これは、私たち調査チームが地域の綿花プロジェクトについての聞き込み調査を開始したときの反応である。X夫人は自分の土地から立ち退きたくなかったのだが、強制的に移転させられた。もちろん、MCCが管財人を連れて訪ねてきたわけではない。MCCは、彼女が命の危険にさらされながら暮らさねばならない原因をつくったことなど知るよしもない。彼女は、開発の受益者となった村長たちに恫喝され、移転を余儀なくされたのである。X夫人は強制退去させられ、MCCがその土地を獲得した。農地には種が蒔かれたが、発生した問題は解決していない。

綿の栽培は、うまくいっていない。灌漑もなく、天候不順が続くなか、種を蒔くことさえできなかったのである。モンサントの副社長がその成功を賛美したT・J・ブテレジの状況は、それから三年と経たずに暗転した。二〇〇五年に、彼はこう語ったのである。

「私の頭は、悩みでいっぱいです。これからどうしていいのかわからない。今年は、まだ一粒も種を蒔いていない。畑を耕してもらうのに六〇〇〇ランド〔八二〇ドル〕を支払い、大きな借金を抱えているんです」。

T・Jは、モンサントがアフリカの農民がGM技術の恩恵を受けていることを証明するために、世界中に広めている成功例の一つである。その彼が、厳しい状況に陥っている。彼は、二七人の子どもを食べさせねばならず、電気の通じていない小さな家に住んでいる。彼は、クワズール・ナタル州北部の平野部では比較的大きい三〇ヘクタール以上の農地を所有しており、また、彼の生活は彼の農地で働く労働者たちよりはましではあるが、裕福ではない。彼がモンサントの広告塔の一つになったからといって、彼を責めるのはお門違いだろう。天候に裏切られれば、彼もまた、マカティーニの他のすべての農民と同じように苦しい思いをする。彼の状況の方が、わずかにましであるとしても。

ここで審判にかけられねばならないのは、T・Jのような農民たちを利用したモンサントである。アフリカはGM作物を普及する取り組みにおいて、特に重視されてきた地域である。モンサントが公式に表明したことはないが、恒常的な飢餓状態、残酷な暴力、原始的な無能さといったアフリカに対する他の地域の人々の人種的偏見に満ちたイメージが、バイオテクノロジーの恩恵を最も実感できる場所として、同社がアフリカを選んだ背景となっているのは間違いない。

モンサントの選択にこのような背景があるとすれば、力のないとされるアフリカの農民としては何を選択したら良いのだろう？　マカティーニで何人もの男女と話をしたが、誰もが、綿花ではない作物が栽培できるのなら、綿花など栽培したくないと考えていることは明らかだった。これは、MCCにもどうすることもできない問題である。なぜなら、この土地の綿花産業を危機に陥れている要因によって、同社もまた苦しめられているのである。南アフリカ綿花産業協会（CottonSA）の職員は、以下のように総括している。

「そうです、Bt綿は、衰退する産業作物のための技術です。この技術には、それを少しだけ先延ばしする効果があるにすぎません」。

問題は、南アフリカでは、綿花を生産しても採算が合わないことにある。南アフリカの綿は、通貨ランドの為替レートが高いため、他国で生産された安い綿との価格競争に勝てず、この産業は消滅の危機にある。GM綿という魔法の種子でも、その状況を変えることはできない。この国の農村社会が直面しているこのような構造的な問題を解決するには、人々が一丸となって取り組むしかない。だが、遺伝子組み換え種子の導入によって、そのような行動の必要性が認識されにくくなり、有効な代替策への取り組みが先延ばしにされてしまうのだ。

マカティーニの農民たちは、国内市場が存在するサトウキビか、あるいは食用作物など、綿花の代わりとなる作物の栽培を真剣に検討している。だが、食用作物には市場がない。地元のスーパーマーケットは、商品を地元からではなく、数百キロメートル離れた地域から調達し、トラックで運び込んでいる。マカティーニの農民には、望ましい選択肢が与えられていない。最も儲かる仕事は、フードシステムを支配している人々が占有しているのである。

人種平等会議は、このような事実があることを認めたくないようだ。もちろん、COREは国際社会に大きな影響力を持つような組織ではない。だが、COREが目を背けている現実と、この組織が代表している利益、彼らが普及している解決策、およびCOREを通じて実現されている戦略は、今のフードシステムの傾向を端的に示すものだ。

7……工業的農業へのオルタナティブはあるか？——キューバ農業の現在

問題を解決する方法はほかにもある。しかしそのような、現状を憂慮している人々には望ましいが、遺伝子組み換え産業の利潤には貢献しない方法が存在すること自体、ほとんど言及されることがない。ビル&メリンダ・ゲイツ財団もご多分にもれず、少し前に「アフリカのための新たな緑の革命」に一億ドルを寄付している。ゲイツ夫妻はこともあろうに、T・J・ブテレジを持ち上げ、のちに見捨てたモンサント社のロバート・ホーシュを雇用している。だが、農薬産業にも歩むべき他の道がある。アフリカのヴィア・カンペシーナ農民運動は、農民と土地なし農民、および農村の貧しい人々たちが自ら考案した独自の解決策を提案している。[59]

また、米国から数百マイルも離れていないところに、洗練された技術を用いた、環境にも社会にも持続可能な農業システムが大々的に展開されている国がある。この国が、一九八八年の時点では、土壌の化学汚染と農業の機械化が世界で最も進んだ国の一つであったことを考えれば、これは驚異的な事実である。

それはキューバである。同国の経済はかつて、ソ連との貿易に大きく依存していた。当時、輸出の九〇％近くが旧ワルシャワ条約機構の加盟国（旧共産圏）に対するものだった。キューバは、砂糖の輸出と引き換えに、市場価格を大きく下回る価格で石油を輸入していた。キューバの経済成長は、ソ連からの補助によって実現したのである。そのことがこの国を脆弱にした。ソ連が崩壊すると、それまでキューバが共産圏から輸入していた品目のほぼすべての価格が急騰した。米国の経済制裁という要因が加わったことで、キューバの物価は周辺の他のカリブ諸国のそれよりも高くなった。この経済制裁によって、二〇〇マイルしか離れていない米国の品物が、世界の反対側を経由して輸入されていたからである。キューバ経済は崩壊し、復興に向けた取り組みが進められるなか、飢餓が急速に広がった。一九八〇年代には輸入しすぎてトラクターを引き取り手のいないトラクターが埠頭にあふれていたが、一九九〇年代には燃料がないためにトラクター

▼59　マリで開催された二〇〇七年の「食糧主権会議」では、そのような優れた解決策の一部が議論された。http://www.nyeleni2007.org

が畑に放置されるようになった。一九九〇年から九四年の間に、キューバ人の平均体重は四〇ポンド（約一八キログラム）も減っている。[60] この「特別な期間」の厳しい経済変化に政府が十分に対応できなかったことが、人々の不満を増大させ、飢餓を引き起こし、ダークコメディを生み出した。

キューバ政府は、これまでのような工業的な農業は維持できないと判断し、飢餓が広がる最中の一九九四年、国益を守ることを主眼に、包括的な農業改革を実施すると発表した。それまで同国では、国家が国土の七九％を所有し管理していた。この改革を通じて、国家の土地の運営管理がさまざまな民間の協同組合に一任されるようになった。今日、キューバの国土の七五％が民間によって運営管理されているが、七九％が国家所有であること自体は変わっていない。土地は、運営管理者が自らの子孫に移譲することは許されるが、第三者への売却は認められておらず、不要となったら国に返却するしかない。国家は、今も物資の分配において主要な役割を果たしており、全国民に食料を行きわたらせ、公正な市場と価格の維持を保障している。キューバ政府は同時に、首都ハバナの食料需要を満たすための方策として、また、その需要を満たす食料の長距離移動を減らす手段として、市内で地域運動として始まった都市家庭菜園を支援し始めた。

キューバが農業バイオテクノロジーを推進する可能性もないわけではないし、それを可能とする人材もいる。キューバの人口は中南米地域全体の二％にすぎないが、科学者の数はこの地域全体の一一％に上る。[61] キューバには技術革新を忌避する理由などないのである。国内にはたくさんの科学者と技術が存在する。しかし、キューバの食料生産において科学者が果たす役割は、民間セクターではなく、政府によって明確に規定されている。遺伝子組み換えは厳しく規制されており、例外は、安全性が証明され、他の手段で同じ目的が達成できない場合にだけ、という徹底ぶりである。このような制限により、キューバの科学者らは不本意ながらではあるが、他国の科学者らには課されていない制約のなかで研究開発を行なっている。

だが、キューバにもバイオテクノロジーは存在する。他の遺伝子をコントロールする媒介とともに、モンサントのBt綿に使われているバチルス・チューリンゲンシス（Bacillus Thuringiensis）が製造され、キューバ政府によって販売されているのである。だが、殺虫剤を種子に組み込んで限られた対象の害虫を殺し、他の多くの害虫に耐性を与えてしまうモンサントの技術と一線を画し、キューバでは、本当に必要なときだけ使用することを前提に、厳選された殺虫剤をより多く分泌するGM作物が開発されている。農民は、農薬を普段から使用するのではなく、最後の手段として使用するという点において、専門家となる責任を担っているのである。

キューバでは、限定的ながら、政府だけでなく伝統的な協同組合が所有する研究所でも農薬が製造されている。このような研究所は、政府の支援によって国内各所に設置されており、科学者たちが自らの研究が農地にもたらす結果を日々確認することを可能としている。農業に投入できるエネルギーが不足したことも、農民と彼らを支援する研究者たちを、複雑な生態系を生かす農業に向かわせた。工業的な農業の害虫駆除の方法には、皆殺しの哲学に基づいているという問題がある。農薬は、作物に害をもたらす虫だけでなく、害虫の天敵である虫まで殺してしまう。農薬は、散布し始めたら止めることがむずかしくなる。次々に新たな害虫が現われるようになるからだ。この問題を解決するには、以前にキューバのある土壌学者が言っていたように、「害虫をなくしたいなら、害虫の駆除をあきらめることだ」[62]。つまり、虫の存在を

▼60 Morgan 2004.
▼61 Rosset and Benjamin 1994.
▼62 Rosset and Benjamin 1994.

受け入れ、共存の方法と、害虫の被害を最小限に留めるための方法を見つけるのである。キューバでは、この考えに沿って、Bt殺虫成分の培養や、間作栽培のパターンなど、洗練された害虫防除のシステムが開発されている。間作栽培とは、一方の作物の害虫が、もう一方の作物の害虫によって駆逐される効果を期待して、たとえば大豆とサツマイモを一緒に栽培するという方法である。

だが、農業生態系の保全という点からすると、キューバは決して優等生ではない。コメのほとんどは、今でも集約的な農法で生産されている。ソ連崩壊後に激減した牛肉と牛乳の生産量は回復しておらず、そのエネルギー集約的な肥育システムは、大量の糞尿を排出し、多量の投入資材を必要としており、環境的に持続不可能である。キューバ政府は国益を重視して、最もこの国に相応しく、最も国民のニーズに合った農業を選択してきた。その選択は、少なくとも教育と健康の改善という面では功を奏し、これらについては、他の同程度の所得水準の国々とは比較にならないほどの高い水準を達成している。

キューバと米国において、「国益」が果たした役割について再検討してみると、興味深い事実が浮かび上がる。米国では、国内のあらゆる場所において、フードシステムに関わるさまざまな決定権が、国家から民間セクターに移行されている。このことは、資本主義には中央による計画が存在しないということではなく、実際にはしっかりと存在している。米国で、「農業法」(Farm Bill) という誤解を招きやすい名称を持つ法律の下で政府予算が執行されている現実が、それを十分に証明している。ハートランド［アメリカ中西部］の農民を対象とするこの法律の下、この巨額の政府資金の大部分が裕福な農民に支払われている。ドウェイン・アンドレアスが語った通り、民間セクターはこの法律をうまく活用して巨額の利益を得てきた。このような独占的な状態の下では、何が国益であるかを決定するのは、利益誘導型の政治、または白衣をまとった人々によって認定された「科学的事実」である。キューバの場合、国益が重視されるのは同じだが、その決定は地域社会のプロジェクトの一環として、企業ではなく公共機関によって下されており、公正さが保たれている。キューバでは、科学者は、企業の知識ではなく、公共機関の知識を豊かにしているのである。この知識は、キューバの国境を越えて海外でも役に立っている。キューバが有するオルタナティブな農業に関する専門知識は、中南米やアフリカの国々だけでなく、はるかに離れたラオスなどでも実践に生かされている。

このような知識を移転する役割を果たしているのは、政府だけではない。インドでは、持続可能な農業センターが「農薬を使わず、害虫をなくす」という信条の下、農民運動と連携して持続可能な暮らしを実現する代替策を開発している。日本の福岡正信◆は、科学に基づく有機農業の哲学を体系化し、世界各地に普及してきた。中南米では、「カンペシーノ・ア・カンペシーノ」(農民から農民へ)という運動が、おそらく最も分権的な学びと共有の機会を生み出している。この運動では、農民が中南米地域を幅広く旅して、農法や種子、文化、および歴史を他の農民たちと共有することで、国の助けを借りずに独自のネットワークを形成するに至っている。[63]「フード・ファースト」◆の代表で、学者として「カンペシーノ・ア・カンペシーノ」の運動に長年関わっているエリック・ホルト・ギメネスは、農民たちが自分たちの運動をどう説明しているのか教えてくれた。

◆福岡正信　愛媛県伊予市の農家で、米麦連続不起耕直播や一〇〇種以上の種子を練り込んだ「粘土団子」による沙漠や荒廃地の再生を提唱し、国内外で普及・啓蒙を行なってきた。二〇〇八年逝去。著書『自然農法——わら一本の革命』は、世界的に翻訳されている。

▼63　See Holt - Gimenez 2006.

◆フード・ファースト　「Food First」(食料第一)として知られる「食料と開発のための政策研究所」(Institute for Food and Development Policy)。http://www.foodfirst.org/

「彼らは、この運動によって技術革新と連帯を橋渡しし、食料生産と環境保全を両立させていると語ります。この運動によって、活気に満ちたカンペシーノ文化に依拠した持続可能な農村の未来を実現しようとしているのです」。

実際、キューバで農業生態系を保全する農法を広めたのは、国家ではなく、この運動だった。この運動は特定の地域において、知識、土地、空間、記憶、および専門性の私的独占を認めないことを通じて、オルタナティブな農業システムのこれまでの経験と今後の可能性を提示しているのである。この運動が依拠しているのは、「印米農業知識イニシアティブ」とは、まったく逆の考え方である。知識は私有化ではなく公共化し、専門家に与えられる知識ではなく、仲間の間で共有される知識を重んじ、農地を作物に合わせるのではなく、農地環境に合った作物を栽培することを任じ、住民が事後に知らされる開発計画ではなく、住民の知識に基づく開発計画を標榜しているのである。

現段階では、工業的な農業に対するオルタナティブの実践は、それが国家主導であるかどうかにかかわらず、まだ非常に限られている。だが、オルタナティブな農業はこれまでも常に農業の一角を占めてきたし、工業的な農業が爆発的に広まるなかでも生き残ってきた。オルタナティブな農業は人々に希望を与え、より良い農業システムに向けた出発点となっている。もちろん、中南米地域でうまくいったことが他の地域でもうまくいくとは限らない。システムとは、種子と同じように、環境に依存するものであり、将来の農業システムは、それが導入される土地の生態系や地形、歴史、および民主主義を十分考慮したものでないかぎり、うまくはいかないだろう。だが、そのような農業システムを広範に実現していくことは間違いなく喫緊の課題である。その理由を知るには、農業の大部分がアグリビジネスの誘惑に打ち負かされている一方で、アグリビジネスに対抗することの可能性の大きさをも示している、ブラジルの現実について良く知る必要がある。

第6章

大豆、世界フードシステムの隠れた主役

1……秘密の原料――加工食品の四分の三に含まれる大豆

お菓子がすべて、映画『チャーリーとチョコレート工場』に登場するチョコレートの滝やウンパ・ルンパ人の手を経て製造されているわけではない。[1] チョコレート・バーの包装紙の裏面を一瞥すれば、それが何でできているかはだいたいわかる。そこには、カカオのほか、主要成分の長いリストが記されている。現代のチョコレート・バーに含まれている成分の大半は、美味しくするためではなく、製造・保管・輸送・陳列という一連のプロセスを簡単にするために使用されている。これらの成分は、チョコレートの融解点を上げるため、香りを保つため、何ヶ月も腐らないようにするため、あるいは、湿気の吸収や成分の分離を避けるために入っているのである。

そうした成分の一つに、何のために入っているのかを考えたことがある人も多いだろう、レシチンがある。これは、脂肪と水を分離させないために添加される乳化剤である。ミルク・チョコレートがとてもミルキーなのは、この成分のおかげである。だが、レシチンはもっぱら工業用に用いられている。チョコレート工場では、製造の過程でレシチンを加えることで、混合された脂肪分と水が分離しないようにしている。レシチンがチョコレート工場で初めて使用されたのは一九二九年だが、最近になって一部の高級ブランドのチョコレートは、この不要な成分を使わずに製造されるようになった。だが、レシチンを添加していない高価なチョコレートには手が出ない私たちの多くが、これからもしばらくはレシチンの入ったチョコレートで我慢するしかない。

レシチンは、かつて卵白からつくられていたが、一九二〇年代以降は他の物質からつくられることが多くなった。大豆である。大豆は、チョコレートの知られざる成分の一つであるだけでなく、スーパーマーケットの棚に並ぶ加工食品の四分の三近くに含まれ、ファストフード産業の商品のほとんどに含まれていることがわかっている。[2]大豆は、家畜飼料の主要原料でもあり、畜肉に含まれるたんぱく質は大豆の摂取によるものだ。大豆から製造されている植物油やマーガリンも多く、さらに、加工食品のほとんどが、製造過程のどこかの段階で、この植物油やマーガリンを使用している。大豆をいっさい摂取せずに一日を過ごすのはかなり難しいことなのである。だが、これらの食品に大豆が含まれているということが大きく宣伝されることはほとんどない。なぜなら、大豆が世界のフードシステムにおいて主要な地位を占めるようになったのは、その味や香りが良いからではなく、消費者以外のすべての関係者にとって非常に有用な物質であるためだからだ。フードシステムで大豆が多用されるようになったことは、消費者には日々の食べ物の中身がわからなくなるという問題をもたらし、また、消費者の見えないところでは環境破壊・殺人・奴隷化という、より深刻な問題を引き起こしている。現代のフードシステムが生み出した単一栽培と工業的な農業生産の方法によって、地球上で最も素晴らしい植物の一つである大豆は、その生産を支配する者たちに専制をもたらし、これを消費する人々に不可視性をもたらしたのである。

▼1　ユニセフと米国務省の推計によれば、世界のココア生産の半分を占めているアフリカのコートジボワールでは、一万五〇〇〇人の子どもたちが農園で奴隷状態で働かされている。「グローバル・エクスチェンジ」によれば、同国のココア市場を牛耳っているのは、米国のカーギル社とADM社であり、二〇〇一／〇二年期には、同国で生産されたココアの一三％をカーギル社が、一〇％をADM社が、仏資本のボロレ・グループが八％を買い取っている。同国では、カカオ輸出が外貨獲得の最大の手段であるが、買い手が限られるために非常に安い価格で輸出せざるを得ない。

▼2　Greenpeace International 2006.

なぜ、そのようなことが起きたのか？　まずはこの豆の名前の由来から見ていこう。欧米で大豆が「ソヤ」（soya）と呼ばれるようになったのは、日本の「醤油」から来ている。醤油は発酵した大豆からつくる塩味のソースである。大豆加工品には、それぞれ別の名称が与えられた。最初に大豆を食べたヨーロッパ人は、豆腐や醤油、あるいは味噌など、さまざまな加工品も大豆からつくられていることにまったく気づかなかった。もちろん大豆は、ヨーロッパ人がその存在を知るはるか以前より栽培されていた。大豆の栽培が始まったのは、紀元前三〇〇〇年頃だという説があるが、五〇〇〇年もの歴史があるとする根拠は不確かである。だが、大豆栽培が少なくとも三〇〇〇年間は行なわれてきたのは間違いない。しかし、医師であり、植物学者だったエンゲルベルト・ケンペルが、一七一二年に刊行した『廻国奇観』（*Amoenitatum exoticarum politico-physico-medicarum*）において、ヨーロッパで初めて大豆から豆腐と味噌を作る方法を紹介するまで、ヨーロッパ人の大豆に関する知識は非常に限られたものだった。今日でも、大豆を食することも、医療目的で使用することも、ある種の異国風情をともなっている。だが、原産地から数千キロメートルも離れた欧米諸国にとって、大豆の最大の魅力は、これが政治的な満足を与えてくれる点にある。

　大豆は、畑で見ると、どちらかというとつまらない植物である。豆腐の入った小さなサヤをぶら下げているはずもなく、灌木のような幹から出た枝の先に実ったサヤに入った豆にすぎない。だが、その見た目に反して、この植物はすばらしい性質を持っている。リンネウス◆は、大豆を「グリシン・マックス」（Glycine max）と命名した。グリシンは甘いという意味であり、マックスは根に付く大きな塊のことを指しており、大豆はこの大きな塊を通して大気中の窒素を固定し、土壌を肥沃にする。大豆は非常に生命力が強く、葉を半分近く失っても収穫が大きく減ることはない。そして私たちにとって最も重要な特徴として、大豆には多種類のアミノ酸（たんぱく質）が含まれている。その組成は、植物よりは動物のそれに近い。大豆を摂取することで、心疾患や呼吸器疾患のリスクが減るなど、大豆にはさまざまな便益がある。全米心臓協会は、毎日三五～五〇グラムの大豆たんぱく質の摂取を推奨している。大豆は機能性食品なのである。だが、その機能を発揮させるには、加工する必要がある。大豆のたんぱく質は、生で食べてもほとんど消化できずに排泄されてしまう（私の経験では腹にガスが溜まる）。

人の消化器は生の大豆をうまく消化することができないが、家畜はこれを非常にうまく消化することができる。そのため、人が消費している大豆全体のかなりの割合が、家畜飼料という形で消費されており、世界で生産される大豆の八割を畜産業が消費している。だが、動物も生の大豆ではなく、すり潰された大豆ミールを食べている。実際、種子として使われる大豆と丸大豆のまま消費される大豆の合計は全体のわずか一〇％強にすぎない。その他の大豆の大部分は粉砕される。「粉砕」という言葉は、大豆が圧搾される複雑なプロセスを説明するには不適切な言葉ではある。

大豆加工工場は、巨大かつ騒々しいところである。大豆が工場に運び込まれると、温度管理された大きな洞窟のような倉庫に貯蔵される。夕暮れ時に、五万五〇〇〇トンの大豆が四階の高さにまで積み上げられた倉庫は圧巻である。大豆の山から大豆がこぼれ落ちる音が、まるで何匹ものガラガラ蛇がいるかのような大きな音となって常に響いている倉庫の中は、不気味でさえある。来訪者らは、工場周辺の水たまりや大豆粉の塊を踏まないよう注意される。もし、服に付いたら臭いが取れないからである。大豆は倉庫から一マイル（約一・六キロメートル）ほどの長いベルトコンベアーによって加工工場に運び込まれる。そこで乾燥され、すり潰され、ふたたび乾燥される。その後、ヘキサンと呼ばれる有機溶剤に浸して油が抽出

◆リンネウス　一八世紀のスウェーデンの博物学者。ラテン語でカルロス・リンネウスと呼ばれるが、カール・フォン・リンネとして知られる。一七三五年刊行の著書『自然の体系』で、生物の学名をラテン語で表記し、属や種に分類する手法を体系化した。

される。さらに、不快な臭いを取り除き、リジン、レシチン、大豆油、絞りかす（ミール）などの多様な生産物に加工される過程で、精製や漂白が行なわれる。大豆はすり潰された後、二つのまったく異なる生産物となる。五分の四がミールとなり、五分の一が油となるのである。ミールの大部分はたんぱく質が豊富な家畜飼料となり、油は世界の植物油消費の四分の一を占める大豆油となる（余談だが、米国は世界の植物油と植物性脂肪の七割を消費している）。

2……米国で始まった大豆ビジネス――二つの世界大戦と「奇跡のマメ」

世界で戦争が行なわれているときに景気の良くなる産業があることは、現代の戦争の多くの事例が示している。特定の経済状況の下で、戦闘は、特定のルートを経由する特定の商品にとって、莫大な利益を上げる機会となり得る。大豆は、まさにそのような商品である。第一次世界大戦の最中、ヨーロッパからの植物油の供給を絶たれた米国は、中国東北部の満州地方から低級品の大豆を三億三六〇〇万トンも輸入する必要に迫られた。だが、この戦争が終わり、ヨーロッパからの農産物輸入が回復すると、米国の農業は供給過剰に見舞われた。米国の農民は、戦争中、国内市場と政府の需要を満たすために、金を借り、農地を拡大して生産を増加させた。ヨーロッパからの農産物輸入が再開されると、米国の大豆は行き場を失った。同国では第一次世界大戦後、不安を抱える農民をなだめ、影響力を増しつつあったアグリビジネスの要求に応えるため、一九二二年の「フォードニー・マカンバー法」や大恐慌下の一九三〇年の「スムート・ホーリー関税法」などによって関税障壁が設けられ、国内の植物油産業が保護された。

大恐慌と黄塵地帯《ダストボウル》の時代には、生産者と加工業者に対して連邦政府からの支援がさらに増大した。生産者に対しては、米農務省の農業調整局による土壌保全プログラムによって大豆生産が奨励された。ダストボウルの時代には、グレートプレーンズ南部は、干ばつによって発生した巨大な砂あらし《ダストストーム》によって青空が隠され、残された表土も乾燥し、過度の耕作と不適切な農法によって不毛となった。そのため、土壌の流出を防止し、生産力を回復させる必要があった。窒素を固定する大豆は土壌を改良する作物とされ、政府は積極的にその生産を支援した。政府は、大豆生産のために農業地域のインフラに巨額の投資を行ない、トラクターと農化学品のメーカーに補助を行ない、大豆の生産性を向上させる研究を支援した。その結果、大豆の生産面積は拡大し、生産性も向上した。

大企業が大豆ビジネスに乗り出したのも、この頃だ。大豆が米国で飼料作物として商業化されるようになって一〇年と少しの後に、多くの企業家たちが、この奇跡の豆の新たな活用法に思いを馳せるようになった。その一人だったヘンリー・フォードは、一九三五年、ディアボーン［ミシガン州。フォードの出生地であり同社の本社がある］にある彼の工場で、会議と宴会を開催した。▼3 大豆でつくられた食べ物だけが振る舞われた宴会の場で、きっちりと仕立てられたスーツを身につけた彼は、「このスーツに触ってみてほしい」と会議参加者に求めた。参加者たちはこれに応じ、スーツの袖を触った。この羽毛のように柔らかい布は、大豆だけでつくられた素材だった。話題がこのスーツの値段に及ぶと、参加者らの賞賛は畏怖に変わった。噂によれば、フォードはこのスーツをつくるために四万ドルの研究費（今の価値に換算すると約五〇万ドル）を費やした。▼4 フォードには大豆に相当の思い入れがあったのだろう。フォード社のある技術者は、こう語っている。

◆黄塵地帯（ダストボウル）　大恐慌の時代、一九三〇年代に、米オクラホマ州とテキサス州にまたがるグレートプレーンズで発生した干ばつと砂あらし。五〇〇万人以上の農民が農地を捨て移住した。

▼3　Windish 1981 : 98/ Windish has the date as 1938, Finlay as 1935.

▼4　Windish 1981 : 31.

図表 6-1 ■ 米国の大豆生産（1924 ～ 40 年）

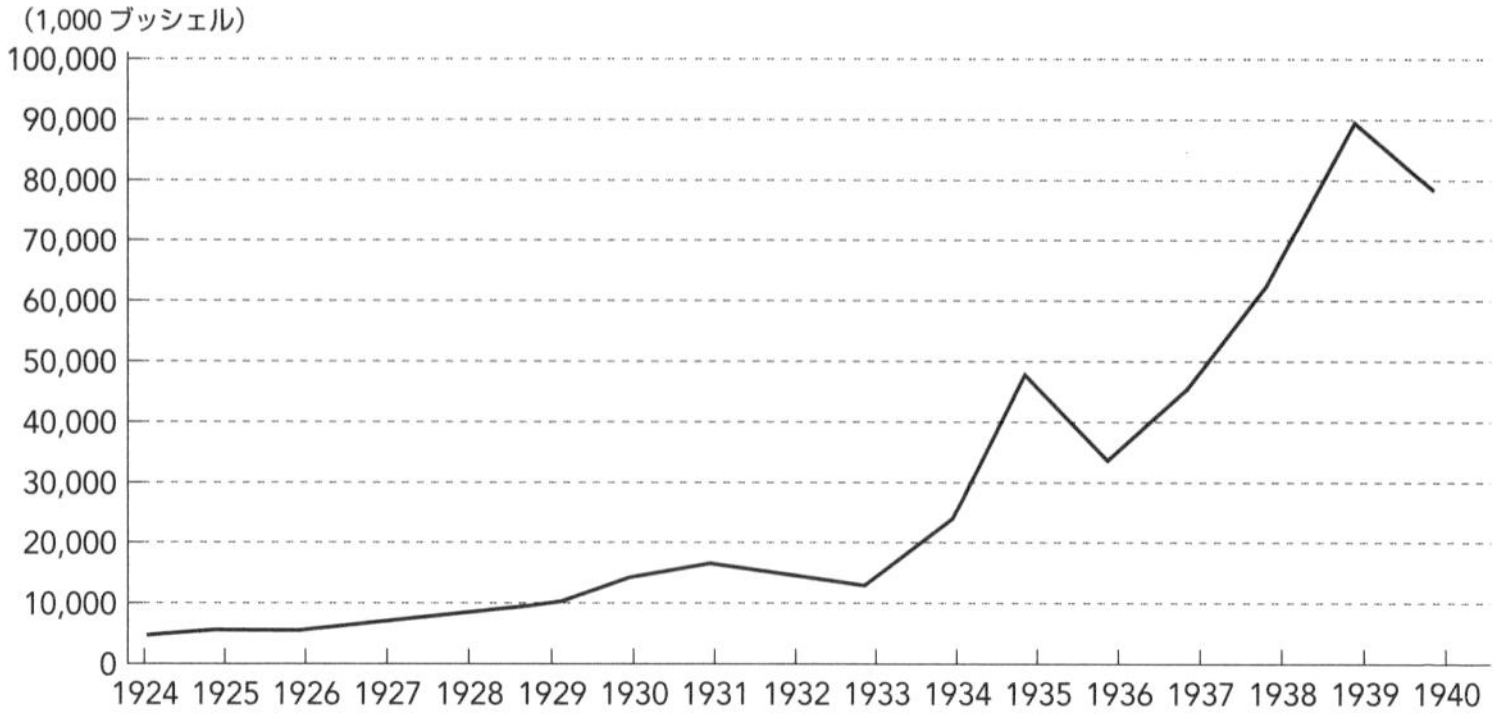

出典：米農務省

「フォード氏は、農場と工場を融合し、農産物をフォードの製品にしたかったのです〔……〕。彼は当時、自動車が農場で『栽培』される日が来ると予言していました。彼は、大豆にその可能性を見たのです[5]」。

フォードが大豆に見た夢は、まったく実現しなかった。大豆で自動車のシャーシをつくることは可能だったが、そのためには表面に刺激臭のある有機ラッカーを塗る必要があった。自動車の中に死体安置所にいるような臭いを漂わせる部品は使えない。だが一九三五年には、フォードのすべての自動車が、製造過程で一ブッシェル（大豆の場合には約二七キログラム）の大豆を使用するようになっていた。ヘンリー・フォードの構想は突拍子がないように思われたが、その後、大豆にはさまざまな用途が生まれている。今では、バイオ・ディーゼルから新聞印刷のインクまで、あらゆるところで使用されるようになった。

他方で、フォードが大豆から機械をつくろうと試行錯誤を繰り返しているあいだに、他の人々は機械による大豆生産を始めていた。たとえばアーチャー・ダニエルズ・ミッドランド（ADM）社は、一九三四年、粉砕した種子からヘキサンを使って油を抽出する次世代の産業加工技術をヨーロッパから導入した。そして一九三九年には、イリノイ州ディケーターで世界最大の大豆油抽出工場を稼働させた。ディケーターは、今も大豆産業のメッカである。

そして戦争が始まり、大豆産業は第二の隆盛期を迎える。大豆油の輸出が大きく増大するという予測の下、一九三九／四〇年に大豆の生産量はピークを迎えた（図表6－1参照）。米政府が、一九四二年に、生産者に一ブッシェルあたり一ドル六〇セントという、戦前の二倍の補助金の支払いを決めたことも、大豆の生産増に拍車をかけた。米国の農民にとって、なかでも大豆生産者にとって、第二次世界大戦がもたらした政治経済環境は、第一次世界大戦当時のそれとは異なるものだった。第一次世界大戦では、国内における主要作物の供給不足を補うために増産が行なわれた。第二次世界大戦では、国内のみならず、海外の連合国に十分な食料を供給するために増産が行なわれたのである。第二次世界大戦後に米国の大豆産業が抱えた問題は、ヨーロッパからの大豆輸入が再開されることではなく、ヨーロッパ諸国や他の世界の国々が、米国の農産物を買ってくれなくなったことだった。この決定的な違いは、両大戦間の時期に、技術集約的な工業的農業と、国内外の政治状況、および作物の生物学的特性という諸条件が変化したことで生じた。米国の農民と農村貧困層は、国内政治の変化において重要な役割を果たした。

この米国の余剰農産物の問題は、ＰＬ４８０号（食料援助法）による食料援助プログラムなどの一連の政策パッケージによって解決がはかられた。余剰大豆については、国際貿易政策で解決する方法が採られた。一九六〇～六一年にかけて行なわれた「関税と貿易に関する一般協定」（ＧＡＴＴ）の「ディロン・ラウンド」において、米政府は自国の大豆を、無関税で欧州市場に輸出する約束を取り付けた。一九六四～

▼5 Windish 1981 : 32.

六七年に開催された次のGATTラウンド（これは当時の米大統領の名をとって「ケネディ・ラウンド」と命名された）でも同様の協約が結ばれ、これにより、EU諸国は穀物生産に特化することとなり、米国は油糧種子の世界市場を独占し続けることとなった。これはまさに独占だった。一九六〇年代の終わりには、米国は世界市場に大豆の九割以上と、大豆油と大豆ミールの四分の三近くを供給するようになっていた。一九六〇年代前半の二つの貿易ラウンド交渉が、米国に世界の大豆市場の一時的な独占支配をもたらしたのである。しかし、それは長くは続かなかった。ケネディ・ラウンドが終結してまもなく、米国の支配は陰りを見せ始め、一〇年と経たぬうちに大豆加工品の最大の供給国の地位を、世界で最も貧困率の高い国の一つ、ブラジルに明け渡したのである。

3……ブラジル政府による大豆ビジネスの育成——「秩序と進歩」のために

あらゆる経済システムは、背後にそのシステムを支えたり、監視したり、維持に努めたり、改革を試みたりする人々を抱えている。米国の大豆の場合、その発展を支えたのは主に男たちであり、農作物の研究者、実業家、農民、怪しげな取引業者、農務省、および、さまざまな分野の企業家たちなどであった。女たちも、まったく関わらなかったわけではない。大豆ブームの一翼を担った女性の一人に、このブームの一〇〇年も前に活躍したエレン・G・ホワイト（ニー・ハーモン）がいる。

一八二七年生まれの彼女は、一八四〇年に、世界が一八四四年一〇月二二日に終焉を迎えると信じていたキリスト教の一派、ミラー派に改宗した。この日が過ぎるとミラー派は分裂したが、ホワイトは霊感を受けた。彼女と夫はその声にしたがい、一八六三年、セブンスデイ・アドベンティスト教団を創設した。ホワイトが伝えたのは、ある種の長寿法に通ずる教えだった。畜肉と乳製品の摂取を止めることである。

図表 6-2 ■ ブラジルの国旗

当時、少々太り気味だった彼女はこの教えを実践し、肉食を止めて細身になり、八七歳まで永らえた。ホワイトは、信者たちにも同様の質素な食生活を勧め、彼らはそれにしたがった。▼6 このようにしてセブンスデイ・アドベンティスト教団は大豆の伝道者となり、米国で豆腐をつくった初めての白人となった。大豆には長い宗教的な歴史があり、それは常に畜肉の代替物とされてきた。一世紀に朝鮮半島に大豆を持ち込んだのは、菜食主義者の仏教僧であり、六世紀に日本に大豆を伝えたのも同じく仏教僧である。だが、最近の大豆信仰には、かつて大豆を広めた宗教の力をしのぐものがある。

ブラジルでは、他の国々でもそうであるように、大豆は家畜の死を防ぐ手段として栽培されている。多くの農地で大豆を栽培することで、家畜の肥育が効率化され、それが畜肉の価格を低下させた。ブラジルで大豆栽培が開始された背景には、今でもブラジル国旗の中央にその印が残されている、一九世紀初頭に起源を持つ宗教の考えがあった。

一八八九年から使用されている現在のブラジル国旗の中央には、「ORDEM E PROGRESSO（秩序と進歩）」というスローガンが記されている（図表6－2）。ブラジルの国家建設に関わった人々がこのスローガンを採用したのは、それが一九世紀に最も成功を収めた宗教的実証主義のスローガンであったからだ。

▼6 コーンフレークの開発者、ジョン・ハーヴィ・ケロッグもその一人。彼の弟ウィル・キースが、兄の発明を販売する朝食シリアル会社ケロッグを立ち上げた。

この新たな教義は、「人類すべての偉大な宗教」を通して、未来への道を切り開き、宗派によらない平等主義の秩序をもたらす精神的な支柱とされた。実証主義社会学の父であるオーギュスト・コントは、フランスにおいて革命後の混乱期に実証主義を広めた。彼は、君主制は良くないという考えを受け入れ、新たなフランス国王などいないほうが世のためだと考えるようになった。だが、彼が構想した未来とは、単なる共和制ではなかった。彼は、人々が賢い選択をするようになれば、すべての宗教は利他主義に還元され、私的財産は廃止され、すべての人が平等に暮らせるようになると考えた。彼は、原始的な部族社会から、近代文明の一つの頂点を極めた一九世紀初頭のフランスにいたる、歴史的な考察からこの考えを導き出した。コントは、ヨーロッパ社会が、神をすべての源と見なす「神学」の段階を超えて、「形而上学の段階」に突入しており、「科学的」終着点に到達する可能性があると推測していた。だが、推論通りになっていないこともあった。私的財産が全人類を友好的とすることを妨げ、代わりに個人主義と貪欲と貧困という諸悪を生み出していた。それに対してコントが主張した解決策とは、革命や私的財産の廃止というような激しいものではなく、社会で私的財産の賢明かつ進歩的な活用に最も長けている銀行家たちにこれを管理させるというものだった。彼は、実証主義者の理想に導かれた銀行家たちの手で、利他主義と平等および公正を基調とする、最も高次なレベルの社会に到達することが可能だと考えたのである。銀行家には、揺るぎない進歩を実現するための必要条件を整えることが期待された。それが「秩序と進歩」の真意である。[7]

これは、歴史の雑学という以上の意味を持っている。コントの考えは、今日、「開発産業」として知られる業界における物事の条理を的確に表わしている。銀行家とコンサルタントたちは、長期的にはすべての人に恩恵がもたらされるという確固たる信念を抱きつつ、短期的には私的財産の管理運営という大きな利害が絡む開発事業の実行において、確かに秩序をもたらしている。だが、その目的と、「低開発国」に対する制限なき介入という面から、「開発」の作法について考えてみることも大切だ。また、コントの主張は、大豆産業を育成したブラジル政府の国家開発計画の力学を説明するにも非常に役に立つ。

第二次世界大戦後、ブラジルは正統派の経済理論にのっとり、国家開発の経済条件に関する当時の支配的な考え方を試験的に導入した。つまり、海外からの輸入に依存していた製品を国内生産で代替するための開発に支出を行ない、国内産業を国際競争から保護するための貿易政策を実施するという、輸入代替産業政策を開始したのである。これは当時、独立間もない南側諸国が、かつての宗主国である欧米諸国にならって早期の産業発展を果たすために、こぞって採用した戦略だった。ブラジルはこの戦略の先駆者を自認していた。一九五六~六一年にブラジル大統領を務めたジュセリーノ・クビチェック・デ・オリヴェイラの言葉を借りれば、国家開発計画は、ヨーロッパ人が持ち込んだプランテーション経済からの脱却を目的としており、ヨーロッパと米国が用心深く阻止してきたブラジルの開発の大きな可能性を切り開くための戦略だったのである。

輸入代替産業とは、その名が示すとおり、政府と都市の銀行によって主導された、主に都市を対象とした産業戦略だった。過疎地だったプラナルト・セントラルにわずか四一ヶ月で建設され、当時「ブラジル合州国」［ブラジルの正式国名は一九六七年まで「The United States of Brazil」だった］と呼ばれた国の近代的な首都ブラジリアは、この政策を象徴する存在だ。「荒れ地」が秩序に基づく近代国家の象徴に生まれ変わったことは、ブラジル国旗のスローガンに実体を与えた。だが、ブラジルの農村地域の状況はかなり違った。終戦直後の数年間、農村の労働者たちは新たな奴隷制度に苦しめられていた。彼らは、債務または伝統的な地主制度によって農地に縛り付けられてい

▼7 Bock 1979 ; Cowen and Shenton 1996.

たのである。彼らは、広大な土地と大量の労働力を必要としていたブラジルの巨大プランテーション産業に大きく貢献していた。一九五〇年の時点で、農業経済に携わる人口の六二％が土地なし農民だった。[8]

しかも、輸入代替戦略の一部も行き詰まった。JKと呼ばれたジュセリーノ・クビチェック大統領は、実証主義に基づく政策を台無しにする暴挙に出た。彼は有権者に対し、「五〇年分の進歩を五年間で」達成すると約束した。だが、彼は、その進歩を実現する手段として、税収や再分配された富、あるいは他の持続的な収入源からの収入を充てるのではなく、単に中央銀行に紙幣を増刷させたため、それが激しいインフレを引き起こし、五〇年分のインフレを五年間で実現したと批判された。ハイパーインフレは有権者にも支持されず、JKは次の選挙で完敗を喫した。そして新たに大統領となったジャニオ・ダ・シルバ・クァドロスも、就任間もない一九六一年に、JKの副大統領を務めたジョアン・ゴラールに大統領の座を譲っている。中道左派のゴラール大統領は、軍部と裕福なエリート層の信頼を得られなかった。就任当時の経済の状況も、手を付けられないほどのひどさであった。

インフレに加え、都市の産業政策が優先され、フードシステムの問題が放置され続けたことが、一九六二年に食料暴動を引き起こした。農村地域では、インフレが貧困層を直撃していた。地代が、賃金の上昇率をはるかに上回る率で急騰した。わずかながら農地を所有していた農村の貧しい労働者たちも農地を失った。巨大なラティフンディア（大農場）は破産状態に陥った小作農を農地から追い出し、さらに規模を拡大していった。こうした状況を受け、一九六〇年代前半を通して農民たちは組合や農民運動、あるいは教会を巻き込んで、広く組織化された。都市でも農村でも、共産主義運動の蜂起を思わせる急進主義の運動が起こり、一度のストライキで二〇万人の労働者に対する譲歩を引き出した成功例も生まれた。この運動は、当初はわずかの譲歩しか引き出せず、ブラジルの農業政策の根幹を変えるには至らなかったが、拡大するラティフンディアを所有、運営しているエリート層を不安に陥れるには十分だった。

パラナ州で、一九六一年、土地が投機の対象とされ、農民が土地から強制退去させられる事態が発生した。これに対して農村では暴動が発生したが、これをゴラール大統領は支持基盤を拡大するチャンスだと考えた。彼は、労働者の賃金を上げる手段として、農村労働法を公布した。だがこの法律では、日雇い労働の条件がわずかに改善されるのがせいぜいだった。農村の人々の大半は、この変化を重要だが非常に小さな勝利にすぎないと考えたが、都市のエリートたちは再分配の拡大に向けた危険な前兆だと捉えた。どちらも正しかった。ゴラールは、一九六四年、不安定化する政権に対して広く支持を取り付けるために、幹線道路や連邦政府のプロジェクト地の周辺で「十分に活用されていない」農地を収用する計画を発表したのである。エリートたちは直ちにこれに反撃した。同年、ゴラール政権はＣＩＡに支援されたクーデターによって転覆され、ゴラールに反対したエリートたちと連携した軍部が独裁政権を発足させた。この軍事政権は、ゴラールを支持した貧困層の支持を得られず、また、ゴラール政権が残した数々の問題を抱え込むこととなった。だが、結果としては、国内の大豆産業が、多くの問題に解決をもたらしたのである。

ブラジルの大豆産業は、一九六〇年代半ばまでは小規模で地味な産業であり、生産される大豆油は国内の食品産業で使用され、大豆ミールは主に鶏の飼料になっていた。大豆がブラジルに初めて紹介されたのは一八二二年だが、[9] 第二次世界大戦の後も、大豆産業に成長の兆しは見られなかった。大豆は役に立たない作物だと考えられていた。料理油としてはココナッツ油やラード（豚脂）が一般的であり、これらが手に入らないときには他の獣脂が使われていた。ブラジルで最初に人が大豆油を口にしたのは、医師からそ

▼8　Frank 1968.
▼9　de Sousa and Busch 1998.

う忠告されたからだった。大豆油から刺激臭を取り除く製油技術もなく、強烈な豆の香りを放つ油を人々が使いたくなかったのは無理もない。今日、アグリビジネス最大手の一つとなっているブンゲ（バンジ）社の前身であるアルゼンチン資本のブンゲ・イ・ボルン社がブラジルに進出してくると、大豆の飼料化を進めたが、その流通も少量かつ国内に留まった。だが通説では、ブラジルが初めて大豆を輸出したのは、リオグランデ・ド・スル州の企業家が、ドイツに三〇〇〇ブッシェル（約八一トン）を輸出した一九三八年とされている。第二次世界大戦によってドイツへの大豆輸出は途絶えたが、戦後に再開され、輸出量は徐々に増えていった。図表６－３を見ると、ブラジルの大豆輸出は一九七〇年代初頭まで低調であり、大豆油と大豆ミールのブームもそれ以降に始まっている。大豆産業は、天候、市場動向、政治選択、共産主義、それに魚という、さまざまな条件がすべて揃って初めて成長することになったのである。

4……一九七三年「大豆危機」——急成長するブラジル大豆産業

一九五〇年代から六〇年代にかけて、米国のＰＬ４８０号（食料援助法）の下で海外に届けられた食料全体に占める割合のなかで、大豆は小麦に次いで多かった。大豆の状況も、他の食料と同様に、一九七〇年代初頭に大きく様変わりした。当時、米国はドルを切り下げたため、他の通貨でより多くのドルが交換できるようになった。このことは、世界市場において米国の輸出品がより競争力を持つようになったことを意味した。同時に、ソ連が国内需要を満たすために原油の増産に踏み切った。世界各国がソ連の原油をドルで購入したため、ソ連はドルを抱え込むことになった。このドルでソ連は、米国からまず小麦を買い、その後、大豆を購入した。その結果、米国の大豆備蓄は底をついた。

だが、大豆の代替物は数多く存在した。大豆油が高くなれば、代わりとなる植物油はいくらでもあり、

図表 6-3 ■ 大豆関連輸出のシェアの推移

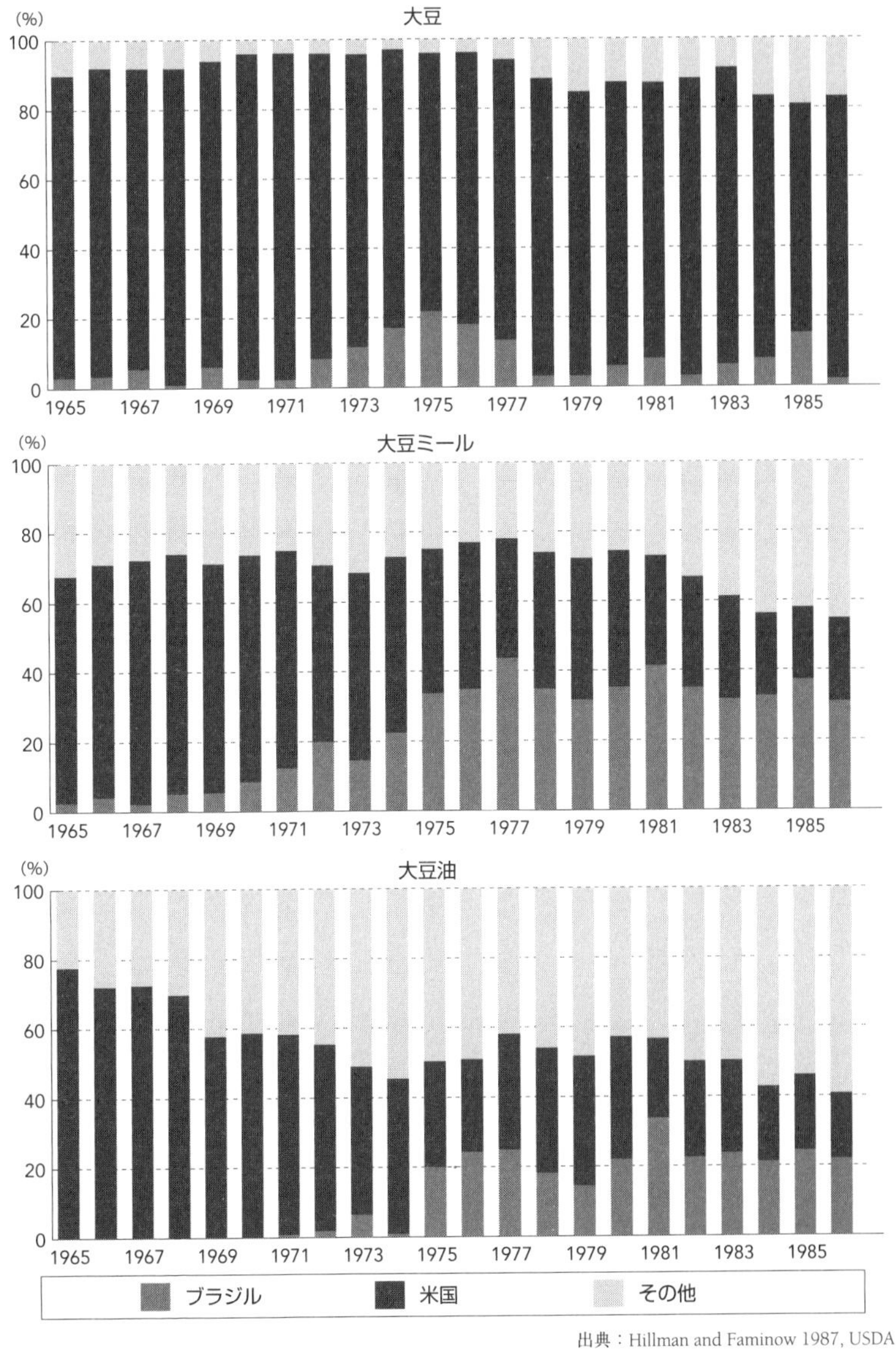

出典：Hillman and Faminow 1987, USDA

図表 6-4 ■ 大豆価格の推移（1ブッシェルあたり）

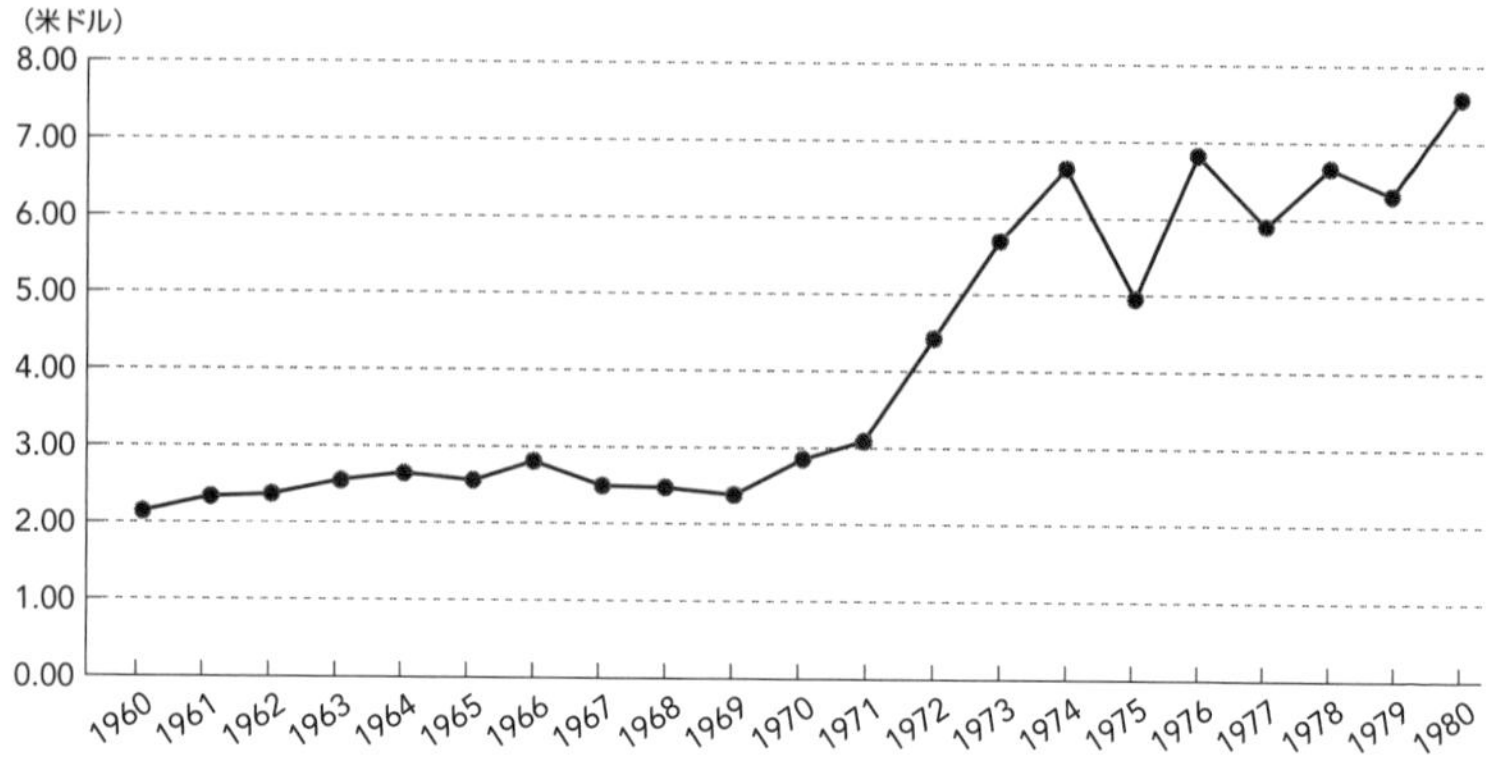

＊この図の数値は、年平均であり、1972 年、大豆価格は 12 ドル／1 ブッシェルまで上昇している。
出典：米農務省、1960 ～ 1980 年

たんぱく質が豊富な飼料として主に西欧諸国と日本で養鶏に使われている大豆ミールは、フィッシュミールで代替が可能だった。ところが、このフィッシュミールの大半がペルー沿岸で獲れるカタクチイワシからつくられており、需要の大きい安価なフィッシュミールのために、ペルーの沿岸では一九七一年までには乱獲が行なわれるようになっていた。これに天候が拍車をかけた。一九七二年から七三年にかけてエルニーニョ・南方振動が発生し、太平洋の赤道付近で海面水温が通常より高い状態が続いたのである。栄養豊富なフンボルト寒流が、温かく栄養の乏しい暖流の下に入り込んでしまったため、栄養が少なくなった海からは魚が姿を消した。

エルニーニョは、少し離れたところでも問題を発生させていた。太平洋沿岸の海水温の変化は、アフリカ中央部の天候をも変化させ、広範囲に干ばつをもたらしたのである。そのせいで、西アフリカではピーナッツがよく実らなかった。ピーナッツ産業は、大豆ミールやフィッシュミールを代替することが可能なピーナッツ油の絞りかすという、たんぱく質が豊富なケーキを産出している。

これは、いくつもの要因が重なった〝パーフェクト・

ストーム〟◆であった。イワシが減ってフィッシュミールが減り、ピーナッツが減って高タンパクの絞りかすが減った。大豆の代替物が手に入らなくなり、代替物がなければ大豆の価格が上昇する。これに、過去二年の大豆の作況が悪かったことで大豆在庫が少なかったという要素が加わった。米国では、大豆の価格が前代未聞のレベルにまで上昇するなか、大豆が不足し、代替するものもない、ということに対する懸念が広がった。図表6－4は、当時の大豆価格の推移を示している。

このような状況と、大豆確保を求める国内の騒ぎを受け、ニクソン大統領は一九七三年六月に大豆の輸出を禁止した。この禁止宣言は数日後には撤回されたが、世界に与えた衝撃は大きかった。特に、米国との長期にわたる貿易交渉で、米国から大豆を輸入することが自国の利益になるという説得を受け入れた欧州諸国と日本は、飼料用のたんぱく質を輸入できなくなる可能性に危惧を抱いた。米国が他国を裏切る行動に出たことで、期待に基づいて変動するのを常とする市場は、確実な取引相手を求めて動き出した。世界は新たな大豆生産国を求め始め、ブラジルはその期待に応えられる状態にあった。

ブラジルで急成長し始めた大豆市場に、最初に投資したのは日本である。日本が、ブラジルから大豆を輸出するための港湾施設や加工施設に出資を行なったことは、ブラジルの国内政策とも合致していた。大豆は、ブラジルの国内的課題の克服に非常に役立つ作物だったのである。ブラジルの軍事政権は、農村の不満を押しとどめるための方法を探し求めていた。それまで政府は、農民運動を武力で制圧することで何とかしのいできたが、より建設的なプログラムが必要であることも痛感していた。大豆の生産を拡大する

◆パーフェクト・ストーム　二〇〇〇年制作のハリウッド映画のタイトル。実話を元にしたノンフィクション小説を映画化したもので、不漁に悩む船長が危険を冒して遠方まで漁に出て大収穫を収めるが、帰路、巨大な嵐「パーフェクト・ストーム」に遭遇する。

図表 6-5 ■ ブラジルにおける大豆生産量と生産面積の推移

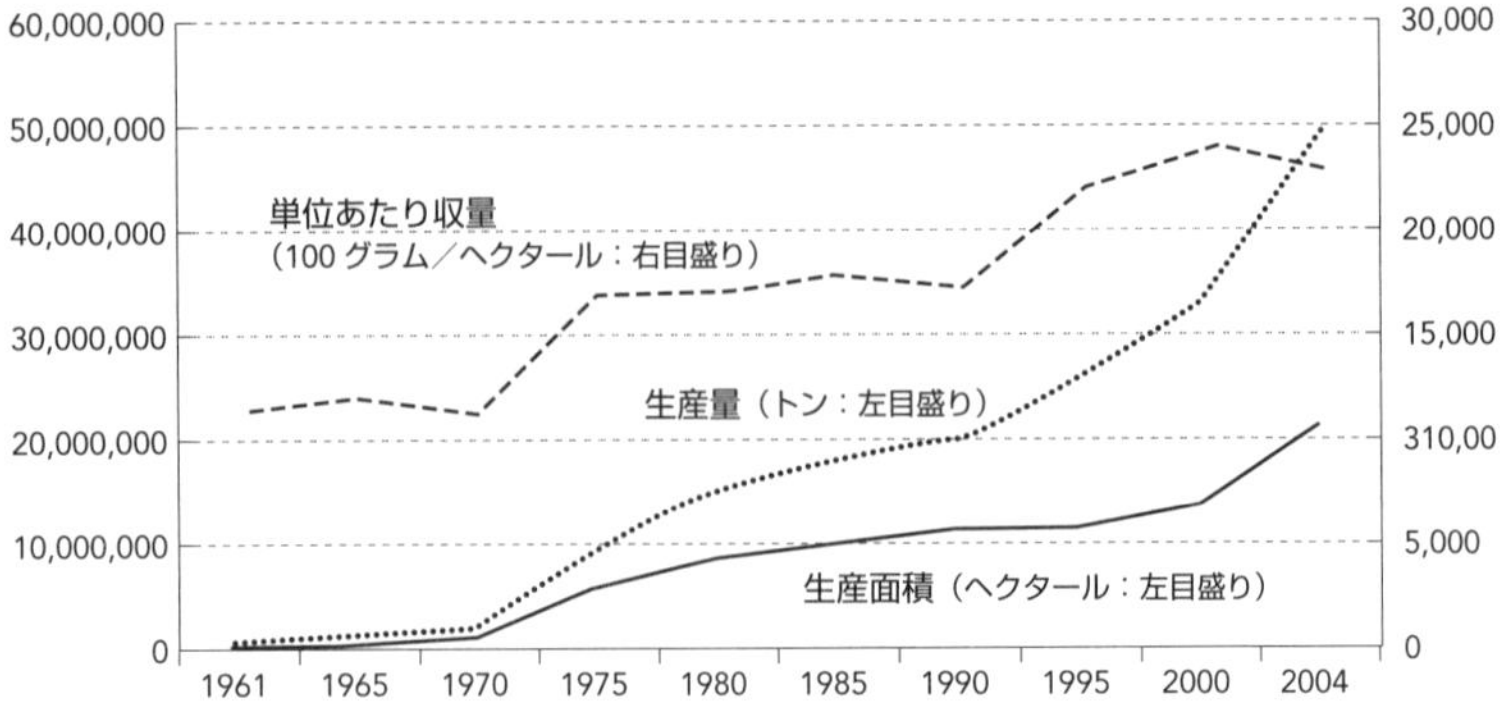

出典：FAOSTAT

ことは、同時に他のさまざまな問題をも解決していくだろうと思われた。一つには、工場労働者の腹を満たすために、都市部に安価な食料を提供する必要があった。そのためには、植物油だけでなくパンも供給する必要があった。大豆は、当初、小麦を栽培しない時期に栽培でき、その栽培が土壌に栄養を補給するため、都市に向けた小麦の増産に役立つとして歓迎された。大豆への転作で、差し迫った対外債務の返済に充てるための外貨が得られることも魅力だった。さらに、国際価格が低迷するコーヒーに代わる輸出作物という重要性も見出された。大豆栽培が農村に雇用を生むことで、反乱が収まるだろうとも期待された。

そして、特にブラジル人にとっては、大豆産業の隆盛が農地の拡大をもたらすだろうことは福音であった。ブラジルは一億七五〇〇万人の人口を抱える今も、非常に国土面積が大きいがゆえに世界有数の人口密度の低い国である。ブラジルの発展は、常に新しい土地を征服し、「土地を持たない人に、人のいない土地を」提供することと結びついてきた。古くから穀物栽培の中心地であったリオグランデ・ド・スル州から、北の中央高原に農業地域を拡大することは、国家の開発において重要な課題とされてきた。

政治・経済・社会・生物学など、多分野にまたがる多様な理由を背景に、軍事独裁政権と後の文民政権は大豆産業を支援し、農地の拡大や加工工場の建設、および流通・輸出インフラへの支出を行なったほか、生産者価格の支持をした。また、加工工場に対してマイナス金利の融資が用意された。一九七七年には、ブラジルの大豆加工キャパシティは国内供給量を上回り、足りない分は周辺国から輸入されるようになり、米国からの輸入さえ行なわれた。一九七九年には、ブラジルの大豆生産は世界全体の一八%を占めるまでとなった。この数値は、わずか一五年前には二%にすぎなかった（図表6－5参照）。ブラジルで粉砕される大豆の量は、一九七〇年には一〇〇〇トン以下だったが、一九九五年には二〇〇〇万トン弱にまで増加している。[10]

一九八〇年代から九〇年代にかけて、米国の大学などが開発した栽培法によって大豆の適作地が広がり、同時に、国際市場の大豆需要が高まったことで、ブラジルでは低緯度地域でも大豆が栽培されるようになった。一九八八年には、国内の大豆産業を支援することが債務返済のための融資条件から外されたため、政府からの補助はなくなった。だが、すでにブラジルの通貨レアルの下落を受けて、ＡＤＭやカーギル、ブンゲなどの海外の多国籍企業が、国家の支援を受けてきた大豆産業に巨額の出資を行なうようになっていた。これら多国籍企業は、ブラジルを拠点にして世界の大豆市場の征服に乗り出していたのである。ブラジル政府は、これらのグローバル企業を支援するために、大胆な農業貿易自由化プログラムを実施した。その一つが、ブラジル、アルゼンチン、パラグアイ、ウルグアイの間で締結された地域貿易協定（アスンシオン協定）によって発足した「メルコスール」（南米南部共同市場）である。ブラジルは、新設された世

▼10 Warnken 1999.

図表 6-6 ■ 政府のマーケティング・ローン（価格支持融資制度）を受けて生産されている大豆の割合

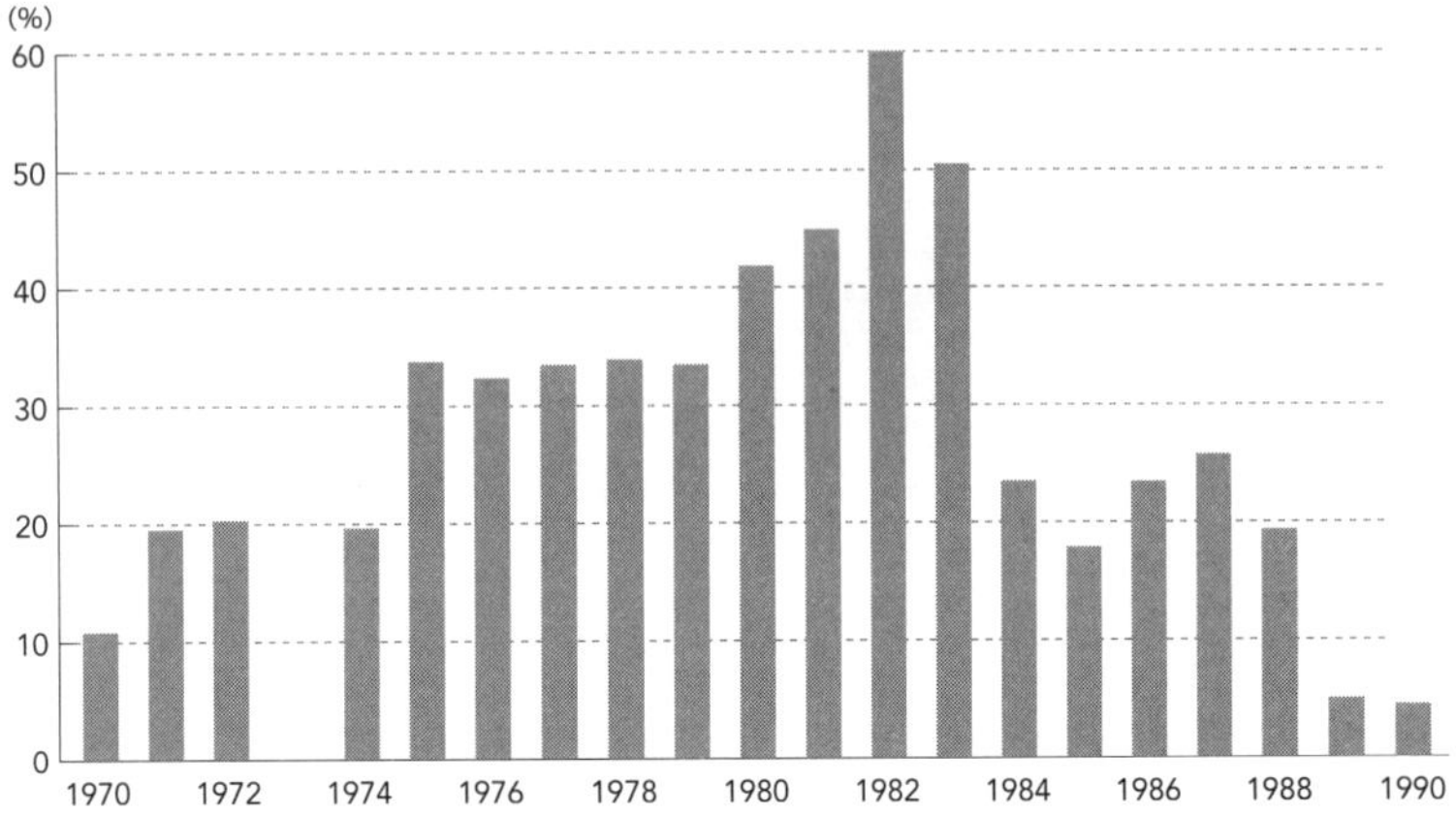

出典：Warnken 1999.

界貿易機関（ＷＴＯ）においても、「ケアンズ・グループ」と呼ばれる農業輸出国グループに属している。ケアンズ・グループは、加盟国の農産物輸出を拡大するために、ＥＵと米国の閉鎖的な市場を開放するよう強硬に迫っている。だが、ブラジルが自由貿易を主張できるのは、それ以前に巨額の公共投資と保護を与えて大豆産業を育成してきたからなのである（図表６－６参照）。同国の大豆産業の行く末は、公共の資金がつぎ込まれてきた大豆産業を金融危機に乗じて格安で買収した多国籍企業が握っている。これら企業は今、自社の利益を守ることがブラジルの国益であるかのように主張している。

ブラジルの大豆産業は、最近起きた二つの事象によって、さらに勢いづいている。その一つは、狂牛病の出現である。イギリスにおける畜牛の死と殺処分のショックから、動物の血や脳の断片を与えられた牛ではなく、植物性の飼料で育った牛に対する需要が急増した。大豆飼料は、この需要に応えるものだった。もう一つは、一九七〇年代に日本がブラジルの大豆生産に関わったように、中国が急成長する国内経済と食肉需要を満たすために、米国以外の大豆供給国を探し求めるようになったことである。中国は、現在、世界最大の大豆輸入国であり、二〇〇三年の時点で四〇億ドルを上回る規模で大豆を輸入している。[11] 中国のブラジル進出の第一段階は、生産や輸送のためのインフラではなく、金融インフラの開発に出資を行なうことだった。この出資によって、今や中国は、世界最大の大豆取引市場であるシカゴ穀物市場を迂回して、ブラジルにおいて直接に大豆の先物商品を買うことができるようになった。次に中国は、大豆輸出のためのインフラ整備にも投資するようになった。だがブラジル側は、今後二〇年間で中国からの投資を精算したいと考えている。そして、ブラジルと中国の連携を主導する人物として、ブラジルの大豆に関するニュースには必ず登場する名前がある。

5……ブラジル大豆の未来を握る男——ブライロ・マギー

ある一人の男が、ブラジルのアグリビジネスの未来を握るようになった。地元では「大豆王」として知られるブライロ・マギーである。

彼は、個人としては世界最大の大豆生産者である。[12] 彼と家族が所有する帝国は三五万ヘクタールに及び、その半分で大豆生産が行なわれているが、その面積は二〇一〇年までに三倍にまで拡大される予定である。[13] 彼の農地の大部分は、近年の大豆ブームの中心地であるマトグロッソ州にある。ブラジルでは一九九五年から二〇〇四年の間に大豆の生産量が七七％増加しており、マトグロッソ州が同国最大の大豆生産州にな

▼11 Folha Online 2004.
▼12 Mccarthy 2005 ; Lloyd's List 2005.
▼13 Diaz 2004b ; Mccarthy and Buncombe 2005.

図表 6-7 ■ ブラジルと米国の大豆生産コストの比較

	1エーカーあたりのコスト（US$）		1ブッシェルあたりのコスト（US$）	
土地以外のコスト	米アイオア州	マトグロッソ州	米アイオア州	マトグロッソ州
種子	21.00	11.00	0.42	0.20
肥料と石灰	25.00	70.00	0.50	1.27
除草剤と殺虫剤	30.00	36.00	0.60	0.65
労働	14.00	5.00	0.28	0.09
機械類	34.00	29.00	0.68	0.53
その他	15.00	16.00	0.30	0.29
土地以外のコストの合計	139.00	167.00	2.78	3.03
土地のコスト	140.00	23.00	2.80	0.42
全コストの合計	279.00	190.00	5.58	3.45
1エーカーあたりの収量	50	55		

出典：Baumel et al. 2000

ったのもこの期間である。[14] マギーは、大豆種子の販売から、水供給・輸送・土木まで、あらゆる関連産業と連携している。彼は、二〇〇三年にマトグロッソ州の知事に選出されたが、それは彼の政治的影響力によるものではなく、彼が農民であったためである。マギーは、他の誰よりもはるかに広大な農地を所有してはいても、都市の産業セクターに対する農民たちの懸念を歯切れ良く代弁することには長けていた。物腰やわらかで愛想の良いマギーは、ブラジルの大豆輸出産業の利益を精力的に代弁してきた。最大のライバルである米国に対して集中攻撃を展開したのも一度や二度ではない。

「ここでは、米国の農民が価格支持に依存していることに不満を抱いている者も多い〔……〕。米国の農民は、市場が低調でも生産を続ける。そのせいで、価格はさらに下がるが、彼らには痛くもかゆくもない」[15]。

米国の大豆生産者に対するマギーのメッセージは明確だ。

「大豆の生産を止め、トウモロコシなどの他の作物を生産しなさい。大豆の世界需要に応えるのは、私たちに任せておきなさい[16]」。

米国の大豆生産者のなかには、マギーの忠告にしたがった者もいる。米国のいくつもの大豆生産者組合が、ブラジルまでやってきて土地を買い、そこで大豆生産を試みている。それには理由がある。農薬のコストは米国内の方が安いが、労働と土地のコストはマトグロッソ州の方がはるかに安いうえに、単位あたりの収穫量は、ブラジルで生産した方が多いのである（図表6－7参照）。

このように労働と土地、および資本のコストを勘案した結果として、現場では大きな変化が起きている。たとえば、ブラジルの土地が安いことで、同国では大豆プランテーションが際限なく広がりつつある。セラード◆の耕作地の六〇％を一〇〇〇ヘクタール超の農園が占めている[17]。農地は、通常、森林を切り開いて開発される。

マギーが知事になって最初の一年間に、マトグロッソ州では、森林破壊のペースが二倍以上になった。それに対するマギーの反応は、以下の通りだ。

森林の破壊が四〇％増えたって、私は気にしない。私たちがここでしていることに良心の呵責など

▼14　Mccarthy 2005.
▼15　Diaz 2004a.
▼16　Thompson 2003.
◆セラード　ブラジル国土の二三％を占める半乾燥地（熱帯サバンナ）。
▼17　Warnken 1999 : 35 cited in Cassel and Patel 2003 : 26.

まったく感じない。ここには、ヨーロッパ全土よりも広大な土地が、まったく手つかずのまま残されているのだ。心配することなど何もない。[18]

この発言に憤慨するのは当然だが、その前に、ブラジルの大豆産業が主張する三つの点について検討してみよう。まず、彼の発言から、多くの人は、アマゾンの森林が破壊された後の終末的な光景を思い浮かべるだろう。だが、マトグロッソ州の大部分は森林ではなく、セラードと呼ばれる木がまばらに生える草原地帯である。二つめに、セラードを最初に開拓するのは大豆生産者ではないことが多い。未開拓地域に最初に手を付けるのは、歴史的に見ても森林伐採業者たちであり、これに牧畜業者が続く。大豆生産者のほとんどは、木が伐採され、家畜が放牧された後の土地に入植する。三つめに、北米とヨーロッパでは、すでに森林が破壊されつくしており、残されたわずかな森林を国立公園あるいは野生生物保護区として囲い込んでいる。ブラジルの開発を批判している北側諸国も、国家開発という点では決して道徳的とは言えないのである。

だが、この三つの論点には反論もある。まず、自然破壊を懸念するときに、破壊されようとしている自然がどのようなものであるか、という点で、非現実的な美化は慎むべきだ。セラードは乾燥した、どこにでもあるような草原に見えるため、熱帯雨林ほど魅力的ではないかもしれない。だが、そこには重要な生態系が築かれており、その一部はすでに大豆の単一栽培地に変えられてしまった。セラードはまた、地下に世界最大の淡水帯水層を擁しているが、大豆生産のためにこの地下水が持続不可能なペースで汲み上げられている。さらに、セラードはアマゾンと境界を接しており、最近の報告は、開発がセラードからアマゾン地域に侵入する例が増えており、その影響範囲も非常に広いと指摘している。[19]

二つめへの反論として、大豆生産者が直接に森林を破壊する例は少ないものの、彼らは単に牧畜業者の残した土地に入植しているのではなく、牧畜業者を森林に追いやって大豆耕作地を確保している。大豆生産者たちは、牧畜業者のすぐ後に土地に入植してくるだけでなく、道路網を整備することで未開の森林への侵入を容易にしている。しかも最近は、牧畜業者や伐採業者による開拓を待たずに、自ら未開の土地を開墾しても十分に採算が合うことに気づき、これを実践する大豆生産者が増えている。

そして三つめへの反論として、北側諸国が環境政策について他国に指図できるような立場にないのは事実だとしても、さらなる森林破壊を正当化する理由にはならない。そうではなく、原状回復の費用を北側諸国に負担させつつ、世界中の国々が環境政策を改善していく道こそ追求されるべきなのである。それに加え、アマゾン地域にまで大豆耕作地が広がることが国家開発政策と矛盾していないように見えたとしても、国全体が大豆ブームの恩恵を受けているのかと言えば、そうとは言い切れない[20]。そうした視点から、大豆の奇跡の恩恵について詳しく見ていくのは重要である。「秩序と進歩」という国家神話は、ある程度一般化することが可能だ。「ブラジルは農業輸出大国になった」という言葉に嘘はないが、それがブラジル人の大部分が、この国家の地位の向上から恩恵を受けているという暗黙の了解をともなっているとしたら、その部分は嘘になる。大豆畑に浸食されつつある地域に暮らす、アマゾンの先住民族メイナク族の広報係は、最近発表した声明文のなかで、大豆産業の恩恵を受けているのは、ひと握りの人々にすぎないと

▼18 Mccarhy and Buncombe 2005.
▼19 Greenpeace International 2006.
▼20 統計値にも疑問の余地がある。ブラジル政府は、アマゾン地域の一六%が開発されたと主張しているが、最近行なわれた調査は、開発地域はアマゾンの五〇%近くに上ると指摘している。そうしたミスは、他の統計値にも十分あり得る（Hay 2004, より最近の調査は Barreto et al.2005)。

いう意見を表明した。

私たちが暮らすマトグロッソ州の知事は、大豆を栽培している。彼は大豆を生産するために、私たちから居住地の半分を取り上げようとしている。私は、この白人が何を考えているのかがわかるようになってきた。私の理解では、私たち先住民族は白人を尊重しているが、彼らは私たちを尊重していない。私たちの土地に来ても、見えるのは森林だけだ。手つかずの森林である。私たちは、この森林と川を守るために、警戒態勢を敷くことにした。彼らはボートに乗って川を下り、ゴミを投げ捨て、魚を獲る。しかし、私たちは白人の物を奪ったりはしない。フナイ〔国立先住民保護財団〕には、私たちの土地を守る責任がある。かつてアマゾンは、私たちの土地だった。だが今、すべては失われた。樹木は失われ、蜂蜜がいっぱいの蜂の巣もなく、鷹もいない。バクも猿もいなくなった。死んでしまったか、逃げてしまったのだ。ここにはまったく動物がいない。プレト川もひどく荒らされてしまった。魚はまったくおらず、川は汚染されている。牧畜業者のせいで、この土地は醜いところになってしまった。あんなに大勢の牧畜業者がこの土地にやってくることなど知らなかった。私たちはトラクターも知らなかったし、木を切り倒すチェーンソーも知らなかった。牛だって見たことがなかった。ところが私たちの土地に都市から人が押し寄せ、病気をもたらし、川を汚染し、鳥や動物を追い出した。ここには五年前、誰もいなかった。今は、次々とたくさんの人がやってくる。次々に牧場がつくられている。私たちは肉を食べないので、牛に興味がない。だから、牧場は私たちには何の役にも立たないし、牧場とは無関係でありたいのだ。[21]

大豆の最大の被害者は先住民族だが、被害を受けているのは彼らだけではない。実際、農業の急成長は常に格差を生み出してきたし、モノがあふれる社会において、農村に暮らす有色人種はずっと極度の貧困に苦しめられてきた。[22] 土地を所有している幸運な人々（たいていは大地主）か、有力政治家とのコネを持つ人々はいい思いをしてきた。しかし、農村で農作業を担っている人々がその恩恵に与ることはなかった。やはり劣悪な労働環境で知られるサトウキビ産業や牧畜業と比べると、大豆産業の労働者の数は少ない。だがこの産業でも、仕事があっても賃金は低く、農地で働く季節労働者と経営者の格差は一九九〇年代を通じて拡大し続けている。[23]

格差が拡大している一因として、他の雇用機会がほとんどないために、労働者には大豆産業で働く以外に選択肢がないという問題がある。だが、賃金が低く抑えられ続けてきたもう一つの原因は、最近になってようやく認識されるようになった慢性的な問題、奴隷問題である。図表6－8の通り、政府による農場査察の件数はあまり増えていないにもかかわらず、奴隷状態で発見される労働者の数はうなぎ上りに増えている。ブラジル政府労働省の奴隷撲滅キャンペーンを率いるマルセロ・カンポスは、こう述べている。「奴隷が合法だった時代には、奴隷は所有物であり財産なので、主人が面倒を見ました。所有者は、奴隷が死なないよう、食料と住むところを与えていました。しかし、現代の奴隷を気にかける地主はいません。地主は、彼らをまるで使い捨てのカミソリのように、完全に一時的な所有物として利用しているのです」[24]。国際労働機関（ＩＬＯ）は、ブラジルで奴隷状態にある労働者の数を二万五〇〇〇人から四万人の間と

▼21 Kamalurre Mehinaku 2006.
▼22 Cassel and Patel 2003, passim.
▼23 Ibid.
▼24 Hall 2004.

図表 6-8 ■ ブラジルにおける農場査察の件数と奴隷状態から解放された労働者の数の推移

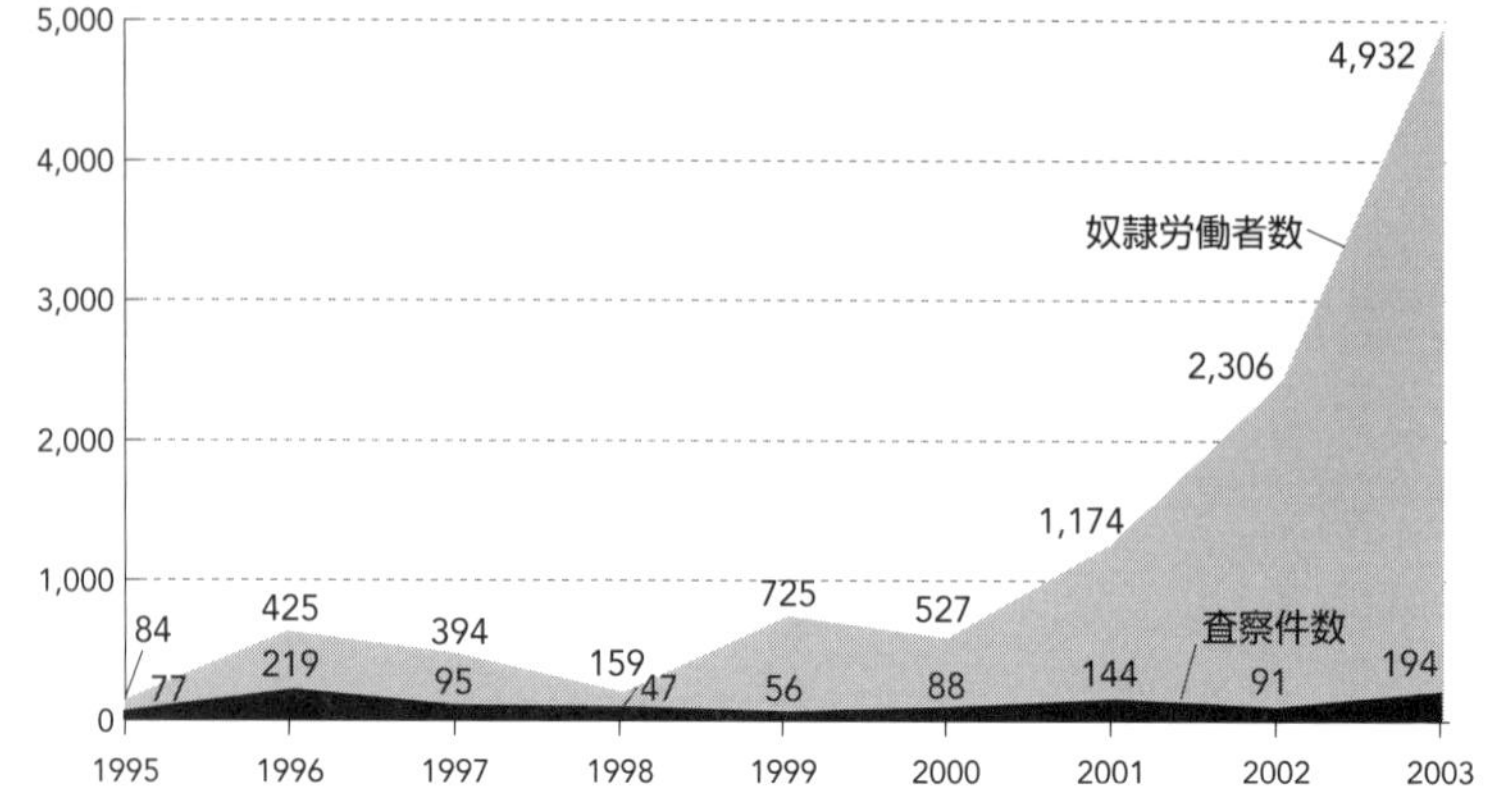

出典：ILO　2005

推測しているが、他のいくつかの推計にはこの数を五万人としているものもある。奴隷に関する調査をしただけで暴力を振るわれる可能性があるので、正確な人数を知るのは難しい。たとえば二〇〇四年には、労働省の職員数名と運転手がミナス・ジェライス州で農場査察の最中に殺害されている。一万七〇〇〇ドルを払って殺害を依頼した農民は、奴隷を使用していたとして政府に七〇万ドルの賠償金を請求されていた。[▼25] 奴隷使用によって有罪判決を受けた農場主から農園を没収する法律が提案されているが、農村の地主たちはこれに強硬に反対している。[▼26] 大豆産業における奴隷の使用は、サトウキビ産業やバイオ燃料産業の場合ほどひどくはないものの、森林破壊を助長し、賃金水準を抑制し、さらには知事の名誉を傷つけるなど、さまざまなマイナス効果をもたらしている。マギーは自社の操業が「完全に合法的に」行なわれていると主張しているが、[▼27] ＩＬＯは、二〇〇五年、マギーが奴隷労働を使用していた二つの農場から大豆を購入していたことを突き止めた。マギーは、この事実を当時は知らなかったと主張した。同国の「土地なし農村労働者運動」（ＭＳＴ）の広報担当者が以下のような宣言を発表したのは、これを受けてのことだった。

「大量に輸出されているブラジルの大豆が、強制労働、無報酬の労働によって生産されていることを広く知らせよう。ブラジルから大豆を購入している国々に、この事実を知ってもらいたい」[28]。だが実際には、ほとんどの人が、大豆プランテーションにおける奴隷労働のことなどまったく知らないし、それどころか、私たちの大部分は大豆を食べていることさえ気づいていないのである。

6……ブラジル農民と米国農民の相互不信

ブライロ・マギーのことを、経済開発を進める勇敢なニューフェイスと見るか、漫画の悪役のように見るかは、人それぞれだろう。新自由主義を信奉する人々にとって、マギーはブラジルの未来そのものだ。環境保護主義者たちにとって、彼はアグリビジネスの最悪な部分を代表する存在となった。そして米国の大豆生産者には、彼は不公平な競争を強いる新参者である。ブライロ・マギーの国際的な評価にはさまざまな利害が絡んでいるため、多くの人々が、彼に対する自らの評価を裏打ちする情報を提供したがっている。たとえば奴隷労働についてのニュースは、米国とブラジルの農民の間の相互不信に拍車をかけた。このような見解をめぐる論争がなぜ起きるのか、ということを理解させてくれる論考はほとんど見あたらない。そうした数少ない視点を提示しているのは、全米家族農家連合（ＮＦＦＣ）で働くエミリー・ペイン

▼25 SAPA/AFP 2004.
▼26 LLO 2004 : 16.
▼27 *The Economist* 2005.
▼28 SAPA/AFP 2004.

である。彼女は大豆農家であり、大学の修士課程の学生であり、ミュージシャンでもある。エミリーはテネシーで生まれ育ったが、今はパートナーとニューヨーク州北部で四〇〇エーカー（約一六〇ヘクタール）の農地を耕し、有機大豆、オート麦、スペルト小麦、豆類、コラード（ケールの一種）をつくり、風変わりな鶏を数羽飼っている。彼女は「世界最大の大豆生産国である米国の農民が、競争に負けるのではないかと懸念している」ため、ブラジルにやってきたのだという。彼女はこう続けた。

米国の農民は、ブラジルは第三世界の国であり、ルールなど存在しないところだと考えています。彼らが想像しているのは、マキラドーラの農場バージョンです。実際に、多くの農民が労働者を搾取していることは間違いないし、森林の破壊を気にとめていない農民も確かにいます。私が、マトグロッソ州北部のへんぴな町で生産を始めた最初の年に、トラクターで農地を耕していると、ある農民が森を指さし、目を輝かせて言いました。「五年後には、あそこもすべて大豆畑になるんだ」と。

つまり、戦線は国境を越えて各地に点在し、ブラジルの大豆生産者は環境に無頓着な騎士といったところなのだろうか。いや、そうでもない。

私は、米国の農民がまるでミルクと蜂蜜の国に暮らしているかのように、米国の農民の所得について話し合っていた会合にも参加しました。私はその会合で立ち上がって、米国の農民も彼らと同じで、コストを引き下げる圧力に直面しているのだということを話さねばなりませんでした。そして私がどこから来たのかを知ると、非常にたくさんの農民が、私にこう言ったのです。米国に戻っても、私たちがアマゾンの森林を切り倒しているとは言わないでくれ、私たちはそんなことをしていないのだから、と。私が話をした大豆生産者の多くが、私たちと同じように農地を大切にしており、子どもに何かを残してやらねばならないと思っている家族農家でした。

パナマ運河を挟んだ北と南の両側で生じている誤解は、意図的であるように見える。米国の農民は、すべてのブラジル人が、社会問題と環境問題に無関心で、奴隷を使用していると簡単に信じ込み、ブラジルの農民は、米国の農民が税金を大量に注ぎ込まれていると信じ込んでいる。このような乱暴な一般化が、双方で生じている例はたくさんある。マギーが環境運動の悪い想像をかき立てる役割を果たしていることはすでに記した。米国の中西部とグレートプレーンズで発行されている農業雑誌は、マギーについて取り上げ、ブラジルがもたらす破滅を予言する記事を数え切れないほど掲載している。ブラジル側でも、同じようなことが起きている。ブラジルの農民には、米国の農民の一部が政府のおかげでとても裕福になっていると信じるに足る根拠がある。ブラジルの場合と同様に、米国の選挙政治の制度は、さまざまな利害を調整する役割を果たしている。利害関係者たちは、それぞれに大勢のロビイストを雇っており、マギーが知事であると同時に大豆輸出業者であるように、米国でも農務省の長官には昔からアグリビジネス関係者が就任することが多い。二〇〇一〜〇五年に農務長官を務めたアン・ベネマンは、ドール・フーズ社の顧問弁護士を務めていた過去があり、カルジーン社の役員を務めたこともある。カルジーン社は、遺伝子組み換え作物の野外実験の実施を最初に許可された企業である。これでは、ロッキード・マーティン社のCEOを国防長官に据えるのとなんら変わりはない。

企業が貿易自由化と減税を要求していることは明らかであり、アグリビジネスはその急先鋒である。米国とブラジルの双方でロビイングを展開しているアグリビジネスは、その実力以上に大きな影響力を行使している。それがなぜ可能かと言えば、米国の選挙政治の構造が非民主的であるためである。農業が盛んな州は人口が少ないが、より人口の多い州と同じ数だけ上院議員と選挙人（大統領を選出する代理人）を選出することができる。ブラジルから見れば、一八〇〇億ドルの支出をともなう二〇〇二年の米農業法が冷笑の的となった理由は明らかである。

だが、農業法の裏には不平等が存在する。その前の一九九六年の農業法（連邦農業改善改革法）の下で、一部の裕福な農民と企業は、大多数の農民よりも多くの補助金を受け取った。[29] 一九九六年から二〇〇〇年の間に、インターナショナル・ペーパー社、ウェストヴァコ社、シェブロン社、およびデュポン社の四社は、合わせて一〇〇万ドルの補助金を支給されたが、支給額の少ない下位八〇％の受給者が受け取った補助金の額は、毎年平均で一二〇〇ドル、五年間で六〇〇〇ドルにすぎなかった。新しい農業補助金制度も富裕層を偏重している点はなんら変わりない。ロビイストたちは、年間受給額の上限を二五万ドルに引き上げることに成功し、もし農業プログラムの予算を削減しなければならない事態が生じたとしても、変わりに連邦政府の環境予算や福祉予算を削減すればよいと提案したのである。

エミリー・ペインは、「それが、私がここにやってきた理由です」と続けた。

農民たちが相互理解を深める必要があるということだけが理由ではありません。農民たちは、互いに競争させられている理由について知る必要があります。私がこのことに気づいたのは、カーギル社が米国で最大の大豆輸出業者であるだけでなく、ブラジルでも最大の大豆輸出業者である事実を知ったからです。それなら、貿易ルールをめぐる争いは何のために行なわれているのでしょうか？　農民たちは、輸出できる商品作物を生産しているすべての国のすべての生産者が、同じ企業に搾取されているという現実を理解する必要があります。彼らを搾取しているのは、すべて同じ巨大商社、巨大加工会社、巨大小売企業なのです。そして、問題の根本は、ある国の補助金でも、他の国の環境破壊でもなく、グローバル化した農業経済における企業システムにあるということを知らねばなりません。

確かに、ブラジルの大豆流通プロセスでも、グローバル化した農業経済における企業システムの存在は随所で実感される。また、企業間の関係は非常に良好であるように見える。大豆は、実際、大量に輸送されている。マトグロッソ州の大豆生産地域の中央を貫く、タールの染み込んだ幹線道路には、積載量オーバーのトラックが轟音を上げて行き交っている。その音と臭いは、ブラジルの近代的な未来を象徴している。より大きなロンドノポリスなどの都市では、周辺には農業地帯が広がっているにもかかわらず、生の果実や生鮮野菜を見つけることは困難だ。大豆輸送ルート周辺の小さな町で生の果実を見つけるのは、もっと難しいことがわかった。大豆輸送道路の両脇には、焼け焦げたような草が生えているだけである。ところどころに点在するレストランやホテルが、ラブホテルも含めて、トラック運転手たちに一晩の宿にありつく機会を与えている。鉄道インフラは古く、ガタがきており、中国からの投資を待っている状態だ。そのため、現段階では大豆はトラックで輸送されている。これらトラックは、運転手が港に向かう途中で道路脇のホテルに長居しすぎることがないよう衛星からの監視を受けている。これが、大豆産業が推進している農村開発なのである。港の状況も似たり寄ったりである。

ブラジルの代表的な大豆輸出港の一つは、パラナグアにある。この街は、二つのまったく異なる顔を持っている。半島の片側は、山に囲まれ、漁村が点在する、入り組んだ入り江が美しいバイア・デ・パラナグアである。その反対側には、巨大な農業輸出用の港湾施設があり、最新鋭の輸送船が横付けされている。

▼29 *Farm Subsidies Database*, Environmental Working Group, Online at http://www.ewg.org/farm/

図表 6-9 ■ ブラジルからヨーロッパに輸出される大豆飼料のボトルネック

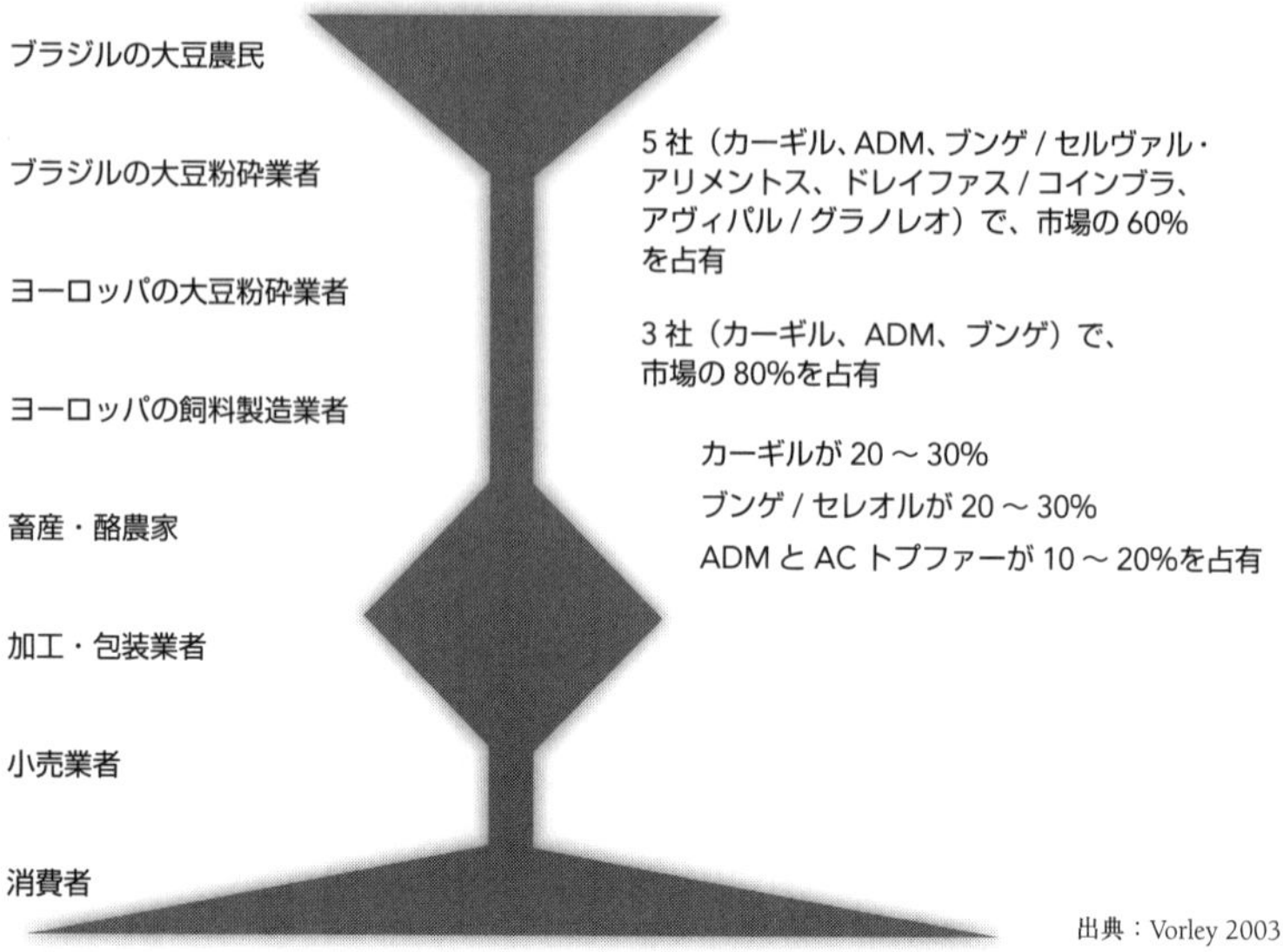

出典：Vorley 2003

港の裏には、トラックの運転手や船の乗組員たちが立ち寄るストリップ小屋がある。セックス・ワーカーの増加は、それにともなう女性に対する暴力や人身売買、健康被害とともに、自然資源を扱う産業には常について回る問題だ。特に、貧困地域を移動する男たちを多数雇用している産業において、この問題は深刻である。大豆産業の進出は、静かだった街をバーバリー・コースト◆に変えてしまう。パラナグアも例外ではなく、ストリップ・バーは、カーギルやブンゲ、ADMなど米国の巨大農業輸出企業の事務所から四ブロック離れたところに軒を並べていた。これらの企業が大豆ブームの勝者であることは間違いない。カーギルとADMはブラジルで生産される大豆の六〇％に出資しており、ブラジルから輸出した大豆を加工する欧州の工場すべての四分の三を所有している[30]（図表6－9）。さらにカーギルは、他社に先んじて、大豆輸出を容易にするために、熱帯雨林地域に違法の港湾施設を建設している。だが、他社も負けてはいない。また、各社は競合関係にあるが協力しあうこともある。

通常、パラナグアの港はたくさんの船で賑わっている。ところが二〇〇五年の半ばに、一隻も船が停泊していない時期があった。その数ヶ月前に、パラナ州が遺伝子組み換え大豆の栽培と輸送を禁じる政策を実施したためである。輸出産業は、州政府に報復するために、一斉に輸送拠点をポルト・デ・サントスに移した。ポルト・デ・サントスを管轄するサンパウロ州は、そのような政策を実施していなかった。これは、パラナ州に禁止令を撤回させるために、いつもは競合関係にある巨大農業輸出企業が手を結んだ例だが、そのやり方は通常とは少し違っていた[▼31]。ブラジルでは、アグリビジネスが連携する際には、他業種と垂直的な関係を結ぶ。たとえば、大豆貿易を行なっているカーギルなら、大豆の種子を生産しているモンサントと手を組むことで、大豆の生産から輸出までのプロセス全体の支配が可能となる。コナグラとノバルティスがＡＤＭと提携する場合も同様だ。輸出業者同士が一致団結したパラナグアのケースは、遺伝子組み換え作物に対する州政府の禁止措置が、彼らのビジネスにとって相当の脅威であると認識された結果であろう。このように、労働者たちに比べれば、企業は比較的容易に「ストライキ」を実施することができ、そのことに対して非難を受けることもない。労働者がストライキを実行すれば、開発や社会、国家、および未来を脅かしたと非難される。ＡＤＭとカーギル、およびブンゲがパラナ州をボイコットしても、それは単に市場が発したメッセージと受けとめられるのだ。

このような企業間の共謀は違法ではない。この事例は、アグリビジネスが政府に対して行使できる権力

◆バーバリー・コースト　一九世紀のサンフランシスコの暗黒街。賭博場や売春宿が集中していた。
▼30　Greenpeace International 2006.
▼31　Emelie Peine, personal communication, 5 July 2005.

が、どのようなものであるかの一端を示している。企業が国家に対してこれほどの力を有しているのであれば、農民を買収し、買収できなければ圧力をかけてでも従わせることなど朝飯前だろう。ブラジルの大豆産業の構造を見れば、どこに圧力をかければ物事が動かせるかを知るのは簡単なことだ。
エミリー・ペインは、まさにこの問題に取り組んでいる。彼女はこう述べている。

それこそが、ブラジルと米国の農民たちが理解しなければならないことの一つなのです。フードシステムには、農民の競争力強化にはまったく役に立たない数々の慣行が存在するのです。たとえば、農業ロビイストたちが一度も批判したことがなく、取り上げたこともない問題の一つに、クレジットの問題があります。農業ロビイストたちはアグリビジネスと結託しており、その事実は米国大豆協会の資金源を見れば明らかです。これは閉じたループであり、大豆農民は蚊帳の外で、加わることは許されないのです。

米国大豆協会（ASA）は、アグリビジネスとともに政府と親密な関係にある（ASAの二〇〇四年の予算二七〇〇万ドルの大部分は連邦政府が支出していた）[32]。ASAは、大豆農民の利害を代表する団体のなかで最も潤沢な資金を持つ団体だが、同様の団体は他にもある。大豆農民の一部は、ASAとは別の団体を独自に組織している。米国大豆生産者連合（The Soybean Producers of America）は小さな団体だが、ASAのさまざまな方針が「ひと握りの巨大企業の利益を優先し、米国の家族農家に損害を与えている」ことを懸念している。エミリーもその問題を認識している。

アグリビジネスと農民を結んでいる鎖の輪の一つが、政治によって隠されているのです。農民の生業に対して多国籍企業はどのような影響を与えているのでしょうか？　そのことを話題にする農民はほとんどいません。彼らは、種子の品種について話題にしますが、そして、それは別にかまわないのですが、なぜたくさんの化学薬品を使用しなければならないのか、という疑問を呈することはありません。彼らは競争力を上げる方法については話し合いますが、なぜ競争しなければいけないのかを問うことはないのです。

7……「持続可能な大豆」？――破壊される森林、土地を奪われる先住民、奴隷化される農民

この競争は、貧しい農民だけでなく、大豆プランテーションに依存している、あるいはそこから排除された土地なし農民や農園労働者たちをも締め出している。大豆農民よりもはるかに数の多い彼らは、農業輸出が彼らにも恩恵をもたらしているという言説とは裏腹に、ブラジルの大豆ブームに犠牲を強いられている。これは矛盾でも何でもない。貿易が農業輸出産業に恩恵をもたらすことは当然であり、貿易で得られる富が大きいがゆえに、他の人々が犠牲になっている現実が矮小化されてきたのである。たとえば国連食糧農業機関の統計によれば、ブラジルの食料消費は一九九〇年代に大きく変動しており、貧困層の主食消費量は一九八七〜九六年の移行期に大きく落ち込んでいる。同様の傾向が、コメ、トウモロコシ、キャッサバの一人あたり供給量について、一九八〇〜九一年の期間と一九九一〜二〇〇一年の期間を通じて生じている。[33] 一部の人々が大豆産業から巨万の利益を得ていた頃に、人々が十分な食料を得られなくなってい

▼32 American Soybean Association 2004.

ったということであり、大豆ブームがブラジル全体に恩恵をもたらしたという主張は事実無根なのである。

ブラジルで格差が拡大していることは認識されていたし、論争にもなっていた。アマゾンの森林破壊に対する国際的な懸念が高まった結果として、大規模な大豆生産者たちの活動に一定の変化が見られるようになった。そうした例の一つに、「持続可能な大豆」のための産業界とＮＧＯのパートナーシップ（連携）がある。この事業では、「成功事例《ベスト・プラクティス》」を他の農場にも適用し、ブラジル政府にセラードとアマゾンの境界ゾーンの開発を止めるよう勧告し、大豆に関わる環境問題に対する人々の意識を向上することが標榜された。この事業ではまた、ブラジル政府に対し、大豆を利用した高付加価値製品への特化と、高付加価値製品の関税引き下げを求めている。その目的は、ブラジルを単なる一次産品の生産国から、大豆製品の産業開発に力を入れる国に脱皮させることだった。その目標は、出発点としては賞賛に値するものの、問題は、関係者にまったくやる気がないことだった。アグリビジネス側が受け入れてくれるかどうかを気にして書かれた事業計画であるからかもしれない。

実際、「持続可能な大豆」イニシアティブの主要メンバーには、アルゼンチンのＦＶＳＡ（森林の命のための財団・世界自然保護基金のアルゼンチン支部）の代表と並んで、アルゼンチン・アグリビジネス協会（ＡＩＭＡ）の会長や、デュポン社傘下のパイオニア・オーバーシーズ・コーポレーションの副社長も含まれているのだ。[34] このような制約があることで、さまざまな問題について、持続可能な大豆イニシアティブの起草者らは対応を強く主張できないのである。土地利用をめぐる社会問題への対応や、プランテーションから農民と遺伝子組み換え種子を追い出さねば実現しない生態学的に持続可能な農法の実現については、特にそうである。だが、このような状態は、起こるべくして起きたということを指摘しておかねばならない。この「持続可能な大豆」イニシアティブに関わっているＮＧＯの最大の懸念が熱帯雨林の保護であるのなら、このような事業を立ち上げるのは理にかなっている。だが、ＮＧＯ側の懸念が、環境破壊の社会的な原因全般であるならば、必然的により包括的な対応策が求められることになる。「持続可能な大豆」が露呈した保守的な態度は、その背後の思想や主要な企業パートナーの影響力だけがもたらしたものではない。工業的な農業に従事している農民にエコロジカルな農業への転換を促すことが困難であることは否定できない事実なのである。なぜなら、厳密な意味でエコロジカルな農業とは、より高度で健全な農法を取り入れるために、単一栽培を諦めねばならないからである。このような農法は、化学薬品セットの野外実験のようになってしまった慣行農業に比べて、明らかにコストが安く効果的ではあるものの、そのための行程が若干増えるということが、この農法への転換を難しくしている。ふたたびエミリー・ペインに語ってもらおう。

私たちは、自分たちの畑で何年も大豆を栽培してきています。周辺には他に有機農家はいません。周りの農家からの反応は興味深いものでした。彼らは、私たちは頭がおかしいと思ったようです。なぜなら、除草剤に代えてオーツ麦と一緒にアカツメクサを植えることで、オーツ麦の収穫後にはその下に生えているアカツメクサが畑一面に生えている状態になったからです。この方法は安く済むだけでなく、土壌を豊かにするし、ツメクサの種を収穫して有機認証を受け、一ポンド〔約四五四グラム〕あたり二ドルで売ることもできます。これで、一エーカー〔約四〇アール〕あたり約二七〇ドルもの収入になります。そのことを近所の農家に教えましたが、彼らは興味を示しませんでした。なにしろ、トア〔エミリーの畑でのパートナー〕でさえ、農業を始めたときには有機農業など念頭になかったと言

▼33 Buanain and Silveira 2002 see also discussion in Cassel and Patel 2003 : 32.
▼34 GRR 2004.

っていました。彼は、コーネル大学で「ノズルの先」となる教育を受けたのです。「ノズルの先」とは、除草剤や殺虫剤、および化学肥料を散布する農家に彼が名付けたあだ名です。彼らは愚かなのではなく、その逆です。彼らは、自分たちが最先端の技術を取り入れていると考えています。そのように教育されてきたのです。これが新しいやり方だと。

これは、「持続可能な大豆」が考慮していない二つめの点である。つまり、特定の農法に固執し続けるか、思い切って他の農法に切り替えるかの選択を左右する社会的な関係の存在である。極端な言い方をすれば、農業とは、自然の営みとはまったく異なるものである。農業とは、複雑な社会と環境の営みに介入し、これを置き換えるさまざまな社会関係の総体なのである。米国の場合と同様に、ブラジルによる大豆市場の独占は、市場の諸要因がもたらした奇跡などではなく、政府と民間セクターが連携してこの産業の研究と投資に力を入れてきた結果なのである。このプロセスでは、この投資と活力が他の分野に振り向けられていたとしたら得られた利益（機会コスト）が犠牲にされている。一例を挙げれば、中南米地域では一九八〇年代には研究費の九〇％が食用作物の研究に充てられていたが、一九九〇年代には八〇％が輸出作物の研究に支出されていたのである。[35] ブラジルで大豆産業が急成長すると、農村からの批判を抑圧する必要が生じた。大豆計画のそもそもの目的の一つが農村を黙らせることであり、そのために直接的な暴力が行使されることもある。殺し屋が野放しにされていることは多数報告されているし、それは現在も続いている。批判的な農民を農地から追い出すという手段が採られることもある。

8……「世界で最も重要な社会運動」——土地なし農村労働者運動（MST）

ブラジルにおける土地所有構造は、ずっと不平等だった。一九七〇年の時点で、土地を持つ農民の九〇%が一〇〇ヘクタール以下の小規模な農園を所有していたのに対し、〇・七%の農民（地主）が一〇〇〇ヘクタール以上の農園を所有し、この少数の地主たちだけで全農地の四〇%近くを占有していた。自由化がこれに拍車をかけた。一九九六年には、一〇〇〇ヘクタール以上の規模を持つ一%の農民（地主）が、ブラジルの耕作可能地の四五%を占有するようになっていた。[36] 大豆産業でも、新たな耕作地を求める圧力によって小作人が農地を追われる事態が生じた。同国では、二〇〇二年に土地なし農民は五〇〇万世帯に達し、そのうち一五万世帯が道路脇でテント生活を営んでいた。[37] 大豆産業は、その生産効率性の理論の実践を通して、格差を拡大させていた。ブラジルでは、土地を取得する際に障害となるのは、それぞれの土地に付随する、積み重なった社会的な関係と選択および歴史であった。このような障害を乗り越えるのは不可能に近いが、ブラジルでは、ある組織がこの障害を打破してきた。

この運動のことを、ノーム・チョムスキーは「世界で最も重要な社会運動」と評した。この運動は、一九七〇年代に開始されて以来、一〇〇万人以上の再定住を実現し、農園をつくり、人々の暮らしを支え、

▼35 McMichael 2003. See also discussion Wittman 2005 : 44.

▼36 Sauer 2006.

▼37 http://www.mstbrazil.org/?q=node/86. では、以下のように記している。「ルーラ大統領は、最初の任期中に四〇万世帯の再定住と、一三万世帯の農地使用権の問題を解決する法制度の整備を約束した。しかし二〇〇三年に再定住を果たしたのは、約束の一一万五〇〇〇世帯を大幅に下回る三万世帯にも満たず、二〇〇四年には一一万五〇〇〇世帯の再定住を計画していたにもかかわらず、政府発表でも再定住できたのは六万八〇〇〇世帯にすぎず、実際に収用した土地は二万五〇〇〇世帯分でしかない」(Wittman 2005)。

診療所や教会を設置し、そして何よりも素晴らしいことに、学校まで運営している。この運動の農業政策が政府のそれよりも優れていることは何度も実証されてきているにもかかわらず、この運動は政府や地主たち、あるいは殺し屋やマスコミからの暴力による弾圧や糾弾にさらされ続けている。カトリック教会の進歩的な人々と労働組合、および一九六〇年代に農民運動に関わっていた人々によって組織された、この土地なし農村労働者運動（ポルトガル語の名称の頭文字から「ＭＳＴ」と呼ばれている）は、新しい農業のあり方を実践しているだけでなく、新しいタイプの人々を生み出している。

このように紹介すれば、彼らを熱狂的で騒がしい活動家集団だと誤解する人もいるかもしれない。確かに、ブラジルの主流メディアのＭＳＴ批判では、そのような表現が用いられている。主流メディアはＭＳＴについて、洗脳集団だ、反乱を扇動している、スターリン主義者だ、などと非難している。私は事実を知りたくて、大豆生産地の真ん中につくられた彼らの定住地の一つを訪れた。この定住地は、ＭＳＴがマトグロッソ州で初めてつくった定住地であり、定住を始めた日時にちなんで「八月一四日」と名付けられている。この七〇世帯が暮らす二〇〇〇ヘクタール強の定住地は、大豆ブームの中心地カンポ・ヴェルデから数キロメートル離れたところにあり、その大部分は土壌が劣化した牧草地である。この定住地の建物のほとんどが一〇年以内に建てられたもので、教会のミサの形式も、高教会派カトリックとロックンロールが入り交じる現代風であった。そこには、平凡だが非常に美しい光景が広がっていた。

「八月一四日」の定住家族たちは、定住地の一角に、二つの小さな寝室があるそれぞれの家を、隣の家の口論が聞こえるほど隣接して建てていた。メイン・ストリートに沿って小さなバーと数軒の大きな小屋、子どもたちが遊ぶ運動場、大きな貯水タンク、それに「カシャーサ」というアルコール度の高い地酒をつくる蒸留所が並んでいた。バーでは、どこのバーでもそうであるように、人々がビリヤードに興じていた。地元ラジオ局の放送が小さなスピーカーから流れ、人々の服装はＴシャツとズボンだった。もし彼らに普通じゃないところがあるとすれば、それは内面においてなのだろう。

実際、この定住地に住む人々の多くは、他の場所でMSTの闘争に関わった経験を持つ年功者たちだった。MSTでは、土地の占有権を主張し始める前に、[38] 定住予定者たちによる野営を開始する。土地を占有するプロセスにおいて、これは決定的に重要な部分である。野営生活は厳しい。食料も水もほとんどなく、病院も学校もないところでテント暮らしをするのである。暮らしに必要なものは自分たちで生み出さなければならない。このプロセスは定住に向けた一時的な状態であるはずだが、土地が得られるまで何年にもわたってこの暮らしを続ける家族もある。だが、MSTの政治教育において、野営に費やされる時間は重要な意味を持っている。活動家であり学者でもあるハナ・ウィットマンは、MSTの基本単位であり、二〇〜四〇家族から成る「ヌクレオ」(核)において、野営の期間に何が起きるかを説明してくれた。

それぞれのヌクレオは、二人のコーディネーター(男女一人ずつ)と各セクターの代表者から成り立っています。ヌクレオには、生産、環境、健康、安全、政治部隊、それに教育のセクターがあります。ヌクレオでは、それぞれの個人が、ヌクレオ全体に役立つ仕事または活動に従事するようにすることで、そのプロセスを通じてそれぞれが自己を教育し、自己の責任に気づくことを促しているのです。[39]

▼38 ブラジルの土地関連法は、英国法ではなく、ナポレオン時代のフランス法に基づいており、それによれば、土地は社会的価値を持っており、所有者が土地を有効活用しないのは社会的損失だと見なされる。ブラジル政府は、世界銀行の勧告を受けて土地関連法を英国型に変更しようと試みたものの、まだ変更されるにはいたっていない。

▼39 Wittman 2005 : 106.

これは政治的理論に裏打ちされた戦略であり、ＭＳＴはそのことを率直に認めている。「誰も他の人の代弁者となるべきではなく、それぞれの男と女は、彼または彼女が自身を代表しなければならない。私たちは、権限を移譲する代表制度の問題を克服したいのだ。参加することで、誰もが自身を代表できるようになる」。

その実践の結果こそが、新しい人々を生み出しているとのＭＳＴの自負に根拠を与えている。ＭＳＴの野営地は学校である。貧困と逆境のなか、ＭＳＴは意識的に政治教育のプロジェクトを開始した。このプロジェクトを通じて、市民的・社会的な取り組みを経験し、将来の定住者として、他の定住者や外部の市民、そして政府と共存する術を身につけるのである。まるで新兵訓練所のようだが、実際はまったく違う。新兵訓練所では、食べものがどこから供給されるのかについてなどほとんど考えないし、トイレの心配などしない。ＭＳＴの野営地では、物理的な環境が大きく影響するし、周辺の生態系の状態が大きくものを言う。野営地では、ともに水源を探し、ともに食料を育てることが政治教育の中心を占めている。この政治教育における自然と社会の統合こそが、ＭＳＴがエコロジカル運動である所以なのである。この運動は、参加者が自身について考え、民主的に議論し、自身の間違いについて責任を取るための場所を創り出してきた。ここでは、専門家が主導する開発プロジェクトは最も忌避される。これとの唯一の共通点と言えば、「コミュニティ」の話を聞く「住民参加」のプロセスだけである。だが、開発プロジェクトでは、このプロセスでは専門家たちが住民のために起草したとされる計画の有効性が確認されるだけだ。

このような精神の再構築と政府に「真実を語る」活動は、中国の文化大革命で行なわれた農村での再教育を彷彿させるが、これもまったく違う。ＭＳＴへの参加は完全に自発的であり、いつでも辞めることができる。「八月一四日」の居住地でも、農地を得て定住した後に居住地を離れた人々が少数ではあるが存在したが、それを恨む人も非難する人もいなかった。

野営地と、獲得された定住地では、重要な社会的変化が生まれている。そのことを端的に伝える証言がある。

私たちはここでも、性差別をすることが多い。まあ、それはここに来る前からのことなのですが。私は、女性の判断を決して信用しませんでした。いつも、女性より、私の方が物事が良くわかっているんだと思っていたのです。もちろん妻に対しても同様に思っていました。しかし野営地では、女性にたびたび助けられました。彼女たちのおかげで失敗せずに来られました。彼女たちは強いんです！これまで自分たちのために農業をしてくるなかで、農業においても妻の意見を信用するということを学びました。私は今でも性差別をまったくしなくなったわけではないと思いますが、以前とは違います。[40]

ヨーロッパあるいは北米に住んでいる男性が、自発的にこのように発言したのを聞いたことがあるだろうか。私たち自身の有り様と自身に対する考え方を転換させることは、ＭＳＴの目標の一つである。男性の女性との関係についての考え方ほど、根が深く、変えることが困難なものは他にはなかなかない。ＭＳＴの教育プログラムを体験した男女は、女性が自身を代表する権利を主張し、変化のための言葉と空間と事例を生み出すようになるプロセスを経たという点で、このプログラムを体験する前の人々とは非常

▼40　Wright and Wolford 2003 : 48.

に違うのである。

この運動の参加者の一人、ジュベリーノ・ストロザケは、「土地へのアクセスと市民の公的活動法」という博士論文によって、最近、サンパウロのポンティフィカ・カトリック大学で博士号を授与された。この運動から生まれた初めての博士である。ストロザケもまた、パラナ州で他の家族らとともに道路脇で野営を行なった経験を持つ。だが、その後に神学校を経てMSTの事務局に入り、博士号まで取得した彼は、決して特殊な存在ではない。MSTは一三の大学と四〇のパートナーシップ契約を結んでいる。このようなパートナーシップはMSTの教育プログラムの要ではないし、大学から学位を得ることが最難関の課題であるわけでもない。定住地で暮らすこと自体が最も困難な闘いであり、これは、高度な農業資本主義に舵を切った社会において進歩的な考えを持ち続けようとすれば、なおさらである。

「八月一四日」居住地の創設者の一人であるリディアは、「民主主義は簡単ではない」と言った。この定住地の協同組合が商品を販売しようとすれば、卸しの段階で大きな苦労を強いられる。スーパーマーケットはバーコードが付いた一定の品質の商品を望むが、多様性を受け入れる有機農業では希望通りの作物は生産できない。リディアはこのように述べる。

「それに、スーパーマーケットは、野菜一箱につき二〇レアル（約一〇〇〇円）支払ってくれますが、その手数料として四〇レアルも請求されます。自分たちで販売すれば、三〇レアルの収入になるのですが。食料を直接販売する計画もありますが、消費者は食べものがどこから来るのかを知るべきなのに、多くの消費者がそれに興味がないので、興味を持ってもらうのがむずかしいのです」。

これは残念なことだ。この定住地は緑にあふれ、有機栽培のトウモロコシやサトウキビ、バナナ、野菜、そして乳牛のための牧草が繁茂している（絞られた牛乳はネスレの子会社に卸している。ほかに選択肢がないからだ）。近隣の農場で大量に生産されている大豆は、意図的に栽培品目から外されている。栽培しようと思ったことはないのだろうか？　「ノー、ノー、ノー！」、マリア・ルイーザは頭を振った。「あなた、気は確か？　ここでは一度も栽培したことなんかありません。それは正しいことではないから」。それは賢明な選択だった。リディアによれば、大豆を栽培しても採算が合わないのだという。この協同組合による農業では、定住者の間で食料と仕事と土地を平等に分けあい、今の作付けで利益を出している。だが、「大豆を生産するには、土地と資金が足りない」のだ。大豆栽培が必要とする規模の経済や単一栽培、そして誰一人として特に大豆を栽培することが賢明だとは思っていない事実によって、この定住地では今後も大豆が栽培されることはないだろう。これは経済合理性を考慮して下された決定であるとともに、彼らの思想を反映した結果でもある。二〇〇五年は、ドルのレートが下がったために、最も手広く大豆を栽培していた農民にとっても厳しい年だった。「大豆の国際価格は、ドル換算では悪い価格ではなかったが、レアルでの手取りは信じられないほど低かった」[41]。これが、ブライロ・マギーの語った現実だ。この年、小規模な大豆農家は苦境に陥ったが、ＭＳＴ定住地はその影響を受けなかった。それどころか、マトグロッソ州では大豆価格の落ち込みによって農地拡大の圧力が弱まったおかげで、ＭＳＴの土地占拠活動はいつものような激しい攻撃にさらされることなく比較的順調に進んだのである。

既存の社会に求めている未来を見出せず、自らそれを創り出そうとしているコミュニティであればどこでも経験していることだが、この定住地も一つの問題に直面していた。それは、この定住地をどのように継続していくか、という問題だった。子どもたちは、両親に連れてこられないかぎり、野営生活の辛苦を体経験することはない。定住地で生まれた子どもたちも、彼らの両親が経験してきた社会化のプロセスを体

▼41　Lloyd's List 2005.

験することはない。確かに、子どもたちはMSTの価値観に触れながら育っていく。両親が協同組合のメンバーである場合には特にそうである。だが、子どもたちは、学校やテレビやラジオを通じて、常に外の世界と接触している（定住地では、すべての住居の屋根にアンテナが建っていた）。M・ナイト・シャマランの映画『ザ・ヴィレッジ』（二〇〇四年に公開された米国映画。一九世紀の米国で、外部との接触を断ち、自給自足の生活をしている村が描かれている）のように、あるコミュニティを現代社会の影響から遠ざけておくことは不可能なのである。マリア・ルイサの夫であるゼーは、三人の子どもが彼の太い腕によじ登るなか、こう言った。「長く続いた定住地は、街から遠く離れた場所にありました」。そのような場所にある定住地は、街の誘惑がほとんどないことで、定住地の暮らしを続けることが比較的容易だったのである。だが、都市が増殖するなか、定住地を揺さぶるこの問題はますます大きくなってきている。定住地の子どもたちは、自由意思でそこに留まることを選ぶだろうか？　アーミッシュなら昔から知っている通り、子どもたちが出て行きたければ、出て行かせるほかはないのだ。「彼らは街に出て行く。でも戻ってくれば歓迎する」とマリア・ルイサは言った。MST側の教育と生活の質が向上するにつれ、戻ってくる子どもも増えている。リディアやマリア・ルイサ、およびゼーは、これからもずっとここに留まるつもりだ。

その理由は明らかだ。ここは農村の楽園ではないし、農業は体力的にも厳しい仕事だ。しかし、近代的な農業にはトラクターもあり、殺虫剤をまったくではないが、ほとんど使わずに栽培できる作物もある。そして何よりも、ここには選択の自由があり、自治に対する高い意識がある。このような民主主義的な暮らしと、四年ごとに形式的に実施される投票との間には、ワインとコーラほどの大きな違いがある。私たちの大半が、民主主義と言われる制度の下に暮らしているにもかかわらず、本当の民主主義は経験したことがないのだ、という現実を知るには最適の場所である。まさにこの形式主義こそが、民主主義による愚かな決定によって起きた間違いに対して、私たちが責任を感じられない理由となっている。責任は、形式主義を通じて私たちに押しつけられているにすぎない。

もちろん、一つの定住地の例からすべてを類推するのは良くない。MSTのそれぞれの定住地には、運営のあり方においても経験においても重要な違いがある。だが、集団における民主主義と社会的変化の促進という基本原則は一貫している。MSTの活動は、よりよい開発をもたらすという面で、政府の土地政策に傾斜した貧相なプログラムよりもうまくいっており、長期的な成功という面でもより成功している。MSTによれば、その成功の秘訣は、参加者たちが政治的にも社会的にも再形成され、再教育されてきたことにある。

しかし、MSTにも他のあらゆる運動がそうであるように、欠点はある。この運動の面白いところは、運動における民主主義の徹底にこだわり、そのための思考プロセスを大切にすることを通じて、軌道修正を図ることができる点にある。過酷な条件の下で試行錯誤を重ねることで、運動を拡大し、定住を成功させる条件を生み出し、直接代表制に基づく活気ある民主主義システムを実現する方法を確立してきたのである。一九八〇年代にはMSTが協同組合システムを強制したこともあった。だが、サンパウロのMST事務所のゲラルド・フォンテスは「それは大失敗でした」と総括する。一九八〇年代から九〇年代にかけて、MSTの執行部は自らの主張を通すことを止め、集団での営農か、個人による経営かの選択肢について十分な情報提供を行なったうえで現場に選択させる方針に転換していった。個人営農を選ぶメンバーもいたが、集団営農を選択するメンバーも、特に都市からの参加者の間で増えていった。今日、MSTは農

◆アーミッシュ　米国のペンシルヴァニア州やオハイオ州に住むキリスト教メノナイト派の一派であるドイツ系米国人のコミュニティ。キリスト教信仰と共同体維持のために厳格な規則を守り、現代の技術や機器をほとんど使わないで暮らしている。

業生態系を保全する技術に基づく新たな営農のあり方を試行している。そして、過去の失敗から学び、この新たな方法をメンバーに押しつけることはしない。この方法は、キューバ政府とベネズエラ政府の支援を受けて、ある大学で研究開発が行なわれており、大学は先進的な農業生態系に関する研究と研修の拠点となっている。研修は、希望するMSTメンバーに対して実施される。このプログラムが開始された二〇〇六年には、すでに第一期の研修生が大学の門をくぐっていた。

これは、MSTが克服した唯一の失敗ではない。MSTが一九八〇年代の初頭に資金獲得やリーダーシップ、および運営方針をめぐって分裂したとき、この運動は消滅の危機に直面した。しかし、激しい議論と自己分析が行なわれ、自主財源による運営にすることが決定すると（それがMSTの財政規模を著しく縮小させることを意味したとしても）、MSTは再生された。今日、MSTの活動資金の大部分は定住地からの寄付でまかなわれており、これが「闘争の先頭に立つ」メンバーの訓練と賃金に充てられている。ほかにも、定住地の農産物の売り上げの五％が運動を拡大するための資金になっている。MSTは、メンバー同士の助け合いによって財政面での独立性を維持することで、教会や政府、あるいは海外の援助団体の影響を受けることなく、運動の未来を自ら切り開いているのである。フォンテに言わせれば、こうしたシステムこそが、今日のMSTを形作ってきたのであり、土地なし農民や貧しい人々、抑圧されている人々、平等や自治および二一世紀の新たな市民的権利を求めて闘っている人々に、希望の光を与えているのである。

9……私たちが、MSTから学ぶべきこと

野蛮には、教育を。個人主義には、連帯を。

（MSTのコミュニケより）

MSTが地域に根ざした運動であるとすれば、この運動が抵抗している大豆はその逆である。大豆はブラジルを離れると、実にさまざまな形に変化する。大豆ケーキ、油、丸大豆、そして、ある活動家の的確な形容を借りれば、「羽毛の生えた大豆」である鶏になる。そのすべてのプロセスで、少数のアグリビジネスが利潤を上げている。

カーギル社の例を挙げよう。同社は、法を犯して切り開いた自社の農地で大豆を生産し、これを粉砕し、ブラジル国内を輸送し、違法に建設した港湾から海外に輸出している。カーギルは、同時に、この大豆を、たとえばオランダを経由してヨーロッパに輸出し、欧州大陸内や英国に輸送して粉砕し、または同社の子会社サンバレー社に販売して、一度もサン(太陽)もバレー(谷)も見ることなく生涯を終える動物たちの飼料とし、この家畜をマックナゲット用に屠畜・加工している。カーギルは、生産から加工にいたる一貫したプロセスを完全に掌握しているのである。マクドナルドはこのシステムを歓迎しているようだ。同社は二〇〇五年、カーギル社に「今年のサプライヤー(納入業者)」賞を授与している。[42]

MSTは、このサプライ・チェーンの最初の段階で闘っている。MSTは、彼らの農地を没収しようとする政府や大豆産業に抵抗し、持続可能な農業だけでなく、これまでとは違った経済と暮らしのあり方を身をもって示している。それは、時に矛盾と欠陥を抱えるかもしれないが、自由に生きることを追求する真摯な試みなのである。つまり、彼らは、自らのために思考することを可能とする生き方を開拓してきたのである。MSTの闘争が私たちに教えてくれるのは、住む場所が、私たちの生き方を規定しているとい

▼42 Vomhof Jr 2005.

うことである。MSTの定住地や野営地で育った若い人々にとって、都市の魅力は圧倒的である。だが、たとえ子どもたちが定住地に戻らなかったとしても、少なくとも子どもたちには選択する権利は与えられているのである。

では、都市に住む大多数の人々はどうだろうか？

都市に住む人々にとって、自分たちの食料やその他の日用品を生産している人々とのつながりは非常に薄く、住む場所についての選択肢は限られている。都市に住む私たちは、すべてが人工的にコントロールされたマクドナルドでマックナゲットをかじるとき、その鶏の飼料となった大豆が旅してきた長い長い行程と同じだけ、生産現場と遠い場所にいるのである。しかし私たちのほとんどは、近い将来にブラジルに移住する選択肢はない。だとしたら、私たちには、どのような「もう一つの生き方」があるのだろうか？

マクドナルドに行かないという選択をすることも可能だ。しかし、それでも他の食べ物から大豆を摂取することになる。チョコレートにもアイスクリームにも、大豆は入っている。これらを食べなくても、加工食品の多くに大豆が含まれている。凝り性の人なら、レシチンや原料記載のない「植物性油脂」、および食肉を含むあらゆる食品を、すべて食生活から追放すべく、食品表示に目を懲らすようになるかもしれない。家で料理をするようにすることも可能だ。だが、それさえしない人が年々増えている。最近の調査によれば、家で調理された食事のうち、加工食品を利用しなかったのは三八％にすぎない。基本食材から料理することができない人が増えているのである。そして、企業の支配するプロセスを経た食品を選ばないために、購入可能な品目リストを携えてスーパーマーケットに行っても、結局は、何も買うことができないことに気づかされるだけなのである。

第7章

スーパーマーケットは、消費と生産を支配する

――いかに消費者は買わされているのか？

1……スーパーマーケットの発明と消費者の誕生

現代のフードシステムの頂点を極めているのは、スーパーマーケットである。スーパーマーケット・チェーンは、食品流通における帝王であり、流通業者が仲買人を支配し、仲買人が生産者を支配する、という一貫した支配体制を築いている。生産・流通プロセスの各段階に厳しい監視体制を敷き、最終決定を下しているチェーン・スーパーは、南アフリカの最も貧しい農場労働者を解雇し、グアテマラのコーヒー生産者を破滅させ、タイのコメ生産量を変化させる絶大な力を有している。

スーパーマーケットは特許登録された発明であり、他のすべての発明と同じで、発明された時代と地域のニーズを色濃く反映している。スーパーマーケットが誕生したのは二〇世紀初頭の米国であり、それは類を見ないほど豊かな時代であり場所であった。米国の産業が急速に発展するなか、大量に生産できるようになった製品が増大する都市人口に向けて大量に売り出されるようになった。製造業者は、消費者が購入しきれないほど大量の製品がつくられていることに懸念を持っていた。彼らは、消費者が今売られている品をすべて購入することができるとしても、それ以上は必要とされず、需要が落ち込むのではないかという心配もしていた。消費者のさらなる購入意欲をかき立てるためのテクニックは、今も昔も変わらない。価格を安くすることである。だが、二〇世紀初頭の食料品店にとって、すでに利益率が低いなかで価格を下げることは困難な課題だった。

価格を下げる一つの方法が、規模の経済《スケール・メリット》を追求することだった。企業規模が大きくなれば、単価の引き下げを求める交渉力も大きくなる。だが当時、食品小売に特化した企業には、それが可能なほどの規模を持つところはなかった。規模の大きい企業は、製造業と輸送業に限られていた。巨大なアグリビジネスの事業も、一九世紀末から二〇世紀初めには加工部門と輸送部門に集中しており、まだ小売業には進出していなかった。今は「A&P」という名で知られるアトランティック&パシフィック紅茶会社という貿易会社が、当時、食料貿易だけでなく、消費者への小売でも利益が得られることに気づいた。同社は、各地に食料品店を開店させ、拡大しつつあった道路網と鉄道インフラという比較的安価な輸送手段を使って商品を供給し、また、小売店への直接卸を実現することで利益を上げた。このA&Pの物流革命が、卸価格を引き下げ、陳列棚を決して空にせず、物流と販売促進に特化した現代のスーパーマーケットという巨大企業の誕生を促したのである。だが、A&P食料品店では、調達された商品の販売方法という面では従来と大きな違いはなかった。販売員が背後に並んだ商品を、カウンター越しに客に手渡すやり方である。客は、買いたい品を販売員に伝えねばならず、買うまでは商品に手を触れることもできなかった。この状態は、のちに一変する。

米国では、南北戦争後の時代に、農業に関係するビジネスが大きく変化したが、このビジネスが最も大きく花開いたのはカリフォルニア州だった。ゴールド・ラッシュ◆は農業を発展させ、同州では、地主、園芸家、研究者、農民、鉄道王、希望を胸に種子を持ち込んだ移民たち、水利権を持つ企業、そして、彼らすべてに資金を貸した銀行などが財を成した。アグリビジネスもまた、このブームに乗じて、生産現場だけでなく食料供給プロセスの最終段階である小売業に進出し、新たな発想をこの業界にもたらした。

たとえば、アルバート&ヒュー・ジェラード兄弟社は、販売員ではなく客が自分の買いたい商品を棚か

◆ゴールド・ラッシュ　カリフォルニア州で一八四八年に砂金が発見されて以後、金鉱脈を掘り当てようと同州に人々が殺到した現象。

ら取るという考え方を広めた。この方法により、人々の商品購入量は増え、小売店の経費は減った。人は、自分で自由に棚の商品を手に取れるようになると、解き放たれたように、たくさん消費するようになる。だが、その状態をつくり出すには、客が欲しい食品をどこで探せばいいのかを知る必要がある。そのため、ジェラード兄弟は、最も論理的な方法だと思われたアルファベット順に商品を陳列した食料品店を開店した。この「アルファ・ベータ食料品店チェーン」は、一九一四年にセルフ・サービス方式を採用した。ジェラード兄弟は、第一号店をポノマに開店して以後、カリフォルニア州内に数店舗を抱える小規模チェーンを展開し、それなりに成功を収めた。

セルフ・サービス方式は西部で始まったが、本当の小売革命は、テネシー州で事業を展開したヴァージニア州出身のやり手実業家と、複数の地政学的な出来事によってもたらされた。一九一六年、ある二つの出来事が、米国の食品ビジネスを大きく変えた。その一つは、米国が第一次世界大戦に参戦したことであり、これによって食料価格が一九％も上昇したことである（一九一七年には、食料価格の高騰に抗議する騒動が、ニューヨークとボストン、およびフィラデルフィアで発生した）[1]。消費者が安い食料のためであれば行列することも厭わなくなり、食料品店はこれまで以上にコストを引き下げる必要に迫られた。規模拡大によるコスト削減も一つの選択肢だったが、一九一六年九月一一日、クラレンス・ソーンダースが食品小売業への進出を果たすと、食品業界には激震が走った。ソーンダースは「キング・ピグリー」第一号店をテネシー州メンフィス市にオープンさせた。彼はこの店舗に、二〇世紀最大の小売革命をもたらした基本的な要素を盛り込んだ。それは、小売価格をギリギリまで引き下げるためのある方法によって、売り手と買い手の関係性を根底から変えた。以下の文章は、この「セルフ・サービング店舗」の特許（米特許1243872）を申請した際のソーンダース自身の言葉である。

先述した私の発明の目的は、客が自身で買い物をすることを可能とする店舗設備を提供することであり、そのためには、棚に並べる商品全体を見直し、これらを便利かつ魅力的に陳列しなければならず、客が望んだ商品をすべて選んだ後には、それらの代金を計算し、梱包し、店を出る前に支払いを済ませる場所としてレジを配置する必要がある。そうすることで、小売店の運営に必要な雑費あるいは諸経費を大幅に減らすことができる……。[2]

この新しい小売店は、客が自由に買い物をできるようにする（そして従業員コストを減らす）発想と、客がすべての商品を見ることができるようにする（それにより潜在的な需要を掘り起こす）手段とを、一度に実現したのである。ソーンダースが描いた平面図（図表7—1）からは、在庫管理と魅力的な商品陳列を同時に実現する、まさに初めての消費工場となった店舗内部の配置がどのようなものであったかを知ることができる。客は、回転ドアを抜けて店内に入って買い物カゴを取ると、代金を払うレジまで、迷路のような通路をぐるぐると歩かされる。通路は一方通行であり、途中には店員もいない。この店舗は、店側のコストを低く抑えつつ、客が短時間にできるだけたくさんの商品を買い物カゴに入れられるようにすることを最大の目的に設計されたのである。この店舗では、買い物客は迷路に放り込まれたラットのようなものだ。

客のなかには、このシステムがよくわからない人もいるらしい。オーストラリアでは、老若男女に買い

▼1 Mathews 1996.
▼2 Saunders 1917.

ング店舗」の特許に添付されたイラスト

出典：米国特許庁（米特許 1243872）

物カートを押して歩く道順を教えるための案内係を雇って、スーパーマーケットの普及に努めている業者もある。今日、米国の店舗には、長いポールが付いた子どもサイズのカートを用意しているところもある。これは、両親が店内で子どもを捜しやすくするための備品だが、このミニ・カートには教育的な目的もある。長いポールの先には、「訓練中のお客様」と書かれた旗が付いているのだ。

ソーンダースにとって、スーパーマーケットは物流システムの改良であると同時に、教育的な意味を持っていた。客の買い物リストを見て棚から商品を取り出す、かつての食料品店の販売員は姿を消した。彼らは、新たな「キング・ピグリー・ウィグリー」セルフサービス・スーパーでは、客の商品選択の手助けをしないよう指導された。客は、自分で自由に商品を選ぶことができるようになったのである。店員は寡黙となり、客に商品がある場所を教えるだけの存在となった。店内では、何をどこに配置するかというオーナーの意志が忠実に反映されつつも、販売活動の中心である客を呼び込み、教育する必要が常に意識されてきた。このスーパーは、衝動買いとおねだりの科学を形にした初めての構造物であり、さまざまな「消費主義」について積極的に教育をほどこす場であった。

今日、私たちが消費者主権を擁護する存在と認識している組織が生まれたのも、まさにこの時だった。

図表7-1■クラレンス・ソーンダースによる「セルフ・サービ

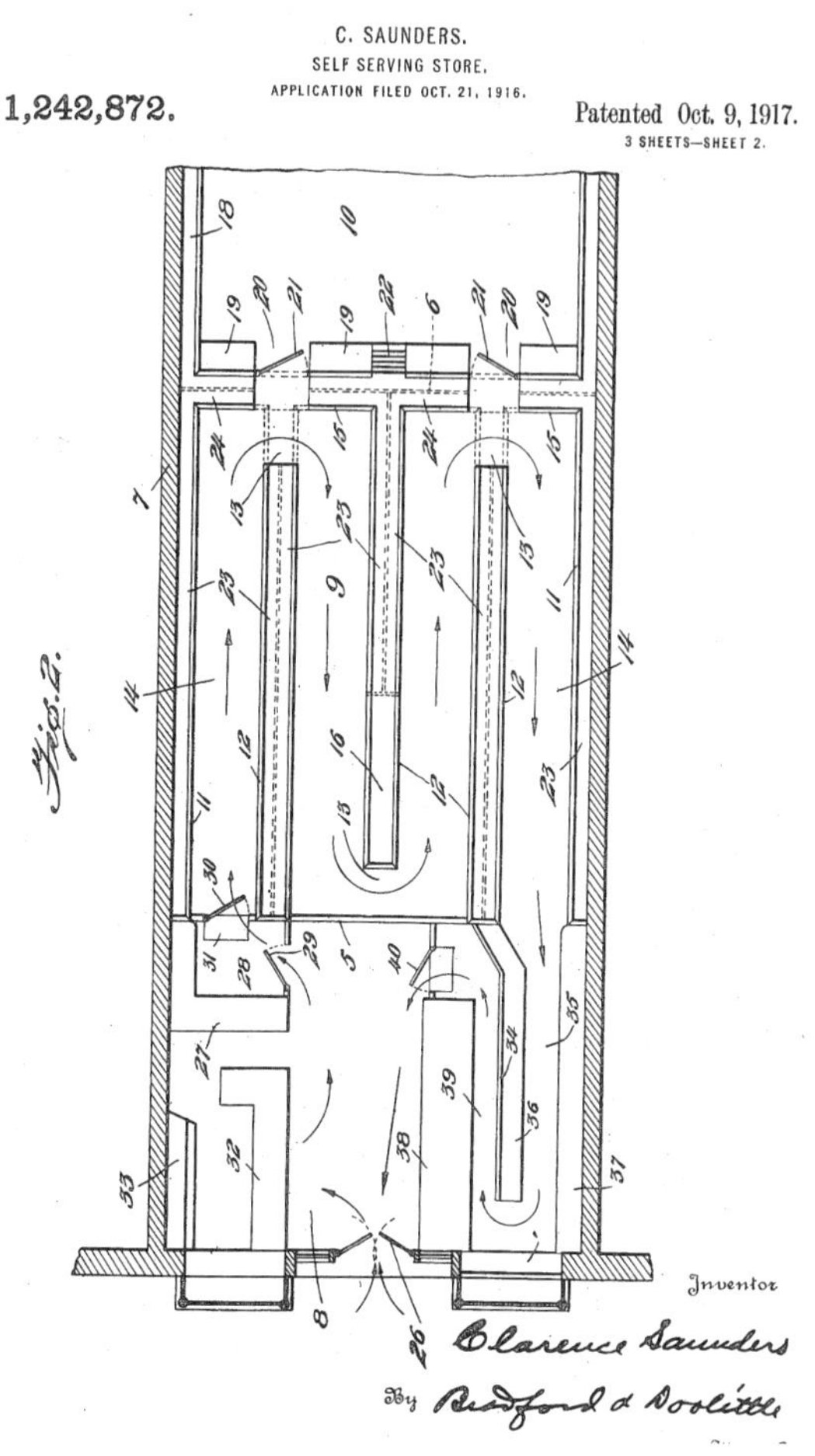

つまり、皮肉なことに、消費者の選択する権利は、スーパーという鳥カゴのなかで生まれたのである。私たちが「束縛されない消費の自由」として持ち上げてきた信念は、鳥カゴの鉄線によって常に制約される運命にあった。そして、店員から基本的な商品情報を得ることができた昔の状態は、スーパーによって失われた。店舗の空間と配置、および店員に与える権限などが熟慮されてきた結果、食べ物の消費者と生産者の間をつなぐ接点は商品に張られたラベル（食品表示）だけになった。そうなった時点から、販売員たちは、商品がどこから来たのかをまったく知らないことが望ましいとされるようになった。もし知っていたとしても、それを伝えることは禁止されたのである。

ソーンダースは、少なくとも当初は自身の思い通りに事業を展開していった。第一号店の開店後の八年間で、国内のほとんどの州にピグリー・ウィグリーを開店させ、その数は一二〇〇店舗にまで達していた。コスト削減によって安い小売価格を実現するという彼の考案した手法は、瞬く間に同業者の間に広まった。他方で、ソーンダースは、ピグリー・ウィグリーの株式に対する投機売りから自社を防衛するために多額の借金を抱え込み、決裁権を失いつつあった。ソーンダースは、メンフィスの市民投資家から多少の資金を獲得することに成功したものの、ピグリー・ウィグリーの株価に対する攻撃はこれらの出資者にも損害を与えたため、一部の市民はこの地元のヒーローを熱心に支持したものの、結局は一九二四年に辞任に追い込まれ、自己破産を余儀なくされた。彼は、一九二八年、「クラレンス・ソーンダース――唯一のオーナー」という名前のチェーン・ストアで再起を図ったが、時期が悪かった。一年後に起きた大恐慌は、このチェーン・ストアを丸ごと飲み込んでしまった。彼は晩年、買い物から店員の存在を完全になくす試みに乗り出した。◆「キードゥーズル」（食べ物と飲み物を機械が梱包し、客に届けるシステムを備えた店舗）や「フードデレクトリック」（Foodelectric）は、彼が一九五三年に心臓発作で亡くなったときには、まだ構想の域を出ていなかったが、その発想は今日のセルフ・サービス方式に大きな影響を与えた。

ソーンダースは、ファストフードやネットショッピング、セルフ・サービスという商法に発展した消費のエンジンを設計し、製造し、実用化した。一九三〇年代には、スーパーマーケットは大量販売とセルフ・サービスを実現し、三〇年代末までにはアトランティック＆パシフィック紅茶会社でさえ、この方式を採用するようになった（同社のA＆Pは戦前までに売上規模で全米第二位となり、一九七〇年代末まで小売部門でセーフウェイに次いで第二位の売上を維持していた[3]）。

もちろん消費者も、ソーンダースの時代から変化してきている。私たちには、決められた一方通行の通路を最初から最後まで移動しなければならない店や、手助けしてくれる店員のいない店など論外だ。今の現代的な食品スーパーでは、買い物カートで好きな場所に行くことができるし、たいていの店には商品の場所を知っているか、知っている人に電話して教えてくれる店員が最低でも一人はいる。だが、今日の行き届いたサービスは、コスト削減策としての「セルフ・サービス」を客がうまく自己内部化してきたことで、スーパーマーケットが物流の基本構造を変えずに表面的な変更を行なってきた結果なのである。スーパーマーケットは店舗のレイアウトを恒常的に変更しており、レジ周りに配置する衝動買いのための商品を絶えず入れ替え、ビールやオムツの配置に工夫を凝らしている。しかし、どのスーパーも、セルフ・サービス方式を止めることだけは想定外である。それは、今日の消費者主義が、消費財が生産されると同時に、それを消費する人々がつくり出されるという、一九一六年にソーンダースの店の回転ドアを最初に通過した人々には想像もできない形で、私たちのあり方を規定しているからにほかならない。

◆フーデレクトリック　品物の包装、さらにはレジまでもセルフサービスという店舗。

▼3　*The Economist* 1978.

2……いかに消費者は、買わされているのか?

スーパーマーケットにおける消費動向の分析と売場の配置転換にそそがれる異常なまでの熱意は、集中治療室の廊下で家族の病状回復を祈る人々でさえ及ばないほどだ。

スーパーができるかぎり短い時間で商品の入れ替えができるようにするために、巨額の資金がつぎ込まれている。スーパーは、売り切れ商品を出さずに、「ジャスト・イン・タイム」(必要なものを、必要な時に、必要なだけ)の在庫管理を行ないつつ、同時に、明るく照明された倉庫のようなところで買い物をしているということを、客に忘れてもらうための雰囲気をつくり出さねばならない。

少数の研究者から成るチームによって、こうした小売現場の現実と、客に良い印象を与えたいという願望を両立させるための研究が行なわれてきた。彼らは、自分たちの研究を「雰囲気づくり」(Atmospheric)と名付けている。この研究には、公的機関からも民間からも多額の投資が行なわれ、BGM(バック・グラウンド・ミュージック)が与える効果などが発見されてきた。BGMのテンポが客の購買行動に与える影響に関して、いくつもの論文が発表され、活発な議論が行なわれた。BGMによって、客の店舗に滞在する時間に変化が現われ、行列に並ぶときのストレスの度合いが変わることがわかった。この研究の第一人者たちは、ゆっくりの曲を流すと客がスーパーの中を歩くペースも遅くなり、購買意欲も減退すると指摘している。別の研究者は、曲のテンポとは関係なく、好みの曲が流れていれば、買い物という労苦があっという間の出来事に感じられると主張した。同様に、スーパーマーケットの内装の色調が与える心理的影響についても研究が行なわれた。色調もまた、購買意欲や購買率、滞在時間、気分、覚醒、店と商品のイメージに影響を与え、陳列商品に興味を持たせるのに役立つことがわかった。

実際、この研究では、空間の臭いから、ライティング（照明）、商品の陳列場所、壁紙まで、あらゆる要素について、それが客の行動に与える効果が徹底的に分析された。その結果、スーパーは客にお金を使わせるための刺激にあふれた場所となったが、それは、客が牛乳を買ったら直ちに店を去りたいと思わせるほど強い刺激ではない（牛乳は店の一番奥に配置されているが、それは、牛乳を求めてスーパーマーケットに来る客が一番多いため、そうした客が牛乳を手に取るまでのあいだに、できるだけたくさんの商品が目に入るようにしているのである）。

店舗の環境は、さまざまな面で微調整されているが、その目的は、客である私たちを操作し、刺激することである。スーパーマーケットの中では、客にはできるだけ悟られないようにしながらも、客を対象とした壮大な実験が繰り広げられているのである。ポイント・カードもその一例だ。買い物をする度にカードにポイントがつくシステムを通じて、スーパーは膨大な顧客データを手に入れ、それを経営に役立てている。スーパーはポイント・カードによって客の名前・住所、その他の属性と購買の傾向を結びつけることができる。客の属性ごとの購買傾向が分析され、それに基づいてマーケティングが行なわれる（これを分析するコンピュータ・ソフトウェアの一つには、VIPER（毒へビ）という愉快な名前が付けられている）。

その結果、マーケティングの精度は急速に上がっている。一九九六年、英国のチェーン・スーパーのテスコは、マーケティング対象を一二に分類し、分類ごとに異なるマーケット戦略を展開した。同年末には、五〇〇〇種もの広報誌がつくられ、それぞれの対象とされた顧客に送付されるようになり、一九九八年中頃には、広報誌の種類は六万種類に拡大した。そして今日、テスコはそれぞれの客のポイント・カードの情報に基づいて、一人一人の顧客ごとの広報誌を作成するようになっている。もちろん、それは私たちの希望と完全に合致している。私たちは皆、自分は他の人とは違っており、求めている安心感も快適さも、そして、経験したいことも健康維持のための方法も違うということに満足感をおぼえる。企業がそれぞれの個人の好みに合わせることができるようになればなるほど、企業の売り上げは伸びることになる。消費者が自由に選び取れるように、すべての商品を棚に陳列するというやり方から始まった小売業界の改革は今日、顧客ごとに的確なマーケティングを行なうという形に進化したのである。これを可能としたのは、消費者の欲求に関するデータの向上である。

だが、私たちの消費行動を追跡し、分析するための大量のデータが、困った問題を起こす可能性もある。エレクトロニック・フロンティア財団理事長のブラッド・テンプルトンは、あることを心配している。[4] 彼は、ワシントン州トゥキラで消防士の自宅が全焼した事件を例に取り上げ、「この事件は、皮肉な出来事というだけでは済まされない、深刻な事実を明らかにした」と語った。この火災は消防士の妻子が在宅中に発生したが、警察は放火の可能性を疑った。科学捜査によって、放火には特殊な発火装置が使用されたことが判明した。そして、この消防士のスーパーのセーフウェイのポイント・カードに、この発火装置を購入した記録があったのである。これが有罪の証拠とされるところだったが、幸いにも、裁判が開始される前に真犯人が自白したため、彼の嫌疑は晴れた。[5] しかし、購入データが、彼の有罪の証拠として利用されたことこそ問題にされねばならない。テンプルトンいわく、「この手の監視が乱用されなかった例はない。もちろん私たちにも恩恵はあるのかもしれないが、それと引き替えに何が犠牲になっているかを考えるべきだ」。テンプルトン自身は、友人とセーフウェイのポイント・カードを交換して使用することでスーパーマーケットによる監視の裏をかき、会社が正確なデータを得られないようにしているが、彼とその友人は、今でもポイント・カードの特典は受けている。

しかし、スーパーマーケットはデータの精度をさらに向上させるために、不正な操作を回避する方法を開発中である。

3……常にモニターされる消費者——バーコードと悪魔の数字666

スーパーの儲けにつながる個人情報は、客がレジを通過するときに収集される。だが、この人々の欲求についてのデータ解析も、ほかの素晴らしい発明と同じで、在庫管理という、さして面白くもない日常の必要から生じた発明である。たとえばバーコードについて考えてみてほしい。一九七〇年にバーコードが最初に導入されたとき、消費者はこれを歓迎しなかった。客は、これまで通り、商品に価格シールが貼られていることを望んだ。バーコードは消費者のための技術ではなく、小売店が棚に残った商品を毎日数えるよりも、はるかに正確に安いコストで在庫を管理できるようにするための技術だった。事実、バーコードは、ソーンダースなどによる次世代スーパーマーケットの構想から生まれた。この構想では、客は欲しい商品本体ではなく、その番号が記載されたパンチカードをレジに通して代金を払う。機械がパンチカードを読み取り、巨大な「欲望充足エンジン」が商品を棚から取り出し、客に渡すのである。これは、食料品店のオートメーション化という趨勢からすれば当然の成り行きに思われた。だが、この構想が最初に持ち上がった第二次世界大戦前の時代には、そのためのコストは実現不可能なほど高かった。

その後の三〇年間の技術革新によって、この店舗構想を少なくとも部分的に実現することが可能となった。ナショナル・キャッシュ・レジスター（NCR）社は、一九七四年、メーカーが製品の箱に印刷した

▼4 Donate at www.eff.org.
▼5 http://www.computerbytesman,com/privacy/safewaycard.htm.

コードを読み取ることができる低出力レーザーの試用実験に乗り出した。そして同年六月二六日には、オハイオ州トロイのスーパーマーケット「マーシュ」で、リグレー社の「ジューシー・フルーツ・ガム」の箱のコードが、レジのスキャナーによって読み取られたのである（このガムは現在、ワシントンDCにあるスミソニアン博物館に展示されている）。

バーコードの読み取りシステムが導入されるには、その費用が、在庫管理の手間と時間の減少による節約分を下回る必要があり、そのためにはレジを通過する商品の八五％程度にバーコードが印字されている必要があった。一九七〇年代の終わりにその要件が満たされると、この技術は一気に普及した。マーケティングのプロたちは、このシステムには、代金精算や在庫管理にかかる時間と労力を節約する効果だけでなく、それよりもはるかに有用な価値があることに気づく。一人一人の客の購入した品目に関する、使い勝手の良いデータが手に入ることに気づいたのである。

バーコードには、6を意味する長い二本線が左右と中央に合計で三つ引かれており、その三つの6のあいだに製造者番号と製品番号が配置されている。つまり6－製造者番号－6－製品番号－6というようになっており、消費者文化は「獣の数字」とされる「666」◆と結合した、などというジョークも言われるが、これは過去のものとなりつつある。この「獣」は進化しつつあるのだ。最新の在庫管理技術は「電波個体識別」◆（RFID）と呼ばれ、この技術では製造者番号と製品番号に加えて、個体ごとに違うコードが割り当てられる。近いうちに、各地のスーパーマーケットに「EPC」という文字の書かれた小さなシールが貼られた商品が出回ることになるだろう。

EPCは「電子製品コード」の略で、これはバーコードの発想をさらに進化させたものだ。EPCラベルが貼付された商品すべてに無線通信を可能とする小さなICが埋め込まれている。ICには、製造者番号と製品番号、そして個体ごとの個別番号の三種類のID番号が書き込まれている。小売店は、サーバントと呼ばれる読み取り機を使えば、客が手にしている商品について、製造地から輸送経路、あるいは消費期限にいたるまで、あらゆる情報を知ることができる。店の外に出た客のカートに同じ製品が大量に入っていたとしても、万引き商品どうかを確認することもできる。

この技術もバーコードの場合と同じで、レジでの滞在時間が若干短くなること以外には、消費者にはほとんど恩恵をもたらさない。これは、万引き防止装置、バーコード、閉回路テレビ〔監視カメラ装置など〕という、それまで小売業界が活用してきた三つの技術を一つに統合した技術なのだから、当然といえば当然だ。EPCは、店を出る客のカートに入っている商品の情報だけでなく、客が途中で一度カートに入れた後に棚に戻した商品や、客の店内での移動ルートに関する情報も集めている。この技術を用いて描かれたのが図表7－2である。

これは、私たちの買い物中の行動を写し取った図だ。買い物カートに埋め込まれたRFIDチップの位置を、中央コンピュータが数秒ごとに確認する技術によって描かれた図である。この図では、すべての軌道が重なって表示されているが、一つの軌道だけを表示することも可能である。この図を分析した研究者たちは、私たちが想定通りに通路を順番に移動するのではなく、時間を節約するために通路の外側の回廊状のスペース（研究者らはこれを「レーストラック」と呼んでいる）をぐるぐると回り、通路に入って必要な商品を手にするとすぐに通路から出てしまうことに驚いた。これは、ソーンダースが考案した平面図と、その思惑にしたがって客が移動すると想定していた雰囲気づくりのプロたちにも意外なことだった。

◆666　新約聖書の『ヨハネの黙示録』に「666」は「獣の数字」であるという記述があるため、この数字は悪魔を意味するものとしてキリスト文化では忌み嫌われ、ホラー映画などにも使われてきた。

◆電波個体識別（RFID）　日本では「ICタグ」と総称されている。

図表 7-2 ■ RFID チップによる買い物カートの移動ルートの追跡結果

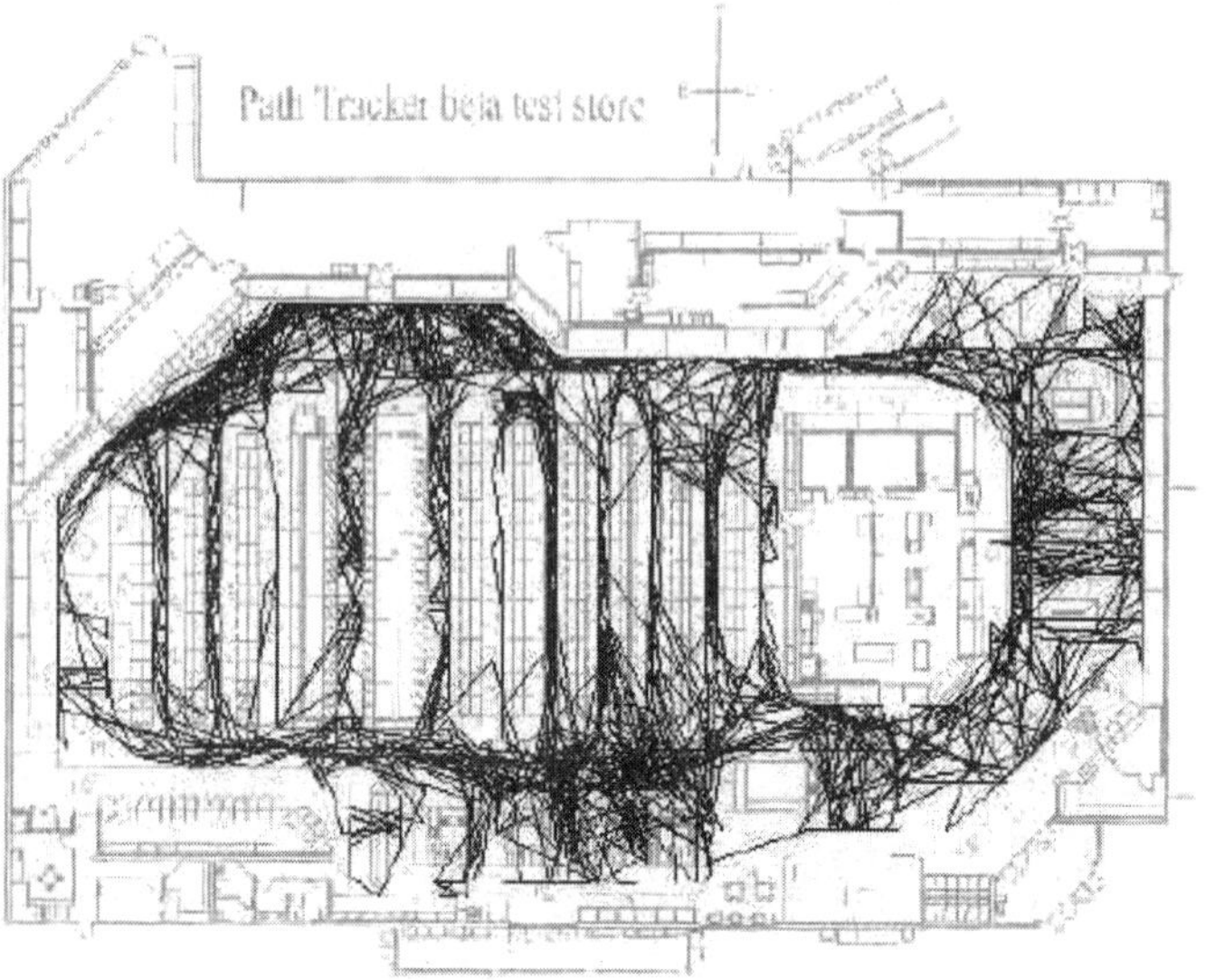

出典：Larson, Bradlow, and Fader 2005. Pathtracker® by TNS Sovensen. Used with kind permission)

だが、彼らが責めを負うべきではないだろう。時間に追われる私たち客は、顔の見えない建築家が設計した狭い通路を無視し、大量のモノとサービスの間をすり抜け、自らの欲望の赴くままに縦横に店内を移動しているのである。だが、その行動は、迷路のなかのネズミそのもののようだ。

4……単純労働化・低賃金化される従業員

買い物客は、スーパーマーケットが求める行動様式をあてはめる対象とされているだけではない。ソーンダースが、「キング・ピグリー・ウィグリー」を展開する際に、買い物客を手助けする店員を雇ったことを思い出してほしい。新しい店のユニフォームに身を包んだ店員たちは、顧客のことを熟知し、顧客に信頼され、客に情報を伝達する役割を果たしていたかつての販売員から、棚に商品を陳列し、客に商品のある場所を教えるだけの存在に格下げされた。スーパーマーケットの物流システムの下で、セルフ・サービス方式が導入される前に店員が果たしていた役割はすべて見直された。今や、それぞれの客の購買行動に関する膨大な情報はコンピュータが管理している。

在庫管理についても同じであり、商品を運ぶトラックも船も飛行機も、このコンピュータが動かしている。店員のシフトを組むのもコンピュータだ。チェーン店の運営や開店に対する補助金を得るために政治に働きかけるのは本部であり、食品メーカーと交渉して取り扱う商品を決めるのも本部だ。商品をどう陳列するかを決めるのも本部やコンサルタント、あるいは学者である。レジもオートメーション化された。商品を棚に並べる仕事の大半や、床の掃除、および代金の受け取りやお金の管理は今も店員が担っている。この無慈悲な分業化の一環として、客を迎える「あいさつ係」という新たな職業が生み出された。スーパーは分業化の最先端を行っている。コンピュータが客の購入履歴を管理し、低賃金の店員が客の買った商品を袋に入れ、棚に商品を並べる。そして物腰やわらかな定年後の老人が、客を愛想良く迎え入れるのだ。

小売業におけるセルフ・サービスの導入は、フォードが工業に大量生産をもたらしたことと同様の結果を生んだ。黎明期のスーパーマーケットでは、自動車産業の工場と同じように時間と動作の分析が行なわれ、生産性向上とコスト削減という目的のために、それぞれの従業員に一つずつ仕事を割り振り、その特定作業を遂行するための技能に磨きをかけさせた。だが、フォードの工場でもそうだったように、小売業でも分業化による生産性の向上は、従業員を退屈させ、不幸にした。このような非常に人間的な問題を解決するために、ペイントボール大会◆の開催から、店員を店に閉じこめる方法まで、さまざまな解決策が講

◆ペイントボール大会　塗料の入ったボールを投げるゲーム。

じられた。このような対策がどの程度成功を収めているのかを知るために、小売最大手が、どのように従業員を待遇しているのかを見てみよう。

5……「毎日《エブリデー》、低価格《ロープライス》、低賃金《ローウエイジ》」——世界最大の企業ウォルマート

ウォルマートは世界最大の企業であり、米国のGDP（国内総生産）の二%を占めており、世界で最も優れたコンピュータを有する国防省に次ぐコンピュータを所有している。米国民の八割がウォルマートの顧客であり、創設者の子どもたちは億万長者である。同社は、二〇〇七年に一三万以上の新規雇用を創出しており、従業員の昇進と報奨の制度が充実していることと、近隣のどの小売店よりも安い価格を実現していることによって、ウォルマートで働くことを希望する人は後を絶たない。ウォルマートを批判する人々は、同社が政府から巨額の補助金を吸い上げていると主張している。ウォルマートに対する反対運動は、同社のCEOの言葉通り、「一社に対して展開されている反対運動のなかで、最も組織的かつ洗練された大規模キャンペーンである」ことは間違いない。

現在、同社に対して、女性従業員に対する差別、労働組合に対する干渉、および違法雇用について巨額の補償を求める集団訴訟がいくつも起こされている。数々の訴訟に直面し、労働組合や女性団体、およびスエットショップ（搾取工場）に反対する運動から抗議を受けている現実を見れば、この会社には何か問題があるのではないかと考えて当然だろう。安価な品があふれる便利なスーパーマーケットの背後には、便乗値上げや差別、搾取的な労働の強制、地域コミュニティの破壊、環境破壊といった現実があり、怠惰に暴利を貪る企業の姿がある。ウォルマートは、その規模は別としても、例外的な存在ではない。スーパーマーケットの便利さは、必ずこのような犠牲をともなうものなのである。だが、地球規模のフードシス

テムについて語るとき、ウォルマートの問題を素通りすることはできない。

創設者であるサム・ウォルトンによれば、ウォルマートは故郷の価値観と、たいへんな労苦と献身、そして基本に忠実であることから生み出された。ウォルマートの社内文化については、さんざん話題にされてきた。社外の会議で配られたペンを持ち帰るよう役員に指示していたことや、サム・ウォルトンが飛行機でエコノミー・クラスに乗り、節約のために相部屋に泊まること、などなど。だが、この企業は、単に倹約的なだけでなく、米軍に次ぐ規模と厳密さを誇る物流ネットワークにおいて、客と従業員と納入業者を管理する、まったく新しい手法を編み出している。

その手法が必要とされた理由について、「あんな田舎町には、都会の競合スーパーが得ているような好条件を提示してくれる業者はいない。私たちには、自分で倉庫を建てて大量購入することで、取引価格を安くする以外に手はなかった」[6]と、サム・ウォルトンは語っている。サムによれば、プロクター&ギャンブル社は、アーカンソー州ベントンにまでは進出してこなかったので、自社で物流まで手がけるしかなかったのだ。ウォルマートは他の小売業者に先んじて、巨大な物流ネットワークを築いた。情報技術産業界では、ウォルマートは小売事業を展開するＩＴ企業として知られる。同社はＥＤＩ（電子データ交換）として知られる物流管理基準を開発し、取引業者すべてにこの基準の採用を義務付けている。同社はまた、従業員による在庫の持ち去りの阻止を主眼に、早くからＥＰＣ技術を導入している。同社では従業員による商品の持ち去りは売上の二％と、業界平均の三・五％よりは少ないが、レジ係によって無断で持ち去られている商品はまだまだ多い。自社の物流管理システムに対する同社の自信を支えているのは、その神経系

▼6　Rudnitsky 1982.

を司る情報技術部門への信頼である。ウォルマートが投資家に向けて発行している年次報告書には、同社の有するデータ容量は、インターネット全体の固定ページの容量を上回る五七〇テラバイト（一テラバイトは約一兆九五〇〇億バイト）であり、それによって以下のようなことが可能だと記されている。

私たちは、商品需要をリアルタイムで見通せるレベルに達しています。ですから、ハリケーン・アイヴァンがフロリダ半島に接近していたとき、私たちは、この地域でケロッグ社のストロベリー・ポップタルトの需要が増えると予測できたのです。[7]

この主張について、少し時間をかけて考えてみる必要がある。確かに、食料品店チェーンを経営している立場だったら、悪天候が予想されれば懐中電灯用の電池や、いつもより多めのボトル・ウォーター、そして大量のスパム（ポーク缶詰）を発注するだろう。だが、ウォルマートのデータ検索アルゴリズムは、特定の天候が特定の地域にどの商品に対する需要を生むか、というところまで予測できるのである。非常事態が起きたときに、ある地域がある特定のフレーバーの朝食シリアルを求める、という具合にだ。驚くべきデータ検索能力ではないか。

ウォルマートの毎年の年次報告書は、従業員関係についても同じように楽天的だ。年報によれば、従業員は満足しており、会社に対してほとんど狂信的な情熱を抱いている。同社が創業まもない頃に創設した利益分配制度を通じて、何人かの従業員が大金を手にしている。たとえば、一九七二年に同社に入社したあるトラック運転手は、一九九二年に退職する際に七〇万七〇〇〇ドルの利益分配を受け取った。だが他の多くの従業員は、ウォルマートを良い会社だとは思っていない。そう思っていない従業員は非常に多い。ウォルマートは、米国だけでなく、最近、同社が記録的な利益を計上したメキシコでも、国内最大の雇用者であり、世界全体で一六〇万人を雇用している。[8] そして、同社の労働環境があまりに悪いため、この米国最大の雇用者を激怒させるリスクを冒してまで、懸念を表明した米議会議員も少数ながら存在する。

ジョージ・ミラー下院議員（民主党・カリフォルニア州選出）は、二〇〇〇年七月に行なわれた無作為抽出の監査によって、ウォルマートが未成年を深夜や授業時間中に働かせたり、長時間働かせたりしていた例が一三七一件も発覚した件を含め、幅広く同社の不正を批判した。この監査では、従業員が休憩を取れなかった回数が合計で六万七六七回、食事が採れなかった回数が合計で一万五七〇五回あったことも明らかにされた。[9] 労働時間中に休憩を取らせることは法律によって義務付けられているが、管理者がこれを実質的に反故にしてきたのである。休憩が取れなかった、というのはトイレに行けなかったことを意味する。ウォルマートの元レジ係の一人は、休憩を取ることを許されず、トイレに行かずにレジでしゃがんで用を足さねばならなかったと証言している。実際に、ウォルマートの従業員にとってはトイレが唯一の避難所であり、休憩場所である場合もある。同社が、結局は失敗したドイツでの事業を開始したとき、朝礼でウォルマートの歌を唱和するのが嫌で、トイレに隠れた従業員もいたという。[10] この歌の唱和も、時間を限った「休憩時間」も、効率化をはかり、「エブリデー・ロープライス」（毎日、低価格）を提供するという大義の下で導入された制度だ。だが実際には、これはウォルマートの店長らに「毎日、低賃金《ローウェイジ》」を維持させ、

▼7　Wal - Mart 2005.
▼8　小売業の情報企業プラネット・リテイル社のウェブサイトによる。http://www.planetretail.net/default.asp?PageID=EAlert&Article=45027&Date=2006-02-10
▼9　Greenhouse 2004 in Miller 2004.
▼10　*The Economist* 2001.

売上の何%までと厳しく制限された人件費の枠を賃金が上回った場合には、ペナルティを課すことで賃金を抑制するためのお題目にすぎない[11]。

これを可能とする方法の一つは、伝統的な梃子の力に頼るやり方である。ミラーのような議員から攻撃を受けても、ウォルマートには政権内部に多くの友人がいる。米労働省の賃金・労働時間課は、ウォルマートに児童労働法違反に関する強制捜査を通知しておきながら、記者発表文書の作成にはウォルマートに関与させた[12]。

しかしウォルマートには、今でも伝統的な力に支配されているところもある。たとえば性差別だ。「デユーク対ウォルマート裁判」は、企業に対する訴訟のなかでも最も重要な裁判だ。この訴訟は現在進行中だが、集団代表訴訟として審理されることが認められた。この訴訟の呼び名は、原告団代表のベティ・デユークの名字から取られた。デユークは、今でもカリフォルニア州ピッツバーグのウォルマートに勤務しているアフリカ系米国人の女性である。原告団は、ウォルマートの従業員の過半を占める女性たちが、同社の経営管理体制において差別されていると主張している。原告の主張を裏付ける証拠は、ウォルマートの内部から出された。人事部の責任者コールマン・ピーターソンは、女性を管理職に昇進させることにおいてウォルマートは他の同業者に遅れを取っていると繰り返し批判し、管理職研修の一環として要請される転勤に応じることができない女性を対象とした「レジデント・アシスタント」プログラムは行き詰まっていると切り捨てた[13]。ウォルマートが組織的に女性の管理職への昇進を阻んできたことや、同社の経営陣には女性蔑視の傾向が強く見られることを示すデータはいくらでもあるらしい。ウォルマートがこれらのデータをごまかす努力を行なったとしても、この訴訟に勝てる見込みはなさそうだ。同社は、この訴訟がもたらしているイメージダウンと、この訴訟を通じて一九九八年一二月二六日以降に在籍した、あるいはしている女性社員が、一六〇〇万ドルの損害賠償を請求している事実にうろたえている。だが、この訴訟が進められるあいだも、同社の事業はいつも通りに続けられている。

ウォルマートのいつも通りとは、冷酷至極であることを意味するが、それが必ずしも「毎日、低価格」を意味するとは限らない。近隣に競合店がある場所では、ウォルマートの価格は確かに安い。だが、たとえばネブラスカ州のある例では、二つのウォルマートの店舗でまったく同じ品が一七セントも違う値段で売られている。その理由は、近隣の競合店の販売価格が非常に高い場合には、ウォルマートもそれに近いレベルにまで価格を引き上げるからである。[14]

自由市場ではそれも仕方ないと考えるかもしれない。私たちは、ウォルマートのことを、労働者としては不快に思っていても、消費者としては歓迎しているのだ。クリントン政権で閣僚を務めたロバート・ライシュは、皮肉を込めてそう主張した。[15] けれども、米国の諸制度について研究しているシンクタンク、ニュー・ルールズ・プロジェクトのステーシー・ミッチェルは、こう主張している。

「ウォルマートは、消費者の選択によって生み出されたと言えるのと同じ程度に、公共政策によってつくり出されたと言えます。地方自治体と州政府は、減税や補助金を通じて数十億ドルを投じて、大型小売店の出店を支えてきました。多くの州で、地元の企業が法人所得税を満額支払っているのに対して、全国展開する小売業者は、その税金をほとんど払わないで済むような政策が取られています[16]」。

▼11 Miller 2004.
▼12 Greenhouse 2005.
▼13 Featherstone 2003.
▼14 Mitchell 2005.
▼15 Reich 2005.

少なくとも、連邦政府から一〇億ドル超の補助金が、直接ウォルマートの支援に流れている。同社が全米の各州と海外で受け取った補助金を加えれば、その額はさらに大きくなる。[17] こうしたことが、ウォルマートの進出によって地域の経済とコミュニティが崩壊させられている事実が次々に明らかになるなかで行なわれてきたのである。[18] だが、人々の収入が細るなか、ウォルマート以外で買い物をできる消費者はますます少なくなってきている。

6……生産者を追い詰めるサプライ・チェーン

ウォルマートの従業員たちは、ひどい待遇を嘆いているかもしれないが、社外の人々はもっとひどい扱いを受けている。そうしたことが起きるのは、スーパーマーケットが、その巨大な規模と大量の商品を動かしていることによって、サプライ・チェーンを支配できるからである。サプライ・チェーンを支える人々にとっても、ウォルマートは最悪の納入先だが、その理由は同社の規模が最大であるからだけではない。世界で三番目に大きい英国のスーパーマーケット、テスコを例に挙げよう。開発NGOであるアクション・エイドは、最近、英国のスーパーマーケットの棚に並ぶリンゴの流通経路を、生産地の南アフリカ西ケープ州セレスの果樹園までさかのぼって調べた。南アフリカは、ニュージーランドやチリなど他の南半球の国々と同様に、北米やヨーロッパで生産できない時期に大量の果物を供給することができる。世界貿易の自由化が進んだことで、これら南半球の国々の果実生産者たちは、天候や為替レート、および生産者と契約を結びたがる卸業者やスーパーマーケットに翻弄されながら、直接に競争させられるようになった。価格引き下げ圧力がサプライ・チェーン全体を締め付けている。テスコやアスダ（英国のウォルマート子会社）が各国の果実卸業者を互いに競わせているように、卸業者も労働者を厳しい状況に追い込んでいる。

コスト削減を求める圧力は、国際経済から国内経済に伝わり、最終的に生産現場を圧迫する。農場では、労働者がますます不安定な立場に追い込まれる。南アフリカでは、農園労働者の平均月収は男性で四〇〇ランド（約五五ドル）だが、女性の場合は賃金もそれ以外の報酬も男性より少ない。セレス農園で働く女性の一人、アルナ・モリソンはこう言い放った。

「男たちには、長靴やユニフォームなど、何でもタダで支給されるけど、季節労働者の女たちには、何もタダでは支給されません。なんで、私たちはお金を払わねばならなくて、男たちは払わなくていいのかしら▼19」。

子どもを育てている女性にとっては、特にその支出は痛手である。

「何がつらいって、子どもに『ママ、ママ、お願い、お願い……』って懇願されるときほど、つらいことはないわ。だけど、彼らにはわかってもらえません」。

アルナにとって最悪なのは、同僚たちに引け目を感じていることだ。

「私には、顔を上げて、他の人の目を見る勇気がないんです」。

アルナは、西ケープ州で農園労働者の権利を求めて闘っている「農場の女たち」という組織のメンバーである。彼女たちは団結して州内の農場経営者と対峙し、農業現場にはびこる女性差別をなくすよう迫ってきた。ほかのどこでもそうであるように、アグリビジネスは、男性に比べると女性は簡単に支配でき、

▼16 Mitchell 2005.
▼17 Mattera et al. 2004.
▼18 Stone 1997 ; also Goetz and Swaminathan 2004.
▼19 Wijeratna 2005 : 2.

少ない援助と賃金で働かせることができると考えてきた。彼女たちは、組織化することによって初めて、男性と同じ扱いを求めて闘うことができたのである。だが、この地では男性の待遇も米国の農場労働者（第2章を参照）の場合と同様、良いとは言えない。

7……「便利」であることの矛盾

私たちは、北側諸国のスーパーマーケットが食品を生産している人々に与える影響について考えると同時に、スーパーマーケットが消費者主義に与えている影響についても考える必要がある。すでに第5章で、遺伝子組み換え技術は奇跡などもたらしていないことをマカティーニの事例で示した。もちろんマカティーニについては、遺伝子組み換え技術の問題以外にも語るべきことはあるのだが、遠くに住む人々にとっては、遺伝子組み換え綿の栽培が行なわれている土地であることが重要な意味を持つようになった。キューバが葉巻で知られているのと同じように。

だが、それ以外にもマカティーニには、重要な変化が起きていた。以下は、八人の女性が、栄養について、それからアパルトヘイト後の時代にどんな変化が起きたか、について話しあっている様子だ。


「アパルトヘイトが終わった後も、何一つ変わってないと思う」。

「そんなことはないわ。私たち、スーパーの外で野菜を売っても、追い出されなくなったじゃない」。

「それに、子どもに補助金が出るようになった」。

「それからお店も」。

「ああ、お店ね」。

「お店がどうしたっていうの？」

一九九〇年代前半の終わりにアパルトヘイト体制が崩壊すると、雑貨を売る小さな店が急増した。これらの店の商品は私たちからすれば安かったが、住民の多くには手の届かない値段だった。女性たちは、ちょうどこの頃から、子どもたちがオモチャの携帯電話や懐中電灯を買うために、親の金を盗むようになったと語った。変化したのはそれだけではない。

「パンやタバコ、砂糖を売る店ができた。子どもたちは、トウモロコシ粉でつくったパンを嫌がるようになり、オールバニー社製のスライスされたパンを欲しがるようになった〔……〕。学校でも給食は食べなくなり、買い食いをするためのお金を無心するようになった」。

だからといって、女たちはアパルトヘイト時代を懐かしんでいるわけではない。それどころか、私たちが話をした女性たち自身も、トウモロコシを自分で挽くよりもトウモロコシ粉をスーパーで買う方がずっといい、と語ったのである。これは両刃の剣だ。「人々は怠け者になり、怠惰が人々を襲っている」。トコ・ドラミニは、そう言った。

女たちは同時に、地元のスーパーマーケット「スパー」が、彼女たちのつくった果物や野菜を買ってくれず、他の地域から作物を運んできて販売するので、彼女たちは綿花など他の作物を栽培しなければならなくなったと憤っていた。母親でもある女性たちは、そのせいで人々が不健康になっていることが不満だった。

「私たちの身体は、前より弱くなっています。年を取ったからではないんです。子どもたちも、前ほど元気ではありません」。

手広く綿花を栽培しているザチャリア・ジョベの言葉だ。世界中で、農場で働く女性たちは、農薬が健康に悪く、作物から栄養を奪っている事実にすぐ気づく傾向がある。だが、マカティーニの女性たちは、粉挽きは退屈な仕事なので、今でもトウモロコシ粉をスーパーマーケットから買っている。

つまり、女性にとってスーパーマーケットとは、生産者としては必ずしも良いところではないが、消費者としては便利なところなのである。しかし現実には、スーパーマーケットは女性から時間を奪い、自由を奪う存在である。このメッセージは矛盾に満ちているが、マカティーニでもロサンジェルスでも、あるいはメキシコシティにおいても、それは真実である。マカティーニ平野では、私たちが話をした女性たちが、この矛盾を解消する方法を見つけ出していた。粉挽きの機械を自分たちで購入しようというのだ。そうすれば、スーパーマーケットに依存しなくても、便利な技術の恩恵を受けることができる。女性たちは、生産手段を自分たちで所有することを望んだのである。

このことから学べるのは、スーパーマーケットが便利なのは、製粉機などのさまざまな技術を幅広く活用しているからにほかならないという事実だ。だが、その技術を利用したければ、たとえばマカティーニの例で言えば、他の人のつくったトウモロコシを購入しなければならない。マカティーニの女性がその制約から自由になり、本当の利便性を手に入れるためには、スーパーマーケット自体が完全になくなることではなく、フードシステムの両端に位置する生産と消費の両方がより民主的になることが求められている。ここの女性たちは技術を恐れてはおらず、スイッチ一つでトウモロコシが挽けるようになることを望んでいる。ただ、彼女たちには製粉機を購入する十分な資金がない（特に子どものいない女性たちには現金収入がまったくない）ため、この技術がタダで提供されることを望んでいるのである。

マカティーニでは、同様なことがさまざまな形で起きている。スーパーマーケットに地元の農民が作物を卸すことも可能だが、小ロットしか卸せない農民は相手にされない。そのため、農民たちはスーパーマーケットの物流ネットワークを通じて、消費者に販売する機会を得たいと願っている。かつては政府がこの役割を担っていたが、うまく機能していなかった。そして今は、この役割を民間セクターが担うようになったが、貧しい農民たちは見向きもされない。マカティーニでは、北側諸国では数十年かけて行なわれてきた小売の大変革が、わずか一〇年のあいだに起きたのである。しかしマカティーニの女性たちは、その影響についてだけでなく、望ましいオルタナティブ（代替案）についてまで、非常に明快に理解している。

マカティーニで起きたことは、各地で起きている。ザンビアでは、南アフリカ資本の都会的なスーパーマーケットが「すべての市場を奪っている」と、農民たちから非難されている。対立が激化するなか、農民たちが店舗を焼くと脅しをかけたため、このスーパー「ショップライト」の代表との交渉が始まっている。[20]だが、スーパーマーケットの進出は止められないようだ。中南米では、一九九〇年代初めの時点でスーパーマーケットは食料市場のおよそ一〇％を占めていたが、二〇〇〇年にその割合は五〇〜六〇％にまで達した。この地域でも、米国内で半世紀かかったことが、わずか一〇年で実現したのである。同様のことはアジアでも起きている。インドでは、「リライアンス」グループが、生産地から食卓まで一貫した物流ネットワークを持つスーパーマーケット・チェーンを展開するために七〇億ドルを投資している。[21]リライアンス社は、この投資によって仏資本のカルフールの成功に続こうとしている。カルフールは、二〇〇七年の第一・四半期に二一〇億ユーロ（約二九〇億ドル）を売り上げているが、その半分以上は海外店舗での売上である。カルフールが海外展開にこだわった理由の一つは、フランス国内で大きな痛手を受けたことにある。フランス政府は、一九七三年、国内各地の中心街において中小規模の商店がハイパーマーケ

▼20 Miller forthcoming.
▼21 Johnson 2007.

ット（巨大小売店）によって破綻に追い込まれることを回避するための規制に乗り出した。フランス国内での事業拡大が社会厚生への配慮から大きく制約されることになったカルフールは、政府の対応がより柔軟な国々で店舗を増やしていった。「ハイパーマーケット」という言葉通り、「すべての商品を一つの屋根の下で」というコンセプトで、一九六三年、アヌシーとパリ郊外に最初の店舗をオープンさせたカルフールは、現在、世界各地に八六八店のハイパーマーケットを含む一万一〇八〇店舗を展開しており、中南米には一二九店、アジアには一七三店が存在する。

スーパーマーケットが南側諸国で成功を収めているもう一つの大きな理由は、これら国々の国内経済の事情と関わっている。マカティーニの住民は、彼らの作物の市場を創出するのは政府の役割だと思っている。世界中の農民が、そうであることを望んでいる。政府もまた、多数のマーケティング・ボード（国営の販売機関）を通じて、保障された価格で農産物を買い上げ、農村コミュニティの生活を下支えしてきた。しかし世界銀行が一九七〇年代末に導入した構造調整政策（ＳＡＰｓ）によって、この制度は解体されていった。世界銀行は、農民に官製市場を提供することは公金の無駄遣いだと主張した。政府が農村の人々の所得を向上させたければ、彼らに資金を直接支給する方がうまくいくというのだ。こうして、マーケティング・ボードはすべて廃止された。

農村の有権者には、政治を動かす力はほとんどない。たとえばインドでは、国民の八〇％が農村に住んでいるにもかかわらず、政府予算の八〇％が都市に使われている。政府は、構造調整政策を大義名分にして、農村の貧しい人々への約束を反故にしたのである。マーケティング・ボードは、北側諸国では強い政治圧力が存在したために変節を経つつも生き残ったが、南側諸国では完全に廃止されてしまった。この空白を埋めるように進出してきたのがスーパーマーケットだった。貧しい国々では、かつては政府が担っていた農産物の売買や輸送が、スーパーマーケットの物流システムに飲み込まれてしまった。スーパーマーケットは政府と違って、農産物をできるだけ安く買おうとする。第1章で詳述したような、自殺者を出すほどの農村の困窮が、すべてスーパーマーケットのせいであるとは言わないまでも、スーパーマーケットが農村を苦しめている安い買取価格から利益を上げていることや、農民を自死に至らせるほど不安定な経済状態に間接的に追い込んでいることは、確かな事実だ。

スーパーマーケットを始め、アグリビジネス全般が、構造調整政策が導入されて以後の経済環境で大きく成長している。南側諸国での事業展開は、巨大な小売企業に大きな利益をもたらすことが明らかになった。食品小売には、路上の移動店舗で多様な食品を販売しているキオスクや、公営市場、セルフ・サービス式の食料品店、スーパーマーケットなど、さまざまな形態がある。しかし、すでに中南米では、スーパーマーケットが食品小売を独占しており、一九九〇年代以降は、その八〇年前の米国でそうであったように、対面式販売の店は時代遅れとなった。この地域では、域内の企業同士の統合も急速に進んでいる。ウルグアイとアルゼンチンの資本が経営する「ディスコ」チェーンは、地域市場におけるシェア拡大を目指して、やはりこの地域でチェーンを展開しているチリ資本のサンタ・イサベルと、小さなアルゼンチンの小売チェーンの買収をめぐって争奪戦を展開した。サンタ・イサベルは、のちにオランダのアホールドに買収されている。北側諸国の市場が飽和状態にあることを考えれば、世界の小売最大手の三社すべてで、最も成長著しいのが国際事業部であるのは当然のことだろう。

8……スーパーによるレッドライニング――食料沙漠化と肥満化が進む貧困地区

オルタナティブについて徹底的な検討を始める前に、スーパーマーケットについて的確に理解することが重要だ。スーパーマーケットは、スプロール（ドーナツ化）をもたらしており、北側でも南側でも、新しい奇妙な風景を生み出しながら、都市と郊外の境界をあいまいにしている。スーパーマーケット内部の人工的な空間も、周辺の風景を以前とは違ったものに見せる効果を持っている。街は拡大し、以前よりも人口が減っている都市においてさえ、自家用車の使用を前提とした町づくりによって生活圏が拡大している。移動距離が長くなっても、ラジオを聴く時間が長くなるばかりだ。しかし、米国でも三人に一人は自動車を運転しないし、南側諸国ではその割合はずっと高い。ウォルマートに代表される「巨大な箱物《ビッグ・ボックス》」型の小売スタイルは、他の食品小売企業も競争力維持のために追随しているスタイルであるが、社会の化石燃料への依存を増大させる業態である。

　スプロール（ドーナツ化）には、もう一つの側面がある。「巨大な箱物《ビッグ・ボックス》」の展開は、都市を拡大させることで成功しているが、都市は均一に拡大しているのではない。スーパーマーケットは、客となる消費者が住んでいる地域にだけ店舗を展開する。特に大規模な店舗は、自動車でのアクセスが良い場所につくられる。農村地帯では、広い範囲にわたってスーパーマーケットがないにもかかわらず、既存の食料品店も減りつつある。これは、食料を生産している農村地域が、「食料沙漠」、つまり自動車がなければ生鮮食料品を買うことが非常に困難な地域になっている可能性があるということだ。[22]そして都市部では、とりわけ米国の都市部では、スーパーマーケットへのアクセスを得られないのは有色人種である。

　スーパーマーケットを厳しく批判した後に、貧しい人々はそこに行くことができないと非難するのは少々奇妙だと思うかもしれない。だが、スーパーマーケットではほとんど「自由」を経験できないのは事実だとしても、低所得者の住む地域にはそれ以上に選択の自由がない。スーパーマーケットは方針を転換したのである。初期のスーパーマーケットは、高い食料品を少しでも安く買えるならセルフ・サービス式も喜んで受け入れる貧しい人々を対象としていた。しかし近年には、有色人種の居住地域に店舗をつくろうとはしなくなった。これは経済学から見れば不思議なことである。多くの研究が、貧困地域はスーパーマーケットにとって良い市場であると指摘している。食料を得るためなら人々は他のものを喜んで犠牲にする。そして第二次世界大戦以後は一貫して、豊かな郊外の住民と比べると、貧しい都市住民の方が食費の支出が多い状態が続いてきた。ニューヨーク市の消費者問題局が一九九一年に実施した調査は、低所得者の居住地域と富裕層の居住地域の食料価格には八・八%の差があったことを明らかにしている。[23]貧しい人々は食料によりたくさん支出しているのである。ある評論家は、一九八〇年代の実態について調べた結果、「年収九九九九ドルの四人家族の場合だったら、郊外に住む四人家族よりも年間で一五〇〇ドルも多く食費を払っている」と推計している。[24]価格が高いだけでなく、スーパーマーケットは近郊で生産される生鮮野菜や生鮮果実の販路となっていた地元の食料品店を次々に閉鎖に追い込んできたため、貧しい人々の地域で手に入る食品は、ほとんどが脂肪の多い加工食品となってしまった。これがスーパーマーケットの「レッドライニング」(投資差別)効果なのである。レッドライニングとは、銀行が地図の上で有色人種の居住区に赤い線で囲むように印を付け、その地区の住民には融資を行なわないようにする、という違法行為のことである。

すでに貧困地区からは野菜や果物を販売する他の小売店が姿を消しているなか、スーパーマーケットが、住民の大半が有色人種である貧困地区に今後は店舗をオープンしないと決めれば、貧困地区の住民には冷凍ピザやポーク・ラインズ、牛挽肉のパテ、あるいはコーン・ドッグ(アメリカンドッグ)という選択肢し

▼22 このことは、居住地域によって肥満が増えるという現象と密接に関係している。ミシガン州で行なわれた調査では、都市部よりも地方部の方が子どもの肥満率が九%高かった。Jensen et al. 2006 を参照。
▼23 *The Economist* 1992.
▼24 Kane 1984 in Eisenhauer 2001 : 130.

か残されていない。米国では、スーパーマーケットがある地域の方が肥満率が低いという調査結果があるが、それも当然のことだろう。だとすれば、近所にスーパーマーケットがあることよりもっと悪いのは、スーパーマーケットが一軒もないことだということが理解できるだろう。もちろん、スーパーマーケットがあっても人種差別はなくならない。黒人の多い地域のスーパーマーケットは、意図的に白人が多い地域よりも健康的でない食品を揃えている。そして、多くの調査が明らかにしているように、健康的な食品が手に入る地域では、果物と野菜の消費量も多いのである。

9……スーパーに並ぶ「有機食品」——「有機認証」は誰のためのものか?

私たちは、スーパーの棚に並ぶ商品を購入するとき、それを可能としている社会関係について考えたりはしない。有機食品をめぐる最近の議論が、その事実を雄弁に物語っている。二〇〇〇年に米国で農務長官を務めていたのは、ダン・グリックマンだった。当時、農務省は、これまでになく激しい批判にさらされていた。黒人の農業団体が、農務省の補助金支給の実態をめぐって訴訟を起こし、人種差別に対する損害賠償としては史上最高額となった二二億ドルの支払いを命じられたのである。農務省はグリックマン長官の下で、女性や高齢の農民からも訴訟を起こされ、彼らを差別したとして三〇億ドルの損害賠償を請求されていた。そうしたなか、グリックマンは「世界で最も厳しく、包括的な有機基準」を発表した[25]。この栽培方法に関する基準は、全米の農民に有機食品のプレミアムで儲けることを容易にするためのものだった。

この基準は、企業によるロビイングが行なわれた結果として、議会においてさまざまな例外や抜け穴が付け加えられ、「有機基準」として広く容認されている基準とは、ほど遠いものになってしまった。この基準の恩恵を受けるのは巨大な食品会社であり、有機農業への転換を考えていた小規模農民ではなかった。

多くの人が有機食品を食べるようになることも、農薬の使用量が減ることも、それ自体は望ましいことであり、基準ができるのは悪くないように思える。大企業が儲けることに目くじらを立てる必要はないかもしれない。ましてや、これら企業は、有機食品を買うことができる一部の特権階級だけでなく、より多くの人に有機食品を提供しようとしているのだから。だが、これまで私たちに健康に良くない食品ばかりを売りつけてきた人々に、良い食品を普及する独占的な権限を与えることが一番良い方法と言えるのだろうか?

大企業にゆだねなくても、有機農業に参加する消費者を増やすことで、より多くの人が有機食品を食べられるようになるのも事実だ。私たちは以前にも、似たような議論を経験している。遺伝子組み換え（GM）作物に関する議論では、野外実験で比較されたのは、GM作物と通常通り農薬を使用する慣行作物の二つでしかなかった。農業生態系を破壊せず、危険な農薬を使用しない農法は、比較の対象にすらならなかった。そこに、有機農産物をめぐる議論との共通点がある。つまり、有機食品の分野にアグリビジネスを進出させることは、これらの企業によるフードシステムの支配を正当化し、これら企業の関与がなければいかなるフードシステムも存在し得ないと認めることにほかならない。それは、農薬を多投する農業かGM農業かの二者択一を受け入れることが、いずれを選んだにせよ、フードシステムで農薬会社の果たす役割を受け入れることであることと相似している。しかし、そのいずれでもないオルタナティブは、常に

◆ポーク・ラインズ　豚の皮を油で揚げたスナック菓子。
▼25　United State Department of Agriculture 2000.

存在しているのだ。

食料の生産においても、持続可能で収量も多く、農業生態系を保全する方法は、いつも存在した。食料の購入においても、地元の市場はいつも存在したし、そこで生産者と知り合い、作物の話を聞き、ともに自然のサイクルに合わせて季節ごとの作物を食べる暮らしを続けることは常に可能だった。今日、きれいに梱包された加工食品が爆発的に増加している市場が、有機食品も取り扱うようになった。だが、ハインツ社は、有機トマト・ソースの缶詰を製造してはいても、農家を支援することや、私たちの食生活をより良いものにすることなどまったく念頭にない。企業は、客が減農薬の原料を使った加工食品を求めるようになるなか、持続可能な農業という本質的には過激な思想を、表層的に理解するに留めているのである。そのせいで、食料生産における社会関係や、そうした関係を育む政治の重要性は完全に無視されることになった。

そのため、工業的に生産された有機食品と、工業的に生産された有機ではない食品とでは、環境に与える影響が大きく違うことは事実であり、その違いが人々を引きつけ、需要を生み出していることは確かだが、社会に与える影響という面からすれば大きな違いはないのである。このように、選択肢があるようでありながら、その実はまったく有効な選択肢を提示できていないスーパーマーケットの現実は、前述した表現を繰り返せば「コーラか、ペプシか」を選ばせている状態なのである。

これではまるで、食生活に関わる社会関係を殺し、剝製にしてキッチンの棚に並べるようなものだ。私たちは、食べ物を生産している人々と直接に知りあう機会に恵まれないまま、その幻影にだまされ、「有機認証」された生気のない食品を、生身の社会関係の詰まった食品だと勘違いしているのだ。地元で採れた新鮮な食べ物を食べたことのある人なら誰でも、それらが何千マイルもの輸送を経てスーパーの棚に並べられた有機食品とは、まったく違うことに気づくはずだ。その違いは味ではない。もし私たちが食品表示だけを頼りにしなければならないとすれば、真実を知ることは決してできない。スーパーで売られている食品はすべてそうである。きれいにパックされた有機食品の産業は急成長しているが、その裏では、食品表示の論理を逆手にとり、スーパーマーケットが自社ブランドで商品を販売して、利益幅を増やしている。スーパーマーケットによる自社ブランドの低価格商品は、食品の来歴をすべてはぎ取られた「ノーブランド」商品である。客はスーパーマーケットに一歩踏み入れたときから、ノーブランド・ラベルの一部になるのだ。

10……オルタナティブな流通の実験——ブラック・パンサーの後継者たち

スーパーマーケットでの買い物を止め、生産者とより直接的かつ相互的な関係をつくっていくというオルタナティブな思想からすれば、スーパーマーケットがどれほど大きな問題を抱えているか、理解してもらえただろうか。たとえば、地域に支援された農業（CSA）のシステムでは、その季節に採れた作物を生産者が消費者に配達することなどを通じて、農場と消費者が直接につながっている。米国では一九八〇年代には存在していなかったCSAが急速に広がっており、その数は一九九五年に五〇〇になり、現在は一〇〇〇を超える。一九七〇年代にはわずかしかなかったファーマーズ・マーケット（直売市場）も、九九年末には二五〇〇を数えるほどに増えている。都市周縁のショッピングセンターを介在させずに食料生産を行なう方法はあるのだ。生産者が直接消費者に食料を届けることで、生産から消費までの距離は短くなり、同時に、冷蔵や輸送にかかるエネルギーも節約できる。食料品店も、CSAの原則にもとづく経営で成功を収めている。オーストラリアには、CSAによって廃棄物が七五%、大気汚染が六三%、エネルギー消費が七二%、水消費が四八%減った事例が存在する。[26]それほどの削減が可能だったということは、裏返せば、私たちにこれまで間断なく提供されてきた食品は、世界中から大量の資源を浪費してかき集められていたものだったということである。

地域に支援された農業は、消費者がふたたび生産者とつながる確かな方法を提供してきたが、ＣＳＡではフードシステムで働く労働者たちが適正な賃金を確実に受け取れるようにすることはできない。労働者の権利を守ることに関しては、他の実践モデルが存在する。サンフランシスコのベイエリアには、バスク人の牧師ジョセ・マリア・アリスメンディアリエタ（通称アリスメンディ）に刺激を受けて始まった数店舗のグループがある。アリスメンディは、スペイン内戦後に、モンドラゴンに本拠を置く協同組合の創設に関わった。モンドラゴンは、数多くの文献でも紹介されてきた著名な協同組合運動である。その基本原則に合意する人なら誰でも受け入れるモンドラゴンでは、すべてのメンバーが対等であり、すべての労働者が平等に決定に関わっている。この組織は、自治と社会変革および教育に特に力を入れている。アリスメンディの協同組合についての考え方は特筆に値する。

「協同組合を創設することとは、資本主義とは正反対の組織をつくることではない。資本主義にも良いところはある〔……〕。協同組合の考え方は資本主義を超えねばならず、そのためには資本主義の方法と活力を取り入れねばならない」。

この明察は、本書に登場する社会運動すべてに共有されている考え方である。彼らは、市場や革新、あるいは活力を排除したいのではなく、これらからの支配を脱し、これらを自らコントロールしたいと考えているだけなのである　そして、フードシステムではそれが可能なのだ。

テリー・ベアードは、サンフランシスコのベイエリアの対岸にあるオークランドでアリスメンディ・ベーカリーを始めた一人である。ここでは、最高の食パンとロールパン、ピザを製造・販売している。「私たちのパンが特別なのは、サワードウだからです。増え続けるスターターと呼ばれる発酵種を使っていま混ぜてつくられる。

す」とベアードは解説してくれた。このスターターは、発酵培養させたラクトバシル菌に酵母と粉と水を

「毎日、発酵培養させたスターターの八〇%を〔ドウをつくるのに〕使ってしまいます。この生きた酵母（イースト）がパンを膨らませるんです。そして毎晩、残った発酵種に新たに材料を加えて発酵培養させます。この発酵種は、チーズボード・コレクティブ〔ベイエリアの他の食品協同組合〕から分けてもらいました。チーズボードでは、この発酵種を二〇年以上培養し続けているそうです」。

サワードウのパンには独特の酸味があり、それはこの地域の酵母独特のものだ。なにしろ、このラクトバシル菌には「Lactobacillus Sanfransiscensis」（ラクトバシルス・サンフランシセンシス）という名が付けられているのだ。職場の文化も独特である。「私たちの職場では、一対一で教育を行ないます」とベアードは言う。教育にも高い対価が支払われる。

「時給は一六ドル五〇セントで、これに加えて、働いた時間に応じて時間当たり四ドルの利益を分配できるようになりました。さらに、一回あたり五ドルの自己負担で受診できる健康保険に加入しています。でも、何よりもいいのは、いつどれだけ働くか、ということを柔軟に決定できるところです」。

巨大スーパーマーケットの賃金や福利厚生などの条件とはまったく対照的だ。ウォルマートの平均時給は九ドル六八セントであり、同社では六人に一人が健康保険に加入していない。[27]

「それに、私たちはすべてのスタッフに、研修生も含め、初日から同じ賃金を払っています。実際、研修

▼26 Stagl 2002.
▼27 http://walmartwatch.com/blog/archives/mo_money_mo_problems and walmarwatch.com more generally.

図表7-3■ピープルズ・グロッサリー

生には州法によって割増し残業代の支払いが義務付けられているので、研修生は協同組合メンバーのスタッフよりも給料が多いこともあるのです」。

　都市において食料と雇用をつくるという困難な課題に取り組んでいるのは、アリスメンディのグループだけではない。オークランド自体が、闘争の歴史を持つコミュニティである。ここで警察と政府による組織的な人種差別に対する闘争が始まり、その怒りが州全体を揺るがしたこともある。それはブラック・パンサー党◆による闘争だった。この闘争で地域のリーダーのほとんどが投獄または殺害され、その後の都市開発プロジェクトと交通網の整備によってコミュニティは分断された。しかし、かつての悲惨な闘争は、新たな運動に貴重な教訓を残した。

　ウエスト・オークランドは今、少し違う種類の問題に悩まされているが、その闘いもまた、人々の健康に関するものである。今日、この地域の住民の多くが、警察や銃によってではなく、心臓病によって死亡している。すでに説明したレッドライニングの問題や、米国の有色人種が入手できる食品の質のことを考えれば、これは驚くには値しないだろう。ウエスト・オークランドは、「エメリービル」と呼ばれる北カリフォルニアのベイエリアでも最も豪華な建物が建ち並ぶ地域と接している（ピクサー・アニメーションのキャンパス〔広大な本社の敷地〕もここにある）。エメリービルには、数え切れないほどのスーパーマーケットやショピングセンターがある。他方で、三万人が住むウエスト・オークランドには、コンビニエンス・ストアと酒屋が合わせて三六件と、スーパーマーケットが一件しかない。ここは、レッドライニングされている市なのだ。だが、ここには〝ピープルズ食料品店〟がある。ブラアム・アーマディ、マライカ・エドワーズ、およびリーンダー・セラーという三人の若い活動家が始めた「ピープルズ・グロッサリー」（図表7-3）は、客を教育し、物流を管理し、地域に変化をもたらしている、という点においてスーパーマーケットと似ているかもしれない。さらに言えば、賃金も福利厚生も与えずに人を働かせ、州政府から若干の補助金を得ている。この食料品店は、市から許可を得て遊休地を借り受け、二〇〇平方メートルほどの小さな菜園をボランティア労働に頼って耕作している。だが、実のところ、この店とスーパーマーケットにはほとんど共通点はない。この食料品店は、販売している食品の大半を借り受けた菜園で生産しており、店のオレンジ色のトラックは、補助金をもらって生産している有機野菜や有機果実とともに、全米最大の有機食品流通会社マウンテン・ピープルズ・ディストリビュターから格安で仕入れた有機加工食品を積んで近隣で移動販売を行なっている。

この店は、教育活動にも力を入れている。この店が地元のＹＭＣＡで開催している栄養学のクラスでは、地元で生産された食材の食べ方を誰でも習うことができる。ピープルズ・グロッサリーは、他の事業者が

◆ブラック・パンサー党　都市部の貧しい黒人居住地域を警官による抑圧から自衛するために結成された黒人民族主義・黒人解放闘争。革命による黒人の解放を訴え、アフリカ系米国人に武装蜂起を呼びかけた。

提供するはずもない、さまざまなサービスの提供を通じて、コミュニティを変革することが持つ包括的な意義について教えているのである。彼らはある意味で、ブラック・パンサーの後継者である。今のコミュニティが直面している生き死にの問題に取り組む現代のパンサーたちは、食料へのアクセスを得ること（食料の無償配布や朝食の提供）をコミュニティの課題と捉え、地域の人々の力と知恵を活用して、外部の人々には真似のできない素晴らしい解決方法を編み出したのである。

しかし、ピープルズ・グロッサリー（およびコミュニティの食料問題の解決に尽力している世界中のグループ）とブラック・パンサーには重要な違いがある。前者は、後者と違って政府や支援者らから概して評判が良い。英国の運動について書いているスージー・レザーがそれを端的に指摘している。政府は「資源がほとんどないなかで、資金なしでもやっていこうとする自助の精神にもとづき、貧困に屈することなく立ち向かおうとする組織を支援したがる。

ピープルズ・グロッサリーの運営者たちは、この事業が政治的なプロジェクトであることを自覚している。だが、この店のロゴにある突き上げられた拳は、黒人民族主義の亡霊への追随を意味しているわけではない。この拳は、今後に対立という重要な活動が待ち受けているという認識を示しているのである。ブラアムは、エメリービルからショッピングセンターが進出してくることによるウエスト・オークランドの「エメリービル化」という新たな問題が起きつつあると語った。ピープルズ・グロッサリーは、食を中心に位置付けた新しい開発モデルを実現するために、オークランド市議会に働きかけている。その実現には、空き地をコミュニティの菜園に変え、学校で食について教えるためのカリキュラム変更を行なえるよう、市議会の会計慣行を変えさせることを始め、あらゆることが改革されねばならない。

彼らのアイデア一つでウエスト・オークランドが様変わりする、と考えるのは甘いかもしれない。あるいは、闘争せずに変えられると考えること、もしくは、民主的な合意によって、自治体の財源としてますまず重要になってきた企業のニーズよりも貧しい人々のニーズが優先されるようになると考えることこそ、甘いのかもしれない。これまでのところ、ピープルズ・グロッサリーは、ユーモアと努力、インスピレーション、そしてコミュニティの多くの人の良心に支えられて成功している。だが、彼らがより大きな成功を収め、事業をとりまく環境を変えようとし始めれば、大きな波風を立てることになるだろう。なぜなら、スーパーマーケットによる独占だけが問題なのではなく、また、生活と仕事と消費という、私たちの選択だけでなく、次章に詳述するように、私たち自身をも形作っている生活の基本的な要素に安定を取り戻すことが重要な課題とされているからである。

第8章

消費者は、いかに食生活が操作されているのか？

――肥満は社会的につくられる

1……私たちの食生活は、目に見えない力で決定されている

文化人類学者クロード・レヴィ＝ストロースは、食べ物は美味しくいただく前に、熟考に付されるべきものだと考えている。食品会社は、毎年一万五〇〇〇から二万種の新商品を発売している。[1]このことを私たちは気に留めておらず、店で新商品を見かけても、普通のことのように受け止めている。だが、私たちが気づいていないだけで、こうした現実は、私たちの思考に深く影響を与えている。その影響は、私たちの暮らし方の隅々にまで及んでいる。私たちは、今の暮らしや仕事、遊びを通じて食べ物を選んでいるのではなく、食べ物に選ばれている状態に陥っている。しかし、その事実をしっかりと受け止めるのは簡単ではない。そのためには、料理にフライドポテトを添えるかどうか、というような単純な思考を超えて、個人の自由に対する私たちの本能的な欲求そのものを問いただす必要がある。

まず、世界のフードシステムに対する抵抗の拠点となっている「八月一四日」居住地が抱える矛盾について考えてみよう。ブラジルのＭＳＴ運動が生み出した「八月一四日」居住地では、心のこもった温かくて美味しい豆とご飯の夕食を皆で分けあって食べていた。心地よい夕べに、ブルーとピンクに染まった夕空の下で、人々は波板のトタン屋根の掘っ立て小屋で会話を楽しみ、一〇代の若者たちはすり切れた台を使ってビリヤードに興じていた。夕食後、この掘っ立て小屋のなかでは、リディアがカウンター越しにスナック菓子とビール一本を注文していた。私は少々驚いた。ＭＳＴの居住地は、大企業の製造する食品に対する抵抗運動の最先端にあるのだから、工業生産されたスナック菓子や遠方で製造されたビールなど受け入れるはずはないと思っていたからだ。

だが、それは私の勘違いだった。この居住地は、正しい食品だけを認める厳格なルールに守られた区域

ではなかった。ブラジルでは、土地を占拠する活動家たちよりも、経済開発に従事する人々の方がはるかに熱狂的だった。タバコを吸わない俳優がタバコを吸う役を演じる例を考えてみてほしい。役を演じるときだけタバコを吸い、それが終われば喫煙を止めることができる俳優は、止められない喫煙常習者には羨ましい存在だが、それが可能なのは、その俳優が普段はタバコを吸わないからだ。それと同様に、ＭＳＴ居住地における一袋のスナック菓子は、非日常的な楽しみであり、注意深く民主的に決められてきた居住地の食べ物の栽培方法や食べ方の選択肢において容認された数少ない例外であり、他の場所におけるスナック菓子とは意味が違うのだ。他の場所では、私たちの選択は環境や習慣によって、すでに決められている。私たちは、選択という言葉を、商品の山のなかから一つの商品をつかみ取ることぐらいにしか考えていないし、そのような意味だと教えられてきた。もし私たちが、このような行為に「選択」という言葉を使う理由を問われれば、「誰も私たちの頭に銃を突きつけていないし、誰にも強制されていないから」と答えるだろう。強制が選択の反意語であるかのように。しかし、選択の反対は強制ではなく、本能である。その本能が、私たちの支配が及ばない力に完全に支配されてきた結果、その影響は私たちの本質にまで及んでしまった。

　スーパーマーケットが支配する現代の世界になって、本能までが歪められたと考えるのは少々馬鹿げているとしても、ある特定の食べ方や選択の仕方だけが私たちの習性となってしまったことは事実だろう。この習性は、自然の選択や季節のリズムや人間の鼓動によってではなく、戦争や仕事の都合、建物の構造、テレビ、および食品会社によって創り出されたものであり、これらに私たちが順応した結果なのである。

▼1　Omahen 2003.

フードシステムの終点である消費の段階で私たちに与えられている選択肢は、私たちが意識して選ぼうと思っても、そこに至る前に狭められ、方向付けられてしまっている。

本章では、私たちの選択の背後に潜む現実に目を向け、今日の食生活のあり方が、私たちには見えない力によって決定づけられている事実と、にもかかわらず、それが当たり前になってしまい、私たちはそのことを気にも留めていない事実を明らかにしていく。いくつかの例を見れば、今日の私たちの食べ物の選び方には尋常ではない背景が隠されており、「まとも」に見える選択にも、ひと皮むけば貧困や人種差別、性差別が深く関わっている。多くの人々が、このような食の裏に潜む問題を明らかにし、状況を変え、食の選択のあり方を見直そうと努力してきた。本章で紹介している市民グループは、自らの思想に照らして容認可能な食品のリストを作成する、あるいは、まったく新しい食生活のあり方を提唱し、実践するという活動を通じてその努力を重ねてきた。彼らにとって、これまでとは違う食のあり方を広めることは、私たちが何を食べるかを選択したことの社会的影響について理解を深め、その因果関係に主体的に関わるようになるためのプロセスなのである。

2……軍隊に起源をもつファストフード——ビッグマック、コカコーラ…

最近まで、人間の食生活を変える最大の要因となっていたのは、戦争だった。時代を問わず、食に関わる最も重要な軍事戦術は、包囲である。だが、今日の私たちの食生活に関わる技術と可能性の多くを切り開いてきたのは、この戦術ではない。戦争と食料の関係は、良くも悪くも私たちの日常の食生活に、より微妙な形で影響を与えてきたのである。食料と軍隊の関係は、栄養科学に基礎的な発見をもたらしただけでなく、管理実験の先例を生み出した。英国海軍は長いこと壊血病に悩まされてきた。歯茎出血や脱毛といった、今日ではビタミンC欠乏症として知られる症状は、太古の昔から存在していた。多くの船員が壊血病で命を落としていたことが、探検航海、そして後には海上交易にとって大きな障害となっていた。中国では、明王朝の時代の一四〇五年に鄭和《ていわ》の艦隊が大航海に出発した時には、すでにヨーロッパに先駆けてこの問題を解決していた。船上で、ビタミンCが豊富な大豆モヤシを栽培していたのである。英国の東インド会社で軍医総監を務めたジョン・ウッドールは、一六一四年に壊血病の治療のために生鮮食品や硫酸などを処方したが、最も効果的な処方を究明することができなかった。一七四六年に英国の海峡艦隊のＨＭＳ◆サルスベリーの軍医に配属されたジェイムズ・リンドは、試行錯誤の末、「壊血病に関する論文」を発表する。彼は、壊血病に罹った船員に対して、さまざまな物質を用いて臨床実験を行ったのである。患者の一部にはナツメグを処方し、別の患者には薄粥を与え、また別の患者には硫酸の希釈液を飲ませた。その他にも、ニンニク、マスタードの種、ペルーバルサム◆、ミルラガム◆などが試された。最も症状がひどかった患者の四人のうち、二人には海水が与えられ、他の二人にはオレンジやレモンを食べさせた。柑橘類を与えた患者は「空腹時に数回にわたって与えると、彼らは貪るようにこれらを食べた」▼2と、リンドは報告している。六日後、柑橘類を与えられた船員は立ち上がれるようになったが、他の患者たちの症状は悪化した。この管理実験の結果は明白だった。英海軍の船員に、この実験と同じ方法で柑橘類を与える方針が固められ、加えてライム果汁も供給されるようになった。こうして、英国の船員と国民が、ライム・

◆ＨＭＳ　「国王陛下の船」または「女王陛下の船」の意。
◆ペルーバルサム　中央アメリカ原産のマメ科の植物。芳香があり精油などに用いられる。
◆ミルラガム　古くから鎮静・殺菌のために用いられてきた薬草ミルラの樹脂。
▼2　Lind 1753 : 192 - 3.

ジューサーあるいはライミーと呼ばれるようになった。この事実は、食料と権力と目的とが、強力に結びついていることを如実に示している。

リンドの実験手法は、食料を貯蔵するための初めての工業的な装置を開発する際にも、ふたたび軍隊によって活用された。英海軍の艦船における食事は、少々こってりしていることを除けば、悪い内容ではなかった。一七八五年当時の一週間の食事量は、ビスケット七ポンド（約三・二キログラム）、ビール七ガロン（英ガロンでは約三二リットル）、肉六ポンド（約二・七キログラム）、マメ二ピント（英パイントで約一・一四リットル）、オートミール三ピント（同、約一・七リットル）、バター三分の一ポンド（約一五〇グラム）、チーズ三分の二ポンド（約三〇〇グラム）だった。[3] もちろん、艦船は長引く船旅に備えて、これら食品をすべて積荷として搭載していく必要があった。陸軍では「従軍商人」がともに行軍し、食料を現地で調達して軍に売り渡していたので、提供される食事の質は海軍よりも悪かった。だが、このことが各地の料理を他の地に広め、兵士を通じて英国に新しい味覚がもたらされる結果を生んだ。しかし今日では、イラクからの帰還兵が、現地のスマック（クランベリー味のトッピング）やアファカディ・アルディジャジ・ビルテーン（鶏モモ肉をイチジクソースで焼いた料理）などの味覚を英国に広めることは期待できない。それは、軍隊の食料調達方法が変化した結果である。その理由の一つには、現地住民が敵対的であれば、従軍商人に食料調達を任せられないという現実があった。食料を遠方の部隊に確実に届ける方法が模索されるなか、フランス政府は確実にそうした発明に一万二〇〇〇フランの懸賞金を出すことにした。

この懸賞金を勝ち取ったニコラ・アペールは、近代の食生活を大きく変えた数々の重要な発明をした。彼の最初の発明を使って、フランスから他国への輸送実験が行なわれ、赤道を越える外洋航海と高い湿度に食料が耐えられるかどうかが試された。食料は現地で消費され、品質が完全に維持されていたことが確認された。その発明とは、食べ物を瓶に詰め、瓶ごと煮沸し、コルクで栓をするという方法だった。アペールはこの発明をもとに缶詰を発明し、今度は「一つの容器に八～一〇キログラムの動物性食品を入れて、一年間品質を維持する」発明に対する懸賞金として、一八二〇年にフランス政府からふたたび賞金を受け取っている。この懸賞は、軍隊における食料供給だけでなく、大規模な食品製造を可能とすることを目的としていた。八～一〇キログラムの肉というのは、伝統的な食肉生産者による流通・販売の単位を上回る量だった。軍隊による大量の食肉注文は、缶の製造工場ではなく、食肉加工場を軍隊と共同開発することになることを意味していた。もちろん、ブリキの巨大な缶詰に加工食品を詰めるという発明が、美食で名高いフランスで生まれたというのは、なんとも皮肉なことである。

食品を食べられる状態で保存し、長距離輸送することを可能とした食品加工法の発見によって、誰でも場所の制約を受けることなく、さまざまな食品を食べることができるようになった。新たな輸送と通信の技術によって、戦争を非常に遠いところで行なうことも可能となった。ヨーロッパの戦場で成功を収めたこれらの技術は、大西洋を越えて米国の南北戦争にも投入された。南北戦争の終結後には、これらの技術が新たな産業を生み出していった。南北戦争が一八六五年に終結すると、一八七〇年には米国製の食肉缶詰が全米各地だけでなく、大西洋の向こう側のロンドンやリバプール、マンチェスターの店舗に並ぶようになった。[4] この缶詰の肉は、決して美味しいものではなかった。その食味を評価したある文章は、一八七四年にこう記している。

「それは、大きく、分厚く、不格好な赤い肉で、とても安っぽい〔……〕。私は、その缶詰のまずそうな

▼3 Thompson and Cowman 1995 : 41.
▼4 Thompson and Cowman 1995 : 44.

中身を鮮明に覚えている。固い繊維の部分で割れやすい粗挽き赤身肉の大きな塊で、片方に気分の悪くなるような脂肪の塊が張りつき、ところどころに隙間があって、そこには水っぽい液体が詰まっていた」[5]。

この缶詰の肉こそ、そして特に、この肉の長距離輸送を可能とし、このような肉を食べることを日常にした技術こそ、今日のビッグマックのルーツなのである。

軍隊に起源を持つファストフードは、ビッグマックだけではない。第二次世界大戦は、軍隊が国民を愛国主義者に仕立てることを通じて、人々の味覚を密かに変えてきた端的な例である。英国で紅茶を愛する国民性が産業革命の時代につくられたのだとしたら、米国人のコカコーラ好きは第二次世界大戦期に生み出されたものだ。マーシャル元帥は、無料配布ではないが、米軍の駐留地のすべてでコカコーラを買うことができるようにするために甚大なる尽力をした。米兵にとって米国の象徴となったコーラの生産を継続できるようにするため、コカコーラ社は砂糖の割当制度の適用を受けずに済んだのである。ある米兵の言葉によれば、彼は「米国が国民に与えている数多くの恩恵を守ることと同じくらい必死に、コーラを飲む習慣を続けるために」戦ったのである[6]。第二次世界大戦当時にコカコーラが置かれた立場が、のちにコカコーラを、米国内でも世界でも米国を代表する存在に引き上げたのである。

もちろん、マーク・プレンダーグラストが、著書『*For God, Country and Coca-Cola*』（神と国家とコカコーラのために）のなかで、その最大のジレンマを指摘しているように、この歴史には負の側面があった。

従軍記者のハワード・ファストは〔……〕、なぜ彼の乗った輸送機が、華氏一五七度の灼熱のなか、サウジアラビアの辺境にある前哨地に着陸するのかわからなかった。輸送機は、何千本ものコカコーラの空瓶を回収するために、そこに立ち寄ったのである。積載オーバーのC46輸送機は、沙漠の滑走路をなんとか離陸しようとしたが、飛び立つことができず、砂丘に腹をこすりつけるばかりだった。

ファストは空瓶を投げ捨てるという論理的な提案をしたが、それは不可能だとはねつけられた。銃やジープや弾薬なら捨てられる。榴弾砲でさえ〔……〕。だが、コカコーラの空瓶だけは、決して捨てられないのだ。軍人が軍隊での評価を維持し、一等兵への降格を避けたいのであれば。輸送機のパイロットは、徹底的に仕込まれた教えを、こう表現した。「コカコーラには逆らえない」[7]。

今日でも、食品会社は激戦地に分け入り、愛国心から生じる需要を取り込もうと画策している。援助物資を積んだトラックが、戦闘状態終結の公式宣言を待つあいだにも爆破されている一方で、バーガー・キングは、すでにイラクに第一号店をオープンさせている。バグダッド国際空港の店舗と三台の移動販売車を稼働させているほか、生き残って故郷に帰還する兵士に〝ワッパー〟（バーガー・キングの大型ハンバーグの商品名）を無料配布している。これによってバーガー・キング帝国は、「故郷の」食べ物に対する需要の高波にうまく乗ることができた。バーガー・キングの〝ハーシーズ・パイ〟は、油に含まれる多量の飽和脂肪酸と多量の砂糖、そして故郷の懐かしい味によって、第一装甲師団のある大尉にこう言わしめた。このパイの良さは「説明するまでもない」[8]。

▼5 Ibid.: 45.
▼6 Mintz 1995: 10.
▼7 Prendergrast 2000: 201. The original story is to be found in Fast 1990, 1960.
▼8 Labbi 2003. See also PA Newswire 2003; Burger King Corporate Information 2006.

3……パン食の世界的普及という戦略——食を操作し、文化を操作する

軍のニーズに駆動されてきた食品科学の世界で、激しい論争が繰り広げられてきたのは当然のことかもしれない。栄養科学は、ある新しい食品が他の食品よりも優れているということを消費者に説くときに、主要な武器にされてきた。マーガリンよりバターが優れているという（あるいはその逆の）報道が行なわれるたびに、そうした論争が繰り返されてきた。食品産業の企業が科学的な論争に加わるのは、私たちの味覚を変えようとしているときか、科学的に正しいとされてきた議論をくつがえそうとするときだ。その例として、世界で最も重要な主食の一つであり、それゆえに最も儲かる商品の一つであるパンについて見てみよう。

栄養科学では、第二次世界大戦初期の英国において、白パンよりも全粒粉のパン（ブラウン・ブレッド）が栄養的に優れているという結論に至っていた。製粉会社はこの結論に不満だった。製粉会社は、パンの原料から可能なかぎり栄養素を取り除くことに熱心だった。これらの会社は、全粒粉パンに使われる全粒小麦から胚芽を取り除いて栄養補助食品をつくり、荒ぬか（ふすま）を家畜の飼料にしていた。このように小麦からさまざまな商品を製造するようになった結果として、パンは白くなったのである。また、必須脂肪酸を取り除いた小麦粉でつくられたパンは日持ちが良く、販売期間を長くすることができた。だが、全粒粉パンだけを認めた英政府を科学が支持したため、製粉会社は困った事態に直面する。白パンを製造するには、政府の規制を変更する必要があった。そのため戦後になると、HMSサルスベリーのジェイムズ・リンドが生み出した技術を使って、使用が認められた小麦を漂白して白パンが製造されるようになった。

白パンと全粒粉パンのどちらの栄養価が優れているかを突き止めるための実験が行なわれた。英国の医学研究会議が出資して実施されたこの実験では、ドイツのヴッパタールとデュイスブルクの孤児たちが対象とされた。孤児たちは白パンを与えられるグループと全粒粉パンが与えられるグループの二つに分けられ、パン以外は同じ食事が与えられた。子どもたちにとっては幸運だったが、科学実験としては失敗だったのは、食事の質が高く、栄養価に優れ、バラエティに富んでいたために、二つのグループの間に成長の差が見られなかったことだった。この実験では、栄養価の高い食事によって子どもたちが良く成長することは確かめられたが、まさにその質の高い食事のせいで、かつてのリンドの実験の重要な特徴である対照群との比較がうまくいかなかったのである。だが、科学者たちは臆することなく、科学的には意味のない、しかし政治的には重要な結論を発表したのだった。それは、「白パンを与えたグループも、全粒粉パンを与えたグループも、米国の子どもたちよりも速く背が伸び、速く体重が増加した」という結論だった。[9] この血色の良い孤児たちを根拠に、白パンは全粒粉パンと同程度に良い食品であるという公式宣言が出され、製粉会社がより儲けの大きい白パンを生産することが、国民健康政策として認められることになった。その後、英国で製造されるようになった白パンは、全粒粉パンとまったく同等の質であるというだけでなく、米国のパンよりも良質であるということが証明されたということなのである。

小麦食を広める事業が、国内外で展開された。英国では、政府によるパンの品質規制がその役割を果た

◆英政府を科学が支持した　第一次世界大戦時に、英国向けに食料を積んだ船舶が撃沈され、輸入が途絶えたことで食料難に陥った英国では、政府がパンに使用する小麦からパンの形にいたる厳しい規制を実施していた。同様の規制は、第二次世界大戦時にも復活した。

▼9　Leitzmann and Cannon 2005 : 790 ; McCance and Widdowson 1956.

した。第二次世界大戦後の冷戦時代、南側諸国では食習慣に変化が生じた。ハリエット・フリードマン◆によれば、それまでの主食が何であったとしても、「以前は国内自給していた国々が、一九五〇年代と六〇年代に食料を輸入するようになり、食料援助として提供されていた小麦を輸入するようになった〔……〕。その結果、これら国々は、輸入食料に依存するようになったとき、この最も高価な穀物の虜《とりこ》になっていた」[10]。

小麦の価格はかなり高価だった。コメ価格の五倍以上、一トンあたりでは原油の六倍にもなった。「コメの故郷」を自認する韓国に小麦を広めるには、学童にパンの食べ方を指導する必要があった。ＰＬ４８０食料援助プログラムの学校給食援助によるパンの無償配給がその役割を担った。この援助は、「今日の援助受け入れ国は、明日の顧客」という考え方に基づいていた。この無料サンプルを配るというマーケティング戦略が大々的に展開された。この時期、韓国では小麦生産が縮小した。韓国に運び込まれる小麦の量が四倍に増えた一九六六年から七七年のあいだに、小麦の国内生産は八六％も減ったのである[11]。同様のことが、ＰＬ４８０の援助を受けた他の国々でも起きていた。小麦は、米国が他国の主食生産を打ちのめす武器だった。冷戦期の食料援助プログラムは、美談であると同時に、政治的かつ経済的な動機に裏打ちされたものだった。「魚を与え、今日の糧とさせるか、魚を獲る方法を教え、生涯の糧とさせるか」ということわざは書き換えられた。食料援助によって、現存していた（そして通常は栄養面でより優れていた）食習慣は、米国で大量にあまっていた一種類の商品作物に依存する食生活に変えられた。「パンを与え、今日の糧とさせよ。パンの味を覚えさせれば、彼らは生涯にわたって良い顧客になる」。

これらの事例が示しているのは、私たちの食文化や食に対する考え方を変えることが戦略的なテーマとされてきた、ということである。それが大きな問題である理由は、食べることが、生理学的にも意味論的にも私たち自身の一部を構成しているからである。そうでなければ、フランスがイラク戦争への参戦を拒んだことを受けて、米国内のレストランの一部が冗談半分にフレンチ・フライを「フリーダム・フライ」と呼ぶようにした理由を説明することはできない。同時期、フランス人は米国の大衆文化のなかで、やはり食に関連したあだ名を付けられた。フランス人は「チーズを食べる負け猿」と呼ばれたのだ。

確かにこの例は、飛躍しすぎかもしれない。しかし、これらの事例は、人や国の特徴を食に結びつけたがる顕著な傾向があることを示している。食は、国やコミュニティ、アイデンティティと関連づけられているだけでなく、地位や性別、目的、欲求とも結びつけられている。そして、私たちの食に対する考え方を変える試みが非常にうまく成功したときには、注入された新たな考え方や意味が日常生活の一部として何の違和感も引き起こさないため、私たちはそれについて考えたりはしない。その端的な例がＴＶディナーだろう。

4………いかに米国人は「ＴＶディナー」中毒となったか？

近代の味覚は、戦争や国家安全保障上の必要、あるいは技術や食にまつわる意味を変化させることで利益を上げようとする企業によってつくられてきた。だが、缶詰の技術が食料の長期保存を可能にしたのは事実だとしても、二〇世紀に食生活と味覚を決定的に変えたのは、冷蔵庫とテレビという二つの技術開発

◆ハリエット・フリードマン　カナダ・トロント大学社会学教授。邦訳書に『フード・レジーム――食料の政治経済学』（渡辺雅男ほか訳、こぶし書房、二〇〇六年）がある。

▼10　Friedmann 1994 : 259.

▼11　McMichael and Kim 1994 : 33.

である。第二次世界大戦の終わりに、軍隊で開発された食品の流通と加温の技術が民生利用されるようになった。戦場における食料供給のためのインフラと技術を生み出してきた企業は、冷凍食品を使えば家事労働の時間が大幅に節約できると喧伝し、競いあって主婦層の取り込みをはかった。しかし、ベビーブーム時代の忙しい女性たちが時間を節約する方策と思われた冷凍食品は、消費者よりも生産者の都合に合わせて開発された商品だった。それは、初代のTVディナー◆を思い起こせばわかることだ。

一九五三年一一月末、感謝祭の週末が明けると、売れ残った二四〇トンものスワンソン社の冷凍七面鳥が、倉庫または貨物列車のなかで山となっていた。スワンソン社は、この七面鳥を廃棄処分にして大きな損失を出すよりも、新たな商品に梱包し直して再販したらよいのではないかと思い至った。アルミトレイの購入とわずかな宣伝費だけで、翌月のクリスマスに合わせてTVブランド冷凍ディナーが発売された。一ドルもしないアルミトレイに載せ替えられた売れ残りの七面鳥は瞬く間に売り切れ、TVディナーは爆発的なヒット商品になった。しかし、断わっておかねばならないのは、TVブランド冷凍ディナーは商品自体がテレビの形を模していたものの、広告ではテレビを見ながら食べることを奨めてはいなかった。人々はこの時点では、テレビが買える日を夢見ながらTVディナーを食べていたのである。実際にテレビを見ながら食べるようになったのは、各家庭にテレビが普及してからのことで、この商品が売り出された当時に持っていた人はほとんどいなかった。テレビを保有していたのは一九五〇年の時点では米人口の九%にすぎず、一九六〇年の国勢調査で九割近くにまで達した。[12] そして一九六三年にほぼ全世帯にテレビが普及すると、スワンソン社は、この商品を「TVディナー」と呼ぶことを止めたのである。

TVディナーには、アルミトレイを使用していること以外に、パッケージに二つの特徴があった。テレビの絵と、TVディナーを持った笑顔の女性の絵の二つが描かれていることである。この商品のマーケティングは、戦後、女性たちが賃労働を担うようになったにもかかわらず、家での食事の支度も期待されていたため、生活を便利にして負担を軽減することをアピールすることだった。

この新たな食品の食べ方を指導する必要もあった。食品店の店長たちは、頻繁に、冷凍されたマメを「確実に解凍する」ために二五分も茹でて、ドロドロにしてしまった主婦たちの怒りを、製造者の代理として受け止めねばならなかった。米国では、第一次大戦から第二次大戦の間、食品を管轄する政府機関が栄養に関する新しい情報を伝達する手段として、女性誌を上手く活用していた。戦後は、女性誌が、テレビとTVディナーに関する情報を広める役割を果たすようになった。反抗的な子どもたち（通常は息子たち）に素直に食事をさせる、という骨の折れる母親の役目を楽にしてくれる存在としてテレビを普及させたのも、女性誌だった。以下は、当時のオーストラリアの女性誌からの抜粋である。

キッチンのテレビは、主婦の喜びです〔……〕。子どもが学校から帰り、冷蔵庫をあさり、キッチンのテレビを見ていれば、子どもは目の届くところにいて、リビングを散らかすこともありません。そして、もしキッチンの近くに食卓があるなら、食事の時間になっても、子どもをなだめて食卓に着かせる必要もないのです。テレビがあれば、子どもは十分なのですから。[13]

◆TVディナー　テレビを見ながらでも作って食べられる、お手軽な冷凍食品のディナーのこと。区分けしたプレートの上に肉・ポテト・野菜などが載っており、オーブンや電子レンジでプレートごと温めて食べられる。米国では広く普及している。

▼12　Strömberg 2002.

▼13　Betty Godfrey, 'Kitchen TV a joy to Housewives', *Australian Home Beautiful*, November 1956 : 25. Cited in Groves 2004.

テレビの販売促進では、テレビを所有することで得られる社会的満足、そして、テレビ番組の面白さを最大の売りにしていた。ゴールデン・タイムは、お金と食べ物の話題で占められていた。当時のTVディナー・パーティは、家族と友人とが買ったばかりのテレビを囲むことに自己満足するためのものだった。番組の時間までに食事を用意しなければならず、番組を見逃したくない中産階級の女性たちは、準備に手間のかからない食品を必要としていた。TVブランド冷凍ディナーは、便利さへのニーズがつくり出された新しい社会状況にぴったりと適合し、このニーズを満たしたことでTVディナーと呼ばれるようになった。テレビと食べ物が結合することで、現代的な食事方法が確立されたのである。今日、米国の全世帯の六割が食事中にテレビを見ている。[14] わずか五〇年前には考えられなかった事態だ。当時はテレビを持っていない家庭が大半だったのだから。

もちろん、テレビを見ながら食事をしているのは米国人だけではない。テレビの出現によって家庭での食事の様子が一変し、その変化において女性が大きな役割を果たしているのは世界共通の現象である。だが、テレビは、それぞれの家庭における食事のあり方を変えただけではなかった。社会構造にも影響を与えていたのである。以下に記すのは、テレビがもたらした影響に関する英国の例である。この例は、どれほど多くの人口が、同じ時間に同じ行動を取っているかを示している。

英国の送電システムは、電力需要がピークを迎える午後五時から七時のあいだ、六〇ギガワット（GW）を超える電力を供給している。[15] 電力会社は、電力の供給量が十分であるかどうかを確かめるために、消費者の需要を測定している。電力会社の悩みの種は、人々が一斉にテレビを見る時間帯に、消費電力が何度か急増する「TVスパイク」と呼ばれる瞬間があることである。その瞬間とは、人気テレビ番組のあいだ、または終了後のコマーシャルが流れる時間帯である。この時間帯に、人々は立ち上がってお茶を入れ始めるため、お湯を沸かすために大量の電力が一斉に消費されることになるのだ。ＴＶスパイクは人の生理（喉が渇く）と、文化（お茶を飲むのは英国の文化である）、および家庭の空間配置（テレビはリビングにあり、湯沸かしポットはキッチンにある）によるものであり、また、同じテレビ番組を非常に多数の人が見ているという社会的現象によるものである（図表8－1参照）。

これは不思議なことだ。なぜなら、私たちは、ある程度の自由を獲得した結果として、それぞれの個人が多様な選択を行なっていると考えがちだ。けれども、この例では、集団的とは言わないまでも、何百万もの人々が同じ瞬間にテレビから湯沸かしポットに向かい、テレビに戻るという行動を取っているのである。

私たちが、一斉に、同じテレビ番組を見ているという現実は、私たちがほとんど認識したことがなく、考えたことさえない力によって、私たちの趣味や生活時間までもが同一化させられていることを示している。より広い見方をすれば、食べ物はいつでもどこかに存在しているという現実がある。このことには大きな意味が隠されている。私たちは、どこで暮らし働いているかによって、何をどのように食べて飲むかを規定されている。私たちは、自分の家や馴染みの場所といった、自らが直接コントロールしている場所においても、いかに食べ物の選択を規定されているのかを理解する必要がある。

それに、どんな意味があるのかを知るには、誰が何をどこで食べるかということを、最も包括的かつ組織的に支配していた、南アフリカのアパルトヘイト体制について考えてみるべきだろう。

▼14 Roberts et al. 1999.
▼15 Monbiot 2005.

図表 8-1 ■ 英国での電力需要ピークの上位（1980～2003 年）とテレビ番組

年月日	実際の電力需要（メガワット：MW）	テレビ番組
1990. 04. 07	2800	ワールドカップ 1990 準決勝－西ドイツ対イングランド（試合終了後）
1984. 01. 22	2600	ザ・ソーン・バード（◆1）
2002. 06. 21	2570	ワールドカップ 2002 決勝－イングランド対ブラジル(ハーフタイム）
2002. 06. 12	2340	ワールドカップ 2002 －ナイジェリア対イングランド(ハーフタイム）
2001. 04. 05	2290	イーストエンダーズ（◆2）
1991. 04. 28	2200	ザ・ダーリン・バッズ・オブ・メイ（◆3）
1991. 12. 05	2200	ザ・ダーリン・バッズ・オブ・メイ
1989. 07. 20	2200	ザ・ソーン・バード
1984. 01. 16	2200	ザ・ソーン・バード
1985. 05. 08	2200	ダラス（◆4）
2003. 11. 22	2110	ラグビーワールドカップ 2003 決勝－イングランド対オーストラリア（ハーフタイム）
1994. 04. 18	2100	コロネーション・ストリート（◆5）
1998. 06. 30	2100	ワールドカップ 1998 －イングランド対アルゼンチン(ハーフタイム）
1986. 02. 19	2100	ザ・コルビーズ（◆6）
2002. 04. 07	2010	コロネーション・ストリート
1984. 04. 02	2000	コロネーション・ストリート／映画ブルー・サンダー（◆7）
1981. 07. 29	1800	チャールズ皇太子・ダイアナ妃婚礼

◆1　1910～60年代のオーストラリアの田園を舞台にしたテレビドラマ。欧米で人気を博した。
◆2　ロンドン東部の架空の街を舞台にした連続テレビドラマ。BBC放映。
◆3　英ケント州の田舎を舞台にしたキャサリン・ゼタ・ジョーンズ主演の連続テレビドラマ。
◆4　油田開発で財を成したテキサスのセレブ一族のスキャンダルを描き、世界的に人気を博した米国のソープオペラ。
◆5　英マンチェスターにつくられたセットで撮影された連続ホームドラマ。
◆6　チャールトン・ヘストン主演の連続ホームドラマ。
◆7　ジョン・バダム主演のスカイアクション映画。

出典：National Grid plc, 2006（http://www.nationalgrid.com/uk/）

5……肥満は社会的につくられている――貧困層に増加する肥満

南アフリカの国民党は、一九四八年に辛勝を収めると、ただちに人種差別と人種隔離の政策を実施していった。アパルトヘイトの政治哲学が次々に法制化され、人種区分の決定権を政府に一任する「国民登録法」（一九五〇年）、異なった人種間の性行為を禁止する「背徳法」（一九五〇年）、人種別に居住区を定める「集団地域法」（一九五〇年）、そして白人と黒人が同じ砂浜やトイレなどを使用することを禁じる「分離施設留保法」（一九五三年）などが成立していく。南アフリカは一連の法制化を通じて、国家による人種差別政策を開始しただけでなく、新たな種類の食べ物と食べ方を生み出した。

アパルトヘイト体制下の刑務所では、複雑かつ精密なシステムによって、人種ごとに食事や空間が定められていた。有色人種とアジア人は、「バンツー系」（アフリカ人）とは違う食事を支給されていた。たとえば白人政権は、「バンツー系」には、パンやジャムを出さなかった。これらは白人の特権とされていたのである。他の有色人種とアジア人には、アフリカ人よりも「文明化している」との理由から、これら食品が提供されていた。しかし、アパルトヘイトが何百万人もの人々の食生活を変えようと試み、失敗したのは、人種偏見が徹底されていた刑務所内ではなく、壁の外側の世界においてだった。その事実から、今日の私たちの食べ物と消費についての教訓を引き出すことができる。

アパルトヘイト政策が実施された結果、黒人と白人は一緒に食事をすることができなくなった。たとえば、ダーバンにあるグレイヴィル・ゴルフコースでは、黒人のキャディーが使用する食器やその洗い場は、白人ゴルファー用と別にされていた。黒人キャディーは、仕事場であるゴルフコースを離れる時間をできるだけ短くするために素早く食事をする必要があった。その必要が、ある発明を生んだ。移民たちがダーバンにもたらした、二つの伝統的な食事が組み合わせられたのである。このアパルトヘイト政策に打ってつけの食事とは、サトウキビ農園で働くために南アフリカのナタル州に英国人に連れてこられたインド人がもたらしたカレーを「おたま」ですくって、白パンの耳にかけるという代物だった（英国人もこの料理を好んで食べていた）。使用されるのは全粒粉パンではなく、必ず白パンだった。パンにカレーをかけることを最初に思いついたのは、インドのグジャラート州のバニヤー（商人カースト）出身の人物である。この「バニー・チョウ」（ウサギの食事）と名付けられた料理は、ダーバンの代表的な食べ物の一つとなった。少なくとも、カレーは栄養満点で温かかった。ルーが浸みていない部分のパンは、ルーに浸して食べても良いし、カレーソースのなかの大きめなジャガイモや鶏肉をすくって食べるスプーン代わりにすることもできた。手だけで食べるので、手にはターメリックの黄色い染みができる。これは本当に美味しい料理だ。バニー・チョウの特徴は、温かく、すぐに食べられ、お腹がいっぱいになり、美味しく、パンを浸す前なら持ち歩くこともできることだ。つまりキャディーたちは、栄養があって美味しく、自身のアイデンティティを体現し、祝福する食事に出会えたのであり、これは人種差別という不正義に対する挑戦を意味していた。アパルトヘイト国家によって築かれた人種隔離の壁を乗り越えることなく、黒人の食べ物と白人の食べ物を組み合わせることで、バニー・チョウは法律を遵守しつつも、法律の目的をまんまと出し抜いたのである。

私たちは、アパルトヘイトをもたらした無慈悲と、バニー・チョウで一矢を報いた独創性の両方から、私たちの味覚と選択が、どこから来たのかを知るためのヒントを得ることができる。南アフリカの人種隔離政策は、白人専用レストランと黒人受刑者専用の配膳業をそれぞれ生み出すと同時に、暮らしのペースとあり方を自ら決定する権限をほとんど持たない貧しい人々に対して、配膳業者が即席料理を新たに開発する必要を生じさせた。そういう意味では、アパルトヘイトは、今日の世界の大都市における私たちの食べ方を先取りしていたのである。

北側諸国のなかでは米国が、富める者と貧しい者のあいだ、および白人と黒人のあいだに、食生活に大きな隔たりを生み出すことで、南アフリカのアパルトヘイト政策に追随した。米国と南アフリカの肥満人口の割合は、驚くべきことにほぼ同じである。南アフリカは南側諸国のなかで最も裕福な国の一つであり、米国は北側諸国のなかで最も貧困線を下回る人口が多い（一二・七％）国である。[16] 米国では、有色人種と貧困層は肥満になりやすい環境に置かれており、白人や富裕層は新鮮で栄養価が高く塩分と脂肪分の少ない食べ物を得やすい環境に住んでいる。米国全体でみると、貧困地域は、富裕地域に比べてスーパーマーケットの数が四分の一しかないうえに、酒類を提供する飲食店が三倍もある。[17] 高速道路の有無や平均的な住宅価格など、商業活動の水準に合わせて調整した後の数値を見ても、ファストフードの店舗は、貧困地区や有色人種の居住地域に集中している。[18]

しかし、店舗の数よりも、建物内部の環境が大きな違いを生んでいる。私たちが働く建物や、食事や遊び、学習、休養のための建物、および祈りを捧げる建物の内部の空間が、決定的な要因となっているのである。そのことを理解するために、子どもの目を通して建物のなかを見てみよう。

自宅や公共施設のなかで、そして特に学校のなかで、子どもたちはテレビ・コマーシャルや企業が協賛する教育プログラムの餌食になっている。ピザハットは「Book IT!」を、マクドナルドは「オール・アメリカン・リーディング・チャレンジ」を、コカコーラのミニッツ・メイド部門は「ミニッツ・メイド・サ

▼16 Harris 2006.
▼17 Morland et al. 2002 ; Booth, Pinkston and Carlos Poston 2005.
▼18 King et al. 2005 : footnote 12.

マー・リーディング・プログラム」◆をそれぞれ実施しており、ダーバンではウィンピー・ビーフバーガー・チェーンがインド人学校で同様のプログラムを実施している。[19]

これらのプログラムで使われるＤＶＤやＣＤには、巧妙に仕組まれたスポンサー企業の広告が織り込まれている。子ども向けの食品（特に甘い菓子やスナック菓子など）が増え、子どもたちがおねだりできる環境が整い、そのおねだりが販売促進に利用されるようになった結果、子どもの病気が急増している。米国だけで、子ども向けの食品のマーケティングに年間一〇〇億ドルが費やされている。英国の市民グループであるサステインで「子どもの食品キャンペーン」を実施しているリチャード・ワッツによれば、世界全体では、健康的な食品の販売促進に投入されている資金の五〇〇倍の資金が、ジャンク・フードの販売促進に費やされているという。

子どもたちの健康を害している、こうした宣伝のテレビ放映や雑誌掲載は、まったく規制されていない。広告会社とその顧客である食品会社は、教科書から、インターネット、遊び場、公園、そして商品梱包まで、子どもたちの生活の隅から隅まで深く入り込んでいる。なにも、子どもたちの生活の隅々にまで食品会社による全体主義が支配していると言いたいのではなく、子どもを取り巻く環境が子どもたちの選択の幅を決めており、その環境に上手く適応したフードシステムがその状態を増幅させ、その環境から最大の利益を引き出しているということなのである。だからこそ、子どもたちが置かれている状況を考えることで、現実がよく見えるようになるのだ。

私たちは、子どもたちが置かれている世界が、子どもたちの行なう選択だけでなく、子どもたち自身をも変えてしまう可能性があることを知っているので、子どもの選択を大人が指導する必要があると考えがちである。私たちは、子どもたちには自主的に選択を行なう能力がないと考えているが、（広告会社による調査も、そうでない調査も含め）数多くの調査が、子どもたちは宣伝されている商品とそうでない商品を見分けることできることを示している。そして、子どもたちは違いを見分けることができるのだから、広告にさらしてもいい、という結論が導き出される。だが、これらの調査結果から、異なる結論を引き出すこともできる。つまり、消費を促す広告に対しては、大人の反応の方が、三歳児の反応とさして変わらないのだ、と結論づけることも可能なのである。

子ども向けに食品広告が行なわれている結果として、子どもたちも生活習慣病に冒されるようになった。2型糖尿病◆に罹る子どもが増えているため、この病気は「成人発症性」の疾患とは呼ばれなくなった。中国の都市では、一九八九年には一・五%だった子どもの肥満の割合が、一九九七年には一二・六%にまで増えている[20]。ブラジルでは、一連の画期的な調査によって、貧しい子どもたちが最も肥満になりやすいことが明らかにされた。子ども時代に十分な栄養を摂取できないと、成人してから肥満になる確率が高いのである[21]。

子どもたちに起きていることは、今後、大人たちにも起きるだろう。すなわち、大人たちも健康に悪い消費行動に同じように駆り立てられているのだから、子どもたちは炭坑のカナリアのように、未来の大人の映し鏡なのである。子どもは衝動的で、ジャンク・フードや健康に悪いスナック菓子の誘惑にあふれる

◆「Book It!」……「ミニッツ・メイド・サマー・リーディング・プログラム」それぞれ、各社が、子どもに読書の楽しみを教えるためとして実施しているプログラム。

▼19 以下を参照。http://www.consumersunion.org/other/captivekids/SEMs_incentives.htm and Wartella 1995.

◆2型糖尿病　肥満を重要な原因の一つとする糖尿病。

▼20 Luo and Hu, 2002 cited in Cheng 2004.

▼21 Hoffman et al. 2000.

世界では適切な選択を行なうのはむずかしいと、大人たちは考えている。子どもたちの身体は、毎日のように食べている栄養価の乏しい菓子類にすでに蝕まれつつある。これは、子どもたちが食品産業の最大の顧客となったことの代償である。だが、彼らを取り巻く食品と、それら食品に含まれる栄養は、大人が摂取しているものとほとんど大差がない。私たちを取り巻く世界には、有害である可能性さえある、明らかに健康に悪い食品があふれているのは、間違いのない事実なのだ。

現実世界の意図と、その世界と私たちの関わりは、ケリー・ブラウネル教授◆が「有害な環境」[22]と呼ぶ状態を生み出している。中心街や高速道路は、便利ですぐにお腹をいっぱいにしてくれる、お馴染みのブランドの高カロリー食品を提供する商業の場となった。マクドナルドのゴールデン・アーチ（黄色のMマーク）はギネスブックに載るほど広く知れわたり、キリスト教の十字架よりも有名になった。職場にも、ますます変則的となった労働時間に合わせて、コインを入れれば甘い食べ物や飲み物を吐き出す自動販売機が設置されるようになった。仕事以外の時間にも、私たちのカロリー摂取とカロリー消費のあり方は環境に支配されている。

米国でも他の国でも、都市の貧困地域には、緑地やレクリエーション施設が非常に少なく、これが直接的に健康に影響を与えている。ヨーロッパでも、ほとんどの都市で、収入による差を差し引いたとしても、緑地が多い地域では、緑地が少なく落書きが多い地域よりも、市民がスポーツをたしなむ確率は三倍も高く、肥満になる確率は四割も低い[23]。

米国では、たいてい貧困地域にはレクリエーション施設がない。南アフリカの都市に住む黒人たちと同様に、アフリカ系米国人の居住地域には、緑地や砂浜やスイミング・プールがほとんどない[24]。子どもの世話に追われる親が、息抜きに子どもを遊ばせに出かけるためにも、家族が一緒に楽しむためにも、緑地は日々の生活の大切な資源である。しかし、公共の緑地で楽しむことは、ますます富裕層だけの贅沢になりつつある。

食生活は、空間だけでなく、時間的な制約も受けている。米国では、時間がないことが労働者の深刻な悩みとなっている。住宅市場の現実を反映して、貧しい人々はより長い時間をかけて通勤している。[25] 最近発表された米国のある調査によれば、安い住宅の購入によって節約した額の七七%が、通勤費に消えているのだという。この通勤費には、通勤時間のコストは含まれていない。通勤時間が長いほど、太りすぎになる確率が高くなることも、数々の研究によって明らかにされている。通勤に多くの時間を割いている（そして二つの仕事をかけ持ちしている確率も高い）ワーキングプアは、そのせいで食事に十分な時間を割くことができずにいるのだ。

こうした環境のなかでは、ファストフードが、フードシステムの川上から川下まで、あらゆるところに問題をもたらしているにもかかわらず、私たちの多くにとって有効な食の選択肢であり続けているのは当然のことなのだ。紅茶がヴィクトリア時代の英国の労働者を元気づけたように、一ドルのチーズ・バーガーとフレンチ・フライが、仕事で疲れた労働者にとっては、毎朝・毎晩の歓迎すべき温かい食事なのである。

そういう意味では、南アフリカの料理バニー・チョウの事例は、興味深い例外として熟考に値する。ア

◆ケリー・ブラウネル教授　イェール大学ラッド食料政策・肥満対策センター所長。
▼22 Brownell and Horgen 2004.
▼23 Ellaway, Macintyre and Bonnefoy 2005 ; King et al. 2005.
▼24 Powell, Slater and Chaloupka 2004.
▼25 Lipman 2006 ; Pendola and Gen 2007 ; Lopez - Zetina, Lee and Friis 2006 ; Ong and Blumenberg 1998.

パルトヘイト体制の下では、空間が規制され、黒人は生活においてペースと場所を自ら決定できなかった。アパルトヘイトの法律が規定する空間秩序を守らせるために、南アフリカでは警察が常に目を光らせていた。この誰の目にも明白な社会的な問題は、個々人の努力ではなく、社会を巻き込んだ抗議活動を通じてでなければ解決することはできなかった。

しかし、ますます多くのワーキングプアが同じような状況に陥っている今日、私たちが対象とすべきなのは、問題の社会的・政治的な背景ではなく、その最も表層的な現象である〝肥満〟の問題だと言うのだ。これはまるで、アパルトヘイト体制下で、黒人がひどい目に遭っているのはアパルトヘイトのせいではなく、彼らが貧しいせいだと主張し、それゆえに解決策はアパルトヘイトの廃止ではなく、黒人が裕福になることだ、と主張しているようなものである。

6……「社会的肥満」に対する「個人的非難」——食事と肥満の政治学

私たちが食べている食品の質が、私たちの仕事や生活の内容によって決められ、私たちがどこに住んでいるかによって決定されているのなら、つまり、私たちが得られる仕事と、その職場と自宅との往復の時間によって決定づけられるなら、食事の内容が乏しいことは、私たちが皆、自分の空間と生活を自己決定できない状態に置かれていることの証左である、と考えたくなるのは当然だ。

しかし、マスコミと政府では、そのような判断は完全に退けられ、代わりに、貧しい食生活は肥満の元凶であり、それ自体が問題であるとされるのみで、肥満という病気と紙一重の状態について、さらに解明すべきことなど存在しないとされる。なぜなら、私たちは皆、自分個人の身体の状態について管理するすべを身につけているはずだからだと言うのだ。

食事と肥満が意味することについて、私たちはすでに理解を深めてきた。しかし現在、肥満は、結局のところは個人の失敗であり、種々雑多な選択肢のなかから適切な食事を選択できなかったことの結果であり、衝動が抑制できなかったせいだと理解するよう、求められているのである。社会通念では、肥満は選択能力が乏しいことの結果であり、決して選択肢が乏しいことが原因とはされない。そのため、肥満という社会的な問題に対する解決策のほとんどが、個人を対象としてきた。

たとえば、肥満は貧しい人々の自己抑制が不十分だからだとする主張は、社会を不安にさせている。二〇世紀の初めには、このような不安が国家安全保障に対する懸念、あるいは、そのせいで貧困層による反乱が起きたら富裕層がこうむるであろう損害に対する懸念という形で表現されたが、二一世紀の初めには、同じ不安が治安に対する懸念や、障碍者や貧困者たちが若者や富裕層および生産的な人々に負担を強いることへの懸念という形で明確化されている。権威ある医学誌『イングランド・ジャーナル・オブ・メディスン』に二〇〇五年に掲載された論文で、米国人の研究者グループは以下のように主張している。

平均余命は、どれくらい伸びるだろうか？　これは単なる学問的な問いではない。その推計値が出されると、税率や年金の支払額が大きく影響を受けることになる〔……〕。社会保障庁（ＳＳＡ）は〔……〕、米国の平均余命は今後も伸び続け、今世紀の後半には八〇代半ばに達するという見解に達している〔……〕。六五歳以上の人口が大きく増えるというＳＳＡの予測に基づき、社会保障制度が近い将来に破綻するという不吉な予測を行なうのは、時期尚早であるようだ。しかし〔この制度が破綻しないという〕「恩恵」は、市民が退職年齢に達する前に生産性を失い、肥満とその合併症によるメディケア◆のコストが増大する、という経済面での代償をともなうだろう。今日でも、肥満に起因する医療コストは控えめに見積もっても、年間で七〇〇億ドルから一〇〇〇億ドルに達している。糖尿病患者が急速に増えており、発症年齢の平均が低くなっているため、心疾患や脳梗塞、壊死した足の切断、腎不全、失明など、糖尿病の合併症の治療コストも大幅に増加するだろう。他の肥満の合併症（すなわち、心血管疾患や高血圧、ぜんそく、癌、消化器疾患など）の増加によって、医療コストが同じように増大する事態も避けられない。〔だが同時に〕肥満が増えていることで、米国民は結果として社会保障（年金）コストを節約しているのである〔……〕[26]。

こうした公共心のある米国の科学者たちの懸念を共有する科学者は世界各地に存在しており、彼らはすべて、この「肥満の蔓延」（Obesity Epidemic）として知られるようになった問題に心を痛めている。これは非常に大きな問題だが、肥満が国家的な懸念とされるようになったのはずいぶん前である。一九五二年、米大統領の国民健康ニーズに関する諮問委員会で顧問を務めていたレスター・ブレスロー◆が、以下のような指摘を行なっている。

　米国人のかなりの割合が太りすぎである。ボストン健康保全クリニックが検査した「健康な人々」の六人に一人は、標準体重よりも二〇％以上も太りすぎていたし、サンフランシスコで肉体労働に従事している男性のグループでは、五人に二人がやはり標準体重よりも二〇％以上も太りすぎていた。今日、体重管理が重要な保健課題であることは明らかである[27]。

私たちが考えている以上に肥満に対する心配が持続的なものであったなら、今さら懸念を表明する必要などないはずである。米国では一九九一年から二〇〇一年のあいだに、肥満人口が七一％も増加したが[28]、同様の現象は、他の先進国でも途上国でも生じている[29]。これは、ほぼ疑いのない事実だ。問題は、私たちが肥満についてどう理解するか、ということなのである。大雑把に言えば、米国における肥満増加の割合は、一世代（一〇年）のあいだに国民全員が一人当たり三～五キログラムほど体重が増加したに等しい。国民の体重分布図における山の形が、右（体重増加）に向かって少しだけ移動したということだ。その結果、より多くの米国人が、肥満に分類されるようになった。▼30 以下は、生物学者のジェフリー・フリードマン◆の言葉だ。

ＩＱ〔知能指数〕の平均が一〇〇として、人口の五％がＩＱ一四〇で、彼らは天才だとされているとしよう。その後、教育が改善され、ＩＱの平均が一〇七になり、ＩＱ一四〇の人口が一〇％になったとしよう。あなたは、このデータの発表方法として、二つのうちのどちらかを選べる。ＩＱの平均が七ポイント上がったと発表するか、教育の改善のおかげで天才の数が倍増したと発表するか、のい

◆メディケア　高齢者と障害者を対象とした公的医療保険制度。
▼26　Olshansky et al. 2005.
◆レスター・ブレスロー　カリフォルニア大学教授。一九六五年、生活習慣と健康の相互関係に着目、よりよい生活習慣を送っている人ほど死亡率が低いことを発表し、「生活習慣の父」と称される。
▼27　Breslow 2006.
▼28　Mokdad et al. 2003.
▼29　Cheng 2004 : 395 for China を参照。
▼30　ここでいう肥満の基準は、ＢＭＩ（体格指数）三〇以上である。
◆ジェフリー・フリードマン　米ロックフェラー大学教授。一九九四年、肥満を抑制する働きがある「レプチン」というタンパク質の遺伝子を発見した。

ずれかである。肥満に関する議論はすべて、国家教育プログラムによって天才が倍増した、と結論づけるのと、同じことをしているのである。[31]

確かに、肥満に関するデータの解釈の仕方に注意を促している人々は、彼らの懸念が該当しない事例もあること認めている。病的な肥満に起因する病気で苦しんでいる人々が増えていることについて懸念を抱くのはまったく当然のことだ。一世代のあいだに国民一人当たり三〜五キログラムの体重増加が起きたことは、確かに摂取したカロリーと消費したエネルギーの量的なバランスが崩れていることを意味している。そして、市場の用語を使えば、このバランスの乱れが「自動修正」され得ることを示す証拠もほとんどない。さらに、体重増加の原因が、心疾患や糖尿病などの他の病気の原因でもあるという認識が広まりつつある。

しかし、肥満の蔓延の一般的な解説を批判している人々は、このような説明や懸念のあり方が適切でないと指摘しているのである。彼らは、肥満の蔓延が社会的な問題として議論されるときは、特定の社会階層が、その対象とされてきた事実も指摘している。つまり、彼らに言わせれば、肥満の蔓延は「道徳上のパニック」を引き起こしているのである。最近の研究では、二二一種の新聞、医学文献、および一般の文献に対する調査を行なったところ、これらの三分の二が肥満の個人的な原因について言及していた一方で、構造的な要因（食品産業や地理的な要因など）に言及していた文献は、三分の一にも満たなかったことが明らかになった。さらに驚くのは、以下の結果である。

アフリカ系またはラテン系の米国人について取り上げていた文献の七三％が、彼らの食べ物の選択が悪いことを肥満の原因に挙げている。アフリカ系やラテン系の米国人について言及していない文献は二九％だけだった。同様に、アフリカ系やラテン系の米国人に言及していた文献の八〇％が、肥満の原因として身体を動かさないライフスタイルを挙げているが、その割合は、アフリカ系やラテン系の米国人に言及していない文献では二九％にすぎない[32]。

実際、貧しい人々や有色人種は、そしてなかでも移民たちは、病気になると個人の責任を追及されることが非常に多い。『ハーパーズ・マガジン』誌のグレッグ・クリツァーによる、移民たちの食生活への非難◆はよく知られている。

「家のなかでは、ママが大きなリンゴのフリッターを与えて、ミゲリトをなだめていた。パパはジョークを飛ばしながら、二〇オンス〔約六〇〇ミリリットル〕カップのコーヒーに何杯も砂糖を入れていた。肥満というフィルターを通して見れば（これは私のくせなのだが）、これはあまり幸せな光景ではない[33]」。

ほかにも似たような例はある。二〇〇五年一月一三日付『ニューヨーク・タイムズ』紙には、ブラジルにおける肥満についての記事とともに、「太ったブラジル人」という説明を付した、ビキニ姿の大柄な女性の写真が掲載された。後日、実はこの女性がヨーロッパ人であったことが発覚したのだが、この記事は、ブラジル人の身体に不快かつ異常な何かが起きていると、私たちに思わせることを意図していたことは間

▼31　Campos et al. 2006 : 55.
▼32　Saguy and Almeling 2005 : 28.
◆グレッグ・クライツァー……による非難　この雑誌の特集は評判となり、のちに『デブの帝国——いかにしてアメリカは肥満大国となったのか』（竹迫仁子訳、バジリコ、二〇〇三年）として書籍化された。
▼33　Critser 2000 : 43.

違いない。[34]

だからといって、貧しい人々に重大な健康上の問題が生じていないのではない、と主張しているのではない。世界の糖尿病患者の八〇%が低所得国の人々であり、富裕国でも貧困層における糖尿病患者の割合は格段に高い。過去二〇年の間に2型糖尿病の患者数は倍増したが、同期間に、この病気の研究を支える資金は大幅に減っている。2型糖尿病は肥満と深く結びついており、肥満は運動不足や食生活の乱れ、そして喫煙と関係が深い。やはり食生活の乱れと運動不足が原因である心血管疾患の患者はインドと中国に多く、これら二ヶ国の患者数は、北側諸国の患者総数を上回っている。[35]これらの病気に対する人々の関心を高めるべきだろう。だが、これは最重要の課題ではない。最も重要なのは、原因分析をめぐる政治と経済の現実であり、その分析がもたらす政治や経済における陰湿な責任のなすり合いを、どうにかすることなのである。

7……ダイエット——フードシステムに加わった新ビジネス

私たちが、社会的な肥満と闘おうとするとき、責任を個人に帰す考え方がその邪魔をする。スポーツ・ジムや機能食品、およびダイエットは、たいていは孤独な解決策である。脂肪を減らす身体管理は、他の数十人の人々と並んで、ランニング・マシーンの上で黙々と足を動かし続けることを要求する。目の前には大鏡が設置され、走るあいだも自らの不満足な身体に対する自覚が促される。

食べ物のあり方を食品産業が支配しているのと同じように、身体のサイズについての人々の意識を喚起している産業も存在する。英国では、二〇〇五年、フィットネス産業は二〇万人を雇用し、二〇億ポンド(約三九億ドル)を売り上げた。同年末の時点で、国民の一二%がスポーツ・ジムの会員になっている。米国では、三九四〇万人が二万六八三〇ヶ所のジムで、合計一四一億ドルを費やした。日本では三〇〇万人が、ジムに三〇億ドルを投じている。そしてブラジルでは、人口の一・四％に相当する二五〇万人が、六億八二〇〇万ドルをジムに使っている。世界中で、肥満に対する不安が大きく高まっており、それが関連ビジネスの市場を急激に拡大させている。

しかし、ロバート・アトキンス◆が有名な著書のなかで述べているように、私たちが何を食べるかを決定づけているのは、集団的で社会的な力である。

私が学んだことの一つは、私の患者の多くが中毒に陥っているということです。薬物中毒ではなく、食べ物に含まれるある物質に中毒になっているのです〔……〕。それは砂糖です〔……〕。あまりに多くの人が、デザートや甘いものを日々の食事の一番の楽しみとしているため、砂糖産業のプロパガンダを喜んで受け入れ、「脳は、糖分がなければ機能できない」といった誤解を招きやすいメッセージを信じてしまいます。私たちは、今後一〇年間、同じ人々が発する「砂糖が、心疾患や糖尿病、あるいは低血糖症の原因だという証拠は存在しません」というメッセージを聞き続けることになるでしょう。[36]

▼34　Rohter 2005 : Anonymous 2005.
▼35　Darnton - Hill, Nishida and James 2004.
◆ロバート・アトキンス　砂糖やパンなどの精白した穀物の「悪い」炭水化物が大量に消費されるようになった結果、「炭水化物中毒」が発生し、肥満や糖尿病の原因になっていると考えた。彼の提唱した炭水化物の摂取を減らすダイエットは、米国でブームを巻き起こした。邦訳書に『アトキンス式低炭水化物ダイエット』（荒井稔訳、河出書房新社、二〇〇五年）がある。

確かに、砂糖産業の責任は重大であり、この産業は今後も保健政策を攻撃し続けるだろう。二〇〇四年、世界保健機関（WHO）が「食事・運動・健康に関する世界戦略」を発表し、砂糖の消費を抑制しようとしたときもそうだった[37]。

他方で、ダイエット産業は、砂糖産業を批判し、痩せた身体をもてはやすことで、正義を気取りながら莫大な利潤を得ている。少し古い大雑把なデータではあるが、世界のダイエット産業は、年間に一〇〇〇億ドル以上を売り上げる急成長産業なのである。この市場には製薬産業も参戦しており、肥満を病気と認めさせ、食欲を減退させる薬を医薬品として認可させようと画策している。食品加工業界もまた、食品の悪いところを改善する技術開発を試みており、その一例が消化できないためにゼロカロリーとされる料理油「オレストラ」である（この油には商品のラベルにも記載されているように、肛門が油っぽくなる、という欠点がある）。栄養補助食品は、医療効果を持つ食品であり、食品と薬品が一体化した商品である。近々、化粧品産業が栄養学と食品マーケティングと連携し、美容補助食品なるものを売り出すことになるだろう。すでにコカコーラ社とオレアル社は、肌の張りを良くする効果をうたった「ルマエ」という名の飲料を共同開発したと発表している。これでコカコーラ社は、すでに日本で販売している女性の胸のサイズアップをうたった「ラブ・ボディ」に続く、美容補助飲料の商品化を果たしたことになる。もちろんこの市場には、食品産業や製薬産業とともに、ダイエットを売りにする雑紙やフィットネス産業も参入している（米国で良く売れている雑紙には、『イーティング・ライト（良い食べ方）』誌や『シェイプ』誌などがある）。

私たちの暮らし方に対する社会的な解決策よりも、個人向けのダイエットが注目されているのは事実だが、社会的な解決策は常に存在してきたし、積極的に取り組まれてきている。たとえば、「太った米国人支援のための全米協会」[38]（現在の「全米肥満受容協会」）は、一九六七年、ニューヨークで「ファット・イン」（太った人の集い）を主催した。極端に痩せて見えなければいけないという、特定の体型だけを良しとする風潮や、見た目を気にしすぎる傾向、あるいは、服装に対する社会の過剰意識は、常に何らかの形で批判もされてきた。だが、太った人を「受容」することで問題がすべて解決するわけではない。科学論文でも展開されることが多くなった[39]「体重が何キロあっても健康である」（体重と健康状態は関係ない）という主張は、以前の美の基準を否定し、特定の体型のみを支持する風潮をいさめ、適正な食事と適切な運動に基づく健康的な生活の重要性を訴えているのである。健康を維持しつつ、「普通の」あるいは「通常、望ましい」とされる体型になることを拒絶することは可能である。このような主張が展開されてきたことで、多様な「魅力」が発見され、美に対する基準もゆるやかなものとなってきた。それが一部の考えにすぎないと思うなら、つい最近までは、インドや中東、および南太平洋など、世界の多くの社会で美人の典型とされてきたのは、背が低く太った人々であった事実を思い起こしてほしい。にもかかわらず、わずか一世代のあいだに、現在の特定の美の基準だけが世界を席巻してしまったのである。フィジーでは、一九九〇年には拒食症や過食症はほとんど存在しなかった。だが、一九九五年にテレビ放送が開始され、米国のテレビ番組ばかりが放映されるようになってから、わずか三年のうちに、この国の一〇代の女性の一一・九%が過食症になっていた。

▼36 Atkins and Linde 1977 : 24-5.
▼37 Cannon 2004 : 67.
▼38 Online at http://www.naaf.org.
▼39 Alicia 2004 ; Klimis - Zacas and Wolinsky 2004.

〝食事と肥満の政治学〟を理解していく過程で、私たちは、世界のフードシステムの構造的な問題の一つについて、その原因と結果に対する考察を深めてきた。私たちの食べ方を変え、肥満をつくりだしてきた政治は、放っておけば自動修正することなど不可能な複雑なシステムが生み出したものである。しかし、それを良く理解するには、私たちに食べ物を供給することで利益を得ているのは誰なのか？　そして、結果としての体重増加に対処することで利益を得ているのは誰なのか？　ということを考えればこと足りる。スイスのチョコレート・メーカーであるネスレ社は、二〇〇六年、痩せる食品のメーカーであるジェニー・クレイグ社を買収した。同様のことは以前にもあった。ベンとジェリーのアイスクリームの製造元であるユニリーバ社は、二〇〇〇年、スリムファスト社を買収している。

現代の食べ物の大もとを掌握し、その食べ物が引き起こす病気の改善策をも支配するようになった食品産業のやり方は、ラウンドアップ農薬とセットでラウンドアップ農薬耐性の遺伝子組み換え（GM）大豆を広めたモンサント社のやり方と酷似している。ラウンドアップは農民を誘い込む罠だった。農民は、このGM大豆を購入し、併用すべき農薬にもお金を払うことになった。どちらのケースも、消費者はその瞬間には魅力的だが、長期的には中毒のサイクルをもたらすだけの商品を買わされている。

この不健全なサイクルを抜け出すには、すべてをリセットして出直すしかない。フードシステムに対する最も興味深い社会的な対応が（それ自体に欠点や矛盾はあるかもしれないが）、その結果生じた症状や個人的な解決策、あるいはそのための商品を非難しないのは、それゆえなのである。真にこれに対応する社会的な運動としては、食に関する新たな思考を代わりに生み出し、食と身体の新しい、そしてより自律的な関係を創りだそうとしている。

8……「ファストライフ」と「スローライフ」——誰のためのペースで暮らすのか？

誰がつくった食べ物を、どこから手に入れ、いかにして食べ物を楽しむか、という命題に第一線で取り組んでいる運動の一つが、スローフード運動である。この運動は、これまでとは違うやり方で食べ物を選び、その食べ物を味わい楽しむ権利を求めて闘っている。この運動はイタリアで大成功を収め、世界各地に広まっている。スローフード運動は、今日、一〇〇ヶ国に国内組織を有するまでになり、合わせて八万三〇〇〇人の会員が、八〇〇のコンヴィヴィウム（食べ物を味わい楽しむブランチを主催するなどの活動を行なう支部）を組織している。

食べ物は、言うまでもないが、素晴らしいものだ。私たちがその基準としているのは、トマトである。理由はわからないが、ほとんどすべての人が、今のトマトよりも昔のトマトの方が美味しかったことを覚えている。実際、フィレンツェのスローフード・トマトは、とても美味しい。レアチーズの添え物にすぎないトマトだが、あれほど美味しい食べ物はほかで味わったことがない。すべての味蕾を覚醒させるその優美な味わいは、スローな喜びのハイライトである。食材はすべて地元で生産される。この運動にとって重要なのは、食材が地元で栽培され、地元で食べられることである。地元で生産された食材を食べることで、生産者との社会的なつながりを育み、どこでどのように生産されたのかを知ることが容易になる。それは、プロセスのすべてを見通すことが可能な、社会に密着した食べ方であり、工業的に生産された食品では決して実現し得ないものである。この運動は、ノーベル文学賞を受賞したダリオ・フォも署名している、素晴らしい「一九八九年、スローフード宣言」にまとめられた信条に忠実にしたがって展開されている。

工業文明という旗印のもとに生まれ育った私たちの世紀は、最初に自動車を発明し、それによって生活モデルを形づくってきた。

私たちはスピードに束縛され、誰もが同じウイルスに感染している。私たちの慣習をくるわせ、家庭内にまで入り込み、「ファストフード」を食することを強いる「ファストライフ」というウイルスに。

今こそ、ホモ・サピエンスは知恵を取り戻し、人類を絶滅に向かわせるスピードから自らを解放しなければならない。ここでファストライフという全世界的愚行に立ち向かい、落ち着いた物質的よろこびを守る必要がある。この愚行を効率とはき違える多くのやからに対し、五感の確かなよろこびを適度に配合した、ゆっくりと楽しみを持続させながら打つワクチンを、私たちは推奨する。

食卓で、「スローフード」を実践することから始めよう。ファストフードの没個性化に対抗し、郷土料理の豊かさと風味を再発見しよう。

生産性という名のもとに、ファストライフが私たちの生活を変貌させ、環境と景観を脅かしているとすれば、スローフードこそ、今日の前衛的回答である。

真の文化は味覚の貧困化ではなく、味覚の発達にこそあり、そこで歴史や知識やプロジェクトが国際交流することによって文化の発展が始まる。

スローフードは、より良い未来を約束する。

カタツムリをシンボルとするスローフード運動は、その遅々たる歩みを国際的運動にするために、多くの有能な支持者を必要とする▼[40]。

実に素晴らしい呼びかけだ。そして、熱狂的な食の愛好家たちが、この呼びかけに次々に応じるようになった。だが、この運動は、単に食を楽しむことだけでなく、食を生み出すことにも熱心である。この運動は、生産者に多大な支援を行なっている。プレシディア◆の活動では、さまざまな食材の生産者たちを横につないでいる。ハリエット・フリードマンは、北米の酪農部門のプレシディアについて、こう説明している。

工業的な酪農業者とチーズ製造業者によって、大陸規模で基準づくりが進められるなか、クリエイティブな農家が女性たちを中心に伝統的なチーズを復活させ、新しいチーズも開発しています。このようなチーズは、通常、農場で自家の牛乳からつくられ、地元で販売されています。プレシディアでは、生乳を使って生産していて、工業的な製造法が有利になるようつくられた無数の衛生基準に違反してしまう可能性がある各地の生産者をつないでいます。このような闘いは、欧州連合でも長いこと続けられています。[41]

ヨーロッパでは、スローフードは、近現代の資本主義の工業と機械によってつくられた食品だけでなく、輸入された食品や料理に対しても、伝統を守り、味と風味を楽しむ意識を守る防波堤となっている。しか

◆ダリオ・フォ　イタリアの著名な劇作家・俳優。演出や舞台美術も手がける。

▼40　全文は以下のウェッブサイトで。http://www.slowfoodusa.org/about/manifesto.html ［邦訳は、「スローフードジャパン」の公式サイトより引用したが、一部変更を加えた。http://www.slowfoodjapan.net/］

◆プレシディア　ラテン語で「守る」という意味。スローフード運動が認定する食材を守る活動。

▼41　Fridmann 2005a.

し、ここで紹介した北米のプレシディアは、数え切れないほどの移民とグローバリゼーションが生み出してきた食べ物を守る避難所となっている。ハリエット・フリードマンが詳述しているように、米国とカナダでは、消費者の食との関わり方が違うのである。

> 北米では、地元の生産物に対する思い入れが、昔からあまり強くありません。プレシディアは、三〇以上の生産者をつないでいますが、彼らのつながりは歴史的あるいは地理的なものではなく、米国の生乳チーズの品質を向上し、チーズ生産者同士の連携をつくるという共通の目的によるものなのです。スローフード愛好家とチーズ製造の専門家による試食会では、毎年、参加している生産者のなかから最高の農場製生乳チーズを選んでいます。チーズは、ヨーロッパから北米に持ち込まれたものですから、テロワール〔その食材の味や風味に影響する、その土地固有の土壌や気候などを意味するフランス語〕へのこだわりはありませんが、農業のシステムと不可分の関係にある農家や職人の知識や技能は、間違いなくチーズの味や風味に影響します。北米のチーズは、ヨーロッパのチーズを原型にしています。すなわち、ドライ・ジャックの原型はパルメザンであり、テレムの原型はタレッジョ、ブリックの原型はリンバーガーです。

実際、スローフード運動が北米大陸に紹介され、その結果生まれた国内組織では、さまざまな矛盾が噴出した。食の伝統を守ろうとする人々と、食のあり方は常に変化し続けていると主張する人々との間で、深刻な対立が生じた。これは、新しい食を排除することで伝統の一部を守ろうと立ち上がった運動に立ちはだかる大きな問題だった。しかし、数十年前にこのような議論が活発に行なわれた結果として、米国風のチョプスイ◆や英国風のチキン・ティッカ・マサラ◆のためのプレシディアが誕生したのである。食べ物が常に変化し続けるものであるなら、それは当然のことだろう。イタリア料理に欠かせないトマトでさえ、米大陸から伝わった食材である。ヨーロッパの新大陸発見まで、イタリアにはトマトがなかったのである。英国では、かつて外務大臣だった故ロビン・クックが、チキン・ティッカ・マサラを典型的な英国の料理と賞賛している。北インドのチキン・ティッカ（タンドール・チキン）に「マサラ・ソース」を加えることで、グレービー◆がかかった料理が好きな英国人の口に合う、新たな料理が生まれたのである。クックでも賞賛する料理を、伝統的な料理ではないからといって、スローフード運動が排除すべきではないだろう。「コミュニティ」の一部の人々の関心を、他の人々を差しおいて優先させる〝伝統〟と、それが有する力には、そもそも胡散臭いところがある。伝統とは、ろくでもない奴らが追い払われて愛国主義に走る前に、最初に逃げ込む隠れ家のようなものだ。

食べ物とは、長年の作業と知恵の結晶であり、それが、どれほどの労働によってもたらされたのかを考えるのは大事なことだが、料理が時代とともに変化していくことを知るのも大切なことである。スローフード運動は、そこに緊張関係が存在していることを良く知っている。この運動と深いつながりを持つピサ大学のジァンルカ・ブルノリ教授は、こう述べている。

「地域のスローフード活動では、移民を巻き込み、食の文化とアイデンティティを交流させることに力を入れています」。

◆チョプスイ　八宝菜のような料理だが、純粋な中華料理ではなく米国生まれの中華風料理。
◆チキン・ティッカ・マサラ　タンドールで焼いた鶏肉を、トマトとクリームのソースで煮込んだカレー。英国のインド料理店が生み出した料理。
◆グレービー　肉料理の調理過程で出る肉汁からつくるソース。

その証拠に、二〇〇六年、トリノのテラ・マドレで開催された、それまでで最大の会議では、一五〇ヶ国の参加者たちが、スローフードという共通の旗印の下で、食べ物を分けあいながらフードシステムに起きている変化について、各々の考えを伝えあった。ブルノリ教授は、変化を受け入れる必要があり、この運動もそれを模索し始めたと語っている。

私たちが置かれた今日の状況の下で、本質的に新しい食べ方を見つけようとすれば、必然的に矛盾に行き当たることになる。スローフード運動は、本物の食べ物や伝統的な食べ物を定義するという難問以上に、解決が難しい大きな問題を抱えている。それは、購買力の問題である。これは、この運動の発端となった考え方が高く評価されるようになったことで、顕在化してきた問題である。スローフード運動は、一九八九年、イタリア共産党の新聞（『マニフェスト』）に挟み込まれた『ガンベロ・ロッソ』という小冊子から始まった。この小冊子の名前は「赤いエビ」という意味だが、共産主義運動の集会で歌われる「バンディエラ・ロッソ」（赤い旗）に語呂を合わせた言葉遊びだった。この運動が当初目指していたことの一つは、左派が生活の喜びという概念を取り戻し、生活の喜びを労働者の権利の徹底的な擁護と結びつけることは可能であり、必要であるという考えを示すことだった。

しかし、イタリア以外の国では、スローフードを支持する人々からは、この運動が共産主義から生まれたという歴史はいとも簡単に受け流されている。実際、オーストラリアでは、スローフード運動には歴史などないかのように扱われている。この運動を賞賛する記事のなかには、スローフードを高級な料理とワインの愛好会のように紹介しているものさえある。スローフードの雑誌は、南オーストラリアのバロッサ・バレーについて、「そのライフスタイルと風景は、ヨーロッパの豊かな遺産とオーストラリアの若々しい生命力の結合がもたらしたものである」と主張している。これでは、バロッサ・バレーは、中流の食愛好家たちやワイン生産者の暮らす土地というよりは、ヨーロッパの遺産がつぎ込まれた「無主の地」◆であるかのようだ。

もちろん、スローフードに参加する人々のすべてが、地域に根を張っているわけではない。この運動には、味覚とともに、田舎の田園風景や過去の幻影への憧れを共有する、仮想のコミュニティに近いものがある。そのような憧憬は多分に民族的なものであり、保守政治の温床である。イタリアのスローフードでさえ、その影響を免れていない。ローマのスローフードの店には、たとえば市長選の時期には、緑の党（左派連合の一部）を支持するところも、右翼のフォルツァ・イタリアを支持するところも出てくる。

こうした問題よりも、消費者である私たちの大部分にとってより重大な問題は、この料理をめぐる長い冒険に加わり、真に自由に食べ物を味わい、存分に飲み物を楽しむためには、人々は他のあらゆる自由を得るときにも必要となるパスポート、つまりお金が必要であるということである。私たちは、食事を終えるや否や、高い勘定書に泣かされることになる。スローフード運動もその事実は認めているが、同時に、地方の労働者を安く使ってつくられる安価な食品に、私たちは慣らされすぎているとも指摘している。スローフード運動の創始者であるカルロ・ペトリニは、ポケットから携帯電話を取り出し、こう言った。「食べ物は、もっと高くなるべきだ。私たちは、これ〔携帯電話〕にたくさん支払っておきながら、ちゃんとしたチーズには、お金を払うことができないなどと言っている」。

けれども、異なる見解も広く共有されている。ローマのある買い物客は、最近、スローフードの店に選ばれた肉屋について、こう語ったのである。

「前から高い店だったけど、今じゃ、オックステイルの脊椎一つに、六〇ユーロ（約八〇ドル）も取るの

◆無主の地　正当な国家による統治を受けていない土地。

よ！　誰が、そんな高いもの食べられるって言うの」[42]。

痛い批判だが、スローフード運動はそれに対し、そのような料理は、変化のための道案内であり、目指すべき食の理想を示すものであると同時に、そこは十分にお金を蓄えたときに訪れることができる理想郷なのであると答えている。

それでは、スローフード宣言が「多くのやから」と呼んだ、暮らしのペースを自ら決めることができない私たちの多くは、マクドナルドを食べることで批判されることになるのだろうか？　それしか選択肢がない場合でも。

9……「アンチ・マルブッフ」——農村と都市つなぐ

一九九九年八月一二日、フランスの羊飼いであり、ロックフォール・チーズの生産者でもあるジョゼ・ボヴェ◆は、友人らとともにフランス南部のミヨーで建設中だったマクドナルドの店舗を打ち壊した。彼に共感するかどうかによって、彼がマクドナルドを「排除」したと見るか、「破壊」したと見るか、見解が分かれるところだろう。世界貿易機関（WTO）においてEUと米国の貿易紛争に発展し、フランス産のロックフォール・チーズに懲罰的な高関税が課せられる結果を招いた彼の行為は、家族総出で行なわれたものだった。

> 子どもたちを含む全員が、仕切り壁やドア、電源コンセントなどの建物の内装や、屋根の金属板などの取り壊しを手伝った。この金属板は釘打ちされていたが、飾りの一種にすぎなかったため、簡単に剝がすことができた。建物全体が軽い素材でつくられ、ひどく安普請だった[43]。

ボヴェのことを、愛国的だとか、下品な米国バッシングだとか批判する人もいる。ボヴェ本人は、スローフード運動がそうであるように、マクドナルドがどこの国から来たのかを問題にしているのではなく、店内で提供される食べ物の質を問題にしているのだ、とはっきりと述べている。

これは反米の行動ではない。これは〝アンチ・マルブッフ〟◆である。私たちは、反米の論理に決して取り込まれない。これは、グローバル資本主義の自由貿易に対する闘いである。この資本主義は、特定の経済体制の理論であり、米国の体制の理論ではない。どの国でも、この闘いの対象となり得る。これは、米国パスポートを持つ人々に対する闘いではないのだ。

この闘争には、明らかに国際的な背景が存在する。その後、ボヴェが遺伝子組み換え作物の栽培地に火を放ったことで収監されたとき、インドでさまざまな農民運動を担っている数百人の農民が、国際キャラ

▼42　Ong and Blumenberg 1998 ; Ehrenreich 2001.
◆ジョゼ・ボヴェ　フランスのオルター・グローバリゼーション運動の象徴的な人物で、現在、欧州議会の議員。邦訳書に『地球は売り物じゃない！——ジャンクフードと闘う農民たち』（新谷淳一訳、紀伊國屋書店、二〇〇一年）、『ジョゼ・ボヴェ——あるフランス農民の反逆』（杉村昌昭訳、柘植書房新社、二〇〇二年）、『パレスチナ国際市民派遣団——議長府防衛戦日記』コリン・コバヤシ訳、太田出版、二〇〇二年）など（すべて共著）。
▼43　Jeffress with Maynobe 2001.
◆マルブッフ　フランス語で、ジャンク・フード、あるいは悪い食べ物を指す造語。

図表 8-2 ■ 家庭での調理時間の変化（1934～2010年）

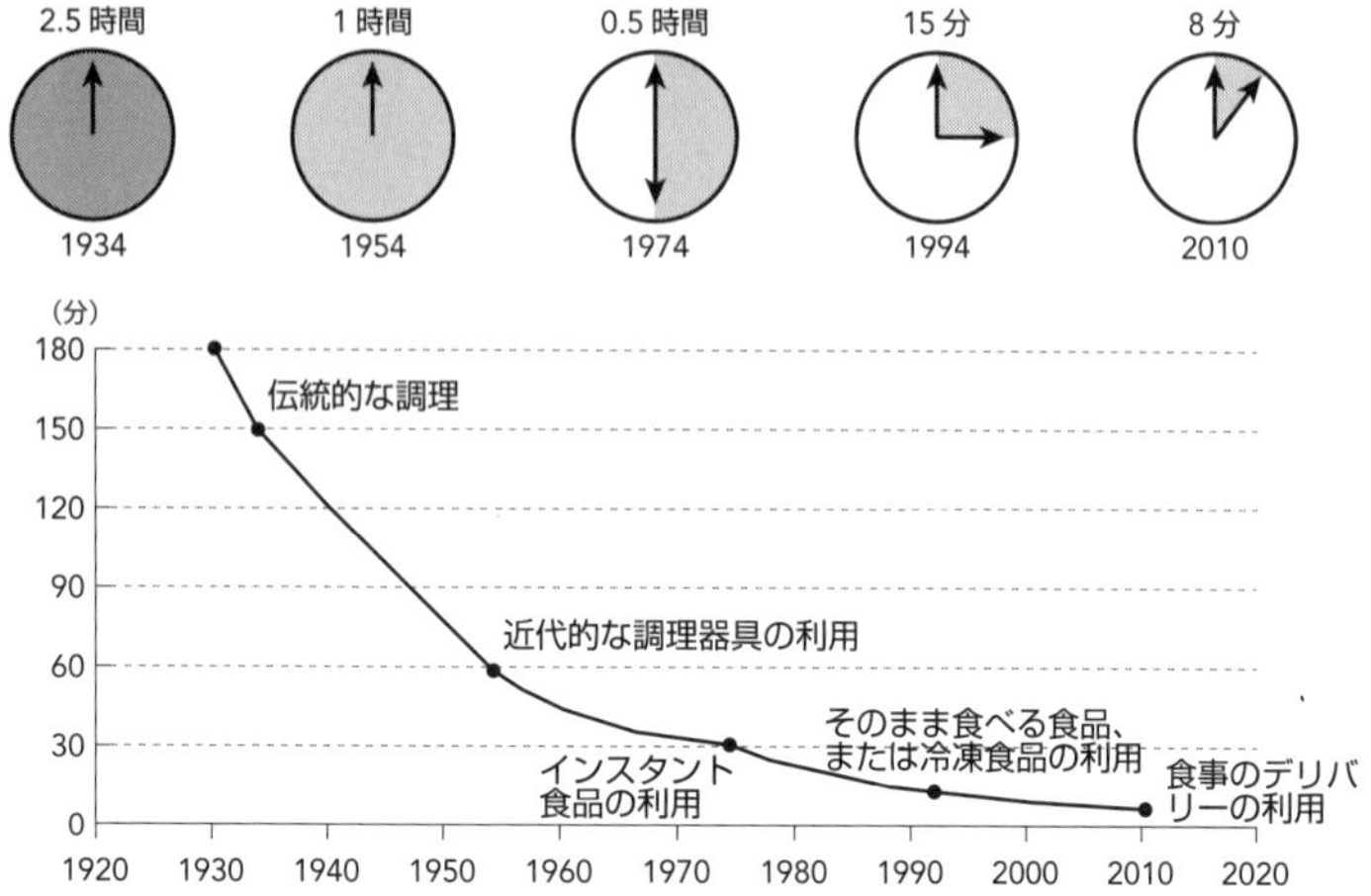

出典：デヴィッド・ヒューズ教授から直接提供された資料

バンの一環として欧州各国を巡回していた。ボヴェが逮捕されたとき、彼らはフランスの警察に対し、われわれもボヴェとまったく同じようにマクドナルドの存在に異議を唱えているのだから、同じように逮捕しろと申し入れた。ボヴェの〝ゴールデン・アーチ〟（マクドナルドの黄色のMマーク）に対する闘いは、彼らの闘いでもあったのである。

ボヴェは、これまでの運動とはまったく違う国際的な運動の一翼を担っている。この運動は文字通り、時計の針を戻そうとしているのである。特に、図表8－2にあるような時計の針を。

英国では、ほかの国でもそうであるように、家庭で調理と食事に費やされる時間が劇的に減っている。これは、女性の家庭での役割が変わり、冷蔵庫が登場し、労働と通勤に長時間が費やされるようになり、準備に時間のかからない食品が登場し、そして食事の用意よりも楽しいことがあるという意識が強くなったことの結果である。ボヴェがその一端を担っている運動は、食事は単なる必要ではなく、祝福であるという意識の転換をはかろうとしている。これについてボヴェは、以下のように述べている。

人々が、家で食事することや、自分のために料理することを嫌がるようになると、家族は崩壊し始める。このような日常の務めを果たさなくなった市民たちは、家族が壊れていくのを見過ごし、子どもたちに明るい未来を用意することができない。このような人々は、世界全体を覆っている疎外という政策に荷担しているのである。彼らはそのことに気づかねばならない、しかもすぐに。[44]

子どもたちが、大人と一緒に食事をしていればいい子に育つことは、昔からよく知られた事実だ。しかし、ボヴェは、さらに深いことを言っている。彼は、大人たちもまた、食事に時間をかけ、食材と、食材を夕食に作り替える労力の真価を認めることで、よい人間になると指摘しているのである。

だが、ここでも私たちは問題に直面する。誰に、そんな時間とお金があるというのだ？

この難問を解くための方法を考えるには、農村と都市の貧困者同士をつなぐことを目的に始まった運動が参考になるかもしれない。農場で働く人がもっと高い賃金を得るようになり、農場以外の場所で働く人々にも生活賃金が支払われるようになれば、すべての人が良い食べ物を買うことができるようになる。そうした状況をつくり出そうとしている運動は、その過程においてフードシステムの政治的な側面を中心的な課題とするようになる。

南アフリカでは、ピーター・ドワイヤーが、「ライト・トゥ・ワーク」（仕事を得る権利）というキャンペ

[44] Bové and Dufour 2005 : 66.

ーンを組織している。彼は、これまでの二〇〇年間に、都市の飢餓に対する解決策とされてきた、貧しい人々に安い食料を提供するということを求めているのではない。彼の運動は、すべての人が健康に良い食べ物を得られるようにするために、貧困自体をなくすことを求めているのである。

何も買えないなら、安い食べ物があったって買えないじゃないか。まともな賃金と安定した仕事がなければ、適正で健康的な食べ物を買うことはできない。だから私たちは、運動を組織しているんだ。企業や政府はまともな賃金を払うつもりがないから、私たちで勝ち取るしかない。これはまさに組合のパンとバターの問題〔死活問題〕だ。ここ南アフリカでは、組合が勝ち取った譲歩は、たいていの場合、すべての従業員に適用される。そして仕事がない人々には、ライト・トゥ・ワークや他の同じような運動が、生活に必要な収入を勝ち取るための運動を組織している。私たちは、政府が公共セクターを格段に大きくして、雇用を創出することに期待している。病院や学校を増設し、教師を増員すれば、まともな食事ができる人が増えるだけじゃなく、教育を受けられる人や健康な人も増えるんだからね。

つまり、食をめぐる政治の近代史では、反乱を未然に防ぐために、都市の労働者に安価な食料を供給することに力点が置かれてきたが、今やファストフードを食べないために立ち上がる組織がいくつも生まれているのである。彼らは、健康的な食品だけでなく、まともな生活を求めている。その場しのぎの安価な食料ではなく、高い賃金、雇用、健康、そして尊厳を求めているのである。

本章では、私たちが日々どのように選択を行なっているのかということ、そして、私たちの置かれた環境ではいたって普通に思えるその選択が、実は考えていたよりもずっと奇妙で不自然なものだったことを示す根拠を数多く提示してきた。食品会社は、私たちの選択肢を変化させることで金儲けしようと、あらゆる手を尽くしてきた。だが、その事実だけでは、多くの人々を行動に駆り立てるには不十分なようだ。したがって、それぞれの事実をつなぎ合わせ、その意味することを理解することが必要だ。私たちは、食べ物が私たちのためにつくられていると感じているかもしれないが、実際にはそうではなくなってきている。私たちの暮らしのペースと構造を通じて、私たちが食べ物にあわせてつくり変えられつつあるのだ。私たちは、本質的には、私たちのためにならない選択肢を選ばされている、操り人形の消費者となりつつある。食に起因する病気が増加している構造的な原因の一つは、わかりやすい選択肢が失われたことなのである。そして、企業の選択は、決して農民や農場労働者などの生産者の利益を考えた結果ではない。

しかし社会運動は、食べ物の生産者を気遣い、食べ物をいただくという感覚的な経験を大切にする、これまでとは異なった食生活の選択を可能とする方法をいくつも生み出している。食べる喜びは、金持ちだけの特権であるべきではない。すべての人が、「マルブッフ」を食べることを強制されるのではなく、より良く食べるための時間とお金を持つべきなのである。それを実現するための政策は、個人の購買力に依存したものではなく、社会全体を対象とするものである。これはまさに、ブラジルのＭＳＴ（土地なし農村労働者運動）も加盟する国際的な農民運動であるヴィア・カンペシーナが提案している政策である。ヴィア・カンペシーナは、闘いを進めるにあたり、「食料主権」という民主的な概念を用いている。この概念は、食の政治学の中心に平等の思想を埋め込むことによって、政治の可能性に対するイメージを広げている。最終章では、そのことについて考察を深めていこう。

第9章

フードシステムの変革は可能か？

1……「砂時計」の内側で――農民・消費者・労働者・地球を喰い潰すフードシステム

あなたが食品企業の重役でもないかぎり、フードシステムは、あなたのために機能してはいない。世界中で、農民と農場労働者たちは、政治家に黙殺され、市場にもてあそばれ、死の淵を漂っている。消費者は、加工食品をたらふく食わされ、中毒にさせられている。アグリビジネスの食品とマーケティングは、食に起因する病気を爆発的に増加させ、私たちの身体を害し、世界中の子どもたちの身体に時限爆弾を仕込んでいる。スーパーマーケットは、安価な高カロリー食品をたくさん取り揃えているが、そのせいで地域の経済は大打撃を受けている。私たちは、食べ物の生産現場からも、食の楽しみからも、ますます遠ざけられている。

こうしたことが、食べ物が食卓に到達するまでのあいだに、多くの人々に苦しみをもたらしていることに、消費者が無自覚である現実の下で起きている。私たちの居住地域や仕事環境の現実が、私たちからより良い生活を想像する力を奪っている。

けれども、世界には、希望を現実のものとしている事例が存在する。現在の食の秩序に痛めつけられてきた人々は、ずいぶん前から各地で組織化を進め、この秩序に闘いを挑んできた。本書の主眼の一つは、このような活動について広く知らせることである。開かれた論議を共有することで育まれてきた発想の数々は、まったく新しい、より良いフードシステムとはいかなるものであるかを示している。一人の人間や一つのグループが完璧な答えを有しているわけではない。しかし本章では、これまでのいくつかの事例から学ぶことを通じて、私たちはより良い未来のために何ができるのか？　という疑問に応えていこうと思う。その前に、私たちは、素早く変化を起こす必要に迫られているということを強調しておきたい。現在のフードシステムが今後も変化しないだろうと悲観する根拠があまりに多いことこそが、良い変化を起こすことは可能だという楽観に根拠を与えている。

私たちがなぜ、根本的に新しいフードシステムを求めているのか？　ということに関しては、この本ではカバーしきれないほどの多数の主張が存在する。本書で紹介したのは、正義、公正、そして機会の平等という、政治的信条が違う人々の間でも一致して支持される可能性が高いにもかかわらず、現在のフードシステムに欠けている考え方と原則にしたがって私が選んだ事例である。

だが、フードシステムに欠けているのは、それだけではない。私たちの多くは、これらの原則に単なる政治的な前提という以上の価値を置いている。私たちは、環境や生物が保全され、持続可能性が達成されることを望んでいるし、生活を楽しみ、今よりも良い生活がしたいと考えている。そのような幅広い視点から見ると、現在のフードシステムは完全に荒廃しており、その害悪はこのシステムに取り込まれた人々やコミュニティだけでなく、より広範に及んでいる。私たちの今日の食生活は、大規模な動物虐待を引き起こしており、また、持続不可能なレベルのエネルギーと水の消費によって支えられている。このような食生活が地球温暖化を助長し、肥沃な土地に荒廃をもたらしている。私たちの感性や共感する心は麻痺させられている。そして、非常に皮肉なことに、フードシステムは、地球上最も力を持つ人々によって支配されているにもかかわらず、システムそのものは本質的に脆弱である。

それは、このシステムがあまりに大きな環境的犠牲と、資源浪費と、そのための収奪をともなっているためである。ボトルネック（システム上の障害）を持つ物流ネットワークの常として、フードシステムは構造的な脆弱性を抱えている。この脆弱性は、私たちの日々の生活が簡単に崩壊する可能性を示している。このシステムを崩壊させるには、原油不足というような、わずかなショックで十分なのである。活動家で学者のローラ・デーヴィスは、第一次石油ショックが起きた一九七〇年代に、ロンドンでスクウォットに住んでいた。彼女は、石油ショックが与えた影響について、こう回想している。

「店では、パニック買いが起きていました。そして私は、すべての食料がなくなったらどうなるのだろうと心配していました。それが、私が有機農業を始めた理由です」。

実際に、店の棚から食料が消え失せたら、何が起きていただろうか？　二一世紀に入ってすぐに、六〇〇〇万近い人々が、まさにそれに近い状態に置かれたことがあった。英国では、二〇〇〇年、運送業界が主導した一斉抗議行動によって、国内八ヶ所の製油所のうち六ヶ所が封鎖された。ガソリン・スタンドも休業し、高速道路の交通量は四割減った。貨物輸送と物流業務もストップしたため、英国は、あと数時間で国中から食料がなくなるという状態に追い込まれた。スーパーマーケットの精度の高い「ジャスト・イン・タイム」方式の物流システムに、英国の数世紀にわたる食料の対外依存の現実が重なったことが、この危機的な状況をもたらしたのである。店の棚には、ほとんど食料が残っていなかった[1]。

英国の食料供給が、原油なしには成り立たなくなっていたことは驚くに値しない。英国の道路を走っているトラックの四台に一台が食料を輸送しており、同国では食品の買い出しに、一世帯あたり平均で年間一三六マイル（約二一九キロ）も自動車を走らせている[2]。これらの数値は、それぞれの国の食習慣や気候および政策などの違いから、国ごとにかなり異なっているものの、米国で行なわれた調査では、地元で生産された食材を買う場合と、そうではない一般的な食材を購入する場合について、それぞれの移動距離の違いを測定している。地元で生産された食材数種の移動距離の平均は五六マイル（約九〇キロ）だったのに対し、一般的な食材数種の平均は一四九四マイル（約二四〇〇キロ）だった[3]。その輸送コストを考えれば、現代のフードシステムが化石燃料に完全に依存していることは明らかである。「緑の革命」◆の技術についても、たとえば、化学肥料の生産には多量のエネルギーが必要である。リチャード・マニングが指摘している通り、今日のフードシステムは、供給しているカロリーとほぼ同じだけ、エネルギーを消費している[4]。

農薬と化学肥料を製造し、輸送するエネルギーがなければ、現在のフードシステムは稼働できない。

ローラ・デイヴィスは、英政府の政府調達に関する調査を進めるなかで、この問題を提起しようとした。「私たちは、健全な食料経済の発展について話しあい、サプライ・チェーンの洗い出しを行なっていました。でも、フードマイル◆の概念を用いることは認められませんでした。競争原理に反し、輸入品を差別する概念だという理由からです。地域の食料経済を発展させることは燃料の節約になる、と言及することも容認されませんでした」。

ローラは、水の消費の問題についても同じように議題にしていたかもしれない。現代のフードシステムでは、「高収量品種」の栽培に要求される厳密な育成条件を整えるために、大量の淡水を持続不可能なレベルで消費することが必然化している。私は、ブラジルのマトグロッソ州の活動家から、以下のメッセージを預かっている。

◆スクウォット　空き地や空き家を無断占拠して獲得した住居など。

▼1　Peck 2006.

▼2　Smith et al. 2005 : ii.

▼3　Pirog and Benjamin 2003.

◆リチャード・マニング　『*Food's Frontier: The Next Green Revolution*』を、二〇〇一年に出版しているジャーナリスト。

▼4　Manning 2004b, and Manning 2004a.

◆フードマイル　食料の輸送距離を示す指標。食料の重量×輸送距離で表わす。一九九四年に、ロンドン市立大学食料政策学教授のティム・ラングにより提唱された。日本では、農林水産省農林水産政策研究所が導入しているが、「フード・マイレージ」と呼んでいる。ちなみに、二〇〇〇年における日本全体のフード・マイレージは、約五〇〇〇億トン／キロで、韓国の三・四倍、米国の三・七倍。

「この地球から水が失われつつあるなか、グアラニ帯水層〔同国にある世界最大の地下水源〕から多量の水を汲み上げているのは大豆産業であるということを、皆に知らせてほしい」。

大豆を一キロ生産するには、一トンの水が必要である。大豆のほとんどは家畜の飼料となる。牛肉一キロを生産するのに、七キロの大豆が必要であることを考えれば、工業的な食肉生産システムが、どれほどブラジルの地下水を浪費しているかは想像に難くない。[5] 同様のことが世界中で起きていることを考えれば、中東だけでなく、世界の各地で水とエネルギーをめぐって紛争が起きているのは当然のことだろう。今後も資源をめぐる紛争は次々に発生するだろう。これは私が予測したのではない。英国のジョン・リード元内務大臣〔国防担当〕がそう予言しているのだ。[6]

今日のフードシステムを支えている、化石燃料、水、土壌はすべて危機的な状態に陥っている。しかし、そう指摘する活動家の声は、ただちにかき消される。ニュージーランド「緑の党」に所属する活動家、クリスティーン・ダンは、政府の会議で持続可能な食の実現を求め、その主張には十分な根拠があるにもかかわらず、黙殺された経験を持つ。

「私たちは、そうした現状に直面しています。王様は服を着ていませんが、私たちには『王様は裸だ』と、声を上げることが認められていないのです」。

ニュージーランド緑の党は、ここ五年、「安全」な食を求めて「食品革命」キャンペーンを実施してきた。[7] 緑の党は、「安全」な食品とは、持続可能な方法で生産され、正確な表示が行なわれ、化学薬品を含んでおらず、病気や汚染がなく、倫理的なマーケティングが行なわれている食品である、と定義している。クリスティーン・ダンは、このキャンペーンの結果は功罪相半ばであると報告しているが、この運動によって、政府から有機農業に関する、研究、組織開発、生産者支援のための支出が行なわれるようになり、学校現場ではジャンクフードに代えて健康によい食品や飲料を提供する機運が高まっている。ダンは、以下のように述べている。

「一般市民は、政府よりも、フードシステムをより包括的に認識しています。市民は、食品の生産地、生産・加工の方法、そして食品に何が入っているのかを、正確に知りたがっています。しかし、消費者の選択の自由が、倫理や健康、および環境への配慮を自由に売り渡すことを可能としている『自由貿易』という企業の利害と矛盾するとき、ニュージーランド政府は、いつも企業に味方するのです」。

各国の政府は、消費者と生産者のどちらの要求についても、知らん顔を通してきた。両手で両耳を固く塞いでいることさえある。たとえば米国では、九〇％以上の消費者が遺伝子組み換え食品に表示を義務付けることを望んでいるにもかかわらず、政府は耳を貸そうともしない。政府は、二〇〇六年二月には、消費者の要求を無視するだけでは飽きたらず、必要ならば黙らせる用意があるという姿勢を明確にした。コーネル大学で開催された会議に参加する予定だったジョゼ・ボヴェの入国を拒絶したのである。彼のマクドナルドに対する行動と、その結果として有罪判決を受けたことが、その理由だった。

農業問題の活動家たちを黙らせようとしているのは、米政府だけではない。同じ二〇〇六年に、世界銀行と国際通貨基金（ＩＭＦ）の年次総会に参加するためにシンガポールに集まった農業運動の代表者ら八〇人が拘留され、多くが強制送還されたのである。彼らの農村開発に関する考え方が、国際金融業界の考え方と異なっていたためだ。二〇〇五年に香港で開催された世界貿易機関の閣僚会合でも、権力者に農民の置かれた現実を伝えようと集まってきた農民たちが、同じように犯罪者として扱われた。最も貧しい人

▼5　Lawrence et al. 2005.
▼6　Klare 2006. See Klare 2001 for more.
▼7　http://www.greens.org.nz/food-revolurion/

々は、常に警察の横暴の餌食とされやすく、農村の貧しい人々は日常的に迫害にさらされているが、このような国際的なイベントのときだけは、そのような現実が白日の下にさらされるのである。

けれども、政府も、食についての人々の懸念を、いつも完全に黙殺できるとは限らない。食料を国家安全保障と結びつけた冷戦時代の恐怖には、アップデートされた現代版が存在する。政府は、今日、労働者の不満をなだめるためではなく、フードシステムをテロリストの攻撃から守るために、このシステムに注目するようになってきた。[8]だが、ジャーナリストのスタン・コックスが雄弁に指摘したように、米国の食料経済の惨状は、自ら招いているようなものである。テロリストが食品に毒を仕込んだとしても、すでに「普通の」食品によって、毎年七六〇〇万人が病気になり、三二〇万人が入院し、五〇〇〇人が死亡している現実のなかで、際だったダメージを与えるのは難しいだろう。[9]テロリストが井戸に毒を入れたとしても、すでに井戸の四つに一つは安全基準を上回る窒素汚染レベルにある米国では、農薬による汚染とダメージを競わねばならない。

多くの地域で、窒素汚染は畜産業によってもたらされている。大規模畜産経営（ＣＡＦＯ）は残酷な肥育方法だが、世界で消費される食肉は、ますますＣＡＦＯで生産されるようになっている。ＣＡＦＯの肥育場は、血液と抗生物質（米国で生産されている抗生物質の七〇％は畜産業で使用されている）、穀物（米国で生産されている穀物の六〇％が家畜飼料になる）、そして、もちろん糞尿が混ざりあう大釜のような状態だ。米国では、肥育場から毎年三億トンの糞尿が排出されており、これがメキシコ湾にニュージャージー州と同じ大きさの酸欠海域を生み出している。[10]ＣＡＦＯは農業であるとして、他の産業に適用されている環境規制の適用から除外されている。豚一頭は、人間一人の四倍の量を排泄するため、五〇〇〇頭の豚を肥育しているＣＡＦＯは、二万人都市と同じだけ排泄物を排出していることになるが、都市と違って肥育場には下水道が整備されていない。ＣＡＦＯから排出される、固体、液体、およびガス状の排泄物は、土地と水を汚染しており、大気へも多大な影響を与えている。畜産業界は、地球上で排出されている温室効果ガスの一八％（CO_2換算）を排出しており、その気候変動への影響は自動車による影響よりも大きい。

フードシステムは、環境を破壊しているだけでなく、数々のバイオ・ホラーも引き起こしている。狂牛病と、それが人に発症した場合の異形クロイツフェルト・ヤコブ病（ｖＣＪＤ）は、工業的なフードシステムがもたらしたものだ。家畜飼料のたんぱく質の割合を増やすために（牛を早く成長させるために）、牛に与える飼料に肉と肉骨粉が加えられた。狂牛病を引き起こす感染性を持つタンパク質は、屠畜後も長いあいだ感染力を失わない。この病気は、たった一頭の病気の個体から広がったのかもしれない。その一頭の神経細胞がフード・チェーンに入り込み、感染性のタンパク質がリサイクルされて家畜飼料となった。そのサイクルが繰り返されるなか、感染した牛からつくられた飼料を食べた牛の数が、どんどん増えていった。狂牛病の存在が明らかになったときには、すでに牛や人にこの病気が広まりつつあった。いくつかの研究は、人に感染するｖＣＪＤは発症までに最大で四〇年かかる場合があり、今後も英国では四〇〇〇人近くが発症する可能性があると指摘している。[11]

大西洋の反対側の米国では、ＢＳＥ（牛海綿状脳症。狂牛病の正式名）が大流行するという最悪の事態は回避されたようだ。米農務省は、これを厳しい衛生検査基準のおかげだとしている。だが、食肉加工場で

▼8　Cox 2005.
▼9　http://www.cdc.gov/ncidod/diseases/food/index.htm.ALso see Cox 2005 for more.
▼10　EPA 2003.
▼11　Hilton et al. 2004 and Hilton 2006.

働いた経験を持つデイヴ・ルーサンは、理由は別のところにあると語っている。

米農務省は、世界に対して、狂牛病に罹った牛は処分され、市場には出荷されていないと主張している。見え透いた嘘だ。私は昼休みに、ニュース番組のスタッフと一緒に加工場の外に出た。政府の隠蔽工作が許せなかったからだ。ニュース番組のレポーターは私に、「その〔狂牛病に罹った〕牛は、市場に流通していますか?」と尋ねた。私は、もちろん出荷した肉は、狂牛病に罹っていた牛の肉だった、と答えた。農務省が、これ以上、へたり牛〔歩行困難な牛〕の処分は行なわないと言ったとき、それは、以降はBSE検査は行なわないということを意味していた。農務省は、感染牛を発見したまさにその瞬間に、脳組織を採取して検査することを止めたのである。なぜかって? チーン! お金だよ。何十億ドルもの儲けがかかっているんだ。[12]

ルーサンは、当然ながら、もうその食肉加工場では働いていないが、彼の内部告発によってフードシステムに内在する危険が減ったとは思えない。そして、牛肉だけが問題なのではない。フードシステムがもたらした脅威の最新の例は、鳥インフルエンザとして知られるH5N1ウイルスである。マスコミ報道では、その犯人として渡り鳥ばかりが攻撃されていた。けれども、H5N1ウイルスをもたらしたのは、間違いなく鶏である。鳥インフルエンザが広まった事例では、すべて、このウイルスの感染源をたどると、最初にたどり着くのは、渡り鳥ではなく、近隣の大規模な養鶏場だった。[13] 最近発生した大規模なH5N1ウイルス感染が、英国に本拠を置くバーナード・マシューズ社傘下のヨーロッパ最大の七面鳥飼育場でだったことは、意外なことではないのである。

工業的な農業の未来は、明るいものではない。フードシステムは、これまで通りであっても、気候変動をもたらし、生態系の破壊や深刻な汚染を引き起こすシステムであるが、このシステムに何か問題が生じれば、肥育場というシャーレで新しい致死の病気が生み出されることになる。もし、H5N1の封じ込めに成功すれば（賢明な投資家たちは、これに懐疑的であることを行動で示しているが）、人類は大打撃をこうむらずにすむだろう。だが、フードシステムは、日々、新たな脅威を生み出し続けている。さらに、現在のフードシステムは、動物はおろか、人間さえ保護しないシステムであり、人々はこのシステムによって、低賃金、搾取、さらには奴隷状態に苦しめられている。陸上の危機を逃れるために、海に救いを求めている人々も報われない。最近の研究では、現在の工業的な漁業による乱獲と過剰消費が続けば、二〇四八年には、海から魚がいなくなると予想しているからだ。[14]

2……私たちが、私たちのために、私たちを変えなければならない

生まれてこのかた、私は一つの夢、一つの目標、一つの構想に突き動かされている。それは、農場の労働者を重要な人間ではないように扱う農業労働を、この国からなくすことだ。

農業労働者は、農機械ではない。彼らは、利用され捨てられるべき役畜でもない。私たちは、都市で生まれ育ったとしても、農業労働者である有色の男たちや女たちが自尊心を持てない人生を強いられてきたことを放置して、人として進歩することなどできるはずがない。

▼12 Louthan 2003.
▼13 GRAIN 2006. See also Connor 2006 ; Lucas 2007.
▼14 Worm et al. 2006.

私たちの組合を攻撃する人々は「あれは組合なんかじゃない。社会運動や市民権運動の類いだ。とにかく危険な組織だ」と言う。

彼らは、半分正しい。

私たちは、自らの尊厳を守るために闘ってきたし、不正義を正そうとしてきたし、私たちのなかでも最も教育のない者、最も貧しい者を勇気づけてきた。

私たちのメッセージは明快だ。農場が変革できるなら、都市でも、裁判所でも、市議会でも、国会でも、それは可能だということだ。

社会変革は、一度始まれば後戻りはできない。字が読めるようになった人を、字が読めない状態に戻すことはできないように、自尊心を持つようになった人から自尊心を奪うことはできない。恐れを克服した人々を、ふたたび抑圧することもできないのだ。[15]

セザール・チャベス◆

今日のフードシステムは継続不可能であり、継続させる必然性もない。すべての人が参加して、フードシステムに変化をもたらし、より良いシステムにつくり替える方法は存在する。現在のフードシステムが私たちから奪い取ったものを、奪い返す方法は存在する。私たちの欲求や、仕事や生活のあり方が操作されることを拒絶して、尊厳を回復し、私たちの命と身体と自己イメージに対する操作から自由になり、どこに生まれても健康的で栄養価の高い食べ物を得ることができ、貧困を経験することなく成長できるということを知り、そして、なによりも重要なこととして、良い食べ物をいただく楽しみを再発見するのは可能なのである。

世界のフードシステムの切迫した状態に対する、最も重要かつ包括的な提案の一つは、「食料主権」(Food Sovereignty) として知られる構想であり、それを最初に提案したのは、ヴィア・カンペシーナである。この構想がなぜ重要かと言えば、これが現代の農業のあり方によって、最も直接に被害を受けている人々が考案したものであるからであり、加えて、すべての人のための変革という意義深い課題を提示しているからである。この構想には、煩雑かつ長文にわたる定義が存在する。以下はその抜粋である。

食料主権とは、人々、各国、あるいは連邦国家が、〔他の国々から食料を〕ダンピング（不当廉売）輸出されることなく、自らの農業・食料政策を決定する権利である〔……〕。〔これには〕農民と百姓が食料を生産する権利と、消費者が何を消費し、誰がどのように生産した食べ物を消費するかを、決定する権利が含まれる〔……〕。農業生産と食べ物全般において主要な役割を果たしている、女性の権利を認識することも含意されている。[16]

食料主権は、虐待が起こり得るフードシステムのあらゆる段階において、強者による弱者への虐待を止めさせることを主眼とする構想である。この構想では、かつてのように伝統に縛られた、田舎への回帰な

▼15　Chavez 1984.
◆セザール・チャベス　全米農業労働者組合の創設者。一九二七～九三年。メキシコ出身で、米国の低賃金農業労働者の生活条件向上のために生涯を捧げた。その功績を讃えて、カリフォルニア州などでは、誕生日の三月三一日を休日にしている。
▼16　Via Campesina 2003.

ど求めていない。たとえば、食料主権は、女性農民の権利を特に重視することによって、多くの農村社会の急所を直撃し、家庭から始まる抜本的な変革への道を切り開いている。南側諸国では、女性たちが食料の六〇～八〇％を生産しているにもかかわらず、農地の二％しか所有していない。[17] 食料主権において女性の権利が擁護され、種子の改良から、収穫・調理・給仕にいたる女性の仕事がフードシステムを支えている事実が認識されていることは、農民運動のなかには、昔の田舎を懐かしむのではなく、これまでとはまったく違う未来を創造していこうとする運動が存在することを示している。

だが、人々には権利がある、と言うことには、どんな意味があるのだろうか？　権利という概念が、通常は個人に帰属すると考えられているなか、女性、消費者、生産者をすべてこの概念でくるのは奇妙にも思える。だが、よく考えれば、この明らかなる欠点が、食料主権の定義の絶妙なところなのである。その理由は、「主権」という観点から考えればよくわかる。今日のフードシステムの形態と実態は、多くの人々ではなく、少数の人々によって決定づけられている。大多数の人々は、他の人の選択の結果を一方的に受け入れさせられており、それは、家庭においても、生産現場においても、他の職場においても変わらない。フードシステムのあらゆる場所と状況において、私たちは主権者ではない。フードシステムにおいて決定権を取り戻すには、個人的な努力と集団的な試みの両方が必要とされており、個人の権利と集団の権利の両方を確立する必要がある。個人と集団の境界をどこに定めるか、という困難な民主主義の課題を検討する必要が生じる。これは、避けては通れない議論であるが、その議論に振り回されすぎるのも良くない。

フードシステムを変革する取り組みは、個人レベルから世界規模まで多様である。変革するには、国際的な協力が不可欠な場合もあれば、個人の努力で変えられることもある。これらの取り組みと権利は、循環的な関係にある。私たち自身を変えるには、世界を変える必要があり、世界を変えるには、私たち自身が変わる必要がある。その両方が必要であり、それぞれが困難な課題だ。必要とされている変化について、リストアップするのはむずかしい。それは、状況ごとに異なるからだ。だが、その大まかな輪郭を描くことはできる。個人レベルでは、私たちが直面するであろう、根本的であるがゆえに非常に困難な課題とは、私たちの味覚に関わることだ。

3……フードシステム変革のために必要な一〇の取り組み

(1) 私たちの味覚を変える

現在のフードシステムがもたらした被害の大部分は、「消費者の需要」という大義名分によるものである。フードシステムの企業は、皆が食べたいから、あるいはそう主張して、砂糖や塩、脂肪、および食肉を提供してきた。供給を止めるには、需要をなくせば良いということである。もちろん、言うは易く行なうは難し、である。加工食品や高カロリー食品に対する私たちの嗜好を変えるのは、そうした食品を毎日のように食べるようになった現代においては、簡単なことではない。

ならば、私たちが、それが可能だと考えている理由は何なのか？　私たちは生まれてこのかた、食品企業の提供する食品に、どっぷり浸かって暮らしてきた。私たちの味覚は、食品企業によって形成されてきたのである。この味覚と決別することは、私たちの本能的な欲求を疑問視することにほかならない。現在のフードシステムによってつくられた私たちの食に対する本能は、より良い食生活の実現を妨げている。

▼17　Food and Agricultural Organization of the United Nations (FAO) 2006.

今日の健康に良くない食生活を代表するスナック菓子などの間食が「衝動買い」と呼ばれているのは、当を得た表現である。食品産業は、私たちの心理的欲求を掘り起こし、間違った方向に誘導するために巨額を投じてきた。

私たちが主権を取り戻すためには、自らの欲求について再考し、堕落した本能を叩き直さねばならない。現在のフードシステムが提示する選択肢にはない選択を行なうためには、一時的に自身の好みに疑いの目を向け、好きだから買うという短絡的な選択を行なわないようにする必要がある。

だが、食料主権の構想は、禁欲主義を求めてはいない。季節に合わせて旬の食材を食すのは楽しいことであるはずだ。私たちの味覚を変えることは、毎年限られた時期にだけ食べられ、輸送することも加工することもできない、深遠かつ絶妙な食の楽しみをもたらしてくれる。それは、私たちの五感に訴える喜びである。以前よりも豊かに深く食を満喫する能力を回復することは、味覚に対する主権の奪還がもたらす喜びの一つだ。最も深くこの喜びを感じるには、自身で食事を準備する技と官能を取り戻すのが近道だ。

私は、料理する喜びの多くを、友人であるマルコ・フラヴィオ・マリヌッチから学んだ。彼は、サンフランシスコ在住のアーティストであり、良い食べ物の長年の愛好者である。彼は、最近、ウェッブサイト上で、彼の情熱を共有する試みを始めた。彼は、地元の市場を散策するツアーを組織しており、また、自身のブログで、地元で採れた旬の食材を使ってともに料理する企画への参加者を募っている。開始からわずかで定員オーバーになるほどの人気を博した彼の「今ここで料理する」料理の会（Cook-together）は、決して派手ではない、楽しい催しである。マルコは自身の哲学を、以下のような素晴らしい文章にまとめている。

進化によって、私たちは頻繁に食べることができるようになった。その恩恵を面倒くさいなどと思ってはいけない。私たちは、自身のしていることに細心の注意を払うことで、より大きな満足を得られる、というのが私の信念だ。私は、毎日の食事に一心に気持ちを傾けている。その季節に地元で採れる食材を選び、その料理を誰と一緒に食べるのかということに配慮しながら、時間が許すときにはいつでも、一から料理を準備している。これらはすべて、素晴らしい食事に向けて気持ちを盛り上げていくための前戯なのである。

食事をセックスと結びつけた彼は正しい。心の底から満足する食事に比べると、食品産業による食品は、まるで思春期の若者の自慰行為のようなものだ。食材の質と料理から得られる満足との結びつきを強調したことにおいても、彼は正しい。旬の食材を使った美味しい家庭料理を味わったことのある人のほとんどは、工業的に生産された加工食品が美味しいとは思わないものだ。私たちの味覚が変わるということが、食材の育った場所と時期によって、私たちの食べる物が変化するようになることを意味しているのは、食料主権の重要な点である。これが、二つめのポイントである。

(2) 地元の食材を、旬に食べる

長距離輸送に向けて栽培されたのではなく、実際に長距離輸送されていない食べ物は、美味しく、生産コストも安く、カーボン・フットプリント◆も少ない。このような食材は、特定の季節にだけ味わえる。こ

◆カーボン・フットプリント　生産や活動をするうえで排出される二酸化炭素の総量。温室効果ガス排出量の環境影響の計測方法の一つ。

のような食材を食べるということは、たとえば、冬にはほとんどトマトを食べないということを意味する。だが、味覚を再教育する際に救いとなるのは、旬の食材というのは、存外に豊富であるということだ。地元消費用に栽培される食材は、輸送に向く品種である必要がない。味覚を変えるということは、食品産業の提供する食べ物を拒絶することであり、大事に育てられた食べ物を探し出すことである。つまり、私たちが、肉や魚、あるいは他の動物性食品を食べたければ、持続可能な方法で生産された食肉や魚などに相当高い代金を支払う覚悟が必要なのである。味覚を変えることは、何を食べるかということだけでなく、それがどこで、どのように生産されたか、ということまで重視しなければならないことを意味する。これが三つめの経験則につながってくる。

（3） 農業生態系を保全する食べ方を実践する

北側諸国では、有機農産物の長所が、以前にも増して認識されるようになってきた。だが今、この「有機」が産業化されている。今日のフードシステムは、時代に合わせて、工業的な生産方法をほんの少し変更して、農薬の使用を減らした食品を生産するようになった。私たちに「大量生産された有機食品」しか選択肢がないとしたら、農薬会社の利益は損なわれるかもしれないが、現行の食品の生産・流通方法には、なんら変化は起こらないだろう。

さらに、単一栽培された有機農産物もあり得るのである。食品ジャーナリスト界のドンであるマイケル・ポーランは、「単一栽培は、現代の農民を苦しめている、あらゆる問題の元凶である」と考察している。[18] 農民は、農薬に依存しなくなったとしても、現代のフードシステムの他の問題からは逃れることができない。

より根本的な解決策は、農業生態系を保全する農業としての文字通りの「有機」の精神にしたがった、一連の原則が示している。これはすでに紹介したキューバで発展しつつある農法のことであり、世界各地にはそれぞれの地域に則した同様の農法が存在する。たとえば、日本には、農地をまったく耕起しない福岡正信の「わら一本の革命」の農法があり、国連開発計画は、アジア、アフリカ、中南米、およびカリブの国々で「持続可能な農業のネットワーキングと普及」（SANE）というプログラムを主導している。[19]

これらは、自然と共生し、土地の生産力を維持・涵養し、多品種を栽培し、それぞれの地域とコミュニティの需要や、天候、地形、生物多様性、および希望にあった農業を行なうという農業哲学に裏打ちされた農法である。これらは、地域の農民の専門性を高める農法であり、それゆえに「工業的な有機産業」の支配下では使い捨ての代替可能な労働力とされている彼らは、かけがえのない存在と認識される。この農法で地球上の人口を養うことは可能である。[20] そして、なによりも重要なのは、この農法では、地域社会に農業が根付くことを目指していることである。

食料が、これを食す人々の暮らす環境と調和する方法で生産される最も良い方法は、その環境を熟知し、自身で食料を生産することである。食材を自ら生産することは、自身で調理することと共通の長所を持つ。その長所とは、ウエスト・オークランドのピープルズ・グロッサリー（第7章9節参照）や、ロサンジェルスのサウスセントラル地区で作物を栽培する人々（第2章7節参照）が証明した通り、生産する者に力を与え、安価であり、地域コミュニティを再生し、体を動かすのに最適な方法であるということだ。

これを実践するのに土地を所有する必要はない。ロンドンのゲリラ・ガーデナーたちは、公共の土地で

▼18 Pollan 2006.
▼19 Fukuoka et al. 1978 ; Altieri 1987.
▼20 Simple organic farming can feed the world - see Halweil 2006.

有機農産物を栽培しており、その行為を通じて、公共の空間と構造物に対する私たちの認識を変化させている。[21] 農業生態系に良い食料を生産するための時間と空間を見つけるのが難しい場合でも、それを実践している人々を探し出すことは、それほど難しいことではない。これが、フードシステムを変革するための四つめの経験則である。

(4) 地域の人々による事業を支援する

スーパーマーケットが、多様な選択肢を取り揃えているように見えたとしても、現実にはその正反対であることが多い。スーパーマーケットの棚には多数の商品が陳列されているが、地域の生産者や事業に比べると、スーパーマーケットが生み出す雇用は少なく、新鮮でない食品に高い価格をつけている。露天の市場で売られる食品の価格は、スーパーマーケットの価格の三分の二程度と安いうえに、地元で生産された食材である場合が多い。[22] ロンドンのクィーンズ・マーケットは、ウォルマート（アスダ）よりも品揃えが豊富であるうえに、価格が五〇％安く、人種的な多様性に富み、活気がある。[23] 露天の市場に並ぶ品々は、ほとんど加工されていないため、より健康に良い食材である。だが、そうした市場は、大きな資本力を持つスーパーマーケットに押されがちである。

地域の事業がスーパーマーケットに凌駕されているのは、世界共通の現象である。私が訪ねた南アフリカのダーバンにある市場は、数マイル先にできたスーパーマーケットにつぶされる寸前だった。地元の買い物客のミセス・ペルマルは、ウォルマートが進出した当初、小さな町の住民なら誰でも感じることを口にした。

「なぜ私たちは、スーパーマーケットに行かなければならないの？　大都市では、ダニヤ〔コリアンダー〕はこれほど安いものなの？　マリーゴールドも。あそこには歩いては行けないわ。つまり、食べるためには、トヨタを買わねばならないということ？」

私たちは第7章で、交通手段に関する問題を解決する方法について概観した。地域が支える農業（ＣＳＡ）の事例は、世界各地で増えている。[24] 地元のＣＳＡを支援すれば、スーパーマーケットまでドライブする時間を節約できるし、生産者とさまざまな形で直接的につながることができる。ＣＳＡは地域経済の活性化にも役立つ。お金を地元の市場で使えば、お金は地域内部で循環して、地域の生産物の購入に使われ続けていく可能性が高い。これは、「地域社会への波及効果」（Community Multiplier Effect）と呼ばれている。英国のあるＣＳＡでは、この波及効果は一ポンドあたり二・五九ポンドであった。これに対して、スーパーマーケットに支払ったお金は、地元で使われることなく本社に送金され、株主に配当される。したがって、地域のスーパーマーケットに一ポンド支払っても、地域社会への波及効果は一・四ポンドにしかならない。[25] 米国政府の試算では、米国ではスーパーマーケットで食材を購入すると、ＣＳＡを通じて同種の食材を購入するよりも六〇〜一五〇％も高い。貧しい世帯は、ＣＳＡの安い食材さえ購入するのがむずかしい。[26] 米国では、ＣＳＡが地域社会の結びつきを強める役割も果たしている。ＣＳＡとジェンダ

▼21 http://www.guerillagardening.org.
▼22 Taylor, Madrick and Collin 2005.
▼23 Rubin, Jatana and Potts 2006.
▼24 日本と韓国の有機食料品店では、地産地消と生産者とのつながりが長いこと重視されてきた。農産物の一部には、生産者の所在地や携帯電話番号とともに写真まで添付されている。情報が豊かになるのは良いことだが、他方で、そうすることで生産者に対する理解はラベルのサイズに縮小されてしまう。
▼25 地域社会への波及効果についてはニュー・エコノミック・ファウンデーションのウェッブサイトに詳しい。http://www.pluggingtheleaks.org/

ーについて研究しているある女性は、「私は、この組織に関わり、その活動について話を聞いただけで勇気づけられました。私が、この組織に参加できないとしても、その存在を知り、そこから学ぶだけでも大きな力を得ることができます」と語った。[27] スーパーマーケットについて、このように話す人はほとんどいない。

オルタナティブな取り組みの急増に、アグリビジネスも素早く対応している。掃除機のセールスマンが商品の威力を見せつけるために、家でゴミ（あるいはマーガリン、ガムシロップ、塩、砂糖など）を床にぶちまけて掃除機をかけて見せるように、食品企業は、加工食品がもたらした害悪を自ら取り除くことに熱心な振りをしている。これら企業のなかには、バランスのとれた食事と同じくらい健康に良い栄養補助食品を開発するために、薬品会社との連携を画策しているところもある。小売企業も変化している。ウォルマートは、現在、世界最大の有機食品小売企業に変貌を遂げつつある。テスコは、販売する商品の一部に「カーボン（炭素）ラベル」を貼付して、その商品の生産過程で排出された二酸化炭素の量を明示することを検討している。スーパーマーケットのなかには、CSAのように宅配を始めたところや、店舗とひと続きの波形のトタン屋根の下の屋外に、ファーマーズ・マーケット（直売所）、あるいは、それに模した売り場を設けているところもある。

小売大手の一部は、倫理的な商品の取り扱いを始めるだけでなく、事業全体を企業責任というイメージで染め上げようとしている。たとえば、英国のスーパーマーケット・チェーンであるウエイトローズは、最近、同社があつかう果物を生産している南アフリカで、労働者が住む地域で教育プロジェクトを実施するために三三万ポンド（六六万ドル）を「還元」すると発表した。生産者を気にかけるスーパーマーケットという、新たな顔の登場である。ウエイトローズの代表取締役スティーヴン・イーソムは、プロジェクト地を訪問し、「実施されているプロジェクトを見て、たいへん誇りに思った。このプロジェクトについては、現地を訪ねる前から一〇〇％正しいことをしたと思っていたが、今は一一〇％正しかったと確信している。〔発展には〕援助ではなく貿易が有効であることは、絶対に間違いない」と語った。彼は、同じように確信に満ちた態度で、顧客もまた、自身の食べ物を生産している人々と「強い結びつき」を感じている、と語った。他方で、彼は、南アフリカの生産者を一度も英国に招待したことがないことも認めた。[28]

だが、私たちは、「援助ではなく貿易が有効である」という、イーソム氏の発見に驚いてはいけない。そうではないと考えたのだとしたら、彼は職業の選択を間違えたことになる。私たちは、ウエイトローズの慈善事業を批判する前に、南アフリカの子どもたちが教育を受ける機会が増えることを、もちろん良いことだと認めねばならない。だが、アパルトヘイト時代の教育制度を改革する南アフリカ政府の努力が不十分であるという道義的な問題と、北側諸国に対して南アフリカや他の国々が抱えている債務がこれら国々の開発を阻害しているという現実が、帳消しになるわけではない。

ウエイトローズに対する批判も展開しなければならない。ウエイトローズが「還元」について語るとき、この同社からの贈り物が、そもそもは生産者から吸い上げた利益によってまかなわれていることは語られない。問題は、同社の気前の良さを支えている原資の出所だけではない。同社に利益をもたらしている農地は、違法に占拠されている土地なのである。南アフリカで最も儲けの大きい輸出向け農業が行なわれているその土地は、植民地時代とアパルトヘイト時代に、農民から取り上げた土地である。南アフリカの「土地なし農民運動」（この運動もヴィア・カンペシーナのメンバーである）は、この土地を取り戻すため

▼26 Kantor 2001.
▼27 DeLind and Ferguson 1999 : 197.
▼28 Walsh 2006.

に今も闘っている。アパルトヘイト体制が終わって以後に農民に戻された土地は、そのうちの六%にすぎない。

土地と公正なフードシステムを求める運動は世界中に存在し、各地で奮闘している。[29] 本書の執筆が終わりに近づくなか、ウエイトローズの贈り物についての意見を聞きたくて、私は土地なし農民運動を組織しているマンガリソ・クベカに電話をかけてみた。彼は話すことができなかった。彼はこの時、州の土地局長官の事務所前で抗議を行ない、催涙弾を浴びて警察のバンの後部に押し込まれたところだったからだ(彼の携帯電話とともに)。同じ日に、地球の反対側では、ロサンジェルスのサウスセントラル農園にブルドーザーが入り、一四年間にわたって耕されてきた農園とともに、コミュニティと人々の希望をこなごなに破壊していた。

良い事業は収益性の犠牲になるというのが、企業の社会的責任の基本原則だ。スーパーマーケット大手のテスコが、学校でのコンピュータ整備を補助するプログラムを実施すると喧伝したときも、たった一つのコンピュータを得るために、保護者がテスコで一〇万ポンド(二〇万ドル)以上の買い物をしなければならない事実には触れなかった。ホール・フーズからウォルマートまで、あらゆる小売大手において、社会貢献事業は余剰利益でまかなわれており、広報部がどう説明しようが、それを負担しているのは株主たちである。

スーパーマーケットは、フードシステムの砂時計のくびれ部分(ボトルネック)に位置している他の食品企業と同様に、自社の利益につながる場合のみ、消費者の願望を取り入れている。一ドル一票という厳格な市場原理が事業決定を支配しており、儲けにつながらないニーズが顧みられることはない(それは、スーパーマーケットの従業員の賃金をみれば明らかだ)。そのせいで、小売業界による倫理的な買い物の提案では、食料主権を実現することは不可能なのである。

米国のスーパーマーケット・チェーンのなかで、特に企業の社会的責任を全面に打ち出しているのは、ホール・フーズである。同社の幹部はこの使命について、「第一に世界中の食べ方を変えること、第二に愛と尊敬を基調とする職場を生み出すこと」だと、大風呂敷を広げている。[30]これは、ある意味で真実である。人々が食料をスーパーマーケットで購入するようになってきたという、世界規模の変化において、ホール・フーズも大きな役割を果たしてきた。しかし、世界の人々の食べ方を変えるには、地元で生産された食品を提供するだけでは不十分であり[31]、その社会で最も貧しい人々が、これまでとは違う食べ物を買うことができるようにする必要がある。「ホール・ペイチェック」◆（給料全額）という異名で知られるホール・フーズは、確かに私たちの食べ物への支出を増大させているが、余計に支払った分が、それを最も必要としている人々に渡っているのか、という点では大きな疑問が残る。それを実現するには、フードシステム全体に関わる、政治的かつ抜本的な変革が不可欠である。そしてスーパーマーケットは、自発的な変革をどう演出したとしても、本質的な変革の起点にはなり得ない存在である。フェアトレード商品の取り扱いを始めたとしても、他の大多数の商品の取り揃えにはほとんど変化がない事実が、なによりの証拠であ

▼29 Courville, Patel and Rosset 2006.

▼30 Powell 2007.

▼31 これについては、マイケル・ポーランが詳述している。特に、彼とホール・フーズ社のジョン・マッキーCEOの対話が参考になる。http://www.michaelpollan.com/article.php?id=80

◆ホール・ペイチェック（給料全額）「ホール・フーズ」は、地場産の有機食品なども揃え、自然食品を売りにしたスーパーマーケット。宣伝文句は「Whole Foods, Whole People, Whole Planet」。値段が高いので、「給料を全部、使い果たしてしまうくらい高い」といった揶揄を込めて、「Whole Pay Check」とのあだ名が付いている。

る。

食品に貼られているフェアトレード・ラベルは、市場価格よりも少しだけ高い代金が生産者に支払われるという事実を示しているにすぎない。フェアトレード認証は、生産者を黙殺しているフードシステムから彼らが尊厳と収入を取り戻すためには、まったく不十分なシステムである。これが私の見解であり、私がフェアトレード商品を買うときの心構えだ。だが、ある人々にとっては、フェアトレードは、収奪の連鎖を連帯の絆に変える、ポスト資本主義の未来に向けた最初の一歩という大きな意味を持っているのかもしれない。そうした未来は、もちろん非常に望ましい。しかしフェアトレードによって、それが実現するとはどうしても思えない。実際、フェアトレードとは、持続不可能なフードシステムの大きなほころびに応急的に縫いつけられた薄地の接ぎ当てにすぎないことは、多くの事実が証明している。フェアトレードには、なんとか爪だけで壁にしがみついている生産者たちが、落下するまでの時間を若干引き延ばすだけの効果しかないことは自明だ。

問題の一つは、フェアトレード認証機関に参加している生産者の数が少ないことによって発生している。フェアトレードは、農民の暮らし向きを良くすることをうたっている。しかし認証機関に参加しているのは、数の上では、生産者よりもフェアトレード・ラベルから最も利益を得る流通・小売業者の方が多いのだ。この現状は改善され得るし、フードシステムに関わるすべての生産者や労働者に適正な所得を保障するために、必要とされる大幅な価格の引き上げも可能かもしれない。

だが、認証における構造的な欠陥よりもさらに深刻な問題は、農産物全体の価格が低すぎるため、フェアトレード製品の価格を多少引き上げた程度では、南側諸国のコミュニティを維持し、開発するには、まったく不十分であるということだ。さらに、フェアトレード製品の生産でも単一栽培が奨励されており、農民と地域経済の単一作物への依存を深めてしまうという問題もある。フェアトレードは、北側の欲求に世界の大部分を従属させる結果を招く。フェアトレード商品を購入できる人々は、コーヒーやチョコレート菓子の生産者の手取りを一セントか二セントほど多くすることができる。しかし、はるか遠くのプランテーションや農地と、そこに暮らす人々の生活は、北側の消費者の欲求や慈善あるいは同情心によって左右され、南側の人々の選択や願望、尊厳、ニーズは依然として顧みられることはない。結局のところ、スーパーマーケットは、現代の消費者主義の伝導所なのである。消費者は、ここで商品の来歴について忘れる方法を学び、ショッピングに病み付きになる楽しさと一抹の後ろめたさを学ぶのである。スーパーマーケットは、一方で利益追求と搾取を続けながら、他方で消費者に見せかけだけの社会変革を喧伝する程度のことしかできない。

倫理的な消費者主義が陥りやすい罠は、私たち消費者が生産者と関わることができるのは市場だけであると思い込み、この運動を広めるには、他の人々に私たちのような買い物をするよう説得する方法しかないと考えることである。それが社会変革の可能性に対する私たちの視野を狭める。私たちは、店の棚から好きな商品を選ぶことを可能としている民主主義の社会に暮らしていると信じ込んでいるが、実際には、私たちは民主主義を消費する立場ではなく、民主主義をつくる立場にある。そして民主主義とは、私たちが買い物をするときだけでなく、私たちの生活全般に関わるものである。食べ物の消費者と生産者の関係は、スーパーマーケットのポイント・カードのポイントや、支払った金額の多寡によって測られる類いのものではない。フードシステムを飛び越えて生産者と知り合うことは、買い手と売り手の関係を橋渡しすることよりも、ずっと意義が深い。それは、今日の貧富の格差を生み出している構造的な不平等をなくすために、単なる取引という域を超えたつながりを生み出し、お互いの共通点や共に従属させられている状態に対する理解を深め、苦難やそれへの闘いの存在を認識することを促すような関係である。

私たちが本書で考察してきたようなフードシステムは、あり余るほどの食べ物が生み出されていく過程で、貧困もつくり出している。その生産と流通のシステムを通じて、飢餓と病気がもたらされている。このシステムは、都市の労働者と農村の貧しい農民たちが、それぞれ平等を求め、それぞれの社会的地位をも逸脱していくことに対する恐れを背景に構築されてきた。フードシステムは、農村から富を吸い上げ、人々の不満を抑える程度に再分配を行なうことを目的に構築されたのである。しかしこれまでも、世界を変えることができたのは、平等を求めて、共に立ち上がった人々だけであった。この事実は、食料主権の構想をはるかに豊かなものにしてくれる。買うことのできる人々のためだけの倫理的な快楽主義よりもはるかに豊かに、である。

私たちは、政治的な責任をしっかりと自覚する必要があるということだ。私たちは具体的な行動を起こし、世界中の人々と共感し、連帯する必要があるのである。たとえば、以下のような目標に向かって努力していかねばならない。

(5) すべての労働者には、尊厳を持つ権利がある

今日のフェアトレード認証制度では、労働者を守ることはできない。労働者が望むような労働条件を確実に手に入れる方法は、会社を所有することである。あるいは最近であれば、素晴らしい経済的な民主主義のモデルとなるような協同組合が増えてきている。いずれの場合でも、労使関係の歴史を振り返れば、労働者の暮らしが改善されるのは、長い闘争を経るか、広範な参加者を得て労働組合が結成された後であることがわかる。簡単には譲歩は引き出せないのである。組織化ができれば交渉が成立するが、組織が分断されれば、労働者は懇願するしかなくなる。

農業労働者の交渉力を高めるには、フェアトレード契約を交渉する場合であっても、迫害を受けることなく自由に組織化することが認められねばならない。過去二〇年のあいだ、北側でも南側でも、組合は政

府による組織的な攻撃と、組合を敵視する自由貿易協定によって解体させられてきた。労働者たちの闘争からは、以下のことが必要であることがわかる。

（6）抜本的かつ包括的な農村の変革

世界で最も貧しい人々は農村に暮らしているが、農業に対する開発支援や投資は、他の産業に対するそれに比べると、きわめて貧弱な状態にある。また、支援のあり方も、農民から利益を吸い上げている地主やアグリビジネスなどの富裕セクターに偏っており、最も貧しい人々に対する資源の再分配も含めて、ほとんど行なわれてこなかった。日本や韓国、中国のように、近代になって計画的に農地改革を実現できた国々では、農地がひと握りの地主によって所有されている国々よりも、国民の暮らし向きはかなり良い。[32] しかし、教育や保健の制度やインフラが充実し、人々にその恩恵が行きわたらないかぎり、農地改革は農民による土地の売却と農民の都市移住を促す結果に終わるだろう。包括的な農村の変革とは、農村に経済機会を生み出し、質の高い生活を実現することで、人々がそこに移住し、そこで暮らしたいと思うようになるような農村をつくっていくことである。食料主権の原則にもあるように、その過程では、テクノクラート（技術官僚）やアグリビジネスによる主導が退けられ、すべての人々に権利と参加が保障されねばならない。また、私たちがどこに住むことを選択するにせよ、公正で持続可能なフードシステムは、以下の前提条件を満たさねばならない。

▼32 Hart 2002; Courville, Patel and Rosset 2006 二つめの論文は以下のウェッブサイトで無料にて閲覧できる。http://www.foodfirst.org/promisedland

（7）すべての人に生活賃金を保障する

現時点では、正しい食べ物は（もちろんフェアトレード食品も）買うことができる人々だけの特権となっている。収入や時間に制約がある人々には、低品質で栄養価が低く、倫理的でない食べ物しか選択肢がない。公正なフードシステムに移行するためには、所得を再分配することが必然であり、そうすることですべての人とすべての子どもが健康に良い食品を得られるようになり、それを味わう時間と場所と資源を確保することができるようになる。すなわち、すべての人が、生活賃金と適正な労働条件、および尊厳を持てる仕事が得られるようにするための運動を支援しなければならないということである。

（8）持続可能な食のあり方を支援する

地元の市場や地域通貨、および地域が支える農業（CSA）は、企業からフードシステムに対する支配権を取り戻すための重要かつ実践的な方法である。しかし、私たちの味覚は、私たちを取り巻く環境や仕事、娯楽のペースやリズムの持続不可能な有り様によって形作られている。食料主権の確立に向けた、最も困難かつ時間のかかる課題は、私たちの生活環境をどうしたらよいのか、という問題である。地域の食べ物を取り巻く環境を変えていくためには、空間とスプロール（ドーナツ化現象）の問題に取り組まねばならない。住居、学校、病院、オフィス、そして刑務所など、すべてが変わらねばならない[33]。それは以下の目的のためである。

（9）フードシステムから、ボトルネックを取り除く

現在のフードシステムの不平等性から最も恩恵を受けている企業こそが、本質的な変化に最も抵抗している勢力である。アグリビジネスに対する補助はなくさねばならない。それは、米国の農業法やＥＵの共通農業政策（ＣＡＰ）の一環として企業に支払われている補助金を止めさせるということだけではない。化石燃料（そして今後はバイオ燃料）の使用を通じて工業的農業による温室効果ガスの排出に対して注ぎ込まれている補助金の拠出も止めさせねばならない。これは、消費者と生産者からの独占的な収奪に対して、反トラスト法よりも積極的な規制が必要であることを意味している。

現在のフードシステムの環境コストと健康コストのすべてが、商品の価格に反映されるべきである。これは、加工食品の価格を、私たちの身体と地球に与えた損害を反映するレベルにまで引き上げることを意味している。一部の都市や地域には、健康上の理由から、今のフードシステム企業を排除する動きが見られる。学校からこれら企業の商品を排除した事例でも、有害な添加物を禁止した事例（ニューヨーク市がトランス脂肪酸を禁止したような）でも、人々は自治体に対して巨大なアグリビジネスの力に制限を加えることを求め、それに成功しているのである。しかし、私たちはさらに先に進まねばならない。北側諸国の住民として成すべきこととして、次のようなことがある。

（10）過去にも現在にも存在する不正義の責任を自覚し、その償いをする

南側諸国の農村を搾取することによって、北側諸国ではほとんどの人が利益を受けてきた。たとえば大

▼33　英国ではジェイミー・オリバーが、米国ではアン・クーパーがそうした運動を主導している。また、カリフォルニア州バークレー市でシェ・パニッセのシェフを務めるアリス・ウォーターズが始めた「Edible Schoolyards（校庭菜園）」プロジェクトが多くの学校に広まっている。大人向けの食育としては、マルコ・フラヴィオ・マリヌッチの「Cook Here and Now（今ここで料理を）」というウェッブサイトが参考になる。

英帝国は、小麦の国際貿易を強制することで自国民を養っていた。砂糖とタバコをもたらしたプランテーションは奴隷制度で成り立っていた。これらの国々の多くは、今でも北側諸国に債務返済という形で貢がされている。南側諸国が北側諸国に対して抱えている債務は、今後もかなり長い期間にわたって返済されることになっている。また、北側諸国の工業活動が、気候変動という形で地球全体に影響を与えているが、その影響を最も受けるのは南側諸国の農業である。[34] さらに、南側諸国の農民の生活は、近現代のフードシステムに政治が介入したことによって相当に厳しいものとなった。北側諸国の余剰作物が、生産コストを下回る価格で、南側諸国にダンピング輸出されたためである。この慣行も止めさせねばならない。食料主権の構想は、南側の人々の権利が北側の人々のそれと等しく尊重され、貧しい人々の権利が裕福な人々のそれと等しく尊重され、有色人種は白人と、女性は男性と等しく尊重されることを求めている。

4……さまざまな取り組みが、世界の隅々に存在している

食料主権を求めるヴィア・カンペシーナの提案の素晴らしいところは、日を追うごとに増えていく新しいタイプの消費者の求めていることと非常にうまくかみ合っている点である。誰でも良い食生活を送りたいし、たいていの人は、そのために貧しい人々に犠牲を強いることを望んでいない。

ヴィア・カンペシーナは、世界貿易機関の用語を逆手に取って、「市場へのアクセス？　イエス、私たちは自身の市場にアクセスを得たい」と語っている。ヴィア・カンペシーナのメンバー組織であるカルナタカ州農民連合（KRRS）のチュッキ・ナンジュンダスワミーは、彼らの考え方をこう説明している。「私たちは、仲買業者を経由しないで販売する努力を行なってきました。私たちのモットーは、『生産者の手取りを一ルピー増やし、消費者の支出を一ルピー減らす』ということなのです」。

食料主権を求める人々は、世界中の貧しい地域において、政治に対して、今日のフードシステムが農村と都市の双方にもたらしている貧困と闘う行動を求めている。農村と都市のそれぞれで起きていることは密接に関係しており、その両方が同じ問題から派生しており、その問題には政治的な解決が必要とされている。

どのような政治的解決が図られるかは、完全にそれぞれの地域の状況に依るが、それはひとえに、その解決をすべての人が要求するかどうかにかかっているからにほかならない。食料主権の考え方では、解決策も、一つの企業による独占というモノカルチャーではなく、多様であるべきなのである。つまり、一つの解決方法が、すべての現場にとって最善ではないということだ。食料主権とは、歴史と生態系と文化に細心の注意を払い、人権を尊重する構想であり、政策であり、食べ方のことなのである。本書のウェブサイト◆では、世界各地で素晴らしい活動をしている何百もの組織を紹介しており、また、それぞれの地域の市場で旬の良い食品を選ぶための指針（ガイド）を示している。このウェブサイトは、安易な解決策を提供してはいないが、出発点となる情報やアイデアを見出すことができる場所の一つになっているのでご参照いただきたい。

今や私たちは、フードシステムの「砂時計」（序章3節参照）の一番上から一番下にいたるすべての段階において、食品の来歴だけでなく、私たちとこのシステムとの関係について、何を意識したらよいのかを知っている。私たちは、食料主権を実現するために、食についての童謡やおとぎ話を信じ込んではいけな

▼34　See, e.g., Parry et al. 2004 : Fischer et al. 2005 - I.
◆本書のウェブサイト　著者ラジ・パテルによるウェブサイトStuffed and Starved（本書の原題）は、http://stuffedandstarved.org/drupal/frontpage. また、著者のウェブサイトは、http://rajpatel.org/

いし、飢餓と肥満についてのお決まりの説明に納得してはいけない。食料主権に対する責務を果たすためには、私たちは、現在のフードシステムや種子について問い正さねばならない。それは、遺伝子組み換えされた種子なのか？　生産が行なわれた土地は誰のものなのか？　労働者の待遇はどうだったのか？　と。生産を可能とした資源について問うことも可能だ。その食べ物は、どこから、どのように運ばれてきたのか？　生産には、どれほどの水が必要とされたのか？　生産と輸送に、どれだけの化石燃料が使われたのか？　と。さらには、私たちが、求める食べ物を得られる状態にあるのかどうか？　という問題を提起することも重要だ。家族とともに料理し、食事をする時間がどれだけあるのか？　食べ物にいくら支出したいのか？　私たちが食べたいと思っていても、食べることができない食べ物はどのようなものか？　と。

国際的な文脈から疑問を呈することもできる。私たちの食料を生産している国々は、どのような状態にあるのか？　これらの国々が返済しなければならない不当な債務はどれほどあるのか？　これらの国々の人々には、自分で生き方を選択する自由と権利はどの程度保障されているのか？　消費者の行動は、どれだけ彼らに良い、あるいは悪い影響を与えているのか？　と。

これらは、私たちがニュースを聞いたときや、政治家と対峙するとき、自分たちで民主主義を創っていくときに、突きつけるべき質問である。しかし、どのような疑問を投げかけるとしても、現在のフードシステムの改善を可能とするのは、オルタナティブを実現するためのある種の集団的な行動であり、そうしたオルタナティブはすでに、今のフードシステムのあちこちに埋め込まれている。

ウエスト・オークランドのピープルズ・グロッサリーや、ブラジルのＭＳＴ（土地なし農村労働者運動）のような組織は、ある見方からすれば、きわめて稀な存在と言える。これらの組織は、教育と生態系、および実現可能な政策を非常に重視しつつ、フードシステムに内在する不正義に対する人々の認識を深めている。だが、ＭＳＴのような組織は、すでに無数に存在している組織の一例にすぎず、読者であるあなたの近くにも、注目すべき存在でありながらも身近でありふれた組織が、より民主的かつ持続可能で、喜びに満ちたフードシステムを生み出そうと奮闘しているであろうことは、ほぼ間違いない。このようなフードシステムを生み出すことは、簡単ではないだろう。だが、それを生み出そうとしている数々の活動には、自由と友愛だけでなく、フランス革命のもう一つの柱であった「平等」を重視する姿勢が貫かれている。

現代のフードシステムは、常にこうした闘いを生み出してきている。だがそれは、歴史に残る大戦でもなければ、最後の敗北も、最後の勝利もない。あるのは、さまざまな小さな闘いである。土地なし農民や小農の運動は、遠い土地でも近い場所でも、すでにこれまでとは違う食べ方や生き方を構想し、実践し始めている。私たちの身近でも、都市農園が貧しい人々に食料を提供し、〝ゲリラ・ガーデナー〟たちが意外な場所で、意外な作物を栽培する可能性を広げている。[35] これらの闘いすべてに共通するのは、生産や交換のための空間を求めて闘うだけでなく、独立した考えを持ち、平等を実現するために行動しているということである。これらの闘いは組織化されている。現代のフードシステムのあらゆるところで、女たちや男たちは、毎日、きわめて重要だが限定された選択肢から良心に基づく選択や、倫理的な買い物を実践しており、その実践を他の人々にも広めている。こうした運動には、誰でも参加することができる。

アリスメンディ・ベーカリー協同組合◆のテリー・ベアードは、責任とリーダーシップの問題を小売の立場から指摘している。

▼35 Ahn and Ahmadi 2004.

◆アリスメンディ・ベーカリー協同組合　米のオークランドやサンフランシスコにあるワーカーズ・コープのベーカリー。

▼36 Diamond 2003 : 285.

「私たちのパン作りは、複雑なものではありません。一日で、ほとんどについて教えることが可能です。私たちが教えられないのは、自分に責任を持つとはどのようなことか、ということです。私たちの店で働きたいと訪ねてくる人は、その理由として『上司はいらない』からだと言います。彼らには、誰も彼らの上司になんか、なりたくないということがわからないのです」。

激しい論争を経て、皆が参加した結果として得た民主的な決定も、正しいときもあれば、間違っていることもある。だが、その決定は、上層部から押しつけられたものではなく、私たち自身が生み出した社会的空間で、私たち自身が下したものだ。社会運動もこの難問に直面している。労働階級のスローガン「神もなく、主人もなく」の新たなバージョンが、ジョゼ・ボヴェの住むミヨーで生まれた。「神もなく、主人もなく、ジョゼ・ボヴェもなく」だ。[36] 予言者や指導者、あるいはスーパーマーケットに依存していては、私たちが自分で選択を下し、自分が参加するシステムを創造することはできない。私たちは、行動することで、あるいは既存のシステムから距離を置くことで、選択とシステムを取り戻すことができる。どちらの態度を取ったとしても、私たちは変革の一翼を担っている。

これまで紹介してきた運動が実践してきたような組織化によって、私たちがこれまで知り得なかった意義深い選択への可能性が切り開かれている。フードシステムを取り戻し、自分自身の選択を取り戻すことは、一人ではできない。単数形になるための方法は、複数形なのである。すなわち、私たちの下す選択と、生産された土地で食べ物を食べることの意義をより良く理解するために、地域が一つになり、国際社会が一つになる必要がある。ＭＳＴの言葉を借りれば、「野蛮には教育を。個人主義には連帯を」ということだ。今こそ、組織化し、教育し、食を楽しみ、食を取り戻し、新たなフードシステムを生み出すときである。

日本語版解説

日本におけるフードシステム

――米国の対日戦略、食のグローバル化と日本の食料政策

佐久間智子

本書の著者ラジ・パテルが、最も訴えたかったことは、最終章の冒頭に凝縮されているように思う。すなわち、フードシステムは、食料を生産している人々と、これを食している人々の双方を犠牲にする形で成り立っているという事実こそ、本書の主題なのである。

だが、この驚くべきフードシステムの真実を詳述することを通じて、読者を憂鬱または絶望的な気持ちに追い込むことは、決して著者が意図していることではない。そうではなく、著者は、グローバルなフードシステムの内部と周辺に存在する問題の性質と、その多面的で深刻な影響について明確に認識することは、オルタナティブな（代替の／新たな）フードシステムの必然性と必要性への理解を深めることになると確信しているのだと思う。現代のフードシステムが、持続不可能であればあるほど、社会的に不公正であればあるほど、オルタナティブな食料の生産・流通・消費活動に継続的かつ献身的に関わっていこうとする人々が、確実に増えていくことになるだろうからだ。

しかし、著者も十分に認識しているとおり、フードシステムの問題は、都市化、産業高度化、情報化、金融の肥大化、格差の拡大など、主に近代化のプロセスで生じてきた経済と社会のあらゆる現象と不可分

の関係にある。たとえば、二〇〇六年以降の世界的な食料価格の高騰は、食料の需要と供給のバランスが突如として崩れた結果ではなく、金融市場の激変に食料市場が巻き込まれた帰結である。今後も、フードシステムの変革だけでは、国際的に流通する食料価格の乱高下を防ぐことは不可能である。同様に、株式上場している食品関連企業が、自社の労働者や原料生産者の待遇を改善する、または自社の活動が環境に与える影響を低減する、あるいは消費者に真に健康に良い食品を届ける、というような決定を下そうとしても、株主の利益を損なう可能性があれば実現しない。

他方で、自給する食料にはそもそも価格はつかないし、顔見知りの生産者から届けられる食料の価格には金融市場の悪影響は及びにくい。また、生産と消費の現場がつながれば、複雑化した流通プロセスに食費の大半が消えてしまうこともないから、消費者の支出を大きく増やさなくても、生産者の手取りを増やすことが可能だ。そう考えれば、「地産地消」と呼ばれる、より小さな流通こそ、食料価格を安定させ、同時に生産者の生業を保証する一つの方策であることがわかる。

また、自分自身あるいは顔見知りのために食料を生産する際に、健康に良くない食料をつくろうとする人はあまりいないだろう。逆に、消費者のサイドでは、身近な生産者が丹精込めてつくった食べ物を、安易に無駄にすることは慎まれるようになるだろう。そうした流通のあり方は、生産者と消費者がともにグローバル食品企業の支配から抜け出すための方策でもあり、遠距離移動させないという面で地球温暖化を防止する効果も併せ持つ。より小規模な生産では、化石燃料からつくられる化学肥料の使用を減らすことも可能である。さらに、このような生産・流通のあり方は、長時間輸送による食品の劣化や、それを防ぐためのポスト・ハーベスト農薬や食品添加物の使用を回避するための方策でもある。そしてなにより、著者も書いているとおり、地元で取れた旬の食材ほど、美味しく、心と身体を元気にしてくれる食べ物はないのである。地産地消や生産者との提携・援農という生産・消費の形態は、生産現場から長らく遠ざかっていた消費者が、自らの食べ物がどのように食卓に届けられているのかについて再認識する良い機会にもなる。

このように、地産地消、旬産旬消という、以前は当たり前だった食のあり方を、現代的な形でよみがえらせることによって地域の生産者と消費者がともに元気になり、つながりを深め、地域の経済と社会が豊かになるのだとしたら、そもそもなぜ、食と農の近代化とグローバル化が進んできたのだろうか、という疑問が沸いてくるのは当然のことだ。

本書は、現代のフードシステムは、生産者のためでも、消費者のためでもなく、食品関連産業の都合によって形作られてきたものなのだと力説するが、私たちの住む日本についても、同様のことが言えるのだろうか。この場を借りて、日本の食料事情について、過去半世紀にさかのぼって少し考えてみたい。

一　米国の対日食料戦略[1]

日本の食料自給率が低いことは、よく知られた事実である。自給率が大きく下降したのは、一九六〇年以降であり、その背景として、高度経済成長を通じた食生活の変化が筆頭に挙げられることが多い。確かに、人々の購買力が大きくなれば、食肉などの動物性たんぱく質や脂質の摂取が増えるのは、世界共通の現象である。日本では、一九六〇年当時と現在の一人あたりの消費量を比べると、コメや味噌・醤油は半減している一方で、小麦は一・二五倍、畜肉は五・四倍、乳製品は四・二倍、油脂は三・三倍にまで拡大

▼1　鈴木猛夫『「アメリカ小麦戦略」と日本人の食生活』（藤原書店、二〇〇三年）に詳述されている。

している。

しかし、そうした食生活の変化が、日米の両政府によって、意図的につくりだされてきた事実も見逃すことはできない。その代表的な例が、米国が日本に対して、一九五〇年代中盤以降に推し進めた食料援助政策と、米国の意向にそって日本が実施した、一九六一年以降の農業政策と農業貿易の自由化である。

日本政府は、第二次世界大戦後の食料難を乗り越えるために、米政府による食料援助を受け入れ、一九四七年に開始された学校給食に、援助されたパンと脱脂粉乳を供給した。だが、当初は救済が主眼であった食料援助は、一九五〇年代に入ると、米国の余剰小麦の海外市場を切り開くための手段とされるようになった。世界大戦で戦火を受けなかった米国では、一足先に始まった農業の近代化により、一九五二／五三年期に二〇〇〇万トンの余剰小麦を抱え込むまでに、生産が拡大していたためである。

この頃の世界は、一九四九年の中華人民共和国の誕生と、一九五〇～五二年の朝鮮戦争を経て、冷戦期に突入しつつあった。そうした地政学的な状況のなか、日米間で「相互安全保障条約」（ＭＳＡ）の一環として結ばれた「余剰農産物購入協定」は、米国が日本に小麦食を売り込むと同時に、反共産主義の砦として日本に再軍備させるための資金の一部を、小麦の日本国内での売却益でまかなおうという米国の思惑を反映したものだった。

米国は、援助した小麦を日本国内で販売し、その売上の一部で米国から武器を購入すること、および日本でパン製造を拡大し、パンにあう洋食文化を根付かせるため施策を実施することを求めた。これは、飼料穀物を多用する食肉消費を増やすものでもあった。その結果、公費でパン職人が養成され、街角で洋食レシピを広めるキッチンカーが、全国を走り回ることになった。給食の主食はパンとすることが政策となり、これは実質的に一九九七年まで撤回されなかった（現場の一部では一九七〇年代半ばより、週数回、米飯を出すなどの動きは始まってはいた）。

ご飯では身体が成長しない、頭が悪くなる、といったプロパガンダも広められた。戦中に小麦食を採り入れた海軍では脚気が減り、採り入れなかった陸軍は白米食のせいで多くの兵士を脚気で失ったとされたことも、こうした動きを後押ししたと言われる（しかし、ビタミンB1などのミネラルが豊富な玄米や胚芽米が供給されていれば、そのようなことにはならなかったと考えられる。小麦食であっても精白小麦を使用すれば、脚気予防効果は同様に低い）。

パン食の普及は、パンの製造に向く輸入小麦への完全なる依存の上に成り立つものだった。日本では、強力粉は岩手以北でしか栽培できないうえに、グルテン（小麦たんぱく質）の少ない国産強力粉では、米国風のふっくらしたパンは焼けない。そして今や、うどんや素麵の原料でさえ輸入小麦に代替されるようになった。しかし、このような輸入小麦は、太平洋を横断する長い船旅の間に虫などが発生することを防ぐために、国産小麦には使用されていないポストハーベスト（収穫後散布）農薬が使われている。

二　「農業基本法」と「農産物貿易自由化」

一九六〇年代にはいると、「農業基本法」（一九六一年）と「貿易自由化政策」の二本立てにより、日本の農業と食生活が、米国産農作物をより多く消費する構造に抜本的に改革された。つまり、日本の農家は、それまで広く行なわれていた有畜複合農業を捨て、「米麦二毛作」や田んぼの畦に大豆を植えることなどを止めて、「選択的拡大」として、コメ専業、野菜や果物の専業、あるいは酪農家・畜産家という形で単一の農業生産に特化し、大規模化するよう求められたのである。当然ながら、畜産と酪農の振興は、トウモロコシや大麦など飼料穀物の輸出も拡大したい米国の思惑と一致するものだった。また、それまで国内自給が基本であった大豆を、米国からの輸入で代替するようになったことは、豆腐や味噌、醬油などの基礎的な食品の原材料のほとんどを輸入でまかなうようになる結果をもたらした。

しかし農家は、この選択的拡大の政策が実施された直後より、農産物貿易の自由化と、消費者の嗜好の洋食化によって、早々に裏切られることになる。一九六二年の鶏肉自由化を皮切りに、七一年には豚肉、九〇年には果汁、九一年には牛肉とオレンジ果の輸入が自由化され、これら輸入品と競合する農作物に特化し大規模化した農家は、海外からの安価な輸入品と対抗できず、廃業を余儀なくされたり、借金を膨らませたりすることになった。また、選択的拡大が開始されてわずか一〇年後の一九七〇年には、大規模化によるコメの生産増と食生活の変化によるコメ消費の減少を受けて、生産調整（減反）政策が開始されている。

一九九〇年代に入ると、果実や野菜の輸入が増え、牛肉・酪農製品の輸入が自由化され、コメ価格の自由化によって卸値が半減し、日本の農村は「解体」の道をたどることになる。他方で、米国やＥＵ諸国は、食料援助や農産物輸出に対する巨額の補助金によって、生産コスト以下で海外に主要食料を輸出し、各国の食料自給体制を破壊し続けてきた。

食料の国際価格が低く抑えられてきたのは、農業の近代化と農産物貿易の自由化によって、農業の大規模・集中化が最も進んだ地域から、そうでない地域に穀物や油糧種子、砂糖などが輸出されるようになっていった結果でもある。各国内で「選択的拡大」路線の国内分業が進められるのと並行して、世界全体でも貿易や投資の自由化を通じて「農業の国際分業」が進められてきた結果、より大規模化・集中化した地域の農業によって、その他の地域の農業が淘汰されてきたのである。今も進行中のこのプロセスを通じて、穀物自給率が三〇〇％を超えるオーストラリアや、二五〇％のアルゼンチンのような農業大国が出現することとなった一方で、主食の自給もままならない数多くの食料純輸入国が生み出されてきた（なお、穀物や油糧種子を大量生産しているＥＵ諸国と米国では、自由化に逆行する形で、巨額の農業補助金を温存することで農業輸出大国の地位を維持してきた）。

このような大規模な単一作物栽培は、当然ながら、除草剤・殺虫剤・化学肥料の使用量を増やし、農機械の使用や、消費地への輸送距離を拡大させるものだ。しかし現時点では、そうした農業の環境コストやその他の社会的コストの多くが食料価格に反映されていないため、土壌と水系を破壊し、地球温暖化を助長する再生不可能な農業こそが、世界で最も競争力を持つ農業となってしまっているのである。

三　農業貿易の真実

現時点で、世界の国々は、食料貿易という観点から見ると、五つの類型に分けることができる。まず、穀物・油糧種子・食肉などの基礎的な食料を大規模な近代的農業によって大量に生産し、世界に輸出しているひと握りの食料輸出大国のなかに、二つの分類が存在する。一つめは、多くのＥＵ諸国や米国など、政府が多額の農業補助金を拠出することで農業輸出大国の地位を維持している国々である。二つめは、カナダ、オーストラリア、ブラジル、アルゼンチン、ウクライナなど、政府から大きな補助を受けてはいないが、広大な農地と近代的な農法を駆使することで、やはり食料輸出大国となっている国々である。後者は、前者の農業補助金に対して批判的な立場を取ることが多い。

このことは、「先進国は工業製品を輸出し、途上国は農産物を輸出している」というのが幻想にすぎないということを意味する。実際には、世界の食料輸出における上位一〇ヶ国の内の八ヶ国が先進国なのである。穀物に関しては、輸出量全体の七割以上を先進国が占めている一方で、国際貿易される穀物の八割は、途上国によって輸入されている。

食料輸入国にも、二つの分類が存在する。つまり、三つめの類型として、主要な食料を輸入に依存する先進国の一群があり、日本や韓国などは、スイスやフィンランドなどと並んで、この分類に属しているが、先進国全体から見れば少数派である。

他方で、四つめの類型として、やはり主要食料を輸入に依存している、七〇ヶ国近い後発開発途上国が存在する。実際、世界で最も貧しい六八ヶ国は、コーヒー・紅茶・熱帯果実・鉱物などの一次産品を輸出しつつ、その貴重な外貨を使って基礎食料を輸入しており、例外なく、すべての国が食料の輸入額が輸出額を上回っている食料純輸入国である。こうした国々のなかには国内総生産（GDP）に占める一次産品輸出額の割合が四割を超える国も多いが、その一次産品価格のほとんどが過去一〇〇年間に実質的に低下の一途にあり、特に一九八〇年から二〇〇〇年代半ばまでにコーヒーとココアの国際価格は六割、砂糖の国際価格は七割以上も下落したため、海外から食料を調達する購買力を著しく低下させている。

そして五つめの類型は、人口規模の大きい中国・インド・インドネシアなどの国々で、特にインドと中国は、二国だけで世界人口の四割近くを抱え、国内の食料生産が余剰を生み出した場合には、数百万トンという膨大な量のコメや小麦を輸出する食料輸出大国になるが、国内需給が逼迫すると一転して食料輸入大国に転じるという、国際食料需給における大きな不安定要因となっている。実際、インドは、世界第二位の小麦生産国であるにもかかわらず、二〇〇六年に五五〇万トン、二〇〇七年は一八〇万トンの小麦を輸入し、国際価格を高騰させた一つの要因となった。

中国は、世界で生産されている豚肉の五六・二％、牛肉で一七・三％、魚介の三三％を消費している大消費国である（二〇〇五年度）。また中国は、世界第二位のトウモロコシ生産国であるにもかかわらず、消費に生産が追いつかず、今や世界第四位のトウモロコシ輸入国でもある。同国は、二〇〇八／〇九年期には、トウモロコシを国内で一億六五〇〇万トンも生産していたにもかかわらず、さらに海外から四五〇万トンも輸入している。同国は以前から、大豆の世界最大の輸入国でもあり、今では国際貿易される大豆の半分が中国に渡っている。同国は、現在、国内の食料・飼料・燃料原料の需要をまかなうために、海外で広大な農地を確保するまでになっている。

四 不安定な国際市場に依存する日本

問題は、穀物は自国内で生産することが世界の常識であるなか、世界で生産される穀物総量のうち、貿易に回されるのは一割程度にすぎず、コメの場合はわずか七%、飼料や工業原料に多用されるトウモロコシでさえ一三%台にすぎないということだ。国際市場の規模が小さいため、わずかの需給の変化でも国際価格は大きく変動してしまい、それが生産者と消費者の双方に多大な影響をもたらすことになる。

そうしたなか、穀物自給率が二八%にすぎない日本は、世界人口の二%に満たない人口で、世界で貿易される穀物の一〇%近くを輸入している。トウモロコシに限れば、国際貿易される量の二割を日本一国で輸入しているのである。天候不順などで不作になれば、穀物の生産国は自国内での消費を優先し輸出を減らすため、貿易に回る穀物の量は生産量と比べてもより変動の幅が大きくなる。したがって、穀物を輸入に依存すること自体が、非常に危険であると言える。だが日本では、飼料穀物の自給率が二五%と低いため、畜肉のカロリーベースの自給率は五~一一%程度にすぎず、植物性油脂の自給率はわずか二%にすぎない。これは、現在の私たちの食生活のあり方は、自給できない品目に非常に偏っているためでもある。

しかも、日本が大量に輸入している穀物・油糧種子・食肉などは、非常に限られた特定の国々から輸入している。たとえば、飼料やコーンスターチなどの加工食品の原料となるトウモロコシは、ほぼ全量を輸入に依存しており、その九九%は米国からである。飼料原料としての割合が二番目に大きく、味噌や醤油など和食材の主役である大豆も、自給率は六%にすぎず、残りをすべて輸入しており、その七二%は米国からである。パンやめん類の原料となっている小麦も、自給率は一四％であり、輸入の六一％が米国からである（すべて二〇〇八年度）。

こうした事態を打開するために、日本政府は「輸入先の多様化」による安定供給の実現を目指しているが、実際にはそれも困難である。トウモロコシでも、大豆でも、小麦でも、これら品目を輸出している国が非常に限られているからだ。トウモロコシであれば、世界貿易の八割を米国・ブラジル・アルゼンチンの三ヶ国が占めており、大豆の場合には同じ三ヶ国で、世界貿易の九割を占めている。小麦の場合には、米国、ＥＵ、ロシア、カナダ、豪州、ウクライナの六ヶ国・地域で、八割以上を占めている。

また、米国のトウモロコシの八割以上、大豆の九割以上が遺伝子組み換え（ＧＭ）であり、その割合はアルゼンチンの大豆でも九九％に上るとされ、また、ナタネの場合はカナダ産がほぼ一〇〇％、ＧＭであり、オーストラリアもＧＭナタネの作付けを解禁したことなどを考えると、遺伝子組み換えでないトウモロコシ・大豆・ナタネを輸入し続けることは、かなり現実的ではなくなってきている。

五　最貧国から食料を奪う日本

二〇〇六年以降に食料価格が高騰した直接の原因は、金融危機だったとしても、その背景には穀物や油糧種子の需給バランスが崩れつつあるという認識がある。その要因の一つには、異常気象等による不作や、農業用水の確保が困難になりつつあること、および耕作地の劣化といった、食料生産基盤の脆弱化という問題がある。この問題は、水や土壌を再生不可能な形で利用し、国連食糧農業機関（ＦＡＯ）によれば温室効果ガスの三〇％を排出してきた、これまでの近代農業のあり方を大きく変えねばならないことを示唆している。化学肥料の原料から、農耕機械の燃料や食料の輸送・貯蔵のエネルギーまで、あらゆる面で大量の化石燃料に依存してきた近代の農業は、二〇〇二年より原油価格が高止まりしている現実からも、脱近代を迫られている。

もう一つの要因は、私たちの食べ方にある。現在、世界で生産されている穀物は、平等に分配されたとすれば、世界のすべての人が年間三〇〇キログラム以上を消費することが可能な量である。しかし、一人あたり年間に一〇〇〇キロの穀物を消費しているアメリカに代表される、富裕国や新興国の穀物消費のあり方が、穀物の消費量に供給量が追いつかない状態を生み出している。一キロの消費で四〜一二キロ以上の穀物を消費してしまう食肉と、一リットルで二〇キロ以上のトウモロコシを消費してしまうことになるバイオ・エタノールなどのバイオ燃料の消費増大が、こうした事態を招いている主因である。

こうしたなか、バイオ燃料の原料として、あるいは食用・飼料用として、十分な穀物や油糧種子を確保することが各国の大きな課題となりつつあり、それが新たな問題を引き起こしている。欧米諸国だけでなく、中東諸国、中国、韓国、そして日本などが、長期リース契約などを通じて、アフリカ諸国、フィリピン、インドネシア、パキスタン、ロシア、ウクライナなどの国々の農地を確保する動きが、二〇〇六年頃より加速しているのである。▼2

したがって、日本に住む私たちとして、自らの食料確保という問題以外によく考えなければならないのは、日本と世界の貧しい国々が、食料を奪いあう関係に陥りつつある現実である。先進諸国の中では数少ない食料純輸入国である日本は、コメ以外の穀類や大豆・植物油・食肉・魚介など、主要食品のほとんどを輸入に依存しており、食料事情に関しては、最貧国とまったく同じ立場にある。唯一の違いは、日本が

▼2 北林寿信「世界は今『土地ラッシュ』の時代」(『現代農業』二〇〇九年一一月増刊号)。

世界市場から食料を調達するための外貨をたくさん持っていることである。

このことは、世界で食料が逼迫するようになれば、日本はその購買力によって、世界の最貧国から食料を奪う存在となることを意味する。前述したとおり、日本に比べるとわずかの外貨しか獲得できない貧困国は、国際市場から主要食料を必要なだけ輸入することがますます困難になっている。今回の食料危機でも、所得に占める食費の割合が低い先進国の住民の多くが食料を十分に購入できた一方で、食費が所得の大半を占めている世界各国の最貧層の人々は食料を買うことができなくなった。実は、日本は冷夏によってコメ不足に陥った一九九三〜九四年にも、国際市場からコメを買いあさり、結果として、それまで国際市場からコメを調達してきた貧しい国々から、コメを奪ってしまった前科がある。当時、主食のコメを二割しか自給できていないセネガルなどでは、実際に飢餓が発生していたのである。

にもかかわらず、日本国内では、日本の農業に補助金を出すことよりも、「日本の農産物市場を自由化し、貧しい国々からの農産物輸入を拡大するのが、先進国たる日本の国際貢献の一つの形であり、同時に、日本の農業の国際競争力を高める道でもある」というような論議が、まことしやかに唱えられてきた。しかし実際には、日本の食料輸入に占める最貧国の割合は小さく、例えば二〇〇六年の農産物輸入の三割は米国から、欧州連合（ＥＵ）と中国からがそれぞれ約一三％ずつ、豪州からが一〇％近く、カナダからが六％強と、上位五ヶ国／地域からの輸入で、七割以上が占められている。日本が農産物市場をさらに開放すれば、もっぱらこれら先進国および中国からの輸入が拡大することになる。

つまり、現在の農産物の貿易自由化交渉は、すでに食料自給率がきわめて低い日本の、国際市場への食料依存をさらに高めてしまうものでしかない。また、たとえ南側諸国からの農産物輸入が増えたとしても、本書にその一端が示されているとおり、その恩恵のほとんどを流通・加工部門のグローバル食品企業が独占しており、貧困国の生産者は生活と生産を維持するだけの手取りを確保できていない現実がある。

そうした事実を勘案すれば、本書が強調しているとおり、食料自給率の低い国／地域が食料を自給する権利「食料主権」の概念こそが、貧困国の最も貧しい人にとって最も重要であると同時に、日本が最貧国から食料を奪う存在でなくなるためにも重要であることがわかるだろう。

六　不健康な食べ物

現代のフードシステムが抱えるもう一つの問題は、食べ物の質に関わる問題である。たとえば、米国の大規模畜産経営（CAFO）では、本来は、牧草を餌とする牛にトウモロコシ（米国では配合飼料の七割を占める）や大豆カスだけでなく、牛の脂肪や血液、鶏や豚の死骸の一部、鶏舎の敷きわら（牛の肉骨粉が含まれた鶏の餌や糞が含まれている）などを給餌しており、抗生物質が多用されている（抗生物質の総消費量の七割が、家畜・家禽産業で使われている）。また、乳牛に、発がん物質である成長ホルモンを投与している問題（その割合は、米国の全体では二二％、五〇〇頭以上を飼育している大規模酪農場の場合では五四％に上る）[3]もある。そもそも、本来は草食である牛に、トウモロコシを与えることがＯ－１５７の発生・感染原因であることも明らかになってきたが、日本の畜産・酪農もまた、米国からのトウモロコシと大豆を主原料とする飼料に依存している。

同様のことは、より健康的な食べ物だと思われている魚介類の摂取においても起きている。世界屈指の

▼3　Keith Cunningham-Parmeter, Poisoned Field: Farm Workers, Pesticide Exposure, and Tort Recovery in Era of Regulatory Failure. *New York University Review of Law & Social Change* 28:431, quoted by Food & Water Watch(2009). Food safety consequences of factory farms, *Food Inc.* edited by Karl Weber, Public Affairs.

魚介類消費を誇る日本だが、今私たちが食べているのはマグロ・サケ・エビ・イカなど限られた種類の魚介類にすぎず、特に大量に摂取しているマグロやサケでは、輸入の割合も、養殖の割合も高くなっている。そして養殖の現場では、イワシやサバなど大量の小型魚が大豆ミールなどとともに餌として浪費され、抗生物質や殺虫剤も広く使用されている。マグロやサケなど大型の捕食魚の肉には、イワシやサバなどよりも水銀やダイオキシン類の残留量も多いため、環境にも健康にも良い魚とは、一尾を一人で食べられる大きさの魚であると言われる。

つまり私たちは、大量の穀物や油糧種子を投じて生産された食肉や乳製品、養殖魚などを食べることを通じて、地球環境に多大な影響を与えているだけでなく、自らをより不健康にしているのである。

また、私たちが食費の四割以上を費やすようになった加工食品や中食・外食では、輸入食材が多用されているだけでなく、原料として加工デンプン・甘味料・乳化剤など、さまざまな形でトウモロコシや大豆が使用されているが、そのほとんどが輸入である。それが、どこから、どのようにしてやってきたのか、ということは本書に詳述されていた通りだ。また、加工食品や出来合いの総菜を食べることは、家では決して使用することのない、さまざまな食品添加物を食べることでもある。国内では三〇〇種以上の食品添加物の使用が認められているが、保存料・防かび剤・殺菌剤・漂白剤・発色剤・合成着色料などのほとんどは、毒性や発ガン性があることがわかっている。食品添加物をすべて恐れる必要はないとしても、できるだけ摂取しない方が良いからこそ、厚生労働省が一日摂取量の上限を定めているのではないだろうか。しかも、複数の添加物を同時あるいは短時間のうちに摂取した場合の影響については、ほとんど研究されていないのが現実である。そうしたなか、私たちは、食品添加物だけで一人で年間一〜五キログラムも摂取していると推定されており、大人よりも影響を受けやすい子どもの場合、多動性障害やアレルギーの原因となっている場合もあるという専門家の報告も存在する。

本当に健康で環境にも良い食べ方が、私たちから遠ざけられている一因は、本書でも指摘されているとおり、現代の私たちの食の選択肢や、食に対する嗜好が、広告でおなじみの大手食品会社や、スーパーなどの大手流通産業によって形作られていることにもある。大手食品流通業は、「割安感」、豊富な「品揃え」のために、消費者が許容できる範囲で安価な輸入品を取り入れ、日本では手に入らない非伝統的な食品や、南半球など季節が違う国々から季節はずれの食材を輸入する。また、「季節を先取り」するために、国内ではハウスでの加温栽培が必然とされる。こうして、長距離輸送やエネルギー多消費型の農業が前提とされる食品流通システムがつくられてきた。

安い輸入品との競合に苦しむ国内の生産者もまた、付加価値の高い季節はずれの食材づくりに生き残りをかけるしかなくなっている。旬の食材をつくっても手取りが少なすぎて生活ができず、苦労して有機農業を手がけても、有機食品市場の九割を占める安価な輸入有機食品に押されてしまうからである。結果として、消費者からは「旬」という感覚が失われた。

また、野菜や果物に決して虫がつかないようにするために、生産現場では農薬の使用が増え、食品の加工・流通の距離と時間が長くなるなか、食品の腐敗を確実に避けるために、保存料や殺菌剤の使用が必然になった。今や「消費者の安心・安全」は、農薬と食品添加物で守られているのである。また、長距離・長時間輸送を前提としたフードシステムは、製造年月日の表示を排除して、これを消費期限や賞味期限の表示に置き換えた。消費者からは、それぞれの食品がどのくらい日持ちするのかについての知識や感覚も失われている。大規模流通の規格に合わせるために、規格外となった作物が大量に捨てられている問題もある。

他方で、生産者や卸売業者にとっては、大手流通業こそ、価格決定権を握っている存在であり、逆らえない相手である。その流通業者同士が低価格の実現にしのぎを削っている現実は、食品の生産者や加工業者を偽装に追い込んでもいる。スーパーが望む価格では、そもそも要望された食材を生産することも、求められた質の原材料を使うことも無理である場合が多いからだ。しかし、「ノー」と言えば取引自体がなくなるため、一部の納入業者は、偽装という犯罪に手を染めることになる。スーパーの開発する「プライベート・ブランド」の拡大は、生産者や食品加工業者の名前を市場から消し去り、彼らを、より安いプライベート・ブランドの下請け生産者という立場に転落させている。

七　真に豊かで健康な食生活に向けて

農業の近代化とグローバル化がもたらしてきた、さまざまな問題を解決するには、その歴史をさかのぼり、今よりも上手に自然と折り合いをつけ、地産地消や旬産旬消を当たり前に実践してきた過去から学べば良いことは明白である。たとえば、地域で旬に採れた食材は、自らの身体と同じ気候・季節の下で育ち、その特定の気候・季節に適応するのに必要な微量栄養素を含有していると言われる。同じ野菜でも、旬に地元で採れたものを食すのと、季節はずれに温室または地球の反対側でつくられたものを食すのでは、身体への影響がまったく違う可能性が高いのである。実際、冬の野菜には身体を温めるナトリウムなどが多く含まれ、夏の野菜には身体を冷やすカリウムなどが多く含まれている場合が多いとされる。

米国のある研究では、玄米や全粒粉などの「ホール・フード」（全体食）には、いまだに解明できない「フード・シナジー」（食の相乗効果）があり、ホール・フードに含まれていることがわかっている成分をすべて摂取したとしても、ホール・フードそのものを摂取した場合と同じ効果は得られないと結論づけている。[▼4] また最近、国内では、サプリメント（栄養補助食品）や野菜ジュースを摂取しても、生野菜を摂取した場合にくらべて、栄養素が血中に留まる時間が短いという調査結果が報道された。食品産業が喧伝するお手軽な栄養素主義（還元主義）では、健康になれないということの一つの証左と言えるだろう。

また、牧草だけ食べさせた牛の牛乳と、配合飼料も食べさせた牛の牛乳の成分を比較した米国のレビュー論文は、牧草だけ食べさせた牛の牛乳には、含まれる脂肪の量が少ないだけでなく、身体に良いとされるオメガ3脂肪酸の一つ、アルファ・リノレン酸（ALA）や、オメガ6脂肪酸の共役リノール酸（CLA）がともに多く含まれ、身体に悪いとされる飽和脂肪酸の含有量は少ない傾向があると結論づけている。この研究では、牛肉についても、牧草で育った牛は、配合飼料で育った牛よりも脂肪総量が少なく、ALAが多く、オメガ6に対するオメガ3の割合が大きいとしている。[5] 私たちの濃厚な味への嗜好は、牛も人も不健康にしているのである。

しかし、私たちが健康にも環境にも良い食品を選び、その食品の生産コストに見合う対価を支払うようになるためには、いくつものハードルをクリアしなければならない。主流のメディアや大手流通業者は、前述した事実を積極的に知らせようとはしないし、近代以降の各国の食料政策も、これまで述べてきたような近代化と自由化を基調としている。また、私たちにとっては、現在享受している利便性をどこまで手放せるのか、あるいは手放すために必要な時間的余裕をどう確保するのか、ということが大きな問題となるが、私たちの多くが以前にも増してその余裕をなくしている。また、家計と生活時間に占める食事の優先順位は、きわめて低いのが現実ではないだろうか。

▼4　Jacobs, David R. Jr. et al. (2003). Nutrients, foods, and dietary patterns as exposures in research: a framework for food synergy, *The American Journal of Clinical Nutrition*.

▼5　Kate Clancy (2006). Greener Pastures: How grass-fed beef and milk contribute to healthy eating, Union of Concerned Scientists.

八　地産地消に向けて

地産地消という面でも、大きな課題が残る。私たちは、総消費のおよそ二割を食費に回しているが、生産者の手取りはその一〇％程度にすぎない。残りのほとんどが、流通（三六％）、食品工業（二七％）、外食（一八％）などの食関連産業に費やされている（二〇〇五年度。図－1参照）。これは、私たちの食生活が、外食や出来合いの弁当・総菜などの中食、および冷凍やインスタントなどの加工食品、それから大規模なスーパーやコンビニのチェーンに依存する割合が、かつてないほど高まった結果でもある。

農業の現場でも、かつては自家で行なわれてきた種採りや堆肥作りが農家の手を離れ、牛や馬が機械に取って替わられ、農産加工や販売も「食品工業」「流通業」という形で農家から分離された。つまり、食産業の儲かる部分が農業から切り離されて産業化・肥大化し、逆に、天候や病害虫などのリスク要因に左右されやすく、儲からない生産の部分だけが「農業」に残されたと言うことができる。それどころか、農資材をすべて買い入れる農業は、非常にお金のかかるものになってしまった。

今、農業が再生するには、これら食料産業の二次・三次産業部分を、農業に取り戻す必要があると言われている。これを、一＋二＋三次で、農業の「六次産業化」と称する人もいる。消費者が生産者から直接に食品を購入したり、生産者の農産加工品を利用する、あるいはグリーン・ツーリズムに参加したりすることが、農村と農業の再生に役立つことは事実であり、また、一次産業従事者を増やす努力も重要だろう。

他方で、農産物の関税が今後も引き下げられ続け、安価な輸入食材や輸入食品の流通がますます増えれば、このような農業サイドの努力だけでは国内農業の再生には限界がある。なにしろ農家一軒あたりの生産面積だけ比べても、米国で数百倍、オーストラリアでは数千倍といった規模なのだ。日本でどれだけ大規模化しようと、効率化しようと、市場価格では太刀打ちできるはずがない。たとえば、輸入品の価格は、米価で一〇分の一、乳価で四分の一と、比較にならないほど安いのである。

世界貿易機関（WTO）の自由化交渉によって、関税や政府による補助金といった農業保護策が否定され続けるのだとすれば、かなりの消費者負担を覚悟しないかぎり、日本では農業はどうやっても生き残れない。したがって、食料の国際貿易ルールは、各国・各地域に主要な食料をある程度自給するための国内農業政策や貿易政策を実施する権利を認める方向に、抜本的に改められなければならない。

図 - 1 「農業・食料関連産業」の国内総生産（2005 年度）

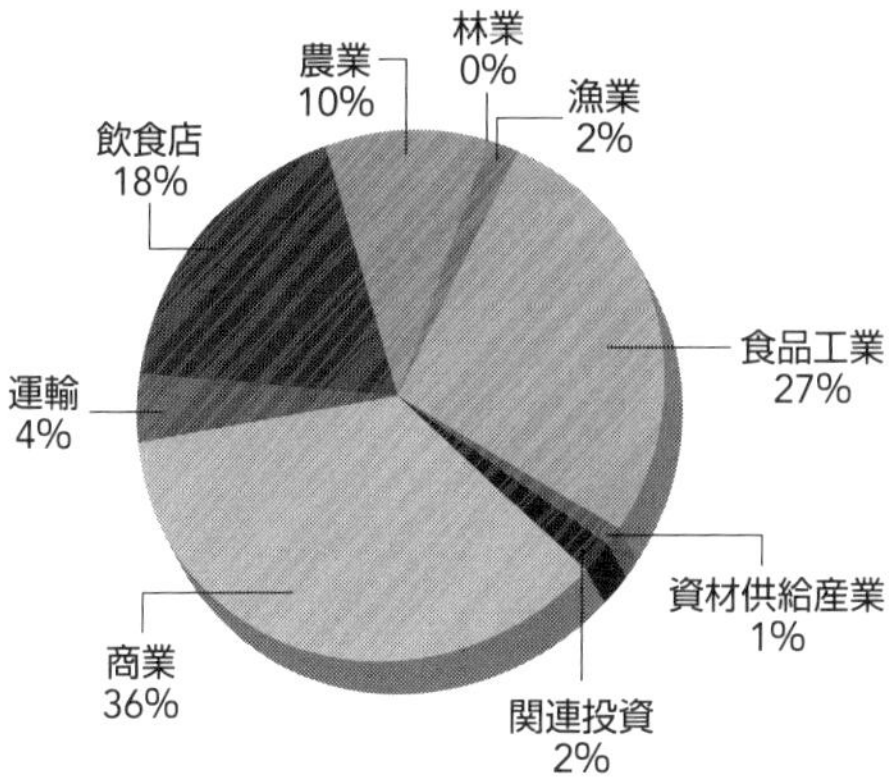

また、長期的あるいは国際的に、大量の化石燃料を使って輸送した食材が地場産よりも安く提供できる実態を改められるよう、輸出補助金や燃料補助金を撤廃させ、炭素税を導入する、あるいは遠距離輸送に付きもののポストハーベスト農薬などの使用を禁じるなど、より積極的な国際政策を打ち出していく必要がある。

また、食品の加工・流通の距離と時間が長くなっていることを、消費者に覚らせないために撤廃された製造年月日を復活させることや、中食や外食においても、食材の原産地や食品添加物の表示を義務づけることも必要である。

国内ではほかにも、自然農業や有機農業に対する支援を拡充したり、一〇〇％近く輸入に依存している家畜飼料や植物性油脂を自給するための制度を設けたりと、できることはいろいろとある。たとえば、東北農業研究センターでは、輸入のトウモロコシに代えて、国内の休耕地でトウモロコシや牧草などを育て、茎や葉とともにサイレージ（青刈り作物や牧草を発酵させた飼料）にして家畜に与えるための研究が行なわれている。[6] これが実現すれば、畜産業排泄窒素を有効活用し、かつ飼料の長距離輸送を減らしつつ、家畜の健康にも良い飼料を提供できるようになるだろう。

九 「安い食料」政策から脱却するために

食費の使い方はある種の投票行動だとすれば、食材を買うときだけ国産を意識しても、輸入品でつくられる外食や中食に多くを費やしていれば、輸入品に投票していることになってしまう。自炊を増やす努力をすれば、多少高価な質の高い食材を使ったとしても外食中心の生活よりは食費はかからない。しかし、自炊する時間も、国産食材を買う金銭的余裕もない勤労者や貧困層には、国内農業に一票を投じるような購買行動は「高嶺の花」となりつつある。

このような現実を前に、産業革命の時代に、新興の産業資本家が負担する労働コストを最小限にとどめるために、工場労働者に安い食料を提供することが英国の食料政策の主眼であったという事実は、現代を生きる私たちにも大いに示唆を与えてくれる。今もなお、日本でも世界でも、食料の生産者が青息吐息であることや、日本では、そして多分海外でも、食料の加工・流通産業の労働者こそが最も不安定な長時間・低賃金労働を強いられていることは、産業労働者にできるだけ安いカロリー（食料）を与えることが産業競争力の強化につながるという考え方が、今でも有効性を保っていることの証左であるように思える。

しかし、「安い食料」政策さえ追いつかないほど、産業労働者の低賃金化が進む現代においては、環境や社会のコストを外部化することで「不当に」安くなった食料でさえ、十分な量を購入できない人々が生み出されている。食べ物は、生産者にとっては安すぎるのだが、一部の消費者（労働者）にとっては高すぎるのである。そういう意味で、食料とフードシステムに関して本書が提起しているのは、まさに格差の問題であり、その格差の主因となっている搾取の問題をどう乗り越えるのか、という課題を検討することなくして、フードシステムの変革はあり得ないという認識なのである。

しかし、だからこそ、ある程度の経済的な余裕がある消費者は、食費を節約して耐久財などにお金をかけることは「豊か」な暮らしどころか、健康を損なう生き方であることに気づく必要がある。生命に直結する食べ物や基礎サービスが値切られ、この分野で働く労働者が青息吐息となっている現実を変えねばならない。安くて簡便な食べ物が、究極的には私たちの身体や環境、そして世界中の農家に悪影響をもたらしているのと同様に、今の経済が私たちの命を縮め、私たちから時間と尊厳を奪い、本来の豊かな暮らし方そのものを喪失させているからだ。

実際、家計における優先順位の変化は、使途のあり方を大きく変える。だとすれば、途上国よりも家計に占める食費の割合が小さい日本では、その必要性が理解されれば食費の割合を増やすことは可能である。産業労働者の賃金を値切るための「安い食料」政策というものによって形作られてきた、私たちの食を軽視する姿勢を改めることから始めなければならない。

他方で、地域の農業を再生し、環境にも身体にも良い食べ物を食べるためにできることは、よりたくさん食費を支出することだけではない。環境にも身体にも良い農業は、農薬や化学肥料を多用する近代的な

▼6　畜産草地研・畜産環境部・畜産環境システム研究室「ＬＣＡ手法による休耕地を活用した濃厚飼料供給システムの環境評価」（二〇〇四年）。http://www.nilgs.affrc.go.jp/SEIKA/04/ch04042.html

農業よりも労働集約的であり、これから最も深刻な問題となっていくのは人手不足なのである。他の仕事をしながら、休日だけ、あるいは農繁期だけ農家を手伝うことが、余暇の過ごし方として、あるいは健康や環境によい食べ物を安く手に入れる方法として、広く一般的になっていけば、農業における人手不足が解消され、同時に可処分所得が少ない人々が環境と健康によい食べ物を手に入れることができるようになりうる。これについても、個人のレベルでの努力とともに、都市周辺の農地の保全や、食料生産に携わりたい非農家に農地使用権を開放するための法改正など、政策面での取り組みも期待したい。

二〇一〇年二月二六日

訳者あとがき

佐久間智子

本書は、*Stuffed and Starved: The Hidden Battle for the World Food System* の全訳である。ただし、紙幅の都合で、参考文献一覧や脚注の一部、本文の論述と無関係な詩などの引用の一部を割愛した。

著者のラジ・パテル（Raj Patel）は、英国のオックスフォード大学、ロンドン・スクール・オブ・エコノミックス（ＬＳＥ）、および米国のコーネル大学から学位を取得しており、また、本書にもたびたび登場する世界貿易機関（ＷＴＯ）および世界銀行に勤務した経験を持つエコノミストである。と同時に、一九九九年に米シアトルでのＷＴＯ閣僚会議に対して行なわれた、数万人規模の街頭での抗議行動にも加わったアクティビストであり、世界銀行やＷＴＯ、あるいはＧ８やＧ20など、世界の政治指導者が一堂に会する国際会議の度に、「会場の内外」で的確な批判を論理的に展開する論客として大いに活躍している。

著者にとって初めての単著である本書は、二〇〇七年に刊行されると直ちに大きな反響を呼んだ。英国の『パブリシング・ニュース』誌は、本書をＥ・Ｆ・シューマッハーの名著『スモール・イズ・ビューティフル』に匹敵する名著として、「ナンバーワン・ベストセラーになることを願ってやまない」と評している。ほかにも、米国のタイム誌、ワシントン・ポスト紙、英国のインディペンデント紙、ガーディアン紙など数多くの主要メディアが書評に取り上げ、非常に高く評価している。

一躍、時の人となった著者パテルは、以後、新聞・雑誌・テレビなど主要マスメディアに頻繁に登場するようになり、刊行直後に奇しくも訪れた世界規模の食料危機に対する的確な分析と根本的な解決策を披露することを通じて、政策決定にも影響を与える存在となった。たとえば二〇〇八年には、米下院の金融サービス委員会において、国連の食料を得る権利に関するラポーターとして証言している。

現在は、米国内ではロサンジェルス・タイムズ紙、ニューヨーク・タイムズ紙、サンフランシスコ・クロニクル紙、オブザーバー紙などに寄稿しているほか、英国のガーディアン紙に定期的に記事を書いている。また、現在、米サンフランシスコに本拠を置く「食料開発政策研究所」(フード・ファースト)の研究員を続けるかたわら、米カリフォルニア州立大学バークレー校アフリカ研究所の客員研究員を務めており、南アフリカのクワズール・ナタル大学スクール・オブ・デヴェロップメント・スタディーズの名誉研究員でもある。

国際経済の専門家として、貿易ルールの策定・実施および開発金融の実行に関わった知見を、国際金融機関や国際貿易機関に対する批判活動に存分に生かすことによって、パテルは、社会運動にとって有益かつ貴重な存在となっている。また、本書の非常に長い引用・参考文献リストを見れば(本訳書では、残念ながら紙幅の都合で一部割愛しているので、関心のある方は原著を参照していただければ幸いである)、著者が世界中の論客やアクティビストたちによる数多くの調査研究や実践から縦横無尽に学び、自らの思想を深め、それを説得力のある形で提示するために、並々ならぬ努力を重ねてきたことをうかがい知ることができる。

他方で、パテルの真価は、人々が自らの生存と尊厳をかけて闘っている、まさにその最前線に赴き、単なる観察者としてではなく、同質の闘いに自ら挑んでいる当事者として、相手の主張に耳を傾け、共通する課題について議論と考察を深めながら、各地の活動と有機的につながり、同時に、その学びと考察を自らの足下の日常における実践につなげるために心を砕いていることにあるのではないだろうか。実際、本書からは、さまざまな立場のアクティビストや先人らの努力に大いに敬意を抱き、これらを言論の世界と日常の生活の両方で、最善の形で継承あるいは伝達していこうとする著者の心意気を感じることができる。こうしたパテルの考え方と生き様は、彼を「底辺に生きる人々」の「ガーディアン」（庇護者）ではなく、「共感者」あるいは「同志」たらしめている。単なる「消費者」としてエコな商品やフェアトレード商品を購入するだけで自己満足している人々に対する批判は、そうした彼の姿勢からくるところが大きいように思う。

このことはもちろん、パテルが米国の大都市に住み、教育機会と職に恵まれている自らの境遇に無自覚であるということではない。逆に、本書を通じて、そうした一見恵まれているように思える境遇にある人々ですら、現在のグローバルなフードシステムがもたらす多大な不利益あるいは損害から免れることができないこと、そして、「北」の国々の内部にも貧しい「南」があり、「南」の国々の中にも「北」と利害を同一にする勢力があることを強調することで、貧困あるいは開発の問題に対する新たな視点に確固たる根拠を与え、世界的な当事者間のネットワークに、すべての人が当事者として関わることを推奨しているのである。

これまで、貧困や開発の問題について社会運動の立場から論理的な主張を展開してきた北側諸国の研究者やアクティビストの多くが、当事者ではなく代弁者の立場を取ってきたことや、彼らの運動論と実際の生活態度との乖離という矛盾がある程度放置されてきた現実を考えれば、パテルは、その矛盾に正面から当事者として真摯に取り組む、新しい運動世代の代表的な存在であることは間違いない。と同時に、そもそも対決や批判を好まない、あるいは政治的な論争から早々にリタイアして日常に埋没する傾向がある「自然志向」の人々とも一線を画している（共感していないということではない）ところが、彼の大きな魅力であり、そのことこそ多くの人々が彼の中に大きな可能性を見出す理由だろう。

本書の刊行時に設けられたウエッブサイト（http://stuffedandstarved.org/）では、関連情報やパテル自身によるアップデート記事など、有益な情報が頻繁に更新されてきており、本書発行後の世界情勢やパテル自身が活発に活動している様子をうかがい知ることができる。なお、このウエッブサイトは、今年二〇一〇年に新刊『*The Value of Nothing: How to Reshape Market Society and Redefine Democracy*』（日本では拙訳で作品社より刊行予定）を発行するにあたり内容の更新は中止され、以後のアップデートは、すべて新たなウエッブサイト（http://rajpatel.org/）で行なわれている。

また、米国で開催された環境や人権、その他の社会問題に関するシンポジウムや講演会、トーク・ショーなどを多数閲覧することができるウエッブサイト（http://fora.tv/）では、パテルが、ヴァンダナ・シヴァ（『食料テロリズム』浦本昌紀ほか訳、明石書店、二〇〇七年など、多数邦訳あり）や、マイケル・ポーラン（『雑食動物のジレンマ』ラッセル秀子訳、東洋経済新報社、二〇〇九年ほか）などとともに、パネルディスカッションで論議する「スロー・フード・ネイション」のイベントや、パテル自身の講演会などの映像を視聴でき、彼の明晰な理論とともに温厚でユーモラスな人柄に触れることができる。

読者である私たちは、パテルの今後の活躍に大きく期待しつつ、日本に住む私たちのなすべきことについても考察を深めていきたい。

二〇一〇年三月一九日

campesina.org/art_english.php3?id_article=216.
Vidal, John. 2005. Ignacio Chapela: Enemy of the State. *Guardian,* 19 January.
Vomhof Jr. John. 2005. McDonald's Names Cargill 'Supplier of the Year'. *Minneapolis/St.Paul Business Journal,* 12 December.
Vorley, Bill. 2003. *Food, Inc.: Corporate Concentration from Farm to Consumer. London: IIED.* http://www.ukfg.org.uk/docs/UKFG-Foodinc-Nov03.pdf.
Wal-Mart. 2005. *Annual Report.* Bentonville: Wal-Mart.
Walsh, Fiona. 2006. Supermarket Chain's Scheme to Help African Growers Bears Fruit. *Guardian,* 29 May.
Walsh, Sharon. 2004. Berkeley Denies Tenure to Ecologist Who Criticized University's Ties to the Biotechnology Industry. *The Chronicle of Higher Education,* 7 January: A10.
Warnken, Philip F. 1999. *The Development and Growth of the Soybean Industry in Brazil.* Ames: Iowa State University Press.
Weiss, Rick. 2002. Starved for Food, Zimbabwe Rejects U. S. Biotech Corn. *Washington Post,* 31 July.
Wijeratna, Alex. 2005. *Rotten Fruit: Tesco Profits as Women Workers Pay a High Price.* Johannesburg: ActionAid.
Windish, Leo G. 1981. *The Soybean Pioneers, Trailblazers... Crusaders... Missionaries...* Galva: no publisher named.
Wittman, Hannah. 2005. The Social Ecology of Agrarian Reform: The Landless Rural Worker's Movement and Agrarian Citizenship in Mato Grosso, Brazil. Ph.D Dissertation. Ithaca: Department of Development Sociology, Cornell University.
World Bank. 1981. *Accelerated Development in Sub-Saharan Africa: An Agenda for Action.* Washington, DC: World Bank.
Worm, Boris, Edward B. Barbier, Nicola Beaumont, J. Emmett Duffy, Carl Folke, Benjamin S. Halpern, Jeremy B. C. Jackson, Heike K. Lotze, Fiorenza Micheli, Stephen R. Palumbi, Enric Sala, Kimberley A. Selkoe, John J. Stachowicz and Reg Watson. 2006. Impacts of Biodiversity Loss on Ocean Ecosystem Services. *Science* 314 (5800): 787-90.
Wright, Angus Lindsay, and Wendy Wolford. 2003. *To Inherit the Earth: The Landless Movement and the Struggle for a New Brazil.* Oakland, CA: Food First Books.
Zeki, Semir. 2003. Preface. *Philosophical Transactions of the Royal Society – Series B – Biological Sciences* 00358 (01439): 1775-7.
Zenith International. 2006. *Soft Drinks to Overtake Hot Drinks Globally.* Zenith International Ltd, 31 March. Available from: http://www.zenithinternational.com/news/press_release_detail.asp?id=152.

Soil Association. 2003. *Soil Association Comments on Farm-scale GM Trials*. Bristol: Soil Association. Available from http://www.soilassociation.org/web/sa/saweb.nsf/library titles/190E2.HTML.

Stagl, Sigrid. 2002. Local Organic Food Markets: Potentials and Limitations for Contributing to Sustainable Development. *Empirica* 29 (2): 145.

Stone, Kenneth E. 1997. *Impact of the Wal-Mart Phenomenon on Rural Communities*. Chicago: Farm Foundation. Available from http://www.seta.iastate.edu/retail/publications/10_yr_study.pdf.

Strömberg, David. 2002. *Distributing News and Political Influence*. Institute for International Economic Studies, University of Stockholm. Available from http://rincewind.iies.su.se/~stromber/wbbook.pdf.

Susman, Paul. 1989. Exporting the Crisis: U. S. Agriculture and the Third World. *Economic Geography* 65 (4, Trade Theories, Scale, and Structure): 293-313.

Tandon, Aditi. 2006. Kin of Indebted Farmers Finally Get to Speak – Tribunal Records Suicide Accounts in Punjab. *Chandigarh Tribune*, 2 April.

Taylor, C. Robert. 1999. *Economic Concentration in Agribusiness*. Testimony to the United States Senate Committee on Agriculture, Nutrition and Forestry. Washington, DC: 26 January.

Talyor, John, Matina Madrick, and Sam Collin. 2005. *Trading Places: The Local Economic Impact of Street Produce and Farmer's Markets*. London : London Development Agency, London Food and the Mayor of London, New Economics Foundation. http://www.neweconomics.org/gen/uploads/w2rrxbb4htuk3t55fbvmhh55141220051143141.pdf.

Thirtle, Colin, Lindie Beyers, Yousouf Ismael and Jenifer Piesse. 2003. Can GM-Technologies Help the Poor? The Impact of Bt Cotton in Makhathini Flats, KwaZulu-Natal. *World Development* 31 (4): 717-32.

Thompson, Don. 2000. Universities Criticized for Research Contracts with Private Firms. *Associated Press Wire*, 16 May. http://www.biotech-info.net/universities_criticized.html.

Thompson, James. 2003. Soybean King Turns Soybean Governor. *Soybean Digest*, 1 March: 4.

Thompson, Susan J., and J. Tadlock Cowan. 1995. Durable Food Production and Consumption in the World-Economy. In P. McMichael (ed.), *Food and Agrarian Orders in the World-Economy*. Westport: Greenwood Press.

UNCTAD. 1996. *UNCTAD and WTO: A Common Goal in a Global Economy*. <TAD/INF/PR/9628 08/10/96>. Geneva: United Nations Conference on Trade and Development.

UNDP (United Nations Development Programme). 2002. *Human Development Report 2002: Deepening Democracy in a Fragmented World*. New York: Oxford University Press.
(国連開発計画『人間開発報告書2002――ガバナンスと人間開発』)

UNDP India (United Nations Development Programme). 2004. *Human Development Report – Punjab*. New Delhi: Government of Punjab.

United Nations, Department of Economic and Social Affairs. 2005. *The Inequality Predicament: Report on the World Social Situation 2005* [A/60/117/Rev.1 ST/ESA/299]. New York: United Nations.

United States Department of Agriculture. 2000. *Glickman Announces National Standards for Organic Food*. Washington, DC: Department of Agriculture. http://www.usda.gov/news/releases/2000/12/0425.htm.

Via Campesina. 2003. *What is People's Food Sovereignty?* Available from: http://www.via

Rudnitsky, Howard. 1982. How Sam Walton Does It. *Forbes,* 16 August: 42-4.

SADC-FANR Vulnerability Assessment Committee. 2002a. *Lesotho Emergency Food Security Assessment Report*. http://www.sadc.int/english/fanr/food_security/Documents/Lesotho/July%20-%20August%202002%20Lesotho%20%20Emergency%20Assessment%20Report.pdf.

———. 2002b. *Malawi Emergency Food Security Assessment Report*. http://www.fews.net/resources/gcontent/pdf/1000156.pdf.

———. 2002c. *Zambia Emergency Food Security Assessment Report*. http://www.fews.net/resources/gcontent/pdf/1000158.pdf.

Saguy, Abigail, and Rene Almeling. 2005. *Fat Devils and Moral Panics: New Reporting on Obesity Science*. http://www.soc.ucla.edu/faculty/saguy/saguyandalmeling.pdf.

Sainath, P. 1996. *Everybody Loves a Good Drought: Stories from India's Poorest Districts*. New Delhi: Penguin Books.

———. 2005a. The Unbearable Lightness of Seeing. *The Hindu*. 5 February.

———. 2005b. Whose Suicide Is It, Anyway? *India Together*. 25 June. http://www.indiatogether.org/2005/jun/psa-whosesui.htm.

SAPA/AFP, South African Press Association/ Agence France-Presse. 2004. *Murder Puts Spotlight on Brazil's Slave Trade*, 30 July.

Sauer, Sérgio 2006. The World Bank's Market-Based Land Reform in Brazil. In M. Courville, R. Patel and P. Rosset (eds.), *Promised Land: Competing Visions of Agrarian Reform*. Oakland, CA: Food First Books.

Saunders, Clarence. 1917. *Self Serving Store*, Patent number 1,242,872. 9 October. Arlington, VA: United States Patent Office.

Seager, Ashley. 2006. Starbucks, the Coffee Beans and the Copyright Row that Cost Ethiopia £47m. *Guardian*, 26 October.

Sen, Amartya Kumar. 1981. *Poverty and Famines: An Essay on Entitlement and Deprivation*. New York: Oxford University Press.
（アマルティア・セン『貧困と飢饉』黒崎卓ほか訳、岩波書店、2000年）

Shapin, Steven. 2006. Tod aus Luft. *London Review of Books* 28 (2).

Sharma, Devinder. 1999. *Selling Out: The Cost of Free Trade for India's Food Security*. London: UK Food Group. Available from http://www.ukfg.org.uk/docs/Selling%20Out%20Indias%20Food%20Security.doc.

Shiva, Vandana. 1989. *The Violence of the Green Revolution: Ecological Degradation and Political Conflict in Punjab*. Dehra Dun: Research Foundation for Science and Ecology.
（ヴァンダナ・シヴァ『緑の革命とその暴力』浜谷喜美子訳、日本経済評論社、1997年）

Shrek, Aimee. 2005. Farmworkers in Organic Agriculture: Toward a Broader Notion of Sustainability. *Sustainable Agriculture Newsletter* 2005 17 (1). http://www.sarep.ucdavisedu/newsltr/v17n1/sa-1.htm.

Smith, Alison, Paul Watkiss, Geoff Tweddle, Alan McKinnon, Mike Browne, Alistair Hunt, Colin Treleven, Chris Nash and Sam Cross. 2005. *The Validity of Food Miles as an Indicator of Sustainable Development: Final Report Produced for DEFRA*. London: DEFRA. http://statistics.defra.gov.uk/esg/reports/foodmiles/final.pdf.

Smith, Jeffrey M. 2003. *Seeds of Deception: Exposing Industry and Government Lies about the Safety of the Genetically Engineered Foods You're Eating*. Fairfield: Yes Books.

Oxford: Oxford University Press.
Perry, J. N., D. B. Roy, I. P. Woiwod, L. G. Firbank, G. R. Squire, D. R. Brooks, D. A. Bohan, G. T. Champion, R. E. Daniels, A. J. Haughton, G. Hawes, M. S. Heard, M. O. Hill, M. J. May and J. L., Osborne. 2003. On the Rationale and Interpretation of the Farm Scale Evaluations of Genetically Modified Herbicide-tolerant crops. *Philosophical Transactions of the Royal Society – Series B – Biological Sciences* 00358 (01439): 1779-800.
Phillips, M. R., X. Li and Y. Zhang. 2002. Suicide Rates in China, 1995-99. *Lancet* 359 (9309): 835-40.
Pincus, John. 1963. The Cost of Foreign Aid. *The Review of Economics and Statistics* 45 (4): 360-7.
Pirog, Rich, and Andrew Benjamin. 2003. *Checking the Food Odometer: Comparing Food Miles for Local Versus Conventional Produce Sales to Iowa Institutions.* Ames: Leopold Center for Sustainable Agriculture. http://www.leopold.isatate.edu/pubs/staff/files/food_travel072103.pdf.
Pollan, Michael. 2006. *The Omnivore's Dilemma: A Natural History of Four Meals.* New York: Penguin Press.
（マイケル・ポーラン『雑食動物のジレンマ――ある4つの食事の自然史』〔上・下〕ラッセル秀子訳、東洋経済新報社、2009年）
Powell, Bonnie Azab. 2007. Whole Foods' Second Banana on Being Green. *Corporate Board Member Magazine,* January/February.
Powell, Lisa M., Sandy Slater, and Frank J. Chaloupka. 2004. The Relationship between Community Physical Activity Setting and Race, Ethnicity and Socioeconomic Status. *Evidence-Based Preventive Medicine* 1 (2): 135-44.
Puentes-Rosas, Esteban, Leopoldo López-Nieto and Tania Martínez-Monroy. 2004. La mortalidad por suicidios: México 1990-2001. *Revista Panamericana de Salud Pública/Pan American Journal of Public Health* 16 (2): 102-9.
Qin, P., and Preben Bo Mortensen. 2001. Specific Characteristics of Suicide in China. *Acta Psychiatrica Scandinavica* 103 (2).
Rao, M. Rama 2006. Bush on Indo-US Friendship. *Asian Tribune*, 4 March.
Reid, Tim. 2005. The Nixon Tapes II: Gandhi 'the Witch'. *The Times.* 30 June.
Rohter, Larry. 2005. Beaches for the Svelte, Where the Calories Are Showing. *New York Times.* 13 January.
Rosset, Peter, and Medea Benjamin. 1994. *The Greening of the Revolution: Cuba's Experiment with Organic Agriculture.* Melbourne: Ocean Press.
Roy, D. B., D. A. Bohan, A. J. Haughton, M. O. Hill, J. L. Osborne, S. J. Clark, J. N. Perry, P. Rothery, R. J. Scott, D. R. Brooks, G. T. Champion, C. Hawes, M. S. Heard, and L. G. Firbank. 2003. Invertebrates and Vegetation of Field Margins Adjacent to Crops Subject to Contrasting Herbicide Regimes in the Farm Scale Evaluations of Genetically Modified Herbicide-tolerant Crops. *Philosophical Transactions of the Royal Society – Series B – Biological Sciences* 00358 (01439): 1879-99.
Rubin, Guy, Nina Jatana and Ruth Potts. 2006. *The World on a Plate: Queens Market. The Economic and Social Value of London's Most Ethnically Diverse Street Market.* London: New Economics Foundation. http://www.neweconomics.org/gen/z_sys_publicationdetail.aspx?pid=222.

Morland, Kimberly, Steve Wing, Ana Diez Roux and Charles Poole. 2002. Neighborhood Characteristics Associated with the Location of Food Stores and Food Service Places. *American Journal of Preventive Medicine* 22 (1): 23.

Müller, Anders Riel and Raj Patel. 2004. *Shining India? Economic Liberalization and Rural Poverty in the 1990s.* Oakland, CA: Institute for Food and Development Policy/Food First.

Muse, Toby. 2007. Colombians Want Banana Execs Extradited. *Associated Press,* 17 March.

Nadal, Alejandro, and Timothy A. Wise. 2004. *The Environmental Costs of Agricultural Trade Liberalization: Mexico-U. S. Maize Trade Under NAFTA.* Medford, MA: Working Group on Development and Environment in the Americas, Global Development And Environment Institute, Tufts University.

Nadal, Alejandro. 2000. *The Environmental and Social Impacts of Economic Liberalization on Corn Production in Mexico: A Study Commissioned by Oxfam GB and WWF International September 2000.* Oxford: Oxfam GB. http://www.oxfam.org.uk/what_we_do/issues/livelihoods/downloads/corn_mexico.pdf.

Nicholas, Stephen, and Deborah Oxlay. 1993. The Living Standards of Women during the Industrial Revolution, 1795-1820. *The Economic History Review* 46 (4): 723-49.

Nickson, Elizabeth. 2004. Green Power, Black Death. *National Post*, 9 January: A12.

O'Brien, Chris. 2006. The Perils of Globeerization. Washington, DC: Foreign Policy in Focus. http://www.fpif.org/fpiftxt/3637.

Olshansky, S. Jay, Douglas J. Passaro, Ronald C. Hershow, Jennifer Layden, Bruce A. Carnes, Jacob Brody, Leonard Hayflick, Robert N. Butler, David B. Allison and David S. Ludwig. 2005. A Potential Decline in Life Expectancy in the United States in the 21st Century. *New England Journal of Medicine* 352 (11): 1138-45.

Omahen, Sharon. 2003. New food products lifeblood of industry. *Georgia Faces. June 26.* http://georgiafaces.caes.uga.edu/getstory.cfm?storyid=1885.

Ong, Paul, and Evelyn Blumenberg. 1998. Job Access, Commute and Travel Burden among Welfare Recipients. *Urban Studies* 35 (1): 77-93.

Parry, M. L., C. Rosenzweig, A. Iglesias, M. Livermore and G. Fischer. 2004. Effects of Climate Change on Global Food Production under SRES Emissions and Socio-economic Scenarios. *Global Environmental Change* 14: 53-67.

Patnaik, Utsa. 2001. Falling Per Capita Availability of Foodgrains for Human Consumption in the Reform Period in India. *Akhbar* 2, October.

———, 2004. *The Republic of Hunger.* New Delhi: SAHMAT (Safdar Hashmi Memorial Trust). http://www.macroscan.com/fet/apro4/pdf/Rep_Hun.pdf.

Peck, Helen. 2006. *Resilience in the Food Chain: A Study of Business Continuity Management in the Food and Drink Industry: Final Report to the Department for Environment, Food and Rural Affairs.* July 2006. Shrivenham: The Resilience Centre, Department of Defence Management & Security Analysis, Cranfield University.

Pendergrast, Mark. 2000. *For God, Country and Coca-Cola: The Definitive History of the Great American Soft Drink and the Company that Makes It.* 2nd edn. New York: Basic Books.

Pendola, Rocco, and Sheldon Gen. 2007. BMI, Auto Use, and the Urban Environment in San Francisco. *Health & Place 13* (2): 551-6.

Pérez, Matilde, and Angélica Enciso. 2003. El campo ante el TCLAN. *La Jornada,* 1 February.

Perkins, John H. 1997. *Geopolitics and the Green Revolution: Wheat, Genes and the Cold War.*

and Alyssa Talanker. 2004. *Shopping for Subsidies: How Wal-Mart Uses Taxpayer Money to Finance Its Never-Ending Growth.* Washington, DC: Good Jobs First. http://www.goodjobsfirst.org/pdf/wmtstudy.pdf.

Matthiessen, Peter. 1969. *Sal si puedes; Cesar Chavez and the New American Revolution.* New York: Random House.

Mccarthy, Michael, and Andrew Buncombe. 2005. The Rape of the Rain-forest... And This Is the Man Behind It. *Independent,* 20 May: 36-7.

Mccarthy, Michael. 2005. How Demand for Soya Drives the Destruction. *Global News Wire – Europe Intelligence Wire – Financial Times,* 20 May.

McGirk, Tim. 1995. India Turns Its Back on Western Ways. *Independent,* 29 September: 16.

McMichael, Philip. 2006. Globalization and the Agrarian World. In G. Ritzer (ed.), *The Blackwell Companion to Globalization.* Oxford: Blackwell.

McMichael, Philip, and Chul-Kyoo Kim. 1994. Japanese and South Korean Agricultural Restructuring in Comparative and Global Perspective. In P. McMichael (ed.), *The Global Restructuring of Agro-food Systems.* Ithaca: Cornell University Press.

Miller, Darlene. Forthcoming. Local Suppliers and South African Retail Expansion in Africa. *South African Labour Bulletin.*

Miller, George. 2004. *Everyday Low Wages: The Hidden Price We All Pay For Wal-Mart – A Report by the Democratic Staff of the Committee on Education and the Workforce U. S. House of Representatives – Representative George Miller (D-CA), Senior Democrat.* Washington, DC: Democratic Staff Committee on Education and the Workforce, US House of Representatives.

Ministry of Finance and Company Affairs-Government of India. 2003. *Economic Survey 2002-2003.* New Delhi: Ministry of Finance and Company Affairs.

Mintz, Sidney W. 1985. *Sweetness and Power: The Place of Sugar in Modern History.* New York: Penguin.
（シドニー・W・ミンツ『甘さと権力——砂糖が語る近代史』川北稔ほか訳、平凡社、1988年）

———. 1995. Food and Its Relationship to Concepts of Power. In P. McMichael (ed.), *Food and Agrarian Orders in the World-Economy.* Westport: Greenwood Press.

Mishra, Sourav. 2006. Revised Menu: India Looks to Open Agriculture to US Corporates. *Down to Earth: Science and Development Online,* 10 March. http://www.downtoearth.org.in/full6.asp?foldername=20060315&filename=news&sec_id=4&sid=3.

Michell, Stracy. 2005. *Responding to Reich on Wal-Mart.* http://www.newrules.org/retail/news_slug.php?slugid=288

Mokdad, Ali H., Earl S. Ford, Barbara A. Bowman, William H. Dietz, Frank Vinicor, Virginia S. Bales and James S. Marks. 2003. Prevalence of Obesity, Diabetes, and Obesity-Related Health Risk Factors, 2001. *Journal of the American Medical Association* 289 (1): 76-9.

Monbiot, George. 2002. *The Covert Biotech War.* http://www.monbiot.com/archives/2002/11/19/the-covert-biotech-war/.

———, 2005. *How Much Energy Do We Have?* ZNet, 9 December. Available from http://www.zmag.org/sustainers/content/2005-12/09monbiot.cfm.

Morgan, Faith. 2004. *The Power of Community: How Cuba Survived Peak Oil.* Yellow Springs, OH: AlchemyHouse Productions Inc. in association with The Community Solution.

México DF.

Lawrence, Robert S., Polly Walker, Pamela Rhubart-Berg, Shawn McKenzie and Kristin Kelling. 2005. Public Health Implications of Meat Production and Consumption. *Public Health Nutrition* 8: 348-56.

Leitzmann, Claus, and Geoffery Cannon. 2005. Dimensions, Domains and Principles of the New Nutrition Science. *Public Health Nutrition* 8: 787.

Lenin, Vladimir Ilyich. 1970. *Imperialism, the Highest Stage of Capitalism: A Popular Outline,* New edn, Little Lenin Library, vol. 15. New York: International Publishers.
（レーニン『帝国主義論』岩波文庫ほか邦訳多数あり）

Lewis, Jessa M. 2005. *Strategies for Survival: Migration and Fair Trade-Organic Coffee Production in Oaxaca, Mexico.* Working Paper 118. June. San Diego: The Center for Comparative Immigration Studies, University of California, San Diego. http://www.ccis-ucsd.org/publications/wrkg118.pdf.

Lieber, James B. 2000. *Rats in the Grain: The Dirty Tricks and Trials of Archer Daniels Midland.* New York: Four Walls Eight Windows.

Lind, James, Physician to the Royal Hospital at Haslar. 1753. *A Treatise of the Scurvy. In three parts. Containing an inquiry into the nature, causes, and cure, of that disease.* Edinburgh.

Lipman, Barbara. 2006. *A Heavy Load: The Combined Housing and Transportation Burdens of Working Families.* Washington D.C.: Center for Housing Policy. http://www.nhc.org/pdf/pub_heavy_load_10_06.pdf.

Lloyd's List. 2005. Trouble Looms for Brazil Soya. *Lloyd's List, 8* August: 10.

Lopez, Rigoberto A., M. Azzam Azzeddine and Lirón-España Carmen. 2002. Market Power and/or Efficiency: A Structural Approach. *Review of Industrial Organization* 20 (2): 115-26.

Lopez-Zetina, Javier, Howard Lee and Robert Friis. 2006. The Link Between Obesity and the Built Environment. Evidence from an Ecological Analysis of Obesity and Vehicle Miles of Travel in California. *Health & Place.* 12 (4): 656-64.

Louthan, David. 2003. They Are Lying About Your Food: A Worker from the Mad Cow Meat Plant Speaks Out. *CounterPunch.* http://www.counterpunch.org/louthan01202004.html.

Lustig, Nora. 1996. Solidarity as a Strategy of Poverty Alleviation. In W. Cornelius, A. Crag and J. Fox (eds.), *Transforming State-Society Relations in Mexico.* La Jolla: Center for US-Mexican Studies, University of California, San Diego.

Mamen, Katy, Steven Gorelick, Helena Norberg-Hodge and Diana Deumling. 2004. *Ripe for Change: Rethinking California's Food Economy.* Berkeley, CA: International Society for Ecology and Culture.

Manning, Richard. 2004a. *Against the Grain: How Agriculture Has Hijacked Civilization.* New York: North Point Press.

———. 2004b. The Oil We Eat: Following the Food Chain Back to Iraq. *Harpers.* 308 (1845): 37-45.

MARI, Warangal, Secunderabad CSA and Secunderabad CWS. 2005. *Killing and Poisoning – Pests or Human Beings? Acute Poisoning of Pesticide Users through Pesticide Exposure/Inhalation.* Secunderabad: CSA-India.

Mathews, Ryan. 1996. Introduction: Background of a Revolution and the Birth of an Institution. *Progressive Grocer* 75 (12): 29.

Mattera, Philip, and Anna Purinton, with Jeff McCourt, Doug Hoffer, Stephanie Greenwood

イチ革命』青木芳夫訳、大村書店、増補新版：2002年）
Jeffress, Lynn, with Jean-Paul Mayanobe. 2001. A World Struggle Is Underway: An Interview with José Bové. *Z Magagine*, June.
Jiménez-Cruz, A., M. Bacardí-Gascón and A. A. Spindler. 2003. Obesity and Hunger among Mexican-Indian Migrant Children on the US-Mexico Border. *International Journal of Obesity* 27: 740–7.
Johnson, Jo. 2007. India Opens Western-style Supermarkets. *Financial Times*, 30 January.
Jubilee Research. 2002. *IMF Boss Blames World Bank and EU for Malawi Blunder.* 4 July. http://www.jubileeresearch.org/worldnews/africa/malawi040702.htm.
Kadidal, Shayana. 1997. United States Patent Prior Art Rules and the Neem Controversy: a Case of Subject-matter Imperialism? *Biodiversity and Conservation* 7 (1): 27-39.
Kamalurre Mehinaku. 2006. 'We Respect Whites but They Don't Respect Us'. *Guardian*, 6 September.
Kantor, Linda Scott. 2001. Community Food Security Progams Improve Food Access. *Food Review* 24 (1): 20-6.
Kelly, Thomas J. 2001. Neoliberal Reforms and Rural Poverty. *Latin American Perspectives* 28 (3): 84-103.
King, T., A. M. Kavanagh, D. Jolley, G. Turrell, and D. Crawford. 2005. Weight and Place: A Multilevel Cross-sectional Survey of Area-level Social Disadvantage and Overweight/Obesity in Australia. *International Journal of Obesity* 0307-0565/05: 1-7.
Klare, Michael T. 2006. *The Coming Resource Wars*, 7 March 2006. TomPaine.com. Available from http://www.tompaine.com/articles/2006/03/07/the_coming_resource_wars.ph.
Klein, Naomi. 2000. *No Logo: No Space, No Choice, No Jobs, Taking Aim at the Brand Bullies.* London: Flamingo.
（ナオミ・クライン『ブランドなんか、いらない』松島聖子訳、大月書店、新版版：2009年）
Labbi, Theola. 2003. U. S. Troops Order Comfort, With Fries on the Side: Soldiers Looking for a Taste of Home Make for a Booming Business at Iraq's First Burger King. *Washington Post*, 19 October: 25.
Labor Council for Latin American Advancement, and Public Citizen's Global Trade Watch. 2004. *Another Americas Is Possible: The Impact of NAFTA on the U. S. Latino Community and Lessons for Future Trade Agreements.* Washington, DC: Public Citizen's Global Trade Watch. http://www.citizen,org/documents/LatinosReportFINAL.pdf.
Labour Research Service, Women on Farms Project, and Programme for Land And Agrarian Studies (University of the Western Cape). n.d. *Behind the Label: A Workers' Audit of the Working and Living Conditions on Selected Wine Farms in the Western Cape.* Cape Town: LRS/WEP/PLAAS.
LAO, Legislative Analyst's Office. 2006. *Cal Facts: California's Economy and Budget in Perspective.* Sacramento, CA: Legislative Analyst's Office.
Lapper, Richard. 2007. US Migrant Workers Send Home $62.3bn. *Financial Times*, 15 March.
Larson, Jeffrey S., Eric Bradlow and Peter Fader. 2005. An Exploratory Look at Supermarket Shopping Paths. *International Journal of Research in Marketing* 22 (4): 395-414.
Lasala Blanco, Narayani Donativo. 2003. *Las negociaciones del maíz en el Tratado de Libre Comercio de América del Norte.* Mexico: Centro de Estudios Internacionales, El Colegio de México,

Scale Evaluations of Genetically Modified Herbicide-tolerant Crops. *Philosophical Transactions of the Royal Society – Series B – Biological Sciences* 00358 (01439): 1899-914.

Hawkes, Corinna. 2006. Uneven Dietary Development: Linking the Policies and Processes of Globalization with the Nutriton Transition, Obesity and Diet-related Chronic Diseases. *Globalization and Health* 2 (4). Available at http://www.globalizationandhealth.com/content/2/1/4.

Heard, M. S., C. Hawes, G. T. Champion, S. J. Clark, L. G. Firbank, A. J. Haughton, A. M. Parish, J. N. Perry, P. Rothery, R. J. Scott, M. P. Skellern, G. R. Squire and M. O. Hill. 2003. Weeds in Fields with Contrasting Conventional and Genetically Modified Herbicide-tolerant Crops. I. Effects on Abundance and Diversity. *Philosophical Transactions of the Royal Society – Series B – Biological Sciences* 00358 (01439): 1819-33.

Heller, Joseph. 1961. *Catch-22: A Novel*. New York: Simon & Schuster.
（ジョゼフ・ヘラー『キャッチ22』飛田茂雄訳、ハヤカワ文庫、1977年）

Heller, Partick. 2001. Moving the State: The Politics of Democratic Decentralization in Kerala, South Africa, and Porto Alegre. *Politics & Society* 29 (1): 131-63.

Hendrickson, Mary, William D. Heffernan, Philip H. Howard and Jodish B. Heffernan. 2001. Consolidation in Food Retailing and Dairy. *British Food Journal* 103 (10): 715-28.

Henriques, Gisele, and Raj Patel. 2003. *Agricultural Trade Liberalization and Mexico*. Oakland, CA: Institute for Food and Development Policy.

Hillman, Jimmye S., and Merle D. Faminow. 1987. Brazilian Soybeans: Agribusiness 'Miracle'. *Agribusiness* 3 (1): 3.

Hilton, David A. 2006. Pathogenesis and Prevalence of Variant Creutzfeldt-Jakob Disease. *The Journal of Pathology* 208 (2): 134-41.

Hoffman, Daniel J., Ana L. Sawaya, Ieda Verreschi, Katherine L. Tucker and Susan B. Roberts. 2000. Why Are Nutritionally Stunted Children at Increased Risk of Obesity? Studies of Metabolic Rate and Fat Oxidation in Shantytown Children from São Paulo, Brazil. *American Journal of Clinical Nutrition* 72(3): 702-7.

Holt-Gimenez, Eric. 2006. *Campesino A Campesino: Voices from Latin America's Farmer to Farmer Movement for Sustainable Agriculture*. Oakland, CA: Food First Books.

Hoppe, Robert, and Keith Wiebe. 2003. Agricultural Resources and Environmental Indicators,: Land Ownership and Farm Structure. In R. Heimlich (ed.), *Agricultural Resources and Environmental Indicators*, 2003. Washington, DC: US Department of Agriculture.

Horsch, Robert. 2003. *Testimony of Dr. Robert Horsch, Vice President of Product and Technology Cooperation, Monsanto Company, St. Louis, MO*. Before the House Science Committee, Subcommittee on Research, Plant Biotechnology Research and Development in Africa: Challenges and Opportunities. Washington, DC: House Committee on Science and Technology. 12 June.

ILO, International Labour Organization. 2004. Waiting in Correntes: Forced Labour in Brazil. *World of Work – The Magazine of the International Labour Organization* 50: 14-16.

Isikoff, Michael. 1985. Andreas: College Drop-Out to Global Trader. *The Washington Post*, 8 December 1985: H 11.

James, C. L. R. 1963. *The Black Jacobins; Toussaint L'Ouverture and the San Domingo Revolution*. 2nd edn. New York: Vintage Books.
（C・L・R・ジェームズ『ブラック・ジャコバン――トゥサン＝ルヴェルチュールとハ

（福岡正信『自然農法——わら一本の革命』春秋社、1983年）
Gallagher, Elizabeth, and Ursula Delworth. 2003. The Third Shift. Juggling Employment, Family and the Farm. *Journal of Rural Community Psychology* 12 (2): 21-36.
Gautami, S., R. V. Sudershan, Ramesh V. Bhat, G. Suhasini, M. Bharati and K. P. C. Gandhi. 2001. Chemical Poisoning in Three Telengana Districts of Andhra Pradesh. *Forensic Science International* 122 (2-3): 167.
Gillis, Justin. 2003. Debate Grows Over Biotech Food: Efforts to Ease Famine in Africa Hurt by U. S., European Dispute. *Washington Post,* 30 November.
GRAIN. 2006. Fowl Play: The Poultry Industry's Central Role in the Bird Flu Crisis. In *Grain Briefing*. Barcelona: GRAIN. http://www.grain.org/go/birdflu.
Greenhouse, Steven. 2004. In-House Audit Says Wal-Mart Violated Labor Laws. *New York Times,* 13 January: A16.
———. 2005. Labor Dept. Is Rebuked over Pact With Wal-Mart. *New York Times,* 1 November: A14.
Greenpeace International. 2006. *Eating Up the Amazon.* Amsterdam: Greenpeace International. http://www.greenpeace.org/forests.
Gresser, Charis, and Sophia Tickell. 2002. *Mugged: Poverty in Your Coffee Cup.* Oxford: Oxfam International. http://www.maketradefair.com/en/index.php?file=16092002163229.htm. （オックスファム・インターナショナル『コーヒー危機——作られる貧困』村田武・日本フェアトレード委員会訳、筑波書房、2003年）
Grievink, Jan-Willem. 2003. The Changing Face of the Global Food Industry. Paper read at OECD Conference, The Hague, 6 February. http://www.agribusinessaccountability.org/pdfs//275_Changing%20Face%20of%20the%20Global%20Food%20Supply%20Chain.pdf.
GRR (Rural Reflection Group). 2004. *Greenwash from the Soya Industry.* http://iguazu.grr.org.ar/textencing3.html.
Hall, Kevin G. 2004. Slavery Exists Out of Sight in Brazil. *Knight Ridder Tribune Business News,* 5 September. http://www.knightridder.com/papers/greatstories/wash/brazilslavery1.html.
Halweil, Brian. 2006. Can Organic Farming Feed Us All? *WorldWatch Magazine* 19 (3): 18-24.
Harris, Paul. 2006. 37 Million Poor Hidden in the Land of Plenty. *Observer,* 19 February.
Hart, Gillian. 2002. *Disabling Globalization: Places of Power in Post-Apartheid South Africa.* Berkeley: University of California Press.
Haughton, A. J., G. T. Chamion, C. Hawes, M. S. Heard, D. R. Brooks, D. A. Bohan, S. J. Clark, A. M. Dewar, E. L. Browne, A. J. G. Dewar, B. H. Garner, L. A. Haylock, S. L. Horne, N. S. Mason, R. J. N. Sands, L. G. Firbank, J. L. Osborne, J. N. Perry, P. Rothery, D. B. Roy, R. J. Scott, I. P. Woiwod, C. Birchall, M. P. Skellern, J. H. Walker, P. Baker and M. J. Walker. 2003. Invertebrate Responses to the Management of Genetically Modified Herbicide-tolerant and Conventional Spring Crops. II. Within-field Epigeal and Aerial Arthropods. *Philosophical Transactions of the Royal Society – Series B – Biological Sciences* 00358 (01439): 1863-78.
Hawes, C., A. J. Haughton, J. L. Osborne, D. B. Roy, S. J. Clark, J. N. Perry, P. Rothery, D. A. Bohan, D. R. Brooks, G. T. Champion, A. M. Dewar, M. S. Heard, I. P. Woiwod, R. E. Daniels, M. W. Young, A. M. Parish, R. J. Scott, L. G. Firbank and G. R. Squire. 2003. Responses of Plants and Invertebrate Trophic Groups to Contrasting Herbicide Regimes in the Farm

group.org/documents/Comm90GlobalSeed.pdf.

———. 2005b. Oligopoly, Inc. 2005: Concentration in Corporate Power. In *Communiqué*. Ottawa: ETC Group, Action Group on Erosion, Technology and Concentration. http://www.etcgroup.org/upload/publication/44/01/oligopoly2005_16dec.05.pdf.

Farmer, Paul. 2006. *The Uses of Haiti*. Monroe: Common Courage.

Fast, Howard. 1960. *The Howard Fast Reader: A Collection of Stories and Novels*. New York: Crown Publishers.

———. 1990. *Being Red*. Boston: Houghton Mifflin.

Featherstone, Liza. 2003. Wal-Mart Execs' Testimony Could Help Sex Bias Suit. *Women's Enews*, 1 May.

Feinstein, Charles H. 1998. Pessimism Perpetuated: Real Wages and the Standard of Living in Britain during and after the Industrial Revolution. *The Journal of Economic History* 58(3): 625-58.

Ferriss, Susan, Ricardo Sandoval and Diana Hembree. 1997. *The Fight in the Fields: Cesar Chavez and the Farmworkers Movement*. New York: Harcourt-Brace.

FIAN (Foodfirst Information and Action Network). 2006. *Annual Report: Violations of Peasants' Human Rights: A Report on Cases and Patterns of Violations 2006*. Heidelberg: Foodfirst Information and Action Network.

Fiess, Norbert, and Daniel Lederman. 2004. Mexican Corn: The Effects of NAFTA. *Trade Note* (18). 24 September. Washington, DC: World Bank.

Firbank, L. G. 2003. Introduction. *Philosophical Transactions of the Royal Society – Series B – Biological Sciences* 00358 (01439): 1777-9.

Fischer, Günther, Mahendra Shah, Francesco N. Tubiello and Harrij van Velthuizen. 2005. Socio-economic and Climate Change Impacts on Agriculture: An Integrated Assessment, 1990-2080. *Philosophical Transaction of the Royal Society – Series B* 360 (1463): 2067-83.

Folha Online. 2004. *China Wants Direct Imports of Brazilian Soy – Mato Grosso Governor.* http://www.folha.uol.com.br, 1 June.

Food and Agricultural Organization of the United Nations (FAO). 2006. *Women and Sustainable Food Security.* Rome: Prepared by the Women in Development Service, FAO Women and Population Division.

Fox, Jonathan. 1992. *The Politics of Food in Mexico: State Power and Social Mobilization* Ithaca: Cornell University Press.

Frank, Andre Gunder. 1969. *Capitalism and Underdevelopment in Latin America: Historical Studies of Chile and Brazil.* New York: Monthly Review Press.

Friedman, Thomas L. 1999. *The Lexus and the Olive Tree.* New York: Farrar, Straus and Giroux. (トーマス・L・フリードマン『レクサスとオリーブの木——グローバリゼーションの正体』(上・下) 東江一紀・服部清美訳、草思社、2000年)

Friedmann, Harriet. 1994. Distance and Durability: Shaky Foundations of the World Food Economy. In P. McMichael (ed.), *The Global Restructuring of Agro-Food Systems.* Ithaca: Cornell University Press.

———. 2005. Biodiversity and Cultural Diversity in North American Foods. *Food News*. www.foodnews.ca. Archived at: http://www.slowfoodforum.org/archive/index.php/t-1018.html.

Fukuoka, Masanobu, Larry Korn, Chris Pearce and Tsune Kurosawa. 1978. *The One-Straw Revolution: An Introduction to Natural Farming.* Emmaus: Rodale.

Esqueda, Arturo Berber, Guillermo Fanghanel, Rafael Violante, Roberto Tapia-Conyer and W. Philip T. James. 2004. The High Prevalence of Overweight and Obesity in Mexican Children. *Obesity Research* 12 (2): 215-23.

DeLind, Laura B., and Anne E. Ferguson. 1999. Is This a Women's Movement? The Relationship of Gender to Community-supported Agriculture in Michigan. *Human Organization* 58 (2): 190.

Denyer, C. H. 1893. The Consumption of Tea and Other Staple Drinks. *Economic Journal* 3 (9): 33-51.

de Sousa, I. S. F., and L. Busch. 1998. Networks and Agricultural Development: The Case of Soybean Production and Consumption in Brazil. *Rural Sociology* 63(3): 349-71.

Devereux, Stephen. 2000. *Famine in the Twentieth Century*. Brighton: Institute of Development Studies. http://www.ntd.co.uk/idsbookshop/details.asp?id=541

———. 2002. *State of Disaster: Causes, Consequences and Policy Lessons from Malawi*. Johannesburg: ActionAid. http://www.actionaid.org.uk/_content/documents/malawifamine.pdf

Dharmadhikary, Shripad, Swathi Sheshadri and Rehmat. 2005. *Unravelling Bhakra: Assessing the Temple of Resurgent India: Report of a study of the Bhakra Nangal Project*. Badwani (MP): Manthan Adhyayan Kendra.

Diamond, Norm. 2003. The Roquefort Rebellion. In Notes Form Nowhere (eds.), *We Are Everywhere: The Irresistible Rise of Global Anticapitalism*. London: Verso.

Diaz, Kevin. 2004a. Grown in Brazil: Tariffs, Subsidies are Epic Struggle; U. S. and Brazilian Farmers Say the Other Side Has All the Advantages. *Star Tribune*, 7 March: 13a.

———. 2004b. Grown in Brazil: Soybeans and Asphalt Could Transform a Farmer into a President; Already the 'Soybean King,' His Plan for Getting Crops Moving on New Roads Is Paving the Way. *Star Tribune*, 7 March: 12.

Dickens, Charles. 1996. *Oliver Twist*. Edited by Robert Southwick. Harlow: Longman.
(チャールズ・ディケンズ『オリバー・ツイスト』岩波文庫をはじめ、訳書は多数あり)

Driessen, Paul. 2004. CORE Mocks Environmentalists in Cancun. In *Environment News*, 1 January. Chicago: The Heartland Institute.

Duran-Nah, J. J., and Colli-Quintal J. 2000. Intoxicación Aguada por Plaguicidas, *Salud Púbulica de México* 42 (1): 53-5.

Economist, The. 1978. American Supermarkets; Not So Super. *The Economist*, 18 November.

———. 1992. Shops in Inner Cities – A Sip of Something Good. *The Economist*, 10 October.

———. 2001. Wal Around the World. *The Economist*, 8 December.

———. 2005. The Amazon's Texan Saviour. *The Economist*, 28 May

Eisenhauer, Elizabeth. 2001. In Poor Health: Supermarket Redlining and Urban Nutrition. *GeoJournal* 53 (2): 125.

Ellaway, Anne, Sally Macintyre, and Xavier Bonnefoy. 2005. Graffiti, Greenery, and Obesity in Adults: Secondary Analysis of European Cross Sectional Survey. *British Medical Journal* 331: 611-2.

EPA (United States Environmental Protection Agency). 2003. *Federal Register 12 February 2003*. Washington, DC: U. S. Government Printing Office.

ETC Group, Action Group on Erosion, Technology and Concentration. 2005a. Global Seed Industry Concentration – 2005. In *Communiqué*, Ottawa: ETC Group. http://www.etc

More than 400 Crores of Losses': Report of Kharif 2005 Performance of the Crop, vis-à-vis NPM Approach to Cotton. March. Secunderabad: Centre for Sustainable Agriculture. http://biosafetyinfo.net/file_dir/194479208544473669de2c6.pdf.

Champion, G. T., M. J. May, S. Bennett, D. R. Brooks, S. J. Clark, R. F. Daniels, L. G. Firbank, A. J. Haughton, C. Hawes, M. S. Heard, J. N. Perry, Z. Randle, M. J. Rossall, P. Rothery, M. P. Skellern, R. J. Scott, G. R. Squire and M. R. Thomas. 2003. Crop Management and Agronomic Context of the Farm Scale Evaluations of Genetically Modified Herbicide-tolerant Crops. *Philosophical Transactions of the Royal Society – Series B – Biological Sciences* 00358 (01439): 1801-19.

Chavez, Cesar. 1984. *What the Future Holds for Farm Workers and Hispanics*. Speech given at the Commonwealth Club of California. 9 November. Available from http://commonwelth club.org/archive/20thcentury/84-11chavezspeech.html

Cheng, Tsung O. 2004. Childhood Obesity in China. *Health & Place* 10 (4): 395-6.

Chopra, Mickey, and Ian Darnton-Hill. 2004. Tobacco and Obesity Epidemics: Not So Different After All? *British Medical Journal* 328 (7455): 1558-60.

Connor, John M. 2001. *Global Price Fixing: Our Customers Are the Enermy*. Boston: Kluwer Academic Publishers.

Connor, Steve. 2006. Farmers Use as Much Pesticide with GM crops, US Study Finds. *Independent*, 27 July.

Courville, Michael, Raj Patel and Peter Rosset. 2006. *Promised Land: Competing Visions of Agrarian Reform*. Oakland, CA: Food First Books.

Cox, Stan. 2005. 'Agroterrorists' Needn't Bother. *CounterPunch*. http://www.counterpunch.org/cox12152005.html.

Critser, Greg. 2000. Let Them Eat Fat. *Harper's Magazine* 300 (1798): 41-7.
（この雑誌の特集は、のちに、Critser, Greg. 2003. *Fat Land: How Americans Became the Fattest People in the World*. Houghton Mifflin Harcourt〔邦訳：グレッグ・クライツァー『デブの帝国――いかにしてアメリカは肥満大国となったのか』竹迫仁子訳、バジリコ、2003年〕にまとめられた）

Crookes, Sir William. 1899. *The Wheat Problem. Based on remarks made in the presidential address to the British Association at Bristol in 1898. Revised with an answer to various critics... With two chapters on the future wheat supply of the United States, by Mr. C. Wood Davis... and the Hon. John Hyde*. John Murray: London.

Cullather, Nick, and Piero Gleijeses. 1999. *Secret History: The CIA's Classified Account of Its Operations in Guatemala, 1952-1954*. Stanford: Stanford University Press.

Darnton-Hill, I., C. Nishida and W. P. T. James. 2004. A Life Course Approach to Diet, Nutrition and the Prevention of Chronic Diseases. *Public Health Nutrition* 7: 101.

Davis, Mike. 2001. *Late Victorian Holocausts: El Niño Famines and the Making of the Third World*. London: Verso.

———. 2004. Planet of Slums: Urban Involution and the Informal Proletariat. *New Left Review* 26: 5-34.

———. 2006. *Planet of Slums*. London: Verso.
（マイク・デイヴィス『スラムの惑星――都市貧困のグローバル化』酒井隆史監訳、明石書店、2010年）

del Rio-Navarro, Blanca E., Oscar Velazquez-Monroy, Claudia P. Sanchez-Castillo, Agustin Lara-

Bock Kenneth. 1979. Theories of Progress, Development, Evolution. In T. Bottomore and R. Nisbet (eds.), *A History of Sociological Analysis*. London: Heinemann.

Bovard, James. 1995. *Archer Daniels Midland: A Case Study in Corporate Welfare*. Washington, DC: Cato Institute.

Bové, José, and François Dufour. 2005. *Food for the Future*. Translated by J. Birrel. Cambridge: Polity Press. (Dufour, François. 2002. *Le Grain de l'avenir: L'Agriculture racontée aux citadins*. Paris: Plon)

Boyce, James K. 1999. *The Globalization of Market Failure? International Trade and Sustainable Agriculture*. Amherst ; Political Economy Research Institute, University of Massachusetts.

Breslow., Lester. 2006. Public Health Aspects of Weight Control. *International Journal of Epidemiology* 35 (1): 10-12.

Brooks, D. R., D. A. Bohan, G. T. Champion, A. J. Haughton, C. Hawes, M. S. Heard, S. J. Clark, A. M. Dewar, L. G. Firbank, J. N. Perry, P. Rothery, R. J. Scott, I. P. Woiwod, C. Birchall, M. P. Skellern, J. H. Walker, P. Baker, D. Bell, E. L. Browne, A. J. G. Dewar, C. M. Fairfax, B. H. Garner, L. A. Haylock, S. L. Horne, S. E. Hulmes, N. S. Mason, L. R. Norton, P. Nuttall, Z. Randle, M. J. Rossall, R. J. N. Sands, E. J. Singer and M. J. Walker. 2003. Invertebrate Responses to the Management of Genetically Modified Herbicide-tolerant and Conventional Spring Crops. I. Soil-surface-active Invertebrates. *Philosophical Transactions of the Royal Society – Series B – Biological Sciences* 00358 (01439): 1847-63.

Buanain, Antonio Marcio, and Jose Maria da Silveira. 2002. Structural Reforms and Food Security in Brazil. In *UNICAMP Discussion Paper Prepared for FAO World State of Food and Agriculture 2000*.

Buchanan, Patrick J. 2003. Who Killed California? *WorldNet Daily Commentary*, 30 July.

Bunsha, Dionne. 2006. Villages for Sale in Vidarbha. *The Hindu 23 (5)*.

Burger King Corporate Information. *Global Facts 2006*. Available from http://www.bk.com/CompanyInfo/bk_corporation/fact_sheets/global_fact.aspx.

Campos, Paul, Abigail Saguy, Paul Ernsberger, Eric Oliver and Glenn Gaesser. 2006. The Epidemiology of Overweight and Obesity: Public Health Crisis or Moral Panic? *International Journal of Epidemiology* 35 (1): 55 –60.

Cannon, G. 2004. Why the Bush Administration and the Global Sugar Industry Are Determined to Demolish the 2004 WHO Global Strategy on Diet, Physical Activity and Health. *Public Health Nutrition* 7: 369.

Carnegie, Andrew. 1993. How to Succeed in Life. From the *Pittsburg Bulletin*, reprinted from the *New York Tribune*. http://www.carnegielibrary.org/exhibit/neighborhoods/oakland/oak_n751.html

Carney, Dan. 1995. Dwayne's World. *Mother Jones*, July-August 1995: 47. http://www.motherjones.com/news/special_reports/1995/07/carney.html.

Cassel, Amanda, and Raj Patel. 2003. Agricultural Trade Liberalization and Brazil's Rural Poor: Consolidating Inequality. Oakland, CA: Institute for Food and Development Policy/Food First.

Center for Immigration Studies. 2006. *New Poll: Americans Prefer House Approach on Immigration*. Washington, DC: Center for Immigration Studies. http://www.cis.org/articles/2006/2006poll.html.

Center for Sustainable Agriculture 2006. *'Bt Cotton – No Respite for Andhar Pradesh Farmers*

参考文献一覧　（紙幅の都合で、一部を割愛した）

Aaron, Rita, Abraham Joseph, Sulochana Abraham, Jayaprakash Muliyil, Kuryan George, Jasmine Prasad, Shantidani Minz, Vinod Joseph Abraham, and Anuradha Bose. 2004. Suicides in Young People in Rural Southern India. *Lancet* 363 (9415): 1117.

Agriculture and Agri-Food Canada. 2005a. Instant Noodle's Consumption is Higher than that of Beans and Rice. *Agri-Food News from Mexico,* 1 November 2004-31 January 2005. http://atn-riae.agr.ca/latin/e3362.htm.

———. 2005b. Wal-Mart and Liverpool Reinforce their Position in the Mexican Retail Market. *Agri-Food News from Mexico*, 1 November 2004-31 January 2005. http://atn-riae.agr.ca/latin/e3362.htm.

———. 2005c. Wal-Mart Mexico Reaches Historic Record Sales During 2004. *Agri-Food News from Mexico*, 1 November 2004-31 January 2005. http://atn-riae.agr.ca/latin/e3362.htm.

Ahlberg, Kristin Leigh, 2003. 'Food Is a Powerful Tool in the Hands of This Government': The Johnson Administration and PL 480, 1963-1969 (Israel, Vietnam, India). Ph. D. Dissertation, Department of History, University of Nebraska, Lincoln, Nebraska

Ahn, Christine, and Braham Ahmadi. 2004. Beyond the Food Bank, *Food First Backgrounder* 10 (4).

Ahn, Christine, with Melissa Moore and Nick Parker. 2004. Migrant Farmworkers: America's New Plantation Workers, *Food First Backgrounder* 10 (2). Oakland, CA: Institute for Food and Development Policy/Food First.

Alicia, Weissman. 2004. Weight Control. In Sana Loue and Martha Sajatovic (eds.), *Encyclopedia of Women's Health*. New York: Kluwer Academic/Plenum Publishers.

American Soybean Association. 2004. *Return of Organization Exempt from Income Tax (990 Filing for 503c3 Organization)*. OMB No. 1545-0047. Internal Revenue Service.

Anand, Tuhina. 2005. *Greenpeace Files Complaint against Mahyco Monsanto's Misleading Ad*. New Delhi: agencyfaqs!.

Anonymous. 2005. Editor's Note. *New York Times*. 28 January.

Arcal, Yon Fernández de Larrinoa, and Materne Maetz. 2000. *Multilateral Trade Negotiations on Agriculture: A Resource Manual*. Rome: Food and Agriculture Organization of the United Nations.

Atkins, Robert C., and Shirley Linde. 1977. *Dr Atkins' Superenergy Diet*. New York: Bantam Books.

Babb, Sarah. 2001. *Managing Mexico: Economists from Nationalism to Neoliberalism*. Princeton: Princeton University Press.

Barnes, John. 1987. Anatomy of a Rip-Off. *New Republic,* 2 November 1987: 20-1.

BBC News. 2003. Farmers 'More Likely to Be Suicidal'. BBCNews.com, 25 February.

Belair Jr, Felix. 1965. U. S. Urged to Drop Surplus Exports. *New York Times,* 19 July: 11.

Birchall, Jonathan. 2005. Monsanto to Settle Bribery Charges. *Financial Times*, 8 January.

Bird, Peter 2000. *The First Food Empire – A History of J. Lyons & Co.* Chichester: Phillimore & Co.

Black, Richard. 2007. *Growing Pains of India's GM Revolution*. BBCNews.com. 7 February.

［訳者］佐久間智子（Sakuma Tomoko）
アジア太平洋資料センター理事。1996年～2001年、「市民フォーラム2001」事務局長。2002年～2008年、「環境・持続社会」研究センター理事。現在、女子栄養大学非常勤講師、明治学院大学国際平和研究所研究員などを務めており、経済のグローバル化の社会・開発影響に関する調査・研究および発言を行なっている。
主な著書に、『穀物をめぐる大きな矛盾』（筑波書房、2010年）、『どうなっているの？ 日本と世界の水事情』（共著、アットワークス、2007年）、『儲かれば、それでいいのか――グローバリズムの本質と地域の力』（共著、コモンズ、2006年）、『連続講座：国際協力NGO』（共著、今田克司／原田勝広編、日本評論社、2004年）、『非戦』（共著、坂本龍一監修、幻冬舎、2002年）、『グローバル化と人間の安全保障』（共著、勝俣誠編、日経評論社、2001年）など。
主な訳書に、『フード・ウォーズ――食と健康の危機を乗り越える道』（ティム・ラング＆マイケル・ヒースマン、コモンズ、2009年）、『ウォーター・ビジネス――世界の水資源・水道民営化・水処理技術・ボトルウォーターをめぐる壮絶なる戦い』（モード・バーロウ、作品社、2008年）、『世界の〈水道民営化〉の実態――新たな公共水道をめざして』（コーポレート・ヨーロッパ・オブザーバトリ／トランスナショナル研究所、作品社、2007）、『世界の〈水〉が支配される！』（国際調査ジャーナリストナリスト協会、作品社、2004年）などがある。

ラジ・パテル（Raj Patel）

米国在住のエコノミスト、ジャーナリスト。1972年、ロンドン生まれ。父親はケニア出身、母親はフィジー出身。英オックスフォード大学、ロンドン・スクール・オブ・エコノミックス（LSE）を卒業後、米コーネル大学で博士号を取得。世界貿易機関（WTO）、世界銀行に、エコノミストとして勤務した。

その一方で、アクティビストとしても活躍しており、1999年のWTO閣僚会議（米シアトル）の際の、数万人が参加し世界の注目を集めた抗議行動のオルガナイザーの一人である。世界銀行やWTO、G8やG20などの国際会議の際には、「会場の内外」で的確な批判を展開する論客として大いに注目を集めた。

現在、米サンフランシスコに本拠を置く「食料開発政策研究所」（フード・ファースト）の研究員を務めるかたわら、米カリフォルニア州立大学バークレー校アフリカ研究所の客員研究員、南アフリカのクワズール・ナタル大学スクール・オブ・デヴェロップメント・スタディーズの名誉研究員を務める。

グローバルな食料問題の専門家として、米英では新聞・雑誌・テレビなどに頻繁に登場するが、米ではロサンジェルス・タイムズ紙、ニューヨーク・タイムズ紙、サンフランシスコ・クロニクル紙、オブザーバー紙、英のガーディアン紙などには、定期的に寄稿している。また、2008年の世界食料危機の際には、米下院の金融サービス委員会において国連の食料を得る権利に関するラポーターとして証言するなど、米政府の政策決定にも影響を与える存在である。

個人で運営するウェッブサイト http://stuffedandstarved.org/ と http://rajpatel.org/ において、世界の食料情勢などや自身の活動についての情報をアップしている。また2010年、新刊『The Value of Nothing』を刊行したが、本書に続いてベストセラーとなっている（日本では作品社より刊行予定）。

肥満と飢餓
——世界フード・ビジネスの不幸のシステム

2010年9月10日　第1刷印刷
2010年9月20日　第1刷発行

著者——ラジ・パテル
訳者——佐久間智子

発行者——髙木 有
発行所——株式会社作品社
102-0072 東京都千代田区飯田橋2-7-4
tel 03-3262-9753　fax 03-3262-9757
振替口座00160-3-27183
http://www.tssplaza.co.jp/sakuhinsha/
編集担当——内田眞人
本文組版——編集工房あずる＊藤森雅弘

装丁——伊勢功治
印刷・製本——シナノ印刷（株）

ISBN978-4-86182-290-2 C0033

21世紀世界を読み解く
作品社の本

21世紀の歴史
未来の人類から見た世界
ジャック・アタリ　林昌宏訳

「世界金融危機を予見した書」――ＮＨＫ放映《ジャック・アタリ 緊急インタヴュー》で話題騒然。欧州最高の知性が、21世紀政治・経済の見通しを大胆に予測した"未来の歴史書"。amazon総合１位獲得

金融危機後の世界
ジャック・アタリ　林昌宏訳

世界が注目するベストセラー！100年に一度と言われる、今回の金融危機――。どのように対処すべきなのか？　これからの世界はどうなるのか？ヘンリー・キッシンジャー、アルビン・トフラー絶賛！

世界エネルギー市場
石油・天然ガス・電気・原子力・
新エネルギー・地球環境をめぐる21世紀の経済戦争
ジャン＝マリー・シュヴァリエ　増田達夫ほか訳

規制と自由化、資源争奪戦、石油高騰、中国の急成長……。欧州を代表する専門家が、熾烈化する世界市場の戦いの争点と全貌をまとめ上げたベストセラー。C・マンディル（国際エネルギー機関事務局長）推薦

アメリカは、キリスト教原理主義・新保守主義に、いかに乗っ取られたのか？
スーザン・ジョージ　森田成也ほか訳

かつての世界の憧れの国は根底から変わった。デモクラシーは姿を消し、超格差社会の貧困大国となり、教育の場では科学が否定され、子供たちの愚鈍化が進む。米国は"彼ら"の支配から脱出できるか。

フィデル・カストロ後のキューバ
カストロ兄弟の確執と〈ラウル政権〉の戦略
B・ラテル　伊高浩昭訳

カストロ倒れる！　最高の専門家と呼ばれる著者が、カストロ兄弟の確執と弟ラウル率いる新政権の行方に迫る、話題騒然のベストセラー！

チャベス
ラテンアメリカは世界を変える！
チャベス&アレイダ・ゲバラ　伊高浩昭訳

米国のラテンアメリカ支配に挑戦する、チャベス・ベネズエラ大統領。ゲバラの解放の夢を継ぐ男への、ゲバラの娘アレイダによるインタヴュー。